下一代因特网及其新技术

敖志刚　编著

国防工业出版社

·北京·

内 容 简 介

因特网正在改变着人们的生产方式、工作方式、生活方式和学习方式。下一代因特网将给每一个人带来新的便捷、新的感受和新的变化，将引导人类走向新时代。全书系统和全面地反映了下一代因特网的精髓、核心内容、技术体系、研究现状和最新发展方向。其主要内容涉及到下一代因特网的基础知识、体系结构、技术原理、IPv6协议、研究与应用；几种新的因特网组网模式，如光因特网、量子因特网、语义网、全息网、网格计算、下一代网络、物联网、无线传感器网络和下一代接入网等；几种下一代因特网的技术实现途径，如10Gb、40Gb和100Gb以太网、射频识别技术、云计算、新型传感器技术，等等。

本书构思新颖、内容丰富、深入浅出，强调先进性、实用性和可读性，适用于业余爱好者自学；可作为高等院校学生选修课和专业培训的教材或教学参考书；也可作为在信息领域学习的本科生和研究生的必修课教材或教学参考书；还可供从事因特网规划、设计、安装、管理的工程技术人员以及从事因特网研究、开发、教学的科研人员和教师研读。

图书在版编目(CIP)数据

下一代因特网及其新技术/敖志刚编著. —北京：
国防工业出版社,2013.1
ISBN 978-7-118-08318-7

Ⅰ.①下⋯ Ⅱ.①敖⋯ Ⅲ.①互联网络–研究 Ⅳ.
①TP393.4

中国版本图书馆 CIP 数据核字(2012)第 253680 号

※

国防工业出版社出版发行
（北京市海淀区紫竹院南路 23 号 邮政编码 100048）
涿中印刷厂印刷
新华书店经售

*

开本 787×1092 1/16 印张 25¼ 字数 581 千字
2013 年 1 月第 1 版第 1 次印刷 印数 1—2500 册 定价 65.00 元

（本书如有印装错误，我社负责调换）

国防书店：(010)88540777 发行邮购：(010)88540776
发行传真：(010)88540755 发行业务：(010)88540717

前　言

因特网是 20 世纪人类最伟大的发明创造之一,比人类历史上的任何科学发明都更加广泛、更加深入地影响着社会生活的各个领域、各个层面、各个环节、各个时段。每个人将因因特网而更加智慧、快乐和幸福;整个社会也将因因特网而更加发展、文明和进步。

经过半个世纪的发展,因特网已经逐渐演变成为一个复杂的巨系统:网络规模和用户数量巨大。据工信部统计,到 2011 年底,我国网民规模达 5.13 亿,居世界首位;世界因特网信息流量依旧保持着指数增长的趋势。随着超高速光和无线移动通信、高性能低成本计算和软件等技术的迅速发展,以及因特网创新应用的不断涌现,人们对因特网的需求越来越高,现在的因特网已越来越不适应时代的要求,必须进入下一代。

以 IPv4 协议为核心技术的因特网面临着越来越严重的技术挑战,主要包括:网络地址、带宽和速度不足,难以更大规模扩展,应用受到限制,网络安全漏洞多,可信任度不高,网络服务质量控制能力弱,网络性能较低,新设备接入和部署新协议困难,多网络融合、管理和新技术支持难以实现以及不可预测。因此,以 IPv6 为中心和许多相关新技术为主体的下一代因特网应运而生,并且正在逐步完善。下一代因特网的主要特征是比目前因特网更大、更快、更及时、更方便、更融合、更安全可信、更可控可管以及更有效益。主要表现在它是一个"即插即用、无处不在、无所不达、永远在线、应用为先、我行我素、可信可管、资源共享、良性互动"的网络。可见,因特网的下一个时代将是物体全面互联、客体准确表达、人类精确感知、信息智慧解读的时代。

下一代因特网是伴随着许多新技术的出现和发展而成长的。光因特网作为一株亮丽的奇葩,凭借其接近无线的带宽潜力和卓越的传送、复用、交换和选路而备受关注。量子因特网将以惊人的计算和超快速通信能力迈入新时代,展现其新的魅力。语义网是第三代 Web,它使人与因特网之间的交流变得像人与人之间交流一样轻松。全息网以全息思维设计、完善和改造因特网,为人类走向自由王国开启了一扇全新之门。网格计算是因特网发展的前沿领域,其本质是全球万维网升级到全球大网格。未来理想的网络模式是下一代网络,这是一种多业务和多网络的高效融合网。IPv6 的出现使因特网摆脱了地址和空间的限制,成为异构网络融合的粘接剂。目前市场上的因特网联网产品几乎是以太网产品,已有 30 多年历史的以太网,由于不断更新技术,至今已发展到 10Gb 以太网,正在开发 40Gb 和 100Gb 以太网,从而为因特网的提速注入了新的活力,使以太网时至今日仍然焕发勃勃生机,令人刮目相看。物联网是因特网功能的扩展与延伸,以其在任何时间、任何地点建立人与物、物与物之间的沟通和连接,是下一代因特网的主要应用和高级表现形式。RFID技术与因特网和移动通信等技术相结合,无需与被识别物品直接接触,就可以实现全球范围内物品的跟踪与信息的共享,最终构成联通万事万物的因特网,被认为是21世纪十大重要技术之一。云计算作为一种基于因特网,动态、可伸缩且以按需服务方式提供计算资源的全新计算和商业模式,使用户通过因特网随时获得近乎无限、取用自由、按量付费的计算能力和丰富多样的信息服务。传感器特别是网络传感器是下一代因特网感知、获取与检测信息的窗口,为实现全球物理感知提供了可能。进一步发展起来的无线传感器网络,把传感器、嵌入式计算、分布式信息处理、无线通信技术和通信路径自组织能力融合在一起,使感知信息传输给千家万户。接入网是高速因特网中难度最高、耗资最大的一部分,是目前最有希望大幅提高网络性能的环节;如何大规模拓宽网络接入的瓶颈为全球现有的10亿多条接入线提供超宽频带,已是当前因特网技术发展的焦点。

本书是近几年世界科学研究的结晶,涉及了一些相对深入的下一代因特网的前沿技术问题和较新的研究成果。我们从不同侧面,不同应用角度,推陈出新地编著出了这本反映时代发展水平和趋向的新一代图书;既做到内容全面、语言简洁、叙述清楚,又注重基本概念的介绍,注意选取常用的主流新技术;既回顾了因特网的历史,更展望了下一代因特网的未来趋势和发展;力求在创新性、前瞻性和应用性等方面形成特色。

如何让广大读者和专业技术人员在一本书中就能掌握下一代因特网基本内容和新技术,是本书写作的主要目的。我们希望此书能成为您学习的向导、工具和良师益友。通过本书的梳理和抛砖引玉,进一步激发广大同仁对相关问题的思考和研究,把握业界前沿的科技和理念。本书将为您打开一扇通往未来的窗户,帮助您拓宽视野,完善知识结构,储备适用于未来网络产业的知识和技能。相信读者经过本书的阅读,一定会对下一代因特网技术有一个全面而深入的了解,从而真正指导实践工作,使您真正有所收获。

本书经过对下一代因特网的宏观分析和研究,经过对材料的精心选取和构思,从理论和实践相结合的角度,系统地介绍了下一代因特网的精髓、核心内容、基本理论和新技术体系。具体内容包括:下一代因特网的概况、研究现状、展望和5种体系结构;光因特网、量子因特网、语义网、全息网、网格计算和下一代网络6种组网模式;下一代因特网协议——IPv6的基础知识、新版本、邻居发现协议、过渡技术和移动协议;10Gb以太网概况、体系结构、物理子层功能与协议、物理层接口和传输模式;40Gb和100Gb以太网的研究现状、性能指标、体系结构、光收发器和硬件实现方法;物联网概况、基本组成、体系结构、技术体系、标准化体系和具体应用;射频识别技术基本知识、系统结构、原理、电子标签、读写器和中间件;云计算基本知识、研究现状、发展趋势分析、体系结构和相关技术;传感器的技术基础、新型传感器和网络传感器;无线传感器网络概况、体系结构与协议和应用支撑技术;接入网基本知识、铜线接入(xDSL、HomePNA、以太网、有线电视网和电力线接入)、宽带光接入、无线个域网/局域网/城域网/广域网接入技术、接入网的部署和演进。本书力图把这些内容有机联系在一起,形成一个较为清晰、完整的体系。

本书构思新颖、深入浅出,强调先进性、实用性和可读性,适用于业余爱好者自学;可作为高校学生选修课和专业培训的教材或教学参考书;也可作为在信息领域学习的本科生和研究生的必修课教材或教学参考书;还可供从事因特网规划、设计、安装、管理的工程技术人员,从事因特网研究、开发、教学的科研人员和教师研读。

本书由敖志刚编著,参加部分编写工作的还有唐长春、张康益、王有成、王冠、毕衡光、吴海平、康兴挡和王真军。我的妻子吴迎付出了许多汗水和劳动,解放军理工大学野战工程学院工程保障信息化教研中心的领导和同事们给予了许多关爱;国防工业出版社的领导和同志们给予了许多指点、帮助和辛勤周到的服务与工作,借此机会向他们表示衷心的感谢和敬意。

在编撰过程中,尽管我们力求精益求精,但由于作者理论水平和时间所限,对许多新技术的理解尚欠深入,不妥之处在所难免,恳请广大读者批评指正。

编 著 者

2012 年 11 月 1 日

目　录

第1章　下一代因特网的基础知识 ·· 1

1.1　下一代因特网的概况 ·· 1

1.1.1　从第一代因特网到第三代因特网 ·· 1

1.1.2　现有因特网面临的挑战 ·· 2

1.1.3　下一代因特网的概念 ·· 4

1.1.4　研发下一代因特网的效应和推动力 ·· 5

1.2　下一代因特网的研究现状与展望 ·· 7

1.2.1　国外下一代因特网的研究现状 ·· 7

1.2.2　全球 IPv6 下一代因特网大规模试验网的发展状况 ······················· 9

1.2.3　中国下一代因特网的发展状况 ··· 10

1.2.4　下一代因特网研究思路与展望 ··· 12

1.3　下一代因特网的体系结构 ··· 14

1.3.1　下一代因特网的基本需求与基本问题 ····································· 14

1.3.2　下一代因特网的体系架构 ··· 15

1.3.3　下一代因特网的自治体系结构 ··· 15

1.3.4　多维可扩展的下一代因特网体系结构 ····································· 18

1.3.5　下一代因特网综合业务体系架构 ··· 19

1.3.6　可信任下一代因特网可信性处理方案和体系结构 ··························· 21

第2章　下一代因特网组网模式 ·· 23

2.1　几种新型的因特网 ··· 23

2.1.1　光因特网 ··· 23

2.1.2　量子因特网 ··· 29

2.1.3　语义网 ··· 33

2.1.4　全息网 ··· 40

2.2　网格计算 ··· 43

2.2.1　概念、特点与应用 ··· 43

2.2.2　网格系统的功能分析 ··· 44

2.2.3　网格的体系结构 ··· 45

2.2.4　网格计算的现状与发展趋势 ··· 48

2.3　下一代网络技术 ··· 49

2.3.1　下一代网络介绍 ··· 49

2.3.2　下一代网络的功能模型和所支持的协议 ····································· 50

2.3.3 下一代网络的网络结构 ·· 52

2.3.4 下一代网络的关键构件 ·· 53

2.3.5 软交换及其系统架构 ·· 54

第3章 下一代因特网协议——IPv6 ·································· 58

3.1 IPv6 的基础知识 ··· 58

3.1.1 IPv4 的缺陷 ··· 58

3.1.2 IPv6 的新特性分析 ·· 59

3.1.3 IPv6 的数据结构和首部格式 ································ 61

3.1.4 IPv6 中的地址 ·· 65

3.1.5 IP 扩展首部 ·· 69

3.2 ICMPv6 和邻居发现协议 ·· 72

3.2.1 ICMPv6 ·· 72

3.2.2 邻居发现协议 ·· 74

3.3 IPv4 向 IPv6 的过渡技术 ·· 79

3.3.1 IPv6 的演进阶段与策略 ······································ 79

3.3.2 IPv6/IPv4 双栈协议 ··· 80

3.3.3 IPv6 穿越 IPv4 隧道技术 ···································· 81

3.4 移动 IPv6 ·· 87

3.4.1 移动 IPv6 概述 ·· 87

3.4.2 移动 IPv6 工作原理和过程 ··································· 89

3.4.3 移动报文格式 ·· 91

3.4.4 移动 IPv6 的优缺点和应用展望 ······························ 95

第4章 10Gb 以太网技术 ·· 97

4.1 10Gb 以太网概述 ·· 97

4.1.1 10Gb 以太网的概念与技术特点 ······························ 97

4.1.2 10GbE 技术要点 ··· 98

4.1.3 10Gb 以太网物理层规范的表达方式 ·························· 99

4.1.4 10Gb 以太网协议标准 ······································· 100

4.2 10Gb 以太网的体系结构 ··· 103

4.2.1 10Gb 以太网技术的层次模型 ································· 103

4.2.2 帧结构 ··· 104

4.2.3 物理传输介质 ·· 105

4.3 10Gb 以太网物理子层功能与协议 ································ 107

4.3.1 调和子层 ··· 107

4.3.2 10Gb 介质无关接口扩展子层 ································· 107

4.3.3 物理编码子层 ·· 109

4.3.4 广域网接口子层 ·· 112

4.3.5 物理介质附件子层 ·· 114

4.3.6 物理介质相关子层 PMD ····································· 116

4.4　10Gb 以太网物理层接口 ·· 117
　　4.4.1　XGMII 接口 ··· 117
　　4.4.2　10Gb 附加单元接口 XAUI ··································· 118
　　4.4.3　10Gb 16 位通道接口 ··· 120
4.5　10Gb 以太网传输模式 ·· 122
　　4.5.1　10Gb 以太网传输模式简介 ································· 122
　　4.5.2　10GBase-X 传输模式 ··· 123
　　4.5.3　串行的 10Gb 局域网 10GBase-R 传输模式 ········· 124
　　4.5.4　10GBase-W 传输模式 ·· 127
　　4.5.5　10GBase-LRM ··· 128
　　4.5.6　铜缆 10GbE 10GBase-CX4 传输模式 ·················· 128
　　4.5.7　双绞线铜缆 10GBase-T 传输模式 ······················ 130

第 5 章　40Gb 和 100Gb 以太网 ··· 135
5.1　40Gb 和 100Gb 以太网的研究现状与性能指标 ···················· 135
　　5.1.1　40Gb 和 100Gb 以太网的现状 ··························· 135
　　5.1.2　IEEE 802.3ba 的目标和要求 ······························ 137
　　5.1.3　100GbE 的速率变换 ·· 137
　　5.1.4　物理层端口规范 ·· 138
5.2　40GbE 和 100GbE 的体系结构 ·· 139
　　5.2.1　40GbE 和 100GbE 的结构模型 ·························· 139
　　5.2.2　40GbE 和 100GbE 接口 ···································· 140
　　5.2.3　RS 调和子层 ·· 142
　　5.2.4　PMA 物理介质接入子层 ···································· 142
　　5.2.5　PCS 物理编码子层 ·· 143
　　5.2.6　PMD 物理介质相关子层 ···································· 145
　　5.2.7　FEC 转发纠错子层和自协商 AN 子层 ················· 146
5.3　100GbE 光收发器 ··· 147
　　5.3.1　100GbE SMF 4×25Gb/s 光收发器 ····················· 147
　　5.3.2　100GbE 多模光纤 10×10Gb/s 收发器 ················· 149
　　5.3.3　改进的 100Gb/s SMF 4×25Gb/s 收发器结构 ········· 149
5.4　100GbE 的硬件实现方法 ·· 150
　　5.4.1　100GbE PCS 和 PMA 层的并行处理方法 ············· 150
　　5.4.2　LSI 时钟方法 ··· 151
　　5.4.3　纠偏的方法 ··· 152
　　5.4.4　变速箱 LSI 的实现 ··· 153
　　5.4.5　基于汉明码的纠错 ··· 153
　　5.4.6　容错通道恢复机制 ··· 154
　　5.4.7　自动链路速度选择机制 ······································ 155
　　5.4.8　40GbE 和 100GbE 铜缆和光缆规范的收发通道 ······ 155

第6章 物联网 ··· 158
  6.1 概述 ··· 158
    6.1.1 物联网概念及其由来 ····························· 158
    6.1.2 物联网的研究进展 ································· 160
  6.2 物联网的基本组成和体系结构 ·························· 163
    6.2.1 物联网和其他网络之间的关系 ················· 163
    6.2.2 物联网的组成架构 ································· 164
    6.2.3 物联网软件系统组成 ···························· 165
    6.2.4 物联网产业链的基本组成 ······················ 166
    6.2.5 物联网体系结构设计的基本原则 ··············· 167
    6.2.6 M2M 体系结构 ···································· 167
    6.2.7 物联网的 EPC 体系结构 ························ 169
    6.2.8 物联网的体系结构 ······························· 170
    6.2.9 物联网与物理信息融合体系结构 ··············· 172
    6.2.10 物联网相关产业体系 ··························· 173
  6.3 物联网技术体系 ··· 174
    6.3.1 感知和识别技术 ································· 175
    6.3.2 支撑技术 ··· 185
    6.3.3 共性技术 ··· 188
    6.3.4 网络与通信技术 ································· 190
    6.3.5 物联网的应用技术 ····························· 195
  6.4 物联网标准化体系 ··· 198
    6.4.1 国际物联网标准的制定 ························· 198
    6.4.2 国内标准化工作 ································· 201
  6.5 物联网的应用 ··· 202
    6.5.1 物联网的应用前景 ····························· 202
    6.5.2 我国物联网应用现状 ···························· 205
第7章 射频识别技术 ··· 207
  7.1 射频识别技术的基本知识介绍 ·························· 207
    7.1.1 基本概念与技术特征 ···························· 207
    7.1.2 RFID 技术的产生、发展与展望 ················· 209
    7.1.3 RFID 的系统分类 ································ 212
    7.1.4 RFID 关键技术简介 ····························· 214
  7.2 射频识别系统的结构与原理 ···························· 215
    7.2.1 射频识别的系统结构 ···························· 215
    7.2.2 RFID 标准体系结构 ····························· 216
    7.2.3 射频识别系统的基本组成 ······················ 217
    7.2.4 射频识别系统的工作方法和流程 ··············· 218
    7.2.5 射频识别的耦合方式 ···························· 218

    7.2.6　读写器的多标签识别和防冲突原理 ·· 220

7.3　电子标签 ··· 222
    7.3.1　电子标签简介 ·· 222
    7.3.2　电子标签的系统结构与组成 ··· 224
    7.3.3　电子标签的天线 ·· 227
    7.3.4　电子标签的发展趋势 ··· 228

7.4　读写器 ·· 229
    7.4.1　读写器简介 ·· 229
    7.4.2　读写器的系统结构 ·· 230
    7.4.3　读写器的发展趋势 ·· 232

7.5　射频识别的中间件 ·· 232
    7.5.1　射频识别中间件概述 ··· 232
    7.5.2　RFID 中间件系统框架 ·· 234
    7.5.3　RFID 中间件及其产品 ·· 235

第 8 章　云计算技术与模式 ·· 237

8.1　云计算基本知识简介 ·· 237
    8.1.1　云计算概念的由来 ·· 237
    8.1.2　云计算的基本概念 ·· 238
    8.1.3　云计算的优越特性 ·· 239
    8.1.4　云计算的分类 ·· 241

8.2　云计算的研究现状与发展趋势分析 ·· 243
    8.2.1　云计算的发展历程和出现的主要事件 ·· 243
    8.2.2　国内外云计算标准化进展 ··· 246
    8.2.3　云计算发展趋势分析 ··· 250

8.3　云计算的体系结构 ·· 252
    8.3.1　云计算机体系 ·· 252
    8.3.2　云计算的组成和拓扑结构 ··· 253
    8.3.3　云计算的逻辑架构和系统结构 ·· 254
    8.3.4　云计算的技术体系结构 ··· 255
    8.3.5　云计算的服务层次结构 ··· 256
    8.3.6　云计算中的网络层次结构 ··· 258
    8.3.7　云计算服务交易市场系统模型 ·· 260
    8.3.8　主要云计算平台及其体系结构 ·· 261

8.4　云计算的相关技术 ·· 264
    8.4.1　云计算与相关计算形式的关系 ·· 264
    8.4.2　云计算的核心技术 ·· 267
    8.4.3　虚拟化技术 ·· 271
    8.4.4　云计算安全技术 ··· 276

第 9 章　新型传感器与无线传感器网络 ·············· 279

9.1　传感器的技术基础 ······································ 279

　9.1.1　传感器简介 ······································ 279

　9.1.2　传感器的分类 ···································· 281

9.2　新型传感器 ·· 283

　9.2.1　红外线传感器 ···································· 283

　9.2.2　生物传感器 ······································ 286

　9.2.3　光纤传感器 ······································ 287

　9.2.4　智能传感器 ······································ 291

　9.2.5　模糊传感器 ······································ 293

9.3　网络传感器 ·· 295

　9.3.1　网络传感器的概念和结构模型 ······· 295

　9.3.2　嵌入式网络传感器 ······················· 295

　9.3.3　基于现场总线、以太网和 TCP/IP 的网络传感器 ······· 297

　9.3.4　无线网络传感器 ···································· 299

　9.3.5　IEEE 1451 标准所规划的网络传感器 ········· 301

9.4　无线传感器网络概述 ···································· 303

　9.4.1　无线传感器网络概念特点与技术要求 ········· 303

　9.4.2　无线传感器网络的主要研究内容与应用领域 ···· 305

9.5　无线传感器网络体系结构与协议 ···················· 307

　9.5.1　无线传感器网络体系结构 ··················· 307

　9.5.2　无线传感器网络的拓扑结构 ··············· 309

　9.5.3　无线传感器网络传输协议 ··················· 311

9.6　无线传感器网络应用支撑技术 ···················· 315

　9.6.1　时间同步 ·· 315

　9.6.2　节点定位 ·· 317

　9.6.3　传感器网络的电源节能技术 ··············· 318

第 10 章　下一代因特网的接入技术 ················ 321

10.1　接入网概述 ··· 321

　10.1.1　接入网的概念与结构 ··················· 321

　10.1.2　接入技术与标准简介 ··················· 323

10.2　基于铜线的接入技术 ···························· 323

　10.2.1　xDSL 技术 ······························· 324

　10.2.2　HomePNA 接入技术与规范 ·········· 326

　10.2.3　基于以太网的宽带接入 ··············· 331

　10.2.4　基于有线电视网的接入技术 ········· 332

　10.2.5　电力线接入技术 ························· 333

10.3　宽带光接入网 ·· 335

　10.3.1　光接入网的基本概念和接入方式 ···· 335

10.3.2　光接入网的连网结构 ……………………………………… 337

10.3.3　无源光网络 PON ………………………………………… 339

10.3.4　下一代光接入网络 ………………………………………… 342

10.3.5　混合光纤同轴电缆(HFC)接入技术 …………………… 344

10.4　无线个域网接入 ………………………………………………… 346

10.4.1　蓝牙无线接入技术 ………………………………………… 346

10.4.2　红外数据(IrDA)接入 …………………………………… 351

10.4.3　HomeRF 接入技术 ………………………………………… 353

10.4.4　超宽带无线接入技术 ……………………………………… 355

10.4.5　近程双向无线 Zigbee 接入技术 ………………………… 358

10.5　无线局域网接入技术与标准 …………………………………… 361

10.5.1　基于无线的移动局域网接入方式 ………………………… 361

10.5.2　基于无线的固定接入方式 ………………………………… 361

10.5.3　无线局域网 WLAN 接入协议 …………………………… 364

10.6　无线城域网和无线广域网接入 ………………………………… 366

10.6.1　无线城域网 WMAN 接入 ………………………………… 366

10.6.2　无线广域网接入 …………………………………………… 368

10.7　下一代因特网接入网的部署和演进 …………………………… 371

10.7.1　接入网部署 IPv6 的原则 ………………………………… 371

10.7.2　接入网部署 IPv6 的演进策略 …………………………… 372

缩略语 ………………………………………………………………… 376

参考文献 ……………………………………………………………… 392

第1章　下一代因特网的基础知识

1.1　下一代因特网的概况

1.1.1　从第一代因特网到第三代因特网

因特网又称作 Internet,它始建于 20 世纪 60 年代,当时采用数据包交换方式和统一标准的信息传输控制协议(TCP,Transport Control Protocol)/网际协议(IP,Internet Protocol),其网状的数据传输方式可以在即使局部设施遭受破坏后整体仍能工作。

TCP/IP 是因特网最基本的协议,是因特网上的"世界语"。正是由于 TCP/IP 协议的支撑,我们实现了计算机之间的互联,为因特网发展奠定了坚实的基础。到 20 世纪 80 年代,因特网还主要局限于为数不多的科研人员使用,它的操作界面全是文字信息,需要计算机使用者输入命令与机器对话,这有点像以前计算机所使用的磁盘操作系统。这个阶段,因特网的典型应用是收发电子邮件、传输文件、发布文字新闻及言论等,我们称为第一代因特网。

进入 20 世纪 90 年代后,欧洲高能物理研究中心为了能更好地与全世界的高能物理研究人员开展联合研究,发明了超文本格式,把分布在网上的文件链接在一起。这样,用户只要在图形界面上单击鼠标,就能从一个网页跳到另一个网页,不仅可以看到文字信息,还可以获得丰富多彩的图片、声音、动画和影像等多媒体信息。这个阶段的因特网称作环球网(又叫万维网),它用超文本和多媒体技术改造了第一代因特网。

在环球网时代,用户只需坐在家里,就可以浏览新闻、与人聊天、订购商品、欣赏影片……环球网改变了人们工作、学习和娱乐的方式,被称为第二代因特网。第二代因特网虽然比第一代因特网先进了许多,但也暴露出了严重的弱点。一方面,这两代因特网使用的都是 IP 版本 4(IPv4,IP version 4)协议,其 32 位的地址空间只有大约 40 亿个地址可用,而且由于因特网在早期缺乏规划,造成了 IP 地址分配贫富不均的现象。IPv4 地址被分配完毕,将严重制约因特网的发展。另一方面,因特网上的信息未经过有效的规范和整理,使用起来非常不方便。

现在整个因特网就像一座堆满了书籍、无人整理的图书馆。用户只能通过手工检索大量的书目,以找到自己需要的信息。这种查找信息的方式像"地毯式轰炸",一点儿都不像"精确打击",与插上插头就能用电那种便利无法相比。

针对第二代因特网所暴露的问题,第三代因特网将从 2 个角度加以解决。一个角度是发展 IP 版本 6(IPv6,IP version 6),将地址空间由 32 位扩展到 128 位,这样,原来有限的 IP 地址将变得非常丰富,真正让数字化生活变成现实。IPv6 还能够改善端到端的安全性,有利于移动通信的发展,提高服务质量以及减轻系统管理负担。值得一提的是,在IPv6 领域,我国已经达到国际先进水平。

解决第二代因特网所暴露的问题的另一个角度是发展"网格"技术,更好地管理网上的资源,将其虚拟成为一个空前强大的一体化信息系统,在动态变化的网络环境中,共享资源和协同解决问题,从而让用户从中享受可灵活控制的、智能的、协作式的信息服务,并获得前所未有的使用方便性。在这一点上,世界主要国家和地区都把发展网格技术放到了战略高度,纷纷投入巨资,抢占战略制高点。

1.1.2 现有因特网面临的挑战

在因特网获得了高速发展和应用普及的同时,其用户群体和外部环境也都发生了巨大的变化,因此,现有因特网已经被推向其能力的极限,面临着严重的挑战,其问题也越来越明显地暴露出来。

1. 安全、可信、可管问题

因特网最初是设计用于"用户自律、彼此信任"的小规模网络环境的,因此没有内置相关的安全机制。比如原来假设因特网的终端(如 PC)是在封闭环境下使用的,因此操作系统和应用系统软件也就只考虑了这种环境下的安全问题,不会去考虑开放环境下操作系统和应用的安全问题,终端的安全性也就主要依靠的是"物理隔离"。对于末梢网络,与因特网一起成长起来的以太网技术也是这样的假设,即只是在一个小范围的、可以相互信任的内部使用的局域网技术。因此,因特网后来解决安全的主要思路是"打补丁",但遇到的问题是用户不愿意让解决安全问题的方案导致因特网易用性的降低,并且同时希望把安全责任转嫁给别人。因此,当成千上万的病毒和蠕虫等驻留在 PC 和软件中时,从用户到软件开发商再到因特网服务提供商(ISP,Internet Service Provider),谁都不需要为此而负责。人人都对因特网安全负责,那就意味着人人都不需要对因特网安全负责。

现有因特网对恶意攻击几乎不设防,安全体系先天不足。由于网络安全的脆弱性,引起危害损失的不可预测、不可恢复、不可控制,也造成人们对网络的不信任。纵然有防火墙、杀毒软件等措施,还是不能保证网络的绝对安全。构建可持续发展的因特网安全信任机制也将是因特网面临的巨大挑战之一。

目前因特网已被公认为不可控、不可管系统,在面对盗版和黄色等非法行为和内容时缺乏有效的监管手段,因此造成了巨大的损失。

2. 对新应用、新设备、高速传输的支持问题

随着网络应用的普及,计算机网络也产生了许多新的应用,像分布式多媒体应用(如视频会议、视频点播、IP 可视电话、远程教育等),不仅包括文本数据信息,还包括话音、图形、图像、视频、动画这些类型的多媒体信息。这类应用不仅对网络有很高的带宽要求,而且要求信息传输的低延迟和低抖动。由此可见,高速网络中的多媒体应用对网络提出了不同于最初数据应用的服务质量要求,需要提供端到端的服务质量控制和保证。

同时,最初的计算机网络主要面向固定主机,而随着计算机技术、传感器技术、通信技术的发展,设计出了许多可移动的、精简的计算机系统,或其他移动设备,这些系统也具有接入因特网的需求。再如随着光通信技术的成熟,无论是主干网还是个人终端,将向更高速发展,现在的交换模式及协议将不适应高速传输的需求。

3. 部署新协议困难

因特网采用层次型网络体系结构,对等层之间的通信要采用相同协议。这使得新协议能广泛应用于因特网都需要一个前提:通过标准化过程成为一个标准协议。但针对用户需求的新协议,从提议到形成标准需要多年的时间和周期,使得网络提供商无法针对用户需求变化而及时地提供相应服务。所以目前的因特网体系结构缺乏灵活性,新协议和新服务不能及时应用到因特网中,延缓了因特网基础设施的进化速度。

4. 性能问题

到目前为止,因特网已经拥有超过 44 万台骨干路由器和 900 万条边界网关协议(BGP,Border Gateway Protocol)路由,谷歌索引的网页数目累积到 1 万亿以上,视频网站每分钟增加 13h 的视频内容。相对于这些应用,因特网流量正在以每年 50% ~60% 的速度增长。随着物联网概念的引入,将会有数以万亿级的物品接入因特网。因特网正在日趋庞大和复杂化,如何使其具有良好的性能,将是因特网发展的首要问题。

5. 地址扩展性问题

虽然理论上 IPv4 的地址数可以达到 40 亿个,但由于地址分配的不合理和不平衡,以及因特网规模、覆盖范围和用户的高速增长,因特网应用范围和新应用的层出不穷(尤其是近年来移动因特网、物联网和家庭网络等的兴起),都对 IPv4 地址资源的日益短缺产生了重要的影响。

6. 路由扩展性问题

全球路由表一直呈现出超线性的增长速度。路由表的不断膨胀导致运营商不断更换新的路由器,运营成本也不断上升,但用户感受到的转发性能却不断下降。造成路由表快速增长的主要原因是流量工程(约占 1/3)、用户的多宿主接入和更小地址前缀(主要用于路由优化和流量分摊)越来越多等。

7. 服务质量问题

因特网只提供最基本的"连通性"服务,即最大限度地把不同的网络与网络、网络与终端连接起来,而连通过程中的质量和安全如何保证等没有考虑在设计之内。造成因特网只是提供尽力而为(Best Effort)服务的原因是多方面的,主要是因为无连接的包交换技术、动态路由技术、智能终端和多应用支持等造成的。

8. 移动性支持问题

因特网的设计是基于固定(有线)方式的接入、终端是计算机的环境考虑的,未能考虑移动应用环境中无线网络和小型终端可能带来的问题,这直接体现在 WWW/TCP/IP 等协议的设计上。例如,IP 地址同时具有定位(Locator)和身份标识(Identity)的作用,当在移动环境下网络附着点发生变化而身份信息不变时,IP 地址的双重作用出现冲突,导致因特网无法直接支持移动性。

9. 利益冲突问题

"端到端透明"的因特网,使得参与因特网的用户、ISP、因特网内容服务供应商(ICP,Internet Content Provider)、软件商和内容商等之间的地位平等了,这在带来了因特网繁荣和发展的同时,也使得不同角色之间缺乏"利益冲突"的相互制衡机制。这种冲突主要体现在用户和 ISP,ISP 和 ICP 以及 ISP 相互间的网间结算 3 个方面。例如,用户和 ISP 之间"自助餐式"(即包月制)的计费方式,使得支付同样费用的 5% 的个人对个人(P2P,Person to Person)用户占用了 50% 的网络资源;内容提供商对因特网的盗版问题深恶痛绝,多年抗争却几乎没有什么效果。ISP 网间结算政策是小 ISP 向大 ISP 付费,"穷人向富人交钱",是一种典型的不平等协议,也是导致全球性范围内的因特网鸿沟越拉越大的原因之一。

10. 域名服务问题

域名服务器(DNS,Domain Name Server)是因特网后来加上去的,最初目的是为了方便用户使用的"增值服务",但目前已经成长为因特网主要基础设施。域名服务系统采用的是层次化结构,全球有 13 台根服务器处于最顶层,其中一些根服务器由营利性公司(美国 VeriSign)来管理。这种全球性因特网的关键服务,由一个国家实际控制下的公司来运作的现象,公正性已经受到了多方质疑。此外,DNS 系统技术的脆弱性使其容易受到攻击。2008 年,Dan Kaminsky 发现 DNS 协议存在巨大漏洞,震惊了全球因特网界;2009 年 5 月,暴风影音的漏洞导致我国 10 余个省市 DNS 域名解析服务瘫痪。因特网工程任务组(IETF,Internet Engineering Task Force)的 DNSSec 工作组在现有的协议上增添了加密和认证功能,但实际应用发展缓慢。

11. 绿色问题

目前,信息和通信技术(ICT, Information and Communication Technology)产业对全球 GDP 贡献约为 7% ,CO_2 排放量约 2% ,与全球航空运输业相当。而 ICT 产业 CO_2 的排放主要来自与因特网密切相关的计算机(40%)和服务器(23%)。到 2007 年,因特网耗电量约占全球总电量的 5.4% ,美国因特网耗电量约占美国总电量的 9.3% ,中国约占 4.3% (笔者的估算),ICT 已经成为全球第 5 大耗能产业。服务器的电费成为相关企业的高额支出,如 Google 的 100 万台服务器每年电费已经超过了购买这些设备的费用,Google 的 1 次搜索,其所消耗的能量相当于 11W 的灯泡亮 1h。

1.1.3　下一代因特网的概念

下一代因特网(NGI,Next Generation Internet)是以 IPv6 为核心,包括一系列新技术和新应用的全新因特网架构,可有效支撑物联网、智慧地球、云计算等新的信息化应用的网络模式。NGI 与现有因特网的区别不仅体现在技术层面上,还存在于应用层面上,将给许多技术提供更广阔的施展空间,虚拟现实技术、流媒体技术、无线技术、网格技术、网络存储技术等都将在 NGI 上得到广泛应用。

从协议角度看,NGI 是基于 IPv6 协议的因特网;从资源角度看,NGI 是网格;从内容角度看,下一代万维网是语义万维网或语义网;从带宽角度看,NGI 是宽带因特网或高速因特网;从移动角度看,NGI 是宽带移动因特网。

NGI 技术是崭新的,从光纤到路由、交换器,再到上层的服务器,甚至操作系统、各种系统软件,以及与此相关的各种标准,都将产生革命性的变革。NGI 将不仅仅是一个网站的集合,而是一个应用和信息发布的全球性计算平台,并将取代传统的客户机/服务器模式。在 NGI 中,各种家电、汽车电子、通信设备都将全面联网,使数据、话音和视频等网络实现真正意义上的融合。它将把人类带进真正的数字化时代:家庭中的每一个物件都将可能分配一个 IP 地址,一切都可以通过网络来调控。NGI 还是一类社会概念的因特网,互联的不仅是终端(PC、计算机、手机等),而是真实的社会需要。作为最有竞争力的主流媒体,NGI 的盈利能力将是现在因特网的 100 倍以上。

从另一个角度来说,NGI 是一个"无所不在"的网络,网络环境包含 5 个"A",即"任何时间(Any Time)"、"任何地点(Any Where)"、"任何设备(Any Device)"、"任何服务(Any Service)"以及"安全性(All Security)",其传播环境如图 1-1 所示。业界一般认为 NGI 应当是"即插即用、无处不在、无所不达、永远在线、应用为先、我行我速、可信可管、资源共享、良性互动"的网络。

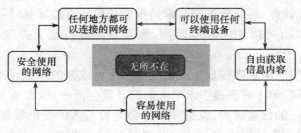

图 1-1 "无所不在"传播环境示意图

因为因特网的发展是在一定的历史时期内进行的,所以它的更新换代也是一个循序渐进的过程,目前还没有一个完整的描述性的定义,只能给出以下在学术界共识的主要特征。

(1)更大:地址空间更大,从 32 位扩展到 128 位;网络规模将更大,接入网络的终端种类和数量更多,网络应用更广泛。

(2)更快:一是速度更快,NGI 将比现在的网络速度提高 1000 倍~10000 倍;二是采用端到端的无障碍传输,节点更少,效率更高,真正的数字化生活将来临。

(3)更安全:可进行网络对象识别、身份认证和访问授权,具有数据加密和完整性,实现一个可信任的网络。在确保网络畅通的同时,保证黑客、病毒攻击更有据可查。

(4)更及时:提供组播服务,进行服务质量控制,可开发大规模实时交互应用。

(5)更方便:无处不在的移动和无线通信应用,提供智能化和个性化服务。人们可以随时、随地、用任何一种方式高速上网,任何可能的东西都会成为网络化生活的一部分。

(6)更可信、可控、可管:以开放和共享为宗旨,建立安全保障,有序的管理、有效的运营和及时的维护体系,实现对用户和应用的可知、可控、可管,并使网络更加节能。

(7)更融合:NGI 能够与移动通信、物联网、云技术等新型融合应用有机结合。

(8)更有效:有盈利模式。由于 NGI 所具有的广泛性和大众化的特点,它将改变人类现有的生活方式、行为方式和思维方式,网络信息也会以人们想像不到的速度增长。未来的时代将是私人直接上网的设备难以计数,不再局限于计算机和手机;网络用户遍布城市乡村,不再局限于知识群体。所以,NGI 可取得重大社会效益和经济效益。

1.1.4 研发下一代因特网的效应和推动力

因特网的发展创造了人类前所未有的因特网经济、文化、科研等新事物,因特网经济、文化和科研等又成为因特网向宽带、高速发展的巨大推动力。

发展 NGI,对于实施国家信息化战略,融入全球信息化发展新进程,发展知识经济、扩大内需、创造就业机会、促进节能减排和绿色发展,增强我国在因特网领域的整体实力和国际竞争力,实现建设电信强国的发展目标,具有重要的战略意义。

NGI 在有效调整、改造和优化传统产业,促进产业升级,促进服务业的创新和升级方面将发挥积极作用,也将给我国核心设备生产厂家重新洗牌的机会。目前,研究 IPv6 核心路由器的中国厂商有中兴、华为、比威等,如若我们能参与 NGI 国际标准的制定,无疑对我国的核心设备生产厂商迈向全球提供可贵机遇。

依托 NGI 技术优势,可以为国家重大科研基础设施建设、大科学工程提供网络技术支撑;可以为高性能计算、科学数据和文献情报的获取和管理、网络科普和教育、高速虚拟实验室提供新的手段;可以面向环境监测、地震监测等特定业务建立有效的网络基础设施。

如同水、电一样,网络越来越成为人们生活中不可或缺的基础设施。作为物理社会和虚拟世界的沟通桥梁,NGI 将渗透于未来人们的日常生活中,极大地方便和丰富人们的生活、惠及全民,激发人的创造活力,促进和谐社会建设与人的全面发展。由于 NGI 的地址空间近乎无穷,可以为因特网上的每一台装置都分配一个唯一、永久的地址,从而实现装置的"始终在线",并可以使任何一台装置直接与其他装置进行端到端的连接。通过手中的移动终端,NGI 可以实现"人"与"物"的远距离沟通与交流。只要有一个类似于手机这样的移动终端,无论是在办公室还是户外或是别的什么地方,都可以享受网络带来的便利。IPv6 两个最耀眼的应用:无线与视频将会融入未来人们的生活中,为人们提供学习、工作以及消遣娱乐的畅快体验。

同时,网络与生活的紧密结合,将为更多人实现自己的梦想创造平台。借助这个技术平台,传统社会生活中地域的概念被彻底打破,让没有多少资源的普通人,可以通过技术创新、服务创新以及业务流程创新等成就自己的梦想。

专家预测,NGI"无处不在"的特点,必定改变人类现有的生活方式、行为方式和思维方式,网络信息量也会以人们想像不到的速度增长。届时,网络人群遍布城市乡村,不再局限于知识群体,依托因特网,全社会的创新活力将被广泛激发。

NGI 巨大的地址空间可以为全球每一个在用的家电分配一个真实的 IPv6 地址。理论上讲,每一个 IPv6 家电都可以和任何其他 IPv6 因特网主机或者其他 IPv6 家电进行任何形式的数据交流。如此宽泛的技术基础为任何希望进行的、以数据交换为支撑的家庭网络应用都可以提供广泛的支持和实现。像家电远程控制、家庭间媒体数据共享、三表远抄、远程医疗、物业安全管理等应用和家庭内部数字视频(DV,Digital Video)、数字影碟(DVD,Digital Video Disk)、电视机等媒体设备的资源传送、智能控制终端、灯光自动调节、窗帘自动开启等都可以通过 NGI 来实现。无处不在的网络很大程度上使人们摆脱了空间的制约。

通过 NGI,每天早上一起床,拿起遥控器轻轻点触就能知道室外天气情况,衣柜中适合穿着的衣服也一同呈现;开车时照样能监视家中的一举一动;在路上,你可以通过手中的遥控器为光临家里的客人开门、开灯、煮咖啡,也可以在办公室查看家里的情况;当你正在看电视忽然有电话打进来,因特网将主动把电视机调成静音,接完电话后声音再自动恢复,专家设想的这一幕幕,将随着 NGI 一起融入我们的生活。

NGI 支持从科学到人文艺术等各个领域的应用研究。目前在 NGI 上开发的应用有交互式协作、对远程资源的实时访问、协同式虚拟现实、大规模分布式计算和数据挖掘等。

这些先进的技术可以应用在各个方面,如在人文艺术方面:教师可以通过远程视频交互系统,指导学生的舞蹈学习,可以集中网络上的音乐艺术家、媒体艺术家共同交流艺术。在医疗卫生科学方面,NGI 可以使学生、研究员、医生等协同和交互地访问信息和资源;可以用于外科医疗的训练、预诊、交互式诊治、脑切面分析等。通过安全、可靠地传输医学图像和视频,全国医院可实现联网,乡村医院的病人可以得到大城市名医的诊疗与手术,使城乡医疗卫生资源得到合理配置与使用。在交通方面,每一辆汽车都有一个 IP 地址,通过它,运营者可以及时了解、控制交通运行情况,从而进行有效管理及控制。

1.2　下一代因特网的研究现状与展望

1.2.1　国外下一代因特网的研究现状

从 1996 年起,发达国家就开始对因特网展开更深层次的研究。世界各国的 NGI 研究计划不断启动、实施和重组,其研究和实验正在不断深入。从国家地域方面看,美国、日本、韩国和欧洲都有其各自的计划和举措;从研究内容方面看,有的关注网络基础设施和试验平台的建立,有的关注体系结构理论的创新;从技术路线上看,有的遵从"演进性"的路线,有的遵守从零开始的"革命性"路线。

1. 美国的 NGI 的研发情况

美国不仅是第一代因特网全球化进程的推动者和受益者,而且在 NGI 的发展中仍然扮演着领跑者角色。

美国政府于 1996 年 10 月宣布启动 NGI 研究计划。作为 NGI 计划的一个补充部分,美国 34 所大学联合发起 Internet 2 研究计划,其目的是利用现有的网络技术来探索高速信息网络环境下的新一代网络应用,同时力图发现现有网络体系结构理论的缺陷部分,为新的信息网络理论研究提供需求依据。

早在 2000 年,美国启动了 NewArch 项目,其目标是"为未来的 10 年～20 年开发和评价一种加强的 Internet 体系结构"。NewArch 项目研究了因特网变化的需求,并对一些关键的体系结构问题和思想进行了探索,形成了一系列的报告。但其具体实现方案中仍然沿用了现有因特网技术,仅仅在应用层进行了功能性验证。

2003 年,美国国家科学基金会(NSF,National Science Foundation)启动 Clean State 100 × 100 研究计划,针对"推倒重来,从零开始"的设计方法论、全面的网络框架及网络拓扑设计、网络协议栈设计等 3 个方面展开 100Mb/s 上网。该项目现在已经结束,并未达到预期的目标。

2005 年,美国 NSF 出资 3 亿美元提出全球网络创新环境(GENI,Global Environment for Network Innovations)计划。GENI 计划的目的是构建一个全新的、安全的、可靠的、可管理的能够连接所有设备的因特网,以促进因特网的发展,并刺激科技创新,促进经济增长。GENI 由研究计划和实验设施两部分组成。"研究计划"的重点是研究创造新的核心功能,包括要超越现有的数据报、分组和电路交换框架,设计新的命名、寻址和身份识别体系结构,设计内置的网络安全机制和新的网络管理机制,使 NGI 具有高度安全性和可管理性;"实验设施"的重点是研究能够提供包括传感器和无线移动通信设备等在内的多种接入技术,并能够部署和验证新的体系结构。到目前为止,GENI 已基于美国新一代因特网 Internet 2 开展了针对网络安全、开放式全球测试平台(PlanetLab)、网络控制与测量、资源分配及传感器融合、无线网络等 5 种对象的网络控制框架,以保障网络资源(如处理器,路由器)能得到最大限度的共享,因特网用户需求得到最大程度的满足。

GENI 项目的发展遵循一种结构化的自适应的螺旋式的过程,包括规划、设计、实现、集成和应用。2009 年 1 月,GENI 实现了新的原始的端到端的工作模型的开发、整合和试运行。下一阶段,建立真正的大规模的虚拟实验环境,加强国际合作是其重点。

2006 年,NSF 再次启动全新因特网设计(Clean State Design for the Internet)项目,除了斯坦福大学等高校的团队以外,还有众多工业界伙伴参与。项目目标是通过建立网络互联、计算和存储的创新平台来彻底改造因特网基础设施和服务,其重点是移动计算。

2009 年,美国 NSF 启动网络科学与工程(NetSE,Network Science and Engineering)的研究计划,并把 FIND、SING、NGNI 等 3 个项目并入到 NetSE,希望通过跨学科、跨领域的联合研究,以解决目前因特网存在的安全性、服务质量(QoS,Quality of Service)保障、可扩展性等诸多问题。NetSE 的组成如图 1－2 所示。

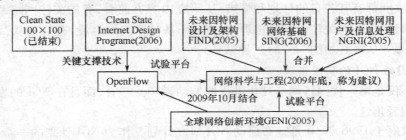

图 1－2　NetSE 组成

2. 欧洲的 NGI 的研发情况

2001 年欧共体正式启动 NGI 研究计划,在进行了一系列的前期研究后,建立了横跨 31 个国家的主干网 GeANT,并以此为基础全面进行 NGI 各项核心技术的研究和开发。

2004 年欧盟开始 NGI 的部署,以争取在全球新的战略部署中取得优势地位。欧盟的 NGI GeANT2 是第七代泛欧的教育科研网络,该项目于 2004 年 9 月 1 日启动,由欧盟委员会和欧洲 36 个国家教育科研网络共同资助。除了构筑教育科研网络以外,GeANT2 计划还包括研究整合计划、支撑服务开发、欧洲教育科研网络水平监测、未来欧洲教育科研网络综合研究等。从实际措施来看,欧盟已经在该技术上投入了 4000 多万欧元,但目前相关产品还未达到商用水平。

2006 年欧盟相继启动了 ANA、BIONETS、HAGGLE 等项目。2007 年启动了 ICT FP7,EFIPSANS 为其中的项目之一。它们虽然从不同的研究视角出发,但研究目标都是分析未来因特网的需求,设计适应未来因特网发展的网络体系结构。

2007 年,欧盟启动未来因特网研究和实验平台计划 FIRE,其目标是探讨未来因特网的网络体系结构和协议的新方法,建立欧洲未来因特网实验平台,支持有关解决网络可扩展性、复杂性、移动性、安全性以及透明性问题的新方法研究。

2008 年欧盟启动了信息通信领域第七框架计划(FP7)研究项目 EFIPSANS,其目标是在 IPv6 的基础上设计和构建自治网络和服务,目前已提出了一个通用的自治网络体系结构。

3. 日本的 NGI 的研发情况

日本早在 20 世纪 90 年代中期就开始关注 NGI 的发展,并在 IPv6 的研究上投入了巨大的精力,而且联合韩国与新加坡在 1998 年发起建立亚太地区先进网络 APAN,加入 NGI 的国际性研究。日本目前在 IPv6 科学研究及产业化方面占据国际领先地位。

2000 年以前,日本就正式提出了"e-tapan"构想。2000 年 9 月日本政府把 IPv6 技术的确立、普及与国际贡献作为政府的基本政策公布,并在 2002 年财政预算中拨出专款作为实施计划的费用。

2006 年,日本政府启动新一代网络架构设计 AKARI 项目。AKARI 计划 2010 年前完成体系结构图的设计,并在过去的 4 年中研究了大量现有的技术方案。其目标是在 2015 年前研究出一个全新的网络构架,并完成基于此网络架构的新一代网络的设计。

另外,韩国等许多国家也都已相继启动了未来因特网的研究计划,并纷纷投入到研究之中。韩国于 2006 年启动的未来因特网论坛(FIF,Future Internet Forum)在世界上影响很大。

1.2.2 全球 IPv6 下一代因特网大规模试验网的发展状况

因特网发展的历史证明,因特网技术和实验物理学非常相似,其研究和技术的发展一定要有大规模实验环境的支持和验证。目前的因特网正是在 1986 年美国 NSF 开始建设的第一个大规模采用 TCP/IP 技术的因特网主干网 NSFNET 基础上逐步发展起来的。

正是基于因特网研究的这一重要特点,世界发达国家 NGI 研究计划的重要内容之一就是建设大规模的 NGI 试验网。目前,世界上著名的 NGI 组织及其试验网主要包括:

(1) 美国学术网 Internet2 及其主干网。成员包括美国 300 多所大学和科研机构、公司和国际学术网合作伙伴;主干网速率高达 100Gb/s;采用 IPv4 和 IPv6 双栈协议;可支持高速的 NGI 技术和应用。

(2) 第二代欧盟学术网的主干网 GANT2。它是面向 NGI 研究的第二代泛欧洲学术主干网;已连接 34 个欧洲国家的学术网,进而连接了欧洲 3500 多所主要大学和科研机构;主干网速率为 10Gb/s;采用 IPv4/IPv6 双栈技术;为欧洲各领域的前沿学术研究提供了最先进的网络基础设施。

(3) 亚太地区先进网络 APAN 及其主干网。它由亚太地区各国学术网共同合作,旨在规划、建设和运行连接亚太地区各国学术网,并推动亚太地区 NGI 技术和应用的学术研究,以及与世界其他地区 NGI 试验网及其应用研究广泛合作;已有 39 个成员;日本、韩国、中国、澳大利亚和新加坡等国家在 APAN 中发挥了重要作用。

(4) 跨欧亚高速网络 TEIN2 及其主干网。它在欧盟第六框架计划下,为促进亚欧学术网络之间的高速互联而启动的国际合作项目;主干网 2005 年 12 月开通,其核心节点包括北京、香港和新加坡,从北京和新加坡分别与欧洲的哥本哈根和法兰克福实现了高速互联,东京与北美实现了 10Gb/s 的互联;采用 IPv4 和 IPv6 双栈技术;提高了欧亚间和亚洲各国之间学术因特网的信息传递速度,促进了这些国家之间的科技合作,已成为亚太地区唯一统一运行和管理的 NGI 主干网。

另外,中国下一代因特网(CNGI,China NGI)及其主干网,日本第二代学术网 SUPER

SINET 和加拿大新一代学术网 CA＊net4 等也是国际 NGI 试验网的重要组成之一。经过 10 年的发展，全球各国学术网已实现了高速互联，形成了国际 IPv6 NGI 大规模试验网的主体。

1.2.3　中国下一代因特网的发展状况

1996 年起中国就开始跟踪和探索 NGI 的发展。

1998 年，中国教育和科研计算机网（CERNET，China Education and Research Network）采用隧道技术组建了我国第一个连接国内八大城市的 IPv6 试验床，获得第一批 IPv6 地址。

1999 年，与国际上的 NGI 实现连接。

2001 年，以 CERNET 为主承担建设了中国第一个 NGI 北京地区试验网 NSFCNET；同年 3 月，首次实现了与国际 NGI Internet2 的互联。不难看出，中国在短短几年的时间里，拉近了与美国、欧洲等西方发达国家和地区在因特网研究与建设方面的距离。

2002 年，我国 57 位院士上书国务院，提出"建设我国第二代因特网的学术性高速主干网 CERNET2"。

2003 年 8 月，国务院正式批复由国家发改委、中国工程院、信息产业部、教育部等 8 个部门联合启动的"中国 NGI 示范工程 CNGI"。同年 12 月，国家发改委批复了 CNGI 示范网络核心网建设项目可行性研究报告。该项目的主要目的是搭建 NGI 的试验平台，IPv6 是其中要采用的一项重要技术。

2003 年 10 月，连接北京、上海、广州 3 个核心节点的 CERNET2 试验网率先开通，并投入试运行，其中 CNGI-CERNET2 建成了全球最大的 IPv6 网络。

2004 年 1 月 15 日，包括美国 Internet2、欧盟 GEANT 和中国 CERNET2 在内的全球最大学术性因特网，在比利时首都布鲁塞尔欧盟总部向全世界宣布，同时开通全球 IPv6 NGI 服务。

2004 年 3 月，CERNET2 试验网正式向用户提供 IPv6 NGI 服务。到 2004 年 12 月底时就初步建成"中国 NGI 示范工程"的核心网 CERNET2，它以 2.5Gb/s ～ 10Gb/s 的速度，连接全国 20 多个主要城市的 25 个核心节点，为数百所高校和研究院所提供 NGI 的高速接入，并通过中国 NGI 交换中心的 CNGI – 6IX 高速连接国外 NGI。CERNET2 主干网采用 IPv6 协议，为基于 IPv6 的 NGI 技术提供了广阔的实验环境。CERNET2 部分采用我国自主研制具有自主知识产权的世界上先进的 IPv6 核心路由器。

目前基于 CNGI-CERNET2 已经部署了包含 12 个真实地址实验自治系统的可信任 NGI 试验床。其中部署了真实地址网络设备原型系统，流量监控系统，可信任安全服务系统，可信任电子邮件、公告板系统（BBS，Bulletin Board System）和 IP 话音（VoIP，Voice over IP）等应用，如图 1 – 3 所示。

2005 年和 2006 年共设立 103 个 CNGI 技术试验及产业化项目，其中技术试验、应用示范和标准研究项目 56 个，系统研发及产业化项目 47 个。

2008 年底开始，国家组织实施 CNGI 试商用项目，包括列入国家拉动内需计划的"教育科研基础设施 IPv6 技术升级和示范应用"重大项目，以及 46 个业务试商用及产业化项目。建成了大规模 NGI 示范网络，提供了重大科研和新型业务的试验床。

10

CNGI 示范网络包括 6 个主干网、2 个交换中心、273 个驻地网。其中,由中国教育和科研计算机网 CERNET 网络中心、中国电信、中国联通、中国网通/中科院、中国移动、中国铁通承担建设了 6 个 CNGI 主干网,覆盖了全国 22 个城市,连接了 59 个核心节点。在北京和上海分别建成 2 个 CNGI 国际/国内互联中心,实现了 6 个主干网之间的互联,并连接了美国、欧洲、亚太地区的 NGI。在全国 100 所高校、100 个科研单位、73 个企业建成了 273 个 IPv6 驻地网,通过核心节点接入主干网。

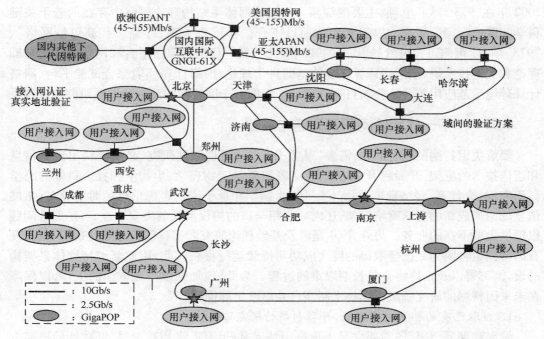

图 1 - 3 基于 CNGI-CERENT2 的可信任 NGI 试验床

据统计,CNGI 示范网络的国产设备使用率达到 50% 以上。许多产品已经批量投入市场,技术水平达到国际先进水平,如华为、比威等公司的路由器和交换机,上海贝尔阿尔卡特公司的宽带接入设备,武汉烽火公司的因特网关,北京中星微公司的音/视频监控摄像终端,北京神州数码公司的无线传感器网络节点等。

CNGI 瞄准国际前沿,技术起点高,取得了一大批创新成果。如"基于真实 IPv6 源地址的网络寻址体系结构"和"IPv4 over IPv6 网状体系结构过渡技术"均属国际首创,达到了世界领先水平。据不完全统计,在 CNGI 建设过程中,共申请国内专利 763 项(已取得授权 12 项,绝大多数为发明专利)。在国际标准方面,向国际移动通信组织提交文稿 27 项;向国际电联电信标准化部门(ITU-T, International Telecommunications Union-Telecommunication Standardization Sector)提交文稿数十篇,获得批准 2 项建议;向国际标准化组织(ISO, International Organization for Standardization)信息安全技术领域(IEC JTC1/SC27)提交草案 1 项;向国际 IETF 提交认证请求(RFC, Request For Comment)技术标准草案12 项,其中 2 项获得批准,开始参与因特网核心技术的国际标准制定。

CNGI 发展面临的问题和挑战是产业整体还较弱,产学研用结合程度还不够紧密,运营商的创新性还不明显,尚未形成包括设备制造、网络运营、软件和信息资源开发、信息服务、终端研制的产业链;我国已经开始积极参与因特网国际标准制定,但要获得国际认可还要付出更大的努力;人才队伍的数量和质量还不能满足参与激烈国际竞争的要求。同时,也有一些需要各国面对的共性问题,如技术路线难以确定,缺乏特色业务和应用等。

在 NGI 的其他研究方面以"NGI 中日 IPv6 合作项目"为先导,开始了中国 NGI 的工业性示范时代。清华大学、北方交大等高校分别开展了新一代因特网体系结构、一体化可信网络与普适服务体系等 NGI 相关的研究工作。其中,新一代因特网体系结构理论于2002 年在"973 计划"立项,主要围绕新一代因特网体系结构理论研究中存在的若干关键科学问题进行理论研究。以后开展的项目还有:"863"重大项目"新一代高可信网络"、"973"项目"可测可控可管的 IP 网的基础研究"、新一代网络应用平台和网络管理的基础理论和关键技术研究、网络计算环境的基础科学理论、网络计算环境综合试验平台、网格计算环境示范应用等。这些项目充分显示了中国对于因特网的演进和发展研究的重视。

1.2.4　下一代因特网研究思路与展望

要解决因特网的现有问题,需要"从零开始"开展创新性研究,必须要跳出现有信息和通信技术的框架,开展后 IP 相关研究。既需要基于物理学、生物学和社会科学的跨学科研究(社会计算、经济理论、博弈论、计算生物学和量子论),考虑信息的时空分布,拓展信息理论形成新的通信网络框架,还需要采用全新的协议彻底解决安全性、可扩展性问题以提供无所不在的业务。另外,NGI 是涉及基础理论研究和工程创新的复杂系统工程,现有因特网也将因为其已经取得的巨大成功而持续运行很长时间,因此新因特网体系架构的设计、部署以及推广将会是长期艰难的过程。为此,应加强以下几方面的工作,以保障在未来因特网的研究领域占据技术制高点并形成集群优势。

1. 吸取已有的相关研究经验,开辟创新的研究路线

发展和部署 NGI,还需要立足于现有因特网基础设施,采用跨学科、开放性的研究方法,建立创新的网络体系架构,寻求路由/交换、命名/寻址等关键技术的重大突破,从而更好地支撑现代服务业、网络新媒体、物联网等新型业务,推动现有因特网业务向未来业务的迁移,最终形成完整的因特网下一代体系架构。

应该解决目前因特网在扩展性、高性能、实时性、移动性、安全性、易管理和经济性等方面存在的重大技术问题。如何向 NGI 发展,目前有两种技术路线,即演进路线和从零开始路线,它们的主要区别在于是否沿用现有因特网端到端透明的体系结构。

演进的技术路线是不改变现有 IP 网络的体系架构,采用协议增强或者网络功能增强技术解决现有问题。如使用 IPv6 协议解决 IPv4 面临的地址空间危机,采用 IP 安全(IP-sec,IP Security)机制增强 IP 报文的安全性;使用多协议标记交换(MPLS,Multiprotocol Label Switching)协议加快路由处理速度;引入 IP 多媒体子系统(IMS,IP Multimedia Subsystem)增强 IP 网对多媒体的处理等。

从零开始的技术路线不考虑与现有因特网的兼容性,旨在设计全新的从零开始的网络架构,即重新探讨地址、域名解析、路由等基本问题,重新设计网络架构、协议、应用。这种网络不仅可以支持现在的各种业务,包括有线、无线、固定、人与人、人与物、物与物的服务,而且可以满足未来多种网络、多种应用的叠加,从根本上解决原有体系结构存在的问题。

12

2. 加强创新团队建设,吸纳国外优秀人才

在创新团队建设上,需要突破以往学科之间各自为战的弊端,开拓一个跨学科、跨国界的科研平台,培养一批兼具独立思考能力与融合创新能力,视野开阔、善于合作的科研骨干。同时通过"千人计划"、"百人计划"等人才引进方式,吸引相关研究领域的优秀人才,或通过顾问的形式聘请国外未来因特网的领军人物,从而借鉴和吸纳国外前沿研究成果,提升研究水平。

3. 积极参与国际合作,加强标准化工作

积极开展对外合作交流,建立与 NetSE、FIRE、AKARI 等研究计划的良好合作关系,借鉴、吸收新的研究思路,提升国际、国内影响力。加强与中国通信标准化协会等国内标准化组织的合作,并积极参与以 ITU-T 的 FG-FN 为代表发起的国际标准化工作,为我国在因特网下一代标准化方面占据有利位置。

4. 加强可信任 NGI 的技术研究

可信的 NGI 应具有如下特性:①实现系统和信息的保密性、完整性、可用性;②真实性,即用户身份、信息来源、信息内容的真实性;③可审计性,即网络实体发起的任何行为都可追踪到实体本身;④私密性,即用户的隐私是受到保护的,某些应用是可匿名的;⑤抗毁性,在系统故障、恶意攻击的环境中,能够提供有效的服务;⑥可控性,指对违反网络安全政策的行为具有控制能力。可以预见,未来可信任因特网的研究主要涉及以下几个方面。

(1) 可信任 NGI 体系结构和标准体系,以可信任因特网为基础支持三网合一。

(2) 可信任 NGI 真实地址关键技术,以及支持真实地址的路由器、交换机和专用网络设备。

(3) 基于可信任 NGI 的全局标识的安全服务。

(4) 可信任 NGI 应用,包括个人对个人(P2P,Person to Person)应用,网络电视(IPTV,Internet Protocol Television)和互动电视,无线和移动应用。

(5) 从当前因特网向可信任 NGI 过渡的技术。

(6) 大规模的可信任 NGI 试验网。

5. 加强 NGI 基础理论的研究

因特网基础理论研究需要瞄准 NGI 及其应用面临的重大技术挑战和国家信息基础建设发展的重大战略需求,在继续和发展已有理论研究成果的基础上,重点研究 NGI 的多维可扩展性,即规模可扩展、性能可扩展、安全可扩展、服务可扩展、功能可扩展、管理可扩展等,同时还要面向因特网开始大规模采用 IPv6 协议、异构环境、普适计算、泛在联网、移动接入和海量流媒体等新的应用,解决:①NGI 体系结构和协议的原理、机理、算法、扩展性和演进性问题;②大规模路由的可信和收敛问题;③海量数据的高效网络传送问题;④非连接网络的实时传送问题;⑤用户跨域访问的复杂自治网络管理问题。

6. NGI 的发展战略

(1) 技术跟踪战略。包括技术研究、制定、产品跟踪、人才培养。

(2) 应用推进战略。一方面进行市场的培养,另一方面为大规模商用做准备。研究内容包括:①IPv6 移动终端的测试研究;②建设模拟 IPv6 商用智能小区;③通用移动终端的接入试验;④大规模 CDMA1x 上网业务测试;⑤专网接入业务试验;⑥三网融合相关试

验等。

7. NGI 网络流量监管及疏导

未来的因特网向着可管理、可控制、可运营的方向转型。要求 NGI 具有流量监管及疏导功能,具体来说包括以下方面。

(1)协议识别:自动识别目前绝大部分 P2P 协议,如常用的 Bittorrent,eMule,PP 点点通,BaiduX,Kamun,迅雷,Biteomet 内网互联等协议。

(2)深度应用分析功能。

(3)深度带宽和会话控制功能:可以对特定终端进行绝对带宽限制,对超出会话/带宽限额的终端进行限制和告警,保证不会因为特定主机大量占用公网带宽而导致网络堵塞。

(4)带宽智能控制:当发现特定终端有 P2P 下载行为自动限制该终端带宽,停止下载后自动恢复正常带宽。

(5)访问控制:支持黑名单、白名单功能,自动过滤色情、反动网址及信息。

8. NGI 业务运营对策

因特网的赢利模式和经济模型的研究始终是对传统因特网业务发展的挑战,这些也是在建设 NGI 时必须解决的问题,具体包括:①业务赢利模式研究;②业务计费规范;③用户行为分析等。

1.3 下一代因特网的体系结构

1.3.1 下一代因特网的基本需求与基本问题

因特网体系结构是指导因特网设计的一系列抽象设计原则,内容涉及因特网的构成要素、通信协议、网络功能以及管理运营方式等,还涉及到因特网的分层模型、功能模型、拓扑模型、逻辑模型、应用模型、参考模型、协议模型和接口等,其中功能模型是核心部分。功能模型定义网络系统如何被分割成小的、具有不同功能的部分,以及这些部分之间如何相互作用,如何通过这些部分的排列组合实现网络系统的整体功能。

下一代网络体系结构必须能够支持融合的异构网络环境、支持各种新的网络功能、新型应用和新型计算技术。NGI 环境对体系结构的需求如图 1-4 所示。

在网络体系结构的设计中,ISO/开放系统互联参考模型(OSI,Open System Inter-connect Reference Model)是一个重要的理论指导。而在因特网中,TCP/IP 协议采用了更简洁和高效的体系结构,这种基础结构以及 Web 等应用技术的出现使得因特网获得了巨大成功。这种成功,主要归功于它在体系结构设计时所遵守的一系列基本原则:如开放性原则、端到端原则、透明性原则、分层原则、尽力而为原则等。但是,当前的应用需求与网络环境已经与传统因特网的设计目标发生了巨大变化。传统因特网原有的一些设计原则已成为阻碍因特网进一步发展的主要障碍。因此,新一代因特网体系结构的研究中,需要重新审视和确定新一代因特网体系结构设计原则与方法。如美国的 NewArch 项目,通过对目前网络及应用的需求分析,预测了未来网络体系结构的需求,如服务自动生成、可测量性、分布式管理、安全与移动性等。同时,它还提出了未来网络的设计原则,包括全局连通

14

性、即时传输、子网异构性、通用传输服务、全局寻址、分布式控制、移动性的设计、资源分配原则等。

NGI 技术研究的中心问题是提出一种高效、大规模、高度可伸缩、支持异构网络技术融合的基础网络体系结构。NGI 体系结构的设计目标如图 1-5 所示,该体系结构的设计将支持移动性、QoS 保障、安全性和可信性,以及网络的可控可管。

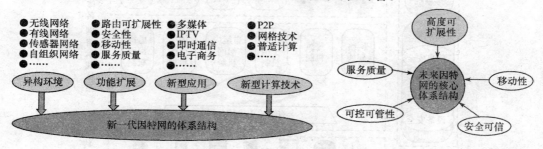

图 1-4 NGI 体系结构的需求   图 1-5 NGI 体系结构的设计目标

1.3.2 下一代因特网的体系架构

基于上述定义和特征,NGI 不仅仅是一个单纯的 IPv6 网络,而是一个整体的体系架构,涉及网络承载、业务平台、运营支撑和安全等有机组成部分。

(1) 网络承载体系。网络承载体系主要是指 NGI 的整体网络架构和相关的技术及机制,以提供业务和相关业务平台的端到端承载。网络承载体系主要包括 IP 网络架构、IPv6 过渡机制和技术、移动子网机制和技术、自适应组网机制和技术、终端适配技术和虚拟组网技术等。

(2) 业务平台体系。业务平台体系主要是指 NGI 相关的业务平台、技术及机制,以提供对各种上层业务和应用的支持,如传统的因特网应用、移动因特网应用、三网融合应用、物联网应用、云计算应用等。业务平台体系主要包括业务平台架构、移动因特网应用平台、视频应用平台、物联网应用平台、云计算应用平台等。

(3) 运营支撑和安全体系。主要是指 NGI 相关的运营支撑系统、安全系统和相关的技术及机制,以提供网络和业务所需的运营支撑和安全防护。运营支撑和安全体系主要包括认证、授权及计费(AAA,Authentication、Authorization、Accounting)、DNS、网管、监控系统、设备安全系统、信息安全系统和网络安全系统等。

这几个组成部分之间是紧密联系、难以分割的,如图 1-6 所示。网络承载体系是网络基础,起到承上启下的作用,是构建各种业务平台、承接各种应用的基础,涉及的内容不仅包含各种类型的网络本身,还涵盖与之相关的技术;业务平台体系是应用的基础,在NGI 基础上的各种业务应用通过该平台体系实现和对接,从而呈现出具体的业务和应用形态,涉及的内容主要是各种代表性的业务平台和相应的承载方案;运营支撑和安全体系是服务于上述两者的运营基础,涉及的内容包含运营 NGI 所必须的安全机制和技术以及相应的支撑系统和技术。

1.3.3 下一代因特网的自治体系结构

网络体系结构的自治性是指网络体系结构的设计应该使网络具备自属性(自管理、

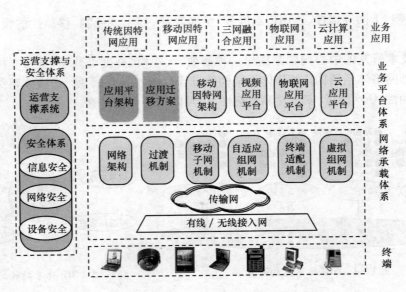

图 1-6　NGI 体系架构整体视图

自保护、自优化、自组织等特性），较强的处理未知变化的能力（例如拓扑、负载、任务、网络能访问的物理及逻辑特征等），优化网络资源的利用，减轻管理高度复杂且动态变化的网络的负担，同时更好地支持目前已有的以及未来将会出现的网络技术和业务。

自治系统（例如人类社会等），由自治元素（例如人类个体、家庭、公司等）组成。这些自治元素能够实现动态的自组织并自适应不断变化的环境。通过这些自治组件，系统可以利用局部环境交互实现无集中控制下的一致的全局性行为，从而达到整个系统的平衡状态。自治网络体系结构的灵感来源于此。由于自治系统的特征如非集中式的控制、适应不断变化的环境、个体的自私性与整体利益的权衡等都与目前的因特网相似，研究学者开始尝试从自治的角度来解决目前的网络问题。自治的引入能使网络以一种可靠的方式管理自己并成功地提供服务，使网络具备智能、认知、可靠、安全等特点。

自治网络体系结构在管理方面的自治包括：自动运行——根据所在环境的上下文和状态自动启动并配置基本功能而无需人工干涉，自动控制内部资源和功能，无需人工干涉地预测任务所需的资源并使用这些资源；感知功能——清楚自身的组件、资源和能、当前的上下文环境和状态以及与所在环境中的其他系统之间的关系；适应功能——感知内外部环境的变化，并进行自适应的调整。

在联网方面的自治则包括：节点级的自组织——节点通过和邻居设备的局部交互自组织到网络中的能力；自配置机制——节点能自动地建立关键的联网功能，例如寻址和命名；网络级的自组织——异构的网络云能够自组织到更大型的网络中，从而形成能够全局可达的网络联盟；自保护——阻止业务中断和受到攻击。几年来，对自治网络体系结构的研究已经成为了世界各国 NGI 研究计划的重要内容之一。

SAC 是欧盟的信息社会技术下的全扩展的、能够适应多种动态上下文、面向业务的通信网络。ANA、BIONETS、HAGGLE 等都是 SAC 这一研究领域下的项目。图 1-7 所示为各项目之间的关系和各自的研究视角：ANA 和 HAGGLE 是以全新网络架构为研究方向，BIONETS 则是以新业务驱动的网络架构为研究方向。

16

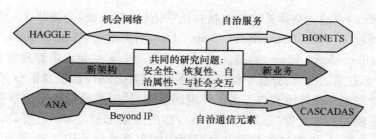

图 1-7　SAC 的项目关系

　　欧盟的 ANA 项目的目标是探索全新的网络架构,设计一种自治的网络,支持节点与网络的灵活、动态、完全自治地互联,能够根据用户需求动态适应和重配置。图 1-8 为 ANA 的整体架构图。该图中的上部为 ANA 节点的抽象结构,包括 2 个终端节点和 1 个网络节点。可以看出,与网络节点相比,终端节点多了一些应用层上的功能,这些功能通过一个可扩展的应用编程接口(API,Application Program Interface)和翻译机制与下层相联系。下层网络功能通过功能组合的方式来实现。图 1-8 中的圆形区域可以看作是一个独立的功能块,多个功能块之间相互协作完成特定的网络功能(如路由、监控等),图中的下部为 ANA 的组网结构。图 1-8 中椭圆形区域可看作是 ANA 中的网络组件,网络组件可看作是使用相同通信机制(如寻址、路由等机制)的节点的集合,如目前的各类网络(以太网、IPv6 网、Ad Hoc 网等)。ANA 网络可认为是包含了多个不同网络组件的融合网络。

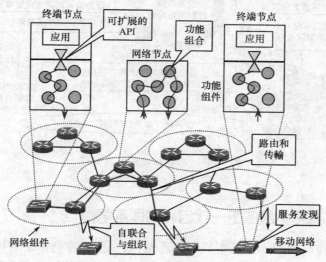

图 1-8　ANA 整体架构图

　　EFIPSANS 项目的关键任务是提出一个通用的自治网络体系结构(GANA)。其目标是在对 IPv6 进行研究和拓展的基础上设计/构建自治网络和服务。具体来说,EFIPSANS 将对用户行为、终端行为、业务移动性、e-移动性、上下文感知通信、自感知、自治通信/计算/联网等进行研究并为自治行为给出详细清晰的描述。EFIPSANA 的研究内容涉及到网络体系结构的各方面,包括当前异构网络环境下的需求分析和自治行为的定义、基本联网服务(路由、转发等)、高级网络服务和应用的支持(服务质量、移动性管理等)、自治网络管理、自治的 IPv6 网络和服务实验、标准化和成果的发表。

EFIPSANS 的自治网络体系结构包括自治平面（决策平面、分发平面、发现平面、数据平面）、分级控制环（HCL，Hierarchical Control Loop）、决策元素（DE，Decision Element）、管理元素（ME，Hierarchical Element）等。自治平面中的决策平面负责管理根据网络环境做出管理、配置等方面的决策；分发平面负责各网络元素之间控制信息的分发；发现平面负责网络元素对周围外部环境和自己内部环境的发现；数据平面负责用户数据的传输。DE是组成决策平面的基本元素，负责某个网络功能的决策部分。ME 是被 DE 管理的元素，接受来自 DE 的指示，根据这些指示来运行相应的实际操作。HCL 规定了每个等级的自治控制过程，共分网络级、节点级、功能级、协议级 4 个等级。图 1−9 所示为功能级的控制环，功能级的 DE 通过 ME 的反馈信息以及其他信息来源提供的上下文信息如监测信息等做出本功能的相关决策，并将这个决策以某种规则、策略或自治行为的形式下发给它所管理的 ME，ME 根据这些决策来采取相应的措施，并将反馈发回给上级 DE。这一等级的控制环使得网络功能例如路由、转发、移动性管理以及 QoS 管理等具有一定的自治属性。每一等级的控制环流程类似，但由于控制环所属等级和实现的功能不同，具体的 DE、ME、需要收集的信息、具体的决策和采取的措施也存在差异。

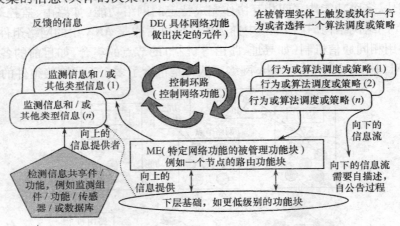

图 1−9　功能级的分级控制环
DE—决策元素；ME—管理元素。

1.3.4　多维可扩展的下一代因特网体系结构

NGI 体系结构研究的 4 个基本科学问题是：新一代因特网体系结构的多维可扩展性问题；网络动态行为及其可控性问题；脆弱复杂巨系统的可信性问题和稳定网络体系结构的服务多样性问题。这 4 个基本科学问题的内在联系如图 1−10 所示。

因特网发展到今天，规模越来越大，协议越来越复杂，传输的信息越来越多。为了适应不断变化的应用需求和相对稳定的基础网络，需要提供一种可扩展的、可管理的服务框架来解决这一矛盾，使 NGI 可以提供更快、更好、更方便、更令人满意的服务。所以 NGI 要解决的第一个基本问题就是现有因特网体系结构的单一可扩展性和因特网功能的复杂多样性之间的矛盾。为此，清华大学吴建平教授等人提出了一种多维可扩展的 NGI 体系结构，如图 1−11 所示。

（1）规模可扩展：指的是随着网络节点和链路数量的增长，网络的性能（如带宽利用

18

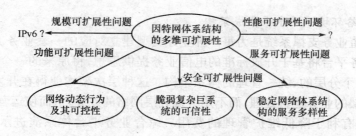

图 1 – 10   NGI 体系结构的基本科学问题和内在联系

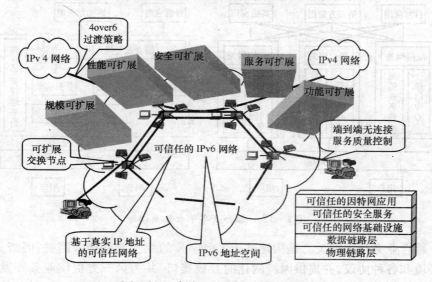

图 1 – 11   多维可扩展的 NGI 体系结构

率、网络核心设备资源利用率）和端到端性能能够继续得到相应增长的性质。

（2）性能可扩展：指的是在网络资源，如链路、节点等能力增长以后，网络的性能和端到端性能能够继续得到相应增长的性质。

（3）服务可扩展：指的是网络中服务的可部署性是否能够随着总体服务规模的增长得到相应增长的性质。

（4）安全可扩展：指的是网络中安全机制的性能和效用是否能够随着该机制部署规模的扩大而得到相应增长的性质。

（5）功能可扩展：指的是网络中的各种功能可以在一个统一的体系结构框架下进行扩展的性质，例如网络的单播、组播、隧道等。

多维可扩展的 NGI 体系结构必须包含以下 5 项基本要素：IPv6 协议、真实地址访问、可扩展的网络节点能力、无连接的网络 QoS 控制和 IPv4 over IPv6 的网络过渡策略。这些要素可以支撑 NGI 在规模、功能、性能、安全和服务方面的可扩展性。

1.3.5   下一代因特网综合业务体系架构

在下一代移动因特网业务网络中，需要一个统一、开放的网络环境，业务层和承载层实现分离，融合的业务平台可以构建于各种承载网之上，支持开放的业务结构，并实现对话音、数据、NGN、IMS 网络中各种增值业务的统一管理。

1. 异构网络环境下的水平集成架构

传统的增值业务支撑系统是为每一种业务类型建立对应的一套业务支撑管理系统，下一代综合业务平台将基于开放标准的电信业务提供思想，将原来的一个个垂直独立的系统，改进为一个分层的、统一管理的体系架构。这种层次架构使得在开发新的应用时，只需要关注上层的业务逻辑处理，而不用考虑底层网络的差异，从而使运营商可以迅速推出新业务，而且有利于降低维护管理的费用。综合业务平台体系演进示意如图 1 - 12 所示。

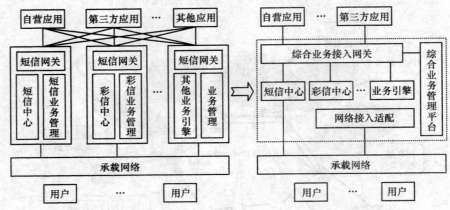

图 1 - 12   综合业务平台体系演进

（1）综合业务接入网关。是构建基于 Parlay X 的综合业务接入网关，屏蔽底层复杂的网络环境和各种协议，并提供因特网化的开放接口，并为第三方提供业务开发、现网模拟测试和自动部署上线的一站式服务环境。

（2）综合业务管理平台。是一个综合的业务运营管理平台，包括统一的公共信息管理，统一的内容管理、业务配置管理，统一的鉴权认证和融合的计费服务。

（3）业务引擎。是集成的业务能力平台，包括短信、彩信、流媒体、定位等。

（4）网络适配层。提供对各种承载网络不同信令协议的适配，并封装为统一、标准的通信协议接口，同时可以在上下行流量中区分不同的内容承载，进行内容的计费。

在水平网络架构下，业务接入网关对业务引擎能力进行封装应该具备可扩展性，新的接口引入不影响其他接口的变化，业务接入网关也要方便第三方业务接入，实现"一点接入，全网服务"。统一的业务管理平台要能为第三方合作伙伴提供"一站式"服务，打通与运营商网络、支撑系统的端到端流程。新业务引擎的引入不应该引起业务网络端到端流程的重大变化，很多业务网络是在从垂直架构向水平架构演进过程中，显得更加突出。

2. 融合开放的架构体系

水平架构的综合业务平台首先在移动网络中提出和应用，随着移动网络的数据带宽大大增加，用移动网络上网和有线上网方式对于用户体验来说是基本一致的。

下一代综合业务平台的关键技术之一是如何做好能力开放，并基于能力开放向第三方提供一站式服务环境。所谓一站式服务是通过下一代业务平台向第三方提供开发、测试、托管运行环境，并打通运营商的综合管理平台、支撑系统接口，为第三方提供业务开发、测试、发布、认证、计费、结算的一站式服务。下一代综合业务平台一方面要形成简单

20

易用、标准化、因特网化的开放接口,另一方面要对开放的能力实施合理的管控,保护网络的核心数据和用户的安全隐私信息。下一代综合业务平台架构体系如图1-13所示。

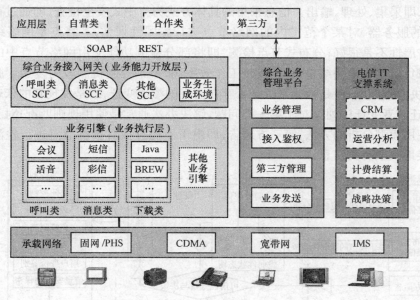

图1-13 下一代综合业务平台架构体系

SCF(Service Control Function)—业务控制功能;SOAP(Simple Object Access Protocol)—简单对象访问协议;CRM(Customer Relationship Management)—客户关系管理;PHS(Personal Handyphone System)—小灵通;CDMA(Code Division Multiple Access)—码分多址接入;REST(Representational State Transfer)—代表性状态传输;BREW(Binary Runtime Environment for Wireless)—无线二进制运行环境。

综合业务平台包括位于承载层之上的智能网、数据业务网。智能网从标准层面有严格的定义,主要提供虚拟专用网络(VPN,Virtual Private Network)、预付费相关业务,随着分组业务的发展,智能网由于开放性不够,其业务也处于萎缩阶段,通过Parlay X已可以向第三方提供话音呼叫能力。面向移动因特网的业务网络更多是注重解决数据业务网络架构和部署,并且是与承载网络无关的,融合了多网络能力的统一、水平的架构体系。

1.3.6 可信任下一代因特网可信性处理方案和体系结构

可信任是指下一代因特网在复杂异构环境下,能够为用户提供一致的、安全的、可以信任的网络服务,系统能够避免出现不能接受的严重服务失效。主要涉及信息保密、网络对象识别和网络攻击防范等范畴。

可信任具有以下一些特征:①系统和信息的保密性、完整性、可用性,这和传统意义上的安全性是同一概念;②真实性,即用户身份、信息来源、信息内容的真实性;③可审计性,即网络实体发起的任何行为都可追踪到实体本身;④秘密性,即用户的隐私是受到保护的,某些应用是可匿名的;⑤抗毁性,在系统故障、恶意攻击的环境中,能够提供有效的服务;⑥可预测性,一个可信的组件、操作或过程的行为在任意操作条件下是可预测的,能够做到行为状态可监测、行为结果可评估、异常行为可控制。可信网络在网络可信任的目标下融合安全性、可生存性和可控性这3个基本属性,围绕网络组件间信任的维护和行为控制形成一个有机整体。

　　网络信息的可信处理方案模型可用图 1－14 来表示,该模型把信息的可处理过程分成 3 个部分,即采集、处理、输出。信息采集的具体方式为集中式安全检查,即通过在网络中设置专门的服务器,对某个范围内的网络节点进行脆弱性评估,其特点是网络结构简单,但是可扩展性不是很好;分布式节点检测,即将部分检测功能交由网络节点中的代理完成,网络只负责接收检测结果,其特点是工作效率高,但是控制机制较为复杂。脆弱性评估主要解决两类问题:一是检验系统是否存在已有的渗透变迁,二是发现新的未曾报告过的渗透变迁或者变迁序列。对于第一类问题,解决办法通常是使用规则匹配;对于第二类问题,则使用模型分析的方法;第三方通告,即由于不能直接对被测节点进行检测等原因,只能间接地获取有关信息。

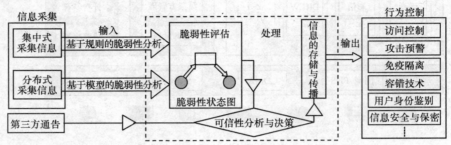

图 1－14　　网络信息的可信性处理方案

　　信息经过分析、决策后,通过信任等级和策略输出进而采取行为控制。典型的行为控制方式有:访问控制,即开放或禁止网络节点对被防护网络资源的全部或部分访问权限,从而能够对抗那些具有传播性的网络攻击,主要是针对防护区域外具有攻击和破坏性的节点及行为进行被动性防御;攻击预警,即向被监控对象通知其潜在的易于被攻击和破坏的脆弱性,并在网络上发布可行性评估结果,报告正在遭受破坏的节点或服务;免疫隔离,即根据被保护对象可信性的分析结果,提供到网络不同级别的接纳服务,在攻击和破坏行为出现前主动对防护区域内的设施进行处理。

　　可信任的 NGI 体系结构是一个层次模型,可以分为可信任的网络基础设施层、可信任的安全服务层和可信任的因特网应用 3 个层次,利用基于真实 IP 地址的网络基础设施,构建基于全局用户标识的可信任的安全服务,实现可信任的 NGI 应用,如图 1－15 所示。

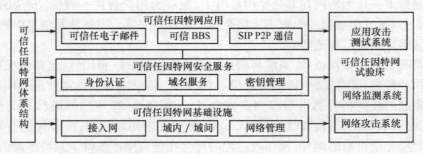

图 1－15　　可信任的 NGI 体系结构

SIP(Session Initiation Protocol)—会话发起协议。

22

第 2 章　下一代因特网组网模式

要打造新一代因特网,关键的是要采用合适的较为先进的技术、方法和手段进行组网,也正是随着网络技术的不断发展,许多新的因特网组网模式不断涌现、成熟和应用于实践。本章在介绍光因特网、量子因特网、语义网和全息网 4 种新型网络以后,详细介绍了网格计算和下一代网络组网模式。

2.1　几种新型的因特网

2.1.1　光因特网

1. 光因特网的概念

光因特网也称光 IP 网或 IP over DWDM。简而言之,直接在光上运行的因特网就是光因特网。其基本原理和工作方式是:在发送端,将不同波长的光信号组合(复用)送入一根光纤中传输;在接收端,又将组合波长的光信号分开(解复用),并做进一步的处理,恢复出原信号后送入不同的终端。

光因特网是一个真正的链路层数据网。在其中,高性能路由器(一般是吉比特/太比特交换路由器)取代传统的基于电路交换概念的异步传输模式(ATM, Asynchronous Transfer Mode)和同步数字序列(SDH, Synchronous Digital Hierarchy)电交换与复用设备,成为关键的统计复用设备,主要用做交换/选路,由它控制波长接入、交换、选路和保护。高性能路由器通过光分插复用器(ADM, Add and Drop Multiplexer)或波分复用(WDM, Wavelength Division Multiplexing)耦合器直接连至 WDM 光纤,通过 WDM 耦合器,将各个波长进行复用/解复用,光纤内各波长在链路层互联。光因特网由于使用了指定的波长,在结构上更加灵活,并具有向光交换和全光选路结构转移的趋势。

图 2 - 1 所示为光因特网模型的演进。显然,由宽带综合业务数字网(B-ISDN, Broad Band Integrated Services Digital Network)向 IP over WDM 的逐步演变,简化了结构,降低了网络的复杂性和开销,也减少了投资。

2. 光因特网的基本网络模型

光因特网系统的组成器件包括光纤、激光器、光放大器、光耦合器、光再生器、光中继器、转发器、光分插复用器、光交叉连接器和高速路由交换机等网元。

光因特网可由多个光网络构成,每个光网络由不同的管理实体管理,而每一个光网络又由多个通过光链路互联的子网构成。这些光子网络中的光交叉连接器(OXC, Optical Cross Connector)可以是全光的,也可以是具有光/电/光转换的。子网间的互联通过可兼容的物理接口,也可以适当的采用光电转换,图 2 - 2 给出光因特网的基本网络模型。

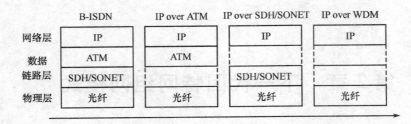

图 2-1 光因特网模型(下三层)演进

SONET(Synchronous Opitcal Network)—同步光纤网络。

在该模型中存在 2 类逻辑接口,分别为用户—网络接口(UNI,User-Network Interface)和网络—网络接口(NNI,Network-Network Interface)。这些接口定义的业务在很大程度上决定了经过它们的控制信息的种类和数量。虽然从理论上来说,如果在 2 种接口处有一种统一的业务定义,则通过这两种接口的控制信息的类型就完全没有区别。但实际上,UNI 和 NNI 在某些方面(控制信息的类型和数量)是不同的。

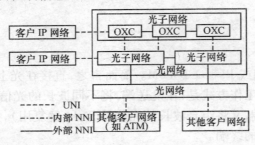

图 2-2 光因特网基本网络模型

每个接口都可以定义为公有或是私有的,这取决于其所处的网络状况和业务模型。路由信息可以通过私有接口交互,而没有任何限制。相对地,通过公有接口交互的路由信息数量和类型可能受到一些限制条件的约束。公有接口和私有接口的这种差别很类似于域内和域间涉及到的不同路由信息和协议,不同互联模型的提出正是源于接口的这些差别。

对 WDM 核心网络来说,它可以为客户 IP 网络提供单跳和多跳连接。这里的单跳和多跳都是针对通过核心光网络的数据流来说的。单跳连接是指在核心光网络的入节点和出节点之间建立一条光通道。多跳连接则是指在 2 个 IP 网络之间建立的连接不仅涉及光层处理,而且包含 IP 层中间节点处理,可认为多跳连接是由多个单跳连接以及中间的 IP 路由器构成的。

3. 光因特网组网模型

在光因特网中,IP 路由器是附在光核心网上,在动态建立交换的光通路上与其他对等路由器相连。光核心网本身无法独自处理独立的 IP 分组,IP 路由器与光核心网的交互发生在已定义好的信令与路由的接口上。

一对路由器之间在通信前必须建立一个交换光通路,这条光通路将横穿多个光子网,并在每个子网上经历不同的指配和恢复处理过程。在这样的光网络上 IP 的传输包括确定 IP 的可达性和在光核心网上建立从一个 IP 端点到另一端点的无缝连接。光因特网主要有以下 4 种组网模型:重叠模型、对等模型、增强模型和混合模型。

1）重叠模型

在重叠模式下，IP层独立于光网络。重叠模型是客户—服务器模型，其中IP层是光层的客户，如图2-3所示。光网络中的节点是OXC，IP网络中的节点是IP路由器，采用的协议是内部网关协议（IGP，Interior Gateway Protocol）。IP/MPLS的路由、拓扑分布和信令控制独立于光层的路由、拓扑分布和信令协议。MPLS为减少或旁路路由跳数提供了一种机制。在这种模式下，光网络为通过光层的IP分组提供端到端的链路。

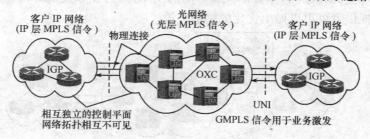

图2-3　光因特网的重叠模型

GMPLS（Generalizxed MPLS）—通用多协议标签交换。

重叠模型隐藏了内部网络的细节信息，从而形成了2个独立的控制平面，一个控制平面位于核心的光网络中，另一个位于核心网络和边缘设备间的UNI，但这2个控制平面的交互控制很少。重叠模型的优点在于：允许IP网络层和光层独立演进，光层可以继续以光定律的速度演进，不会受制于IP层的发展速度。重叠模型的不足之处在于：为了数据的转发，需要在边缘设备之间建立一个全连接网络，即点到点的子网，同时这些点到点的连接也被路由协议所使用，需要在光网络之上创建和管理IP路由邻接，从而使网络的可扩展性受到限制，故不适用于大型的网络。因此，动态地建立通道是可取的。

由于IP层与WDM光层彼此独立，因此，IP不能看到下层的传送结构。例如，一个IP路由器与另一个IP路由器之间有2个链路连接，那它将不会知道这2个链路的传输平台的连接关系。重叠模型的特点是实现简单、功能分割清晰。

2）增强模型

在增强模型中，IP/MPLS网络和光网络使用相同的寻址机制，但是使用不同的路由机制，控制信息从一个路由域向另一个路由域进行传递。也就是说，可以使用单一的信令协议同时对IP层和光层网络进行控制，但却需要使用外部网关协议（EGP，Exterior Gateway Protocol）联系2个不同的路由域，在2个路由域之间进行部分路由信息（如可达性信息）的交互，如图2-4所示。例如：IP地址可能被指派给光网络单元，并且由光路由协议携带，以便和IP域共享信息，从而实现某种程度的自动发现。

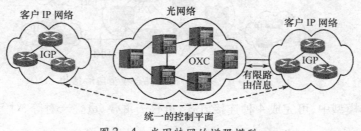

图2-4　光因特网的增强模型

3）对等模型

与重叠模型不同的是,对等模型突破了传输平台和业务层之间的明显界限,两层中的设备彼此之间是对等关系,即 IP 路由器和 OXC 相互之间都是对等的实体,在光域和 IP 域运行同一个路由协议,如图 2-5 所示。一种通用的 IGP 协议可以被用来进行拓扑信息交换。在对等模型中,所有的 IP 路由器和 OXC 都具有共同的编址和寻址方案。由业务提供者(而不是光核心网)来控制光核心网的使用,因为业务提供者可以看见核心光网的结构,业务提供者就可以做出优化的路由决策。

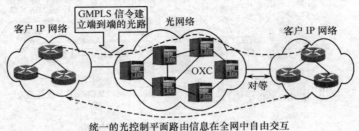

图 2-5   光因特网的对等模型

在光网络中,通过综合拓扑的光链路相互连接。每一个 OXC 都能够将数据流从一个特定输入端交换到一个特定的输出端,这样的交换功能由一个正确设置的交叉连接表项进行控制。此表包含了输入端 i 和输出端 j,表明来自输入端 i 的数据流将被交换到输出端 j。一个从某 OXC 的某输入端到某个远程 OXC 的某输出端之间的光通路,由一系列的中间 OXC 和入口、出口 OXC 的交叉连接配置来建立,从一个 OXC 输出的多个数据流可用 WDM 技术复用到一个光链路中,这样从输入端到输出端之间,就存在了一条连续的物理通路。

4）混合模型

通过对重叠和对等 2 种基本模型特点的分析,可知,如果对 IP 网和光网络采用统一的编址方案,并使光节点设备同时具有重叠模型下光节点设备的功能和对等模型下光节点设备的功能,这样就可以实现一个核心光网络与不同路由器实现不同网络模型的互连,同时满足不同的要求。为此提出了如图 2-6 所示的混合模型网络结构。图中 IP 网与中心的光网之间的 peer 表示对等关系,而 UNI 则表示 IP 网与中心的光网之间的重叠关系。

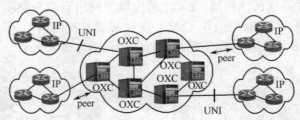

图 2-6   光因特网的混合模型网络结构

在混合模型中,可完成 4 种连接方式:重叠—重叠、重叠—对等、对等—对等和对等—重叠。

4. 光因特网的协议模型

光因特网的分层模型如图2-7所示。它包括数据网络层、光网络层以及层间适配和管理功能。数据网络层提供数据的处理和传送;光网络层负责提供通道;层间适配和管理功能用于适配数据网络和光网络,使数据网络和光网络相互独立。数据网络层的组成设备主要是 ATM 交换机、路由器等;光网络层的组成设备主要是 WDM 终端、光放大器以及光纤等。在光因特网中,高性能的数据互连设备(如交换机和路由器等)既可以直接连接在光纤上,也可以连接在向各类客户(如 ATM 交换机、路由器或 SDH 网元设备等)提供光波长路由的光网络层上。

光因特网的协议模型如图2-8所示,包括客户层(IP 层)协议、IP 适配层协议、光通路层协议以及 WDM 光复用层协议和 WDM 光传输层协议等。客户层协议包括 IPv4、IPv6等;IP 适配层协议用于 IP 多协议封装、分组定界、差错检测以及服务质量控制等功能;光通路层协议包括数字客户适配和带宽管理(比特率和数字格式透明)、连接性证实等功能;光复用层功能包括带宽复用、线路故障分段和保护切换以及其他传送网维护功能;光传输层功能包括高速传输(色散补偿)、光放大器故障分段等功能。

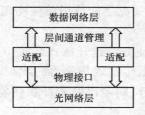

图2-7 光因特网的分层模型

IP 层
IP 适配层
光通路层
WDM 光复用层
WDM 光传输层

图2-8 光因特网的协议模型

5. 光因特网的物理结构

在光因特网中,光网络以粗粒度、固定带宽传送信道(光通道)的形式,为外部实体提供服务,只有光通道建立后,光网络边缘的路由器才能进行通信。这些光通道的集合构成路由器互连的虚拓扑,数据传送就是通过重叠在光通道上的虚拓扑实现的。图2-9所示为一种典型的环形光因特网的基本网络结构。利用无源光复用器将波长耦合进光纤或从光纤中去耦合,然后再将有关波长携带的信息送给路由器或 SDH 设备。这种结构具有以下优点:

(1)靠 WDM 波长配置,光因特网业务量工程设计可以与非对称的因特网业务量相匹配。例如图2-9中的9个波长,5个在工作光纤上,4个在保护光纤上,其中工作光纤上有2个波长用于 SDH 设备,保护光纤上有2个保留波长作为保护。去掉 SDH 设备上所用的两对波长后,总共从右向左有3个波长,从左向右有2个波长,可以支持比例为3:2的非对称业务量。

(2)可利用光纤环保护光纤上的空闲带宽来吸收突发业务量,且不会产生抖动、延时和分组丢失。

(3)光因特网可以在 IP 层上实现不同的恢复,而不局限于物理层恢复。这样就可为不同的业务提供不同的恢复能力,例如,优先恢复、缓存和重选路由恢复。

(4)利用工作光纤和保护光纤可以配置直通波长或旁路波长,而不必担心交换机或路由器中缓存所带来的延时。其缺点是非动态配置,必须预先设计。

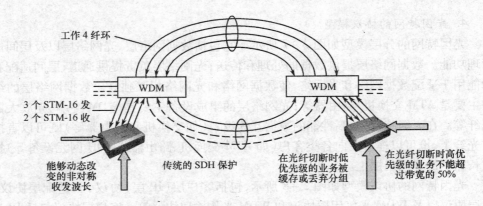

图 2 - 9　光因特网的基本物理结构

6. 光因特网有待解决的主要问题

（1）数据网络层与光网络层的适配。现在数据网络的速率远远低于光传送网络速率。光因特网的关键技术在于如何进行数据网络层和光网络层的适配，IP 数据以何种方式成帧，并通过 WDM 传输，都是研究的重点问题。适配功能可以单独实现，也可以在数据网或光网络中同时实现。

（2）物理接口规范。要求能够将各种类型的业务通过开放式光接口接入到 WDM 传送网中，接口必须具有横向兼容性、速率高、数据传输效率高，而且价格低廉。因此需要对物理接口的比特率、协议、帧结构、开销字节、同步以及光纤媒质特性等进行恰当的规范。

（3）层间管理功能。层间管理功能是指在数据网络层和光网络层之间交换状态和配置信息，并通过控制接口对业务和通路进行管理。具体内容包括：保护和恢复、故障管理、性能管理、连接管理和会话管理等。

（4）网络保护恢复。光因特网的保护恢复倾向于在 IP 层（而非物理层）进行，然而，IP 层恢复是靠普通的路由协议完成的，显然不如物理层恢复来得快。如果将保护恢复功能分别在 IP 层和物理层实施，则必须解决如何分工和协调的问题。

7. 光因特网的应用方案

波分复用技术是以点到点通信为基础的系统，其灵活性和可靠性还不够理想。如果在光路上也能实现类似 SDH 在电路上的分插复用功能和交叉连接功能，IP 就能直接在光网络上跑。考虑到对 IP Over SDH 网络、IP over ATM 网络以及传统 IP 数据网络的兼容性，光因特网论坛（OIF，Optical Internetworking Forum）确定了一种可能的光因特网应用方案，如图 2 - 10 所示。

在核心网中（光因特网），几个吉位（太位）骨干网路由器之间通过光 ADM 系统或 WDM 终端复用器互联。光 ADM 允许不同光网络的不同波长的信号可以在不同的地点分叉复用。当然，OXC 可以取代光 ADM 的作用，在更大规模的网络中应用。在次核心网中（SDH 环网），几个吉位或（太位）骨干网路由器之间通过 ADM（也可能用到 ATM 交换机）互联。核心网和次核心网可通过高速、单信道的专线相连。

随着 IP 业务的不断增长和光因特网系统设备（主要是 WDM 终端复用器、光 ADM 和光 OXC 设备等）性能价格比的进一步提高，光因特网的主干网将可能完全放弃 SDH 网

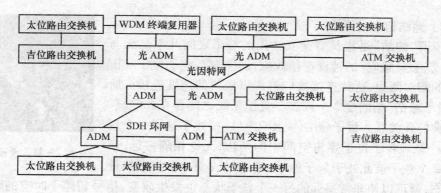

图 2 - 10　光因特网应用方案的体系结构

络,成为全光通信网。目前,正在建设的加拿大 CANET3 网是世界上第一个直接在 DWDM 光缆网上建设的宽带 IP 网。该网以 IP 业务为主进行优化设计,不用 SDH 和 ATM 设备,其同等带宽的造价仅仅是传统电信网的 1/8。国内由中国科学院牵头,联合广播电视总局、铁道部、上海市组建的运营公司,利用基于 IP 协议的高速路由器和密集波分复用 (DWDM,Dense WDM)技术,首先在全国 15 个城市进行了"高速因特网示范工程"的建设和运营。

目前,从数据通信业务的发展以及光通信技术发展的趋势看,以 IP over WDM 技术为核心的第三代因特网——光因特网,必将成为技术发展的主流。可以相信,第三代因特网必将是多种 IP 技术的混合体,是一个多协议光因特网,并在不久的将来,逐步过渡到全光因特网络。

2.1.2　量子因特网

量子理论和信息技术在 20 世纪创造了辉煌,导致了信息技术的革命,推动了网络不断地创新,不断地前进。在传统因特网的基础上,科学家们提出建立了一种新奇的网络,它能够传输宇宙间最奇特的物质,其传送速度无与伦比,其计算速度是超乎寻常的,这种网络叫量子因特网,这种奇特的物质称为"缠结"信息。量子因特网将以惊人的计算和超快速通信能力迈入新时代,展现其新的魅力。

1. 量子与量子因特网的基本概念

1) 量子的概念

物理学中认为在量子世界里,物质可以从空无中产生。这里量子是指单个的、不连续的、最小的能量单位。1900 年,德国物理学家普郎克首先发现了自然现象中的这种不连续的量子性质,且提出了量子论学说,认为物体在辐射和吸收能量时,能量是不连续的,而是有一个最小能量单元,被称"能量子",简称量子。同某种场联系在一起的基本粒子可称为这一场的量子,其大小为 $h\nu$(其中 h 为普朗克常数,ν 为辐射的频率)。物体发射或吸收的能量必须是这个最小单元的整数倍,而且是一份一份地按不连续方式进行的。例如电磁场的量子就是光子。1905 年爱因斯坦认为光也是不连续的,提出了"光量子",认为光是由不连续运动的光量子(粒子)组成。每一种量子的数值都很小,所以在较大物体的运动中量子化效应不发生显著影响,各量犹如连续变化一样。但是,对电子、原子等微观运动来说,这种量子化效应就不能忽略。

2) 缠结信息的概念

所谓"缠结"是指具有交互作用的粒子之间几乎是无与伦比或"心灵感应"的神奇连接效应，即使交互粒子位于宇宙空间的相对两边，这种连接效应都能以极快的速度连接。所谓"量子缠结"指的是2个或多个量子系统之间存在非定域、非经典的强关联。量子缠结(见图2-11)描述了这样一个现象：2个微观粒子位于宇宙空间中的两边，无论相隔多远，只要这2个粒子彼此处于量子缠结，则通过改变一个粒子的量

图2-11 量子缠结

子状态，就可以使非常遥远的另一个粒子状态也发生改变，信号超越了时空的阻隔，直接送达了另一个粒子到那里。

缠结对量子信道的容量有极大的影响，至少它将信道容量提高1倍。这是因为在量子信道中传送的每个光子在同一时间有2种或多种存在状态。例如：能够将光子的电场加以滤波，这样它就在一个特定的平面产生极化振荡。当振荡平面变成垂直极化时，此平面称为"0"，当振荡平面变成水平极化时，此平面称为"1"。然而，由于"量子叠加"，量子可能同时垂直和水平极化，可能同时为"0"和"1"，这相当于二进制的00、11、01或10。也就是说，运用缠结技术1个光子可以发送2位信息，使信道容量提高1倍。最近，研究人员开始研究粒子3重缠结和4重缠结的更复杂的特性，使粒子实现更多的组合状态。

3) 量子计算机

按照爱因斯坦光子假说可知，光不仅具有波动性，而且具有粒子性，关于光的波动性和粒子性相互并存的性质，称为波—粒二象性，光子的运动既可以用动量、能量来描述，也可用波长、频率来描述。在有些情况下，其粒子性表现突出些；在另一些情况下，又是波动性表现的突出些。

支持现有计算机的半导体技术把电子视为粒子，作为其工作的基础。然而电子和光子一样具有波—粒二象性。当其活动空间较大时，的确可以把它当作粒子对待而忽略其波动性。一旦活动空间减小，例如，当集成电路线宽小于 $0.1\mu m$(目前已达到)时，其波动性质便不可忽略。当集成电路线宽降到 $0.07\mu m$ 甚至 $0.05\mu m$，即 50 nm 时，器件工艺将达到纳米数量级，现在的半导体器件原理就不再适用。纳米范围内的新器件，如单电子晶体管、量子器件、分子器件等，统称为纳电子器件。届时，信息技术将从微电子时代发展到纳电子时代。由此引发的工作原理建立在量子力学基础上的计算机便是量子计算机，量子计算机将是纳电子时代的重要产品。

量子计算机是一类遵循量子力学规律进行高速数学和逻辑运算、存储及处理量子信息的物理装置。当某个装置处理和计算的是量子信息，运行的是量子算法时，它就是量子计算机。量子计算最本质的特征为量子叠加性和相干性。与经典计算机相比，量子计算机在存储容量、运算速度上都会有指数数量级的提高。

现有的电子计算机是以晶体管的"开"和"关"状态来表示二进制的0和1。以原子或分子为基本结构的量子计算机存储信息则基于量子位。也就是说，利用粒子的向上和向下自旋来分别代表0和1。量子计算机的独特之处在于，处于量子状态的粒子能够进入"超态"，即同时沿上、下2个方向自旋。这一状态可代表1、0以及中间的所有可能数值。因此，量子计算机可以不像常规计算机那样按顺序把数值相加，而是能够同时完成所有数

值的加法。这一特点使得量子计算机具有强大的功能。使用数百个串接原子组成的量子计算机可以同时进行几十亿次运算。

根据目前正在开发中的量子计算机看,量子计算机有 3 种类型:核磁共振量子计算机、硅基半导体量子计算机、离子阱量子计算机。

4）量子因特网的概念

根据"缠结"原理,人们发现:可以将处于量子态的原子所携带的信息转移到一组别的原子上去,从而实现量子信息的传递。还可以将量子计算机连接起来,构成功能强大的产生、储存和传输"缠结"信息的量子因特网,进行极其强大的数字处理,其计算速度超过当前任何的理论计算速度。建立一个缠结信息能够通过量子因特网,被瞬间传送到全球各个角落。可见量子因特网将引发计算、通信以至人类认识宇宙的新革命。

在传统因特网中,人们想把一些信息(0 和 1)从一点传递到另一点,怎样传得最快、最有效,是传统因特网领域研究的题材。而到了量子因特网结构下,所要传递的不再是一个简单的 0 和 1,而是如何能够将一个量子态从一点传递至另一点。在微观世界中,量子态是一个最基本的形式,如何将其传递并构成一个网络,使人们交换量子信息,这是量子因特网的基本构想。

全量子网络是由量子传输通道和量子节点组成的复杂信息网络,能在节点之间传输任意量子态以及量子纠缠。每个量子节点有一定的信息存储和处理功能,单个量子节点构成一个小型的量子计算机,而量子通道则连接不同小型量子计算机。不同于现有因特网,全量子网络应用了量子物理特性,可突破现有网络物理极限,具有更强信息传输和处理能力。

2. 量子因特网的理论研究概况

1）需要突破传统的香农信息理论

香农理论解决了任何通信信道的理论容量的计算问题,并阐述了有效传送信息的压缩技术。但是,香农理论只应用于经典信息论。量子缠结信息的出现,使香农理论面临新问题,要求香农理论的新突破,为量子因特网的发展开辟道路。

（1）解决量子信息奇特的脆弱性的测量问题。量子因特网面临的问题是信息容易丢失,量子粒子是脆弱,一点风吹草动就会让它丢失信息。例如,只要我们看一眼量子态的粒子,它的状态就有可能被破坏了。此问题不仅涉及能够存储的信息数量,而且涉及能够检索的信息数量。解决此问题的办法是测量量子,掌握量子的变化特性,利用执行量子计算的软件保护量子信息。研究人员依据远距传物理论,对要传送的 4 位信息进行测量,并同时测量 1 对缠结粒子中的 1 个。通过测量,对 1 对缠结粒子中的另一个传送 4 位信息中的部分信息,从而使原来的 4 位能够重构,传送更多的量子信息。通过以特殊方式比较缠结粒子对的状态,远距传物所得到的可能是根据原来的 4 位执行计算的结果。只要对数据执行一定程度的一系列计算,就可纠正量子错误。目前已经提出的其他的解决方案主要利用了原子和光腔相互作用、冷阱束缚离子、电子或核自旋共振、量子点操纵、超导量子干涉等原理进行的。

（2）解决量子的消相干问题是取得突破的关键。"量子态不可克隆原理"指明了环境不可避免地破坏量子的相干性。这个所谓的消相干的问题,会使量子计算机的运行失效。而量子编码是迄今发现的克服消相干最有效的方法。主要的几种量子编码方案是:

量子纠错码、量子避错码和量子防错码。量子纠错码是经典纠错码的类比,是目前研究的最多的一类编码,其优点为适用范围广,缺点是效率不高。

（3）科学表明,采用一种可控的方式,量子信息也能在单个原子和光子之间交换。实现光子和单个原子之间信息交换的最大障碍是,光子和原子之间的相互作用太微弱。在最新研究中,科学家将一个铷原子放在一个光学共振器的两面镜子间,接着使用非常微弱的激光脉冲让单光子进入该共振器中。共振器的镜子将光子前后反射了多次,大大增强了光子和原子之间的相互作用。

2）如何利用量子缠结信息的奇妙特性

（1）经典信息论是0和1组成的序列,通过改变导线上的电压可以实现这种序列编码。在一定的电压电平之上是1,反之则是0。

（2）缠结使得这一切都发生了改变。缠结粒子的奇妙之处在于测量一对粒子中的一个,便能确定另一个的测量结果,而不管这2个粒子相距多远。这种在时间和空间内魔术般地连接两点,充分说明了缠结将会给未来的网络通信带来巨大的变化。

（3）量子隐形传送。美国物理学家贝尼特等人提出了量子隐形传送的方案:将某个粒子的未知量子态(即未知量子比特)传送到另一个地方,把另一个粒子制备到这个量子态上,而原来的粒子仍留在原处。其基本思想是:将原物的信息分成经典信息和量子信息2部分,它们分别经由经典通道和量子通道传送给接收者。经典信息是发送者对原物进行某种测量而获得的,量子信息是发送者在测量中未提取的其余信息。接收者在获得这2种信息之后,就可制造出原物量子态的完全复制品。这个过程中传送的仅仅是原物的量子态,而不是原物本身。发送者甚至可以对这个量子态一无所知,而接收者是将别的粒子(甚至可以是与原物不相同的粒子)处于原物的量子态上。原物的量子态在此过程中已遭破坏。

3. 量子因特网将指日可待

（1）1997年奥地利的因斯布鲁克大学的研究人员提出了第一个量子因特网计划。

（2）2000年3月美国麻省理工学院和马萨诸塞州林肯空军研究室的研究人员提出了更加接近实现量子因特网的设想。他们的设想是生成一对光子,并沿着2条光纤传送,即一个光子传送给甲地的研究人员,另一个传送给乙地的研究人员。甲、乙两地的研究人员都拥有包含超冷却原子的激光俘获器,而原子能吸收光子。研究人员可以确定原子何时吸收光子而不会干扰它,并在原子吸收缠结的一对光子时检查甲、乙两地研究人员能够发现同时吸收的光子。当确定原子确实吸收光子时,原子本身也就变成了缠结的粒子。当原子没有电荷时,它们不受电场和磁场的影响,这样就容易保护缠结的粒子不受外力的影响。在因特网发展史上,第一次成为利用缠结的极其珍贵的网络资源。

（3）麻省理工学院发布了建立量子因特网的详细计划,并宣布现在已具备建立量子因特网技术,该计划打算在3年内建成量子因特网,并首先在麻省理工学院建立3个节点。

（4）提出了许多基于有序量子点、纳米结构或量子原胞机来实现量子网络或量子逻辑门的方案。在目前世界纳米线研究逐渐走热的形势下,提出了利用量子线相干原理来实现量子逻辑门的设想,为发展基于纳米线的量子网络的理论和实验提供了借鉴。

（5）美国的科学家已经利用一束强激光轰击一团铷原子,生成了具备这团铷原子量子态的单个光子,然后把这个光子通过 100m 长的光缆,输送到另一团铷原子中,生成了与原来的铷原子同样量子态的另一团铷原子,光子携带的量子态信息没有丝毫损失,从而实现了原子与光子的量子态传输。

（6）2007 年初,D－Wave 公司展示了全球第一台商用实用型量子计算机"Orion（猎户座）",不过严格来说当时那套系统还算不上真正意义的量子计算机,只是能用一些量子力学方法解决问题的特殊用途机器。时隔 4 年之后,全球首台真正的商用量子计算机 D－Wave One 终于诞生了！其采用了 128－qubit（量子比特）的量子处理器,性能是原型机的 4 倍。

量子因特网存储量大、保密性强,且能够并行地执行大规模计算。许许多多的量子计算机的并行连接,可以执行大量的量子计算。缠结可以大大提高量子计算机的计算能力。

从传统因特网到量子因特网是一种越来越神奇的力量,它是人类的一种高超的创新,既具有摧毁旧世界的力量,又具有善于建设一个新世界的能力。

2.1.3 语义网

1. 语义网（Semantic Web）的提出

大家知道,万维网（WWW 或 Web,World Wide Web）是因特网最重要、最广泛的应用之一,用户通过它可浏览因特网上所有的信息资源,但它并不是十分完美,存在 2 个最明显的不足:一是计算机不理解网页内容的语义;二是网上有用信息难找,即使借助搜索引擎,查准率也较低,它在帮助网民得到成批相关网页的同时,也夹杂了许多你所不需要的信息垃圾。根本原因在于 Web 采用的是超文本标记语言（HTML,HyperText Markup Language）,网页上的内容设计成专供人浏览的,而非供计算机理解和处理的,因此无法为网民提供自动处理网上数据的功能。此外,Web 是按"网页的地址",而非"内容的语义"来定位信息资源的,相同主题的信息分散在全球众多不同的服务器上,形成信息孤岛,查找所需的信息就如同大海捞针一般。而现实中人们希望计算机能够理解网页内容,帮助人们处理烦琐的日常事务。正是基于这种需求,在发明 Web 10 年之后,伯纳斯·李提出了新一代 Web——"语义网"的理念。

2. 语义网的概念

"语义"原意是指词语的含义。"语义网"是按照能表达网页内容的"词语"链接起来的全球信息网;或者说,是用机器很容易理解和处理的方式链接起来的全球数据库。伯纳斯·李认为:"语义网并非一个完全不同的 Web,而是现在 Web 的一个延伸,是将现行 Web 上的信息加以明确的语义定义,更利于人机之间的合作。"

简单地说,语义网是第三代 Web。它是一种能理解人类语言,理解词语概念和逻辑关系,看懂网页内容,识别文件里所传递的信息,根据语义进行判断的智能网络。其出发点是试图从规则和技术标准上使因特网更加有序;其目标是实现机器自动处理信息、程序自动操作、集成以及重复使用整个网络上的信息,使数据更加便于计算机进行查找。它提供诸如信息代理、搜索代理、信息过滤、信息共享、再利用等智能服务。它好比一个巨型的大脑,智能化程度极高,协调能力非常强大,可以干人所从事的工作,可以帮助你滤掉你不喜欢的内容。语义网中的计算机能利用其智能软件,在 Web 上的海量资源中找到你所需要的信息,使得搜索软件与 Web 页面之间更有效沟通。

语义网使人与计算机之间的交流变得像人与人之间交流一样轻松。例如：它可以让计算机辨认和识别"head"这个单词的意思是"头脑"还是"领导"；在浏览新闻时，语义网将给每一篇新闻报道贴上标签，分门别类的详细描述哪句是作者、哪句是导语、哪句是标题。如果语义网被广泛采用，那么"精细、准确和自动化"的搜索就能够实现。

3. 语义网与万维网的区别

语义网是 Web 的延伸，但却与 Web 有着很大的不同，主要表现在以下方面。

1）面向的对象不同

目前的 Web 主要使用 HTML 表达网页内容，的确可以表达一些控制网页显示格式之类的信息，从而使人们认为计算机真的可以理解我们的意图。但实际上 HTML 仅注重文本的表现形式，如字体颜色、大小、类型等，而不考虑文本的具体内容与含义。虽然 Web 上有一些自动的脚本程序可以帮助人们实现一部分功能，但在开放式的网络环境中，它们并不能很好地用于计算机之间的交互。因此目前我们所使用的 Web 主要是供人阅读和使用的。

而语义网则是要在 Web 之上加入一些可以被计算机理解的语义信息，它在方便人们阅读和使用的同时，也方便计算机之间的相互交流与合作。因此，Web 面向的对象主要是人，而语义网面向的对象则主要是机器。

2）信息组织方式不同

Web 在组织信息资源时主要以人为中心，按人的思维习惯和方便性组织网络信息资源。语义网在组织信息资源时则必须兼顾计算机对文本内容的理解及它们间的相互交流和沟通。

3）信息表现的侧重点不同

Web 侧重于信息的显示格式和样式，而不关心所要显示的内容。例如对于比较重要的信息，Web 可能会在其显示上以大字体或颜色鲜明的字体表示。而语义网则更加侧重于信息的语义内容，对具有特定意义的文本必须进行一定的标注或解释。

4）主要任务不同

Web 主要是供人阅读、交流和使用的，其主要任务就是信息发布与获取。通过在网络上发布或获取信息来达到共享和交流的目的。语义网的主要任务则是计算机之间的相互交流和共享，从而使计算机可以代替人们完成一部分工作，使网络应用更加智能化、自动化和人性化。

5）工作方式不同

Web 大部分工作都是由人来完成的，包括信息的收集、检索、整理、排序和分析等。而语义网通过加入一些可以被计算机理解的语义信息，则可以把人从上述各类繁琐的工作中解脱出来，利用智能代理帮助完成上述的大部分工作。智能代理是一段设计好的程序，它可以帮助人们自动完成某些工作。例如对于一个用于电子商务的购物代理，当我们把购物需求提交给代理程序以后，它会在网上自动搜索符合我们条件的商品，并比较其中的不同，根据我们设定的规则决定目标商店，在验证目标商店的真实性与可靠性之后主动提交订单。

4. 语义网研究现状

万维网联盟（W3C，World Wide Web Consortium）是语义网主要的推动者和标准制定者。2001年7月30日,美国斯坦福大学召开了题为"语义网基础设施和应用"的学术会议,这是有关语义网的第一个国际会议。2002年7月9日,在意大利召开了第一届国际语义网大会。此后语义网大会每年举行1次,形成惯例。同时,HP、IBM、微软、富士通等大公司,斯坦福大学、马里兰大学、德国卡尔斯鲁厄大学、英国曼彻斯特维多利亚大学等教育机构都对语义网技术展开了广泛深入的研究,开发出了 Jena、KAON、Racer、Pellet、Protégé 等一系列语义网技术开发应用平台、基于语义网技术的信息集成以及查询、推理和本体编辑系统。

我国也非常重视语义网的研究,早在2002年,语义网技术就被国家863计划列为重点支持项目,清华大学、东南大学、上海交通大学和中国人民大学都是国内语义网及其相关技术的研究中心。清华大学的语义网辅助本体挖掘系统SWARMS、上海交通大学的本体工程开发平台ORIENT都代表了国内语义网研发水平。

语义网的研究内容越来越广泛而深入,大致可分为3个层次:

第一层次,即对语义网及其关键技术的描述与介绍,主要包括语义网的含义、体系结构、关键技术、面临的挑战等。

第二层次是关于语义网及其关键技术对相关学科或研究领域的影响与启示,包括信息管理、信息检索、知识库系统、数字图书馆、数据挖掘、电子商务、机器翻译、智能代理、需求分析、元数据描述与交换、网络信息资源和知识的表达等。

第三层次则是针对语义网及其关键技术所做的具体试验与应用,包括资源描述框架(RDF,Resource Description Framework)的应用与存储、基于 RDF/XML 的搜索引擎的设计与实现、语义网的试探性实现、Ontology 的构建、基于 Ontology 的查询系统设计、Ontology 在图书服务网络、知识图书馆和数字图书馆中的应用、Ontology 与主题词表相结合实现对元数据的查询等。

5. 面临的挑战

虽然语义网给我们展示了 Web 的美好前景以及由此而带来的因特网的革命,但语义网的实现仍面临着巨大的挑战:

(1)内容的可获取性。即基于 Ontology 而构建的语义网网页目前还很少。

(2)本体的开发和演化。包括用于所有领域的核心本体的开发、开发过程中的方法及技术支持、本体的演化及标注和版本控制问题。

(3)内容的可扩展性。即有了语义网的内容以后,如何以可扩展的方式来管理它,包括如何组织、存储和查找等。

(4)多语种支持问题。必须解决网络无国界前提下的多语言性问题,以便机器之间可以进行无缝的交流与沟通。

(5)本体问题。本体是关于领域知识的概念化、形式化的明确规范,是对领域知识共同的理解与描述。与本体相关的一系列问题,如本体合并、本体演化、本体映射、本体标注等都还处于研究阶段。

(6)资源描述问题。如何对资源进行编码和定位?采用什么样的方式和手段描述资源本身及其所代表的含义。

(7)二义性问题。即一词多义和多词一义的问题。

(8)信任机制问题。如何确保被描述资源,特别是关键资源的真实性和可靠性。

（9）标准的制定问题。要保证其发布的信息符合一定的标准规范。

（10）语义内容问题。这一挑战主要来自3个方面：其一就是如何在WWW上表达带有明确语义信息的内容；其二就是如何将现有的Web页面转换为带有明确语义信息的页面；第三就是对语义内容的组织、存储和检索，其方式、方法和手段必须能够满足语义内容不断增长的需要。

（11）规则描述与推理问题。为了使语义网支持推理，必须采取一定的手段描述推理规则。如何在语义网体系结构的本体层之上加入规则描述以更加有效地支持推理。

（12）安全与隐私问题。语义网的安全问题主要包括数据、规则和操作的真实性、完整性、可靠性，为此必须提供相应的安全防护机制；同时也存在隐私问题。

6. 语义网的体系结构

语义网的体系结构共分7层，自下而上分别是编码定位层、可扩展标记语言（XML，eXtensible Markup Language）结构层、资源描述层、本体层、逻辑层、证明层和信任层。各层之间相互联系，通过自下而上的逐层拓展形成了一个功能逐渐增强的体系，如图2-12所示。它不仅展示了语义网的基本框架，而且以现有的Web为基础，通过逐层的功能扩展，为实现语义网构想提供了基本的思路与方法。下面详细介绍一下该体系结构各层的含义、功能以及它们之间的逻辑关系。

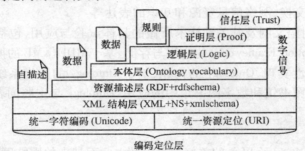

图2-12 语义网体系结构

第1层：编码定位层（Unicode + URI）。Unicode是一个统一的字符编码集，这个字符集中所有字符都用2B表示，可以表示65536个字符，基本上包括了世界上所有语言的字符。数据格式采用Unicode的好处就是它支持世界上所有主要语言的混合，为语义网提供了统一的字符编码格式，有利于不同字符集在语义网上的统一操作、存储和检索。统一资源定位符（URI，Uniform Resource Identifier）用于标识、定位网络上的资源。在语义网体系结构中，该层处于最底层，是整个语义网的基础。

第2层：XML结构层（XML + NS + xmlschema）。XML是一个精简的标准通用标记语言（SGML，Standard Generalized Markup Language）。它综合了SGML的丰富功能与超文本标记语言（HTML，Hyper Text Markup Language）的易用性。它允许在文档中加入任意的结构，而无需说明这些结构的含意。用户可以在XML中创建自己的标签、对网页进行注释，脚本（或程序）可以利用这些标签来获得信息。命名空间（NS，Name Space）由URI索引确定，目的是为了简化URI的书写，避免不同的应用使用同样的字符描述不同的事物。xmlSchema采用XML语法，是文档数据类型（DDT，Document Data Type）的替代品，但比DDT更加灵活，提供更多的数据类型，能更好地为有效的XML文档服务并提供数据校验

36

机制。正是由于 XML 灵活的结构性、由 URI 索引的 NS 而带来的数据可确定性以及 xmlSchema 所提供的多种数据类型及检验机制,使其成为语义网体系结构的重要组成部分。该层负责从语法上表示数据的内容和结构,通过使用标准的语言将网络信息的表现形式、数据结构和内容分离。

第 3 层:资源描述层(RDF + rdfschema)。RDF 是一种描述 Web 上的信息资源的一种语言,其目标是建立一种供多种元数据标准共存的框架。该框架能充分利用各种元数据的优势,进行基于 Web 的数据交换和再利用。RDF 解决的是如何采用 XML 标准语法无二义性地描述资源对象的问题,使得所描述的资源的元数据信息成为机器可理解的信息。如果把 XML 看作为一种标准化的元数据语法规范的话,那么 RDF 就可以看作为一种标准化的元数据语义描述规范。Rdfschema 使用一种机器可以理解的体系来定义描述资源的词汇,其目的是提供词汇嵌入的机制或框架,在该框架下多种词汇可以集成在一起实现对 Web 资源的描述。

第 4 层:本体层(Ontology vocabulary)。该层是在 RDF 基础上定义的概念及其关系的抽象描述,用于描述应用领域的知识,描述各类资源及资源之间的关系,实现对词汇表的扩展。在这一层,用户不仅可以定义概念而且可以定义概念之间丰富的关系。

第 5 层:逻辑层(Logic)。逻辑层负责提供公理和推理规则,是本体论语言逻辑上自然的推进和扩展。逻辑层增强了本体语言的表达能力,使其具备表示应用领域动态变化知识的能力。

第 6 层:证明层(Proof)。该层涉及运用知识进行推理,还包含推理过程的表示和推理的验证方法。逻辑一旦建立,便可以通过逻辑推理对资源、资源之间的关系以及推理结果进行验证,证明其有效性。

第 7 层:信任层(Trust)。位于最顶层的 Web 信任层通过数字签名、证书、基于 Agent 社区成员间相互推荐等机制和方法来实现 Web 环境中的信任管理,从而证明语义网输出的可靠性及其是否符合用户的要求。本层是至关重要的环节,Web 是否能够发挥出最大潜在功能取决于用户是否能够信任 Web 提供的服务和信息。

7. 基于语义网的智能信息检索架构

基于语义网的智能信息检索架构如图 2 - 13 所示。该架构由 4 个部分组成,分别是:①原始信息资源处理,在 HTML 网页中提取元数据后,再进行语义分析,根据 RDF Schema 进行语义编码后,具有语义的数据通过语义网存入语义网库;②语义网存储处理,主要有 RDF Schema 和语义网库;③查询信息处理,包括查询条件预处理、查询条件编码、语义检索 3 个方面;④用户端处理,用户通过语义查询接口进行信息的输入输出。

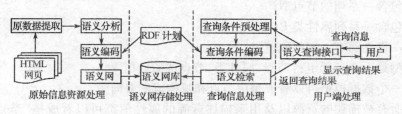

图 2 - 13 基于语义网的智能信息检索系统架构

8. 语义网的关键技术

语义网的实现需要 XML、RDF 和 Ontology 三大关键技术的支持。

1）XML

XML 是一种类似于 HTML 的语言，但不是 HTML 的替代品，是一种补充和扩展。它用来描述和显示数据的标记，能使数据通过网络无障碍地进行传输，并显示在用户的浏览器上。XML 也是自解释（Self describing）的语言，作为一种交换信息的格式，用来将数据保存到文件或数据库中。XML 有一套定义语义标记和自己文档结构的规则，这些标记将文档分成许多部件并对这些部件加以标识。它又是元标记语言，即定义了用于定义其他与特定领域有关的、语义的、结构化的标记语言的句法语言。

XML 根据用户自己需要定义的元标记必须根据某些通用的原理来创建，但是在标记的意义上，也具有相当的灵活性。例如，假如用户正在处理与家谱有关的事情，需要描述人的出生、死亡、埋葬地、家庭、结婚、离婚等，这就必须创建用于每项的标记。新创建的标记可在 DDT 中加以描述。现在，只需把 DDT 看作是一本词汇表和某类文档的句法。

XML 定义了一套元句法，与特定领域有关的标记语言（如 MusicML、MathML 和 CML）都必须遵守。如果一个应用程序可以理解这一元句法，那么它也就自动地能够理解所有的由此元语言建立起来的语言。浏览器不必事先了解多种不同的标记语言使用的每个标记。事实是，浏览器在读入文档或是它的 DDT 时才了解了给定文档使用的标记。

有了 XML 就意味着不必等待浏览器的开发商来满足用户的需要了。用户可以创建自己需要的标记，当需要时，告诉浏览器如何显示这些标记就可以了。

XML 可以让信息提供者根据需要，自行定义标记及属性名，对网页或页面的部分文字进行注释，允许用户在文档中加入任意的结构，但无需说明这些结构的含意，从而使 XML 文件的结构可以复杂到任意程度。它功能强大、机动灵活、易于使用，具有良好的数据存储格式和可扩展性、高度结构化以及便于网络传输等优点，再加上其特有的 NS 机制及 XML Schema 所支持的多种数据类型与校验机制，使其成为语义网的关键技术之一。目前关于语义网关键技术的讨论主要集中在 RDF 和 Ontology 身上。

2）资源描述框架 RDF

RDF 是 W3C 组织推荐使用的用来描述资源及其之间关系的语言规范，具有简单、易扩展、开放性、易交换和易综合等特点。但是，RDF 只定义了资源的描述方式，却没有定义用哪些数据描述资源。RDF 由 3 个部分组成：RDF 数据模型、RDF 计划和 RDF 句法。

RDF 数据模型提供了一个简单但功能强大的模型，通过资源、属性及其相应值来描述特定资源。模型定义为：

（1）它包含一系列的节点 N；

（2）它包含一系列属性类 P；

（3）每一属性都有一定的取值 V；

（4）模型是一个三元组：{节点，属性类，节点或原始值 V}；

（5）每一个数据模型可以看成是由节点和弧构成的有向图。

模型中所有被描述的资源以及用来描述资源的属性值都可以看成是"节点"。由资源节点、属性类和属性值组成的一个三元组叫做 RDF 陈述。在模型中，陈述既可以作为资源节点，同时也可以作为值节点出现，所以一个模型中的节点有时不止一个。这时，用来描述资源节点的值节点本身还具有属性类和值,并可以继续细化。

RDF 计划使用一种机器可以理解的体系来定义描述资源的词汇,其功能就像一个字典,可以将其理解为大纲或规范。RDF 计划的作用是:

(1) 定义资源以及属性的类别;

(2) 定义属性所应用的资源类以及属性值的类型;

(3) 定义上述类别声明的语法;

(4) 申明一些由其他机构或组织定义的元数据标准的属性类。

RDF 计划定义了:

(1) 3 个核心类(rdfs:Resource、rdfs:Property、rdfs:Class);

(2) 5 个核心属性(rdfs:type、rdfs:subClassOf、rdfs:seeAlso、rdfs:subPropertyOf、rdfs:isDefinedBy);

(3) 4 个核心约束(rdfs:ConstrantResource、rdfs:range、rdfs:ConstraintProperty、rdfs:domain)。

RDF Syntax 构造了一个完整的语法体系以利于计算机的自动处理,它以 XML 为其宿主语言,通过 XML 语法实现对各种元数据的集成。

3) 本体(Ontology)

Ontology 原本是一个哲学上的概念,用于研究客观世界本质。目前 Ontology 已经被广泛应用到包括计算机科学、电子工程、远程教育、电子商务、智能检索、数据挖掘等在内的诸多领域。它是一份正式定义名词之间关系的文档或文件。一般 Web 上的 Ontology 包括分类和一套推理规则。分类,用于定义对象的类别及其之间的关系;推理规则,则提供进一步的功能,完成语义网的关键目标即"机器可理解"。本体的最终目标是"精确地表示那些隐含(或不明确的)信息"。

当前对本体的理解仍没有形成统一的定义,如本体是共享概念模型的形式化规范说明,通过概念之间的关系来描述概念的语义;本体是对概念化对象的明确表示和描述;本体是关于领域的显式的、形式化的共享概念化规范等。但斯坦福大学的 Gruber 给出的定义得到了许多同行的认可,即"本体是概念化的显示规范"。概念化被定义为 C = {D,W,Rc},其中 C 表示概念化对象,D 表示一个域,W 是该领域中相关事物状态的集合,Rc 是域空间上的概念关系的集合。规范是为了形成对领域内概念、知识及概念间关系的统一的认识与理解,以利于共享与重用。

本体需要某种语言来对概念化进行描述,按照表示和描述的形式化的程度不同,可以将本体分为完全非形式化本体、半非形式化本体、半形式化本体和严格形式化的本体。有许多语言可用于表示 Ontology,其中一些语言是基于 XML 语法并用于语义网的,如 XOL(Xml-based Ontology exchange Language),SHOE(Simple HTML Ontology Language),OML(Ontology Markup Language)以及由 W3C 组织创建的 RDF 与 RDF 计划。还有建立在 RDF 与 RDF 计划之上的、较为完善的 Ontology 语言 DAML(DARPA Agent Markup Language)、OIL 和 DAML + OIL。

国内关于 Ontology 的研究大多涉及对 Ontology 的定义、基本含义以及本体语言进行简要介绍的基础上,就 Ontology 在相关学科领域的影响、应用及其构造进行探讨与论述。讨论相对较多的主要有本体论与信息检索、本体论与数字图书馆、本体论与信息管理,此外还包括知识库系统、数据挖掘、电子商务、机器翻译、需求分析等。

语义网虽然是一种更加美好的网络,但实现起来却是一项复杂浩大的工程。要真正实现实用的语义网,还有很多难题亟待解决。但是,随着对语义网体系结构、支撑技术和实现方法的不断突破,基于语义网支撑技术的相关应用会日趋成熟,语义网的目标一定能够尽快现实。

2.1.4 全息网

1. 全息网的概念

全息是人类走向自由王国的一扇全新之门。全息社会是以超链组织个人、生产、信息和知识、价值的发展中的社会形态;而全息思维则是以大众的、社会的群体智慧为目标、以自由的知识机制为核心工具、以利己与利他相结合、以个人化力量与社会化力量相结合的一种接近未来的人类思维。

全息意味着信息节点之间最高效率、最广范围、最深水平的联系;是以全息链为基础,以节点自组织为手段,以整体和局部、宏观和微观为目标,全面改变人类社会的生产力革新。信息节点以超链进行自组织,形成 3 个方面的效应,即信息节点的运动被改变;信息的运动被改变;信息节点与信息的互动被改变。节点通过超链实现的自组织达到 3 个目的:信息运动加强;人类社会运动加强;人类与信息的相互作用加强。

区别于传统搜索,全息搜索面向人与人之间、内容与内容之间和人与内容之间的关系进行搜索和分析,并且以"人"为第一搜索原则,搜索出以"人"联结、标注和组织的庞大的结构化内容,其中对于人的搜索不仅仅包括人的个人信息,还包括一个人的文化、学识、涵养、个性、行为、活动计划、发展方向、希望和梦想等很多方面。

全息网是指以全息搜索为基础的因特网,其构成由"人"、"内容"、"全息关系"、"行为"和"目的、任务、状态"五大部分组成,其中"人"将成为组织、凝聚其他四大构成的核心枢纽,由此展开的一系列全息创新将彻底改变因特网现有的底层和顶层结构,进而改变因特网以至人类社会生活的诸多领域。

以全息思维设计、完善和改造因特网,具体任务包括:分布式的分散安全结构、个人功能的强化、变体运用逻辑之间的全息融合、信息知识资源和人的价值之间的自由转换、观念意识与物质成就之间的互补融合、产供销的电子一体化、现代组织的全息化嬗变、电子化社会教育革命、社会性协调控制机制,等等。

2. 全息网和语义网内在联系

全息网与语义网相比,具有以下 8 个方面的内在的联系:

(1) 两者都试图对现有因特网进行提升,以实现更好的人机、人网协同。

(2) 两者都试图建立起一种全新的基于下一代因特网的、面向全人类"有用"的宏观知识管理机制。

(3) 两者都致力于网络与现实更紧密的结合,让关系、内容和秩序在网络和现实之间呈现和谐前进。

(4) 两者都不回避计算机智能和因特网智能的必然出现,同时都无不回避相应的风险和危机。

(5) 两者都试图以全网的公共法搜索功能来与统一而集中的商业搜索抗衡。

（6）两者都是对于人类现有知识的空前的历史性重构和挖掘,将诞生人类前所未有的科技研发的动人前景。

（7）两者都具有面向逻辑关系研究的理论基础和开发传统,通过对于哲学性的普遍联系的研究来实现某种秩序和制度。

（8）两者都具有人类协同的社会属性,是历史上第一次具有人类性和世界性的自发的文明进步。

3. 全息网与语义网的区别

根据全息搜索理论创立的全息网,与语义网具有以下六大区别:

（1）更多个人化的对象体系。语义网专注于宏观的因特网环境的改造和技术端的改造,忽视了对于个人与社会、人性与技术的联系以及个人端的改造。全息网专注于整体的全息因特网环境的建设,本质上是以人类和技术机器的和谐进步为终极目标,具有个人化的对象体系,在微观的人性节点上面建立起宏观全息演进的单位基础。

（2）多方向全方位的组织实施方式。语义网的目标仍然是停留于人类之外的一个整体结构,却不能够推荐基于个体的网络与个人的融合。全息网的最大特征是人类历史空前的一次知识协同,这是一种涵盖网上和网下、宏观和微观、技术和人性、标准与模式、关系和内容等的全范围的组织实施。

（3）网络和现实兼顾的目标。全息搜索理论本质上是一种人类化的因特网思想,以人类的利益、方便、安全、未来为出发点,而不是以机器、网络的利益和未来为出发点。

（4）知识解决机制的前景。语义网企图以计算机智能的强大来支持人类的知识进步,企图建立覆盖全网的运行机制及其"网脑",无法纠正现有的或联网设计思路导致的人类的思维懒惰。全息网建立起全息化的个人基础,进而构建社会化的全息智慧,最终有利于形成具有广泛个人基础的知识解决机制。

（5）技术和人性双重主导。语义网继续信奉先加强技术再服务人类,加强技术使因特网更加强大。全息网是以知识的自由来实现象语义网那样,以技术机器和因特网的自由来实现人类的自由。

（6）社会价值。语义网受到商业局限,以资本为导向推进因特网进化,其中存在着推动力不整体、不完全、不透明、不逻辑、不经济等方面的缺陷,也存在着推动结果不安全、不连续、不和谐、不平衡、不稳定、不效率等方面的缺陷。全息网思维起点从一开始就是社会性和人类性的,它注定是一种社会价值的因特网。

4. 全息网站表现形式

首先,全息网站是具有人性、智商、对话的窗口、路径和环境,形成网站的虚拟人格。

其次,全息网站入口包括 2 部分构成:一是登录以获得接受个性化服务的前提;二是非个性化的普遍信息,比如广告、统计数据、公告、热点等,在入口只体现非个性化的服务构成。

第三,全息网站的简单界面是以背后的强大后台为后盾的,网站减少对于网站形式的干预,而去致力于更好的提供针对用户的个性化服务。

第四,全息网站将网站的结构、内容、功能、信息、形式的决定权和选择权还归用户。

第五,全息网站必须充当用户的咨询师、顾问、朋友、引路人、心灵伙伴等角色。

第六,全息网站可以根据用户个性设计出整合的备选方案,用户连手工独立完成组合的工作量都可以节省,他只需要在几种设计模式中选择一个为修改和微调的方案即可。

第七，全息网站背后的全息既包括内容、信息、关系等，还包括派生的虚拟真实、虚拟交易、虚拟活动等强烈的运动性内涵，目标是通过形成针对每个人的不同服务，让他们更自由地参与群体和社会活动。

第八，全息网站对于浅表性的流通、传播、内容、语言的放弃，是围绕个人运用和运算而进行一系列网站运动后得出的输出结果，可以让用户提前进入未来获得美妙感受，又可以让游侠控制商业秘密。

第九，全息网站本质上是个人与网站进行对话的记录形态，仿真的、有生命的、有活力和情感的网站角色将代替传统的网站，增加对于用户端的需求和个人化差异的思考，这将造就因特网智能的某种更加安全分散的表现形态。

第十，全息网站意味着网站不再仅仅是个内容和关系的仓库，它将变革成为具有运算中心的技术机器，原有的个人对于数据库的存取增加了网站的善意的干预。

5. 全息搜索模式

1）定位全息搜索

定位全息搜索是以搜索主体的动态行为为目的性的一种功能搜索，"定位"的重要性甚至高于搜索，在"定位"体系中，既要搭建良好的"约定"搜索基础，也要搭建良好的"被搜索的权力"体系，更要搭建将全息空间视为面向未来的公共空间的基础认识，进而建设社会化的全息监督体质，以控制知识和人性的矛盾，控制知识过度进步和全息权力集中控制的潜在风险。

2）无动机全息搜索

在全息的无动机搜索中，大量搜索行为被置入公共可控的框架和模式之中，以被监控和全面平等共享搜索权力和搜索利益的原则被用于人类社会公共知识的秩序重建。无动机搜索是一种满足公共利益的搜索，在这种指导思想之下，现有的搜索权力和搜索资源将面临来自社会公众的非商业力量的分享，搜索的利益版图中将锲入全人类的宏观利益。

3）全息搜索的生活路线

全息搜索的生活路线，是以不同群体的生活细节、消费分类、价值取向、教育文化背景等方面特征，结合地域、时间、质量、品牌、个性化定制等具体细节，通过与现实的供应商紧密结合合作建立模式开放而又数据封闭的生活信息系统，而提供的一种无路径、不可视、模糊非理性的网站结构。

4）循环的全息搜索

循环的全息搜索是在不同的"个体—整体""局部—全部"的对立统一系统中，发现和挖掘联系规律，建设起不同的全息搜索模型，其中的"循环"性体现为不仅仅搜索个体向整体的作用和联系，更要搜索整体之于个体的作用和联系，在循环往复中实现搜索目标。

6. 全息因特网正在孕育之中

随着用户喜好、搜索行为数据库、搜索数据库的不断壮大，以及人性化搜索、模糊搜索、社区搜索、关系搜索、系统搜索等全息技术的日益成熟，基于内容和关系的全息联系正通过因特网逐步浮出水面，基于全息联系的无轨迹、精确匹配、模糊动机、面向"A""B"极知识的全息服务模式的创新潮流一触即发。无论是以时间为维度的即时关系内容机制，还是以特定领域为维度的垂直关系内容机制，都是全息化搜索的内容机制的生动形式，这个领域的创新和探索空间非常巨大。

2.2 网格计算

2.2.1 概念、特点与应用

1. 网格的概念

网格(Grid)一词来源于人们熟悉的电力网,希望用户在使用网格解决问题时像使用电力网一样方便,不用考虑服务来自何处,由什么样的计算设施提供。

网格是一个集成的计算与资源环境和基础设施,它把地理上广泛分布的计算资源、存储资源、网络资源、软件资源、信息资源等连成一个逻辑整体,然后像一台超级计算机一样为用户提供一体化的信息应用服务。网格又是构筑在因特网上的一组新兴技术,它将高速互联网、计算机、大型数据库、传感器、远程设备等融为一体,为用户提供更多的资源、功能和服务,达到计算、数据、存储、信息和知识资源的共享、互通与互用,消除资源孤岛,以较低成本获得高性能。网格是一个开放、标准的系统,只要遵守网格规则,任何设备都可以加入网格。网格设备小到个人计算机,大到超级计算机,简单到手提电话,复杂到灾害预警系统,普通到家用电器,贵重到精密仪器。网格也是一个简单、灵活的系统。简单是指网格的使用不需要用户经过专门的培训、学习和了解技术的具体细节,就像电力网一样,用户只要把网格设备接入网格"插座",就可以使用网格资源。灵活是指网格中资源来去自由,用户根据意愿随时进出网格。

网格与 Web 网络不同,网格是建立在因特网和 Web 基础上的。因特网实现了计算机硬件的互联,Web 实现了网页的连通,而网格则试图实现因特网上所有资源的全面贯通。网格形式多种多样,如资源网格、信息网格、计算网格、数据网格、科学网格、存取网格、服务网格、知识网格、语义网格、地球系统网格、地震网格、物理网格、游戏网格、传感器网格、仪器网格、虚拟现实网格、空间信息网格、集群网格、校园网格、亿万量级网格和商品网格等。

2. 网格的特点

网格主要有以下特点:

(1)虚拟性。网格中实际上的资源和用户都要虚拟化为网格用户和网格资源。网格中的用户和物理资源是相互不可见的,资源对外提供的只是一个虚拟化的接口。

(2)集成性。网格把地理位置上分布的来自不同管理域、不同管理平台、具有不同能力的各种资源集成起来,成为一个有机的整体。

(3)协商性。资源请求者和提供者可以通过协商获取不同质量的服务和需求,在他们之间还可以建立专用的服务接口,提供突出个性的服务。

(4)分布性。是指网格的资源是分布的,因而基于网格的计算是分布式计算。

(5)共享性。网格资源可以充分共享,一个地方的计算机可以完成其他地方的任务,同时中间结果、数据库、专业模型以及人才资源等各方面的资源都可以进行共享。

(6)自相似性。网格的局部和整体之间存在着一定的相似性,局部在许多地方具有全局的某些特征,全局的特征在局部也有一定的体现。

(7)动态性。网格的动态性包括网格资源动态增加和网格资源动态减少。

（8）多样性。网格资源是异构和多样的。在网格环境中可以有不同体系结构的计算机系统和类别不同的资源,网格系统必须能解决这些资源之间的通信和互操作问题。

（9）自治性。网格资源的拥有者对该资源具有最高级别的管理权限,网格允许资源拥有者对他的资源有自主的管理能力,这就是网格的自治性。

（10）管理的多重性。是指一方面网格允许网格资源拥有者对资源具有自主性的管理,另一方面又要求资源必须接受网格的统一管理。

3. 网格计算的概念

网格计算被誉为下一代因特网的分布式计算模式,是基于网格的问题求解。网格所关心的是一个崭新的信息基础设施的"构造"问题,而网格计算则是如何"使用"网格平台,来提供强大、经济与方便的问题解决途径。也就是说,网格计算是利用网络中一些闲置的处理能力,将分布的各种计算资源统一组织起来协同解决复杂科学和工程计算问题的新型计算模式,其内容涉及到资源的网格化、协调性以及融合性。通过网格计算的虚拟平台,可以根据需要重新分配计算机资源,能够可靠、一致以及代价较低地使用高层计算能力。网格计算又是以元数据、构件框架、智能体、网格公共信息协议和网格计算协议为主要突破点对网格计算进行的研究。它首先把要计算的数据分割成若干小片,而计算这些小片的软件通常是一个预先编制好的程序,然后处于不同节点的计算机可根据自己的处理能力下载一个或多个数据片断和程序。只要节点的计算机的用户不使用计算机时,程序就会工作。

4. 网格计算的应用

网格计算主要用于复杂科学计算,如分布式超级计算、密集型计算、高吞吐率计算、大型地质灾害预测和大规模科学计算;在教育领域,网格计算技术在资源共享、数字图书馆、协作学习环境构建以及教育科学研究等诸方面都有着广阔的应用前景。在工业领域用于制造业的设计与生产、产品研究与开发、企业优化、先进芯片的设计、石油加工和分布式仪器系统等方面;在研究领域用于卫星图像的快速分析、生物信息研究、高能物理实验应用等方面;网格计算技术还可应用于很多信息技术（IT, Information Technology）环境和业务,包括商业智能和分析、超级视频会议、电子商务、虚拟化应用、远程沉浸、信息集成、个人娱乐、远程医疗、远程访问贵重仪器、生物和医学、地球观察、数据可视化协同分析环境等方面。

2.2.2　网格系统的功能分析

网格计算环境设计需要有以下主要功能:

（1）管理等级结构:定义网格系统组织方式,如网格环境如何分级以适应全局的需要。

（2）通信服务:网格支持多种通信方式,如流数据、群间通信、分布式对象间通信等。

（3）信息服务:动态的网格提供服务的位置和类型是不断变化的,需要提供一种能迅速、可靠地获取网格结构、资源、服务和状态的机制,保证所有资源能被所有用户使用。

（4）名称服务:网格系统使用名字引用种资源,如计算机、服务或数据对象。

（5）分布式文件系统:该系统能提供一致的全局名字空间,支持多种文件传输协议。

（6）安全及授权:各种资源交互时既不影响本身的可用性又不在全系统中引入漏洞。

（7）系统状态和容错：为提供一个可靠、强壮的网格环境，系统应提供资源监视工具。

（8）资源管理和调度：对网格中的各种部件，如处理器时间、内存、网络、存储进行有效的管理和调度。

（9）计算付费和资源交易：系统根据资源性价比和用户需求调度最合适或闲置的资源。

（10）编程工具：网格应提供多种工具、应用、API、开发语言等，构造良好的开发环境，并支持消息传递、分布共享内存等多种编程模型。

（11）用户图形界面和管理图形界面：网格环境提供直观易用的与平台、操作系统无关的界面，用户能够通过 Web 界面随时随地调用各种资源。

网格系统的基本功能模块如图 2 - 14 所示。

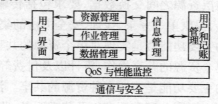

图 2 - 14　网格系统的基本功能模块示意图

网格用户通过用户界面实现与网格之间的信息交互，如用户作业提交、结果返回等输入输出功能。网格在提供服务之前要知道哪个资源可以向用户提供服务，这就需要信息管理模块提供相应的信息。选定合适的资源后，网格需要把该资源分配给用户使用，并对使用过程中的资源进行管理，这些是资源管理的功能。网格在提供服务的过程中需要网格数据管理功能模块将远程数据传输到所需节点，作业运行过程中由作业管理模块提供作业的运行情况汇报。用户及使用时间和费用等的管理则由用户和记账管理模块实现，用户使用网格的整个过程都需要 QoS 保证、通信和安全保障，以提供安全可靠、高性能的服务。

2.2.3　网格的体系结构

网格体系结构就是关于如何建造网格的技术和规范的定义与描述。它给出了网格的基本组成与功能，描述了网格各组成部分的关系以及它们集成的方式或方法，刻画了支持网格有效运转的机制。显然，网格体系结构是网格的骨架和灵魂，是网格最基本的内容。只有建立合理的网格体系结构，才能够设计和建造好网格系统，才能更高效地发挥其作用。

1. 层次化的网格体系结构

图 2 - 15 中给出了一个基本的网络协议体系结构，这是由 5 层沙漏结构演变而来，其右半部分是与之相对应的 TCP/IP 协议分层。

下面对 5 层的功能特点分别进行描述。

（1）构造层。此层的基本功能就是控制局部的资源，包括查询机制、控制服务质量的资源管理能力等，并向上提供访问这些资源的接口。构造层可以是计算资源、存储系统、目录、网络资源以及传感器等。

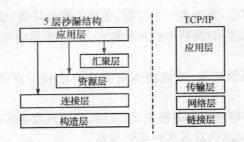

图 2-15   5 层沙漏结构及其与 TCP/IP 网络协议的对比

（2）连接层。该层的基本功能就是实现相互的通信。它定义了核心的通信和认证协议。通信协议允许在构造层资源之间交换数据,要求包括传输、路由、命名等功能。认证协议建立在通信服务之上,提供单一登录、代理、安全方法的集成、信任机制等功能。

（3）资源层。该层的主要功能就是实现对单个资源的共享。资源层定义的协议包括安全初始化、监视、控制单个资源的共享操作、审计以及付费等。

（4）汇聚层。该层的主要功能是协调多种资源的共享。汇聚层协议与服务描述的是资源的共性,包括目录服务、协同分配和调度以及代理服务、监控和诊断服务、数据复制服务、网格支持下的编程系统、负载管理系统与协同分配工作框架、软件发现服务、协作服务等。它们说明了不同资源集合之间是如何相互作用的,但不涉及到资源的具体特征。

（5）应用层。此层存在于虚拟环境中。应用可根据任一层次上定义的服务来构造。每层都定义了协议,以提供对相关服务的访问,这些服务包括资源管理、数据存取、资源发现等。在每一层,可以将 API 定义为与执行特定活动的服务交换协议信息的具体实现。

2. 科学计算网格体系结构

科学计算网格体系结构的基本特征是系统中虽然有数据,但主要问题或关键问题是组织、访问和管理计算任务。如何将一个大问题分解为并发的任务,并将这些任务分配到多个异构的计算系统中去,同时将这些并发的任务有机的组织起来,以尽量小的管理开销达到完成一个共同计算任务的目的,则成为科学计算网格的中心任务。

从图 2-16 可以看出,该网格体系结构大致可分为问题求解环境层、应用及支撑工具层、应用开发环境层、网格通用服务及本地资源层。从网格通用服务来看,它是靠建立一组通用服务完成与各本地资源的通信连接,并为上层应用提供访问接口。这类网格对通信服务及任务分解及调度提出较高的要求。通用网格服务包含很多方面,它们的功能及层次不一样。但它们的总体功能是完成网格资源的统一访问,有的是为了统一异构资源的访问接口,协调多个用户同步访问同一资源的问题;有的是完成多个资源的聚集管理,包括查找、分类等。

总体上讲,科学计算网格至少需要具备 3 种基本功能:①任务管理,用户通过该功能向网格提交任务、为任务指定所需资源、删除任务并监测任务的运行状态;②任务调度,用户提交的任务由该功能按照任务的类型、所需资源、可用资源等情况安排运行日程和策略;③资源管理,确定并监测网格资源状况,收集任务运行时的资源占用数据。

Cactus 和 Globus 是科学计算网格系统一个最著名的组件,它的概念、功能、组成及结构对现在网格的研究有着重要的影响。

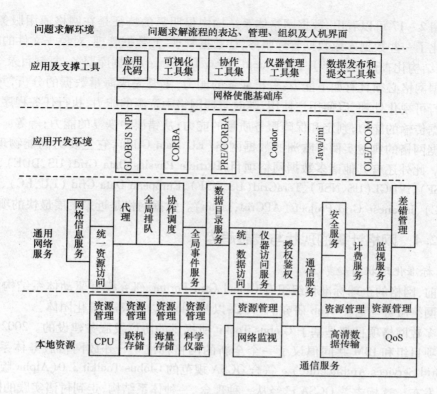

图2-16 科学计算网格的体系结构

3. 数据网格的体系结构

数据网格是以大规模数据的共享、存储、传输及分析为基本特征。初期的数据网格项目就是为了管理高能物理试验的海量数据而建立的。数据网格系统一般都有海量数据的联机采集系统,如高能物理仪器,它可以以 PB/s 量级产生数据,数据传输速率从 100Mb/s ~ 2.5Gb/s;从地域上讲,可跨世界多个国家和地区。海量数据的共享、访问、控制、管理及传输是数据网格的核心问题。数据网格的体系结构如图2-17所示。

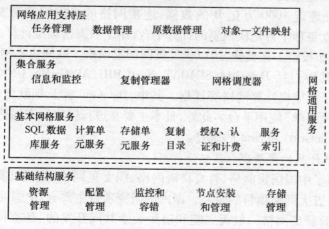

图2-17 数据网格的体系结构

从图 2-17 可以看出,数据网格体系结构中最明显的特征是在网格通用服务层中增加或强化了一些数据库或数据管理服务,如数据管理、元数据管理、对象—文件的映射、复制管理、结构化查询语言(SQL,Structured Query Language)数据库服务、复制目录等。

数据网格必须具有如下能力:分析任务的能力,主要完成海量数据的分析,并对分析结果进行可视化处理,以便用户使用;随时掌握网络中资源的能力;执行任务程序的能力;任意数据传输的能力;判定和保障服务质量的能力;从错误中恢复的能力;等等。

数据网格的典型实例有欧洲的数据网格(EU Data Grid),它主要为高能物理研究而建立的。此外还有其他诸多数据网格项目:Particle Physics Data Grid(US,DOE)、GriPhyN(US,NSF)、iVDGL(US,NSF)、TeraGrid(US,NSF)、European Data Grid (EU,EC)、DataTAG(EU,EC)、Japanese Grid Projects(APGrid,Japan)。数据网格是近来发展最快的项目。

2.2.4 网格计算的现状与发展趋势

1. 标准化现状与趋势

目前,网格的全球标准化组织有 Global Grid Forum、研究模型驱动体系结构的 OMG、致力于网络服务与语义 Web 研究的 W3C,以及 Globus.org 等标准化团体。

大多数网格项目都是基于 Globus Tookit 所提供的协议及服务建设的。2002 年 2 月,Globus 项目组和 IBM 共同倡议了一个全新的网格标准——开放网格服务体系(OGSA,Open Grid Services Architecture)。符合 OGSA 规范的 Globus Toolkit 3.0(Alpha 版)于 2003 年 1 月发布。这标志着 OGSA 已经从一种理念、一种体系结构,走到付诸实践的阶段了。

2. 国外网格计算的发展现状

国外对网格的研究始于 20 世纪 90 年代中期。美国是网格研究起步最早的国家,多家研究机构制订了很多网格研究计划,如美国国家科学基金会资助的 TeraGrid、NCSA、NPACI,美国国防部的 HPCMP 网格、全球信息网格(GIG),美国宇航管理局的 IPG,美国政府资助的大型物理实验网格(GriPhyN)及美国能源部的 ASCI Grid、国家技术网格(NTG)等计划。

TeraGrid 计划连接位于 5 个不同地方的超级计算机,达到每秒 20 万亿次的计算能力,并能存储和处理近 1000 万亿 B 的数据,连接网格的专用网络带宽将达到 40Gb/s。GriPhyN 计划建立每秒千万亿次级别的计算平台,用于数据密集型计算。

英国政府宣布投资 1 亿英镑,用以研发英国国家网格。欧洲也不例外,启动了一系列网格开发计划,其中包括 DataGrid、SIMDAT、NextGRID、AkoGriMo、UNICORE、MOL、CoreGRID 和超大强子对撞机计算网格等计划。其中,DataGrid 涉及到欧盟的二十几个国家,是一种典型的"大科学"应用平台。此外,日本主要在进行国家研究网格计划(NAREGI)、生物网格计划(BioGrid)和 Ninf 的研究。

3. 中国网格计算的发展现状

我国已开展了中国国家网格、教育科研网格、织女星网格、先进计算基础设施北京和上海试点工程等五大网格项目的研究。国内的研究项目主要有:中国网格、上海多所大学参加的"上海教育科研网格"、航天二院和清华大学共同开发的"仿真网格"、中科院计算所领衔开发的"织女星网格"等。

联想计算机公司研制的峰值运算速度 5.324 万亿次/s 的国家网格主节点"深腾

"6800"超级计算机于 2003 年 11 月研制成功。采用网格技术实现 230 万亿次/s 计算速度的曙光 5000A 于 2008 年 11 月落户上海超级计算中心。

4. 网格计算的前景

据美国预测,网格技术在 2020 年将产生一个年产值为 20 万亿美元的大工业。可以说网格是未来信息技术和产业发展的大趋势,它将极大地改变我们的生活和工作。未来的网格计算主要有三大发展趋势,即标准化、大型化和技术融合化。网格计算将从标准化向更广域、多学科渗透,技术将进一步融合,从前沿技术逐步走向实用化、大众化。可以预见,今后网格计算技术仍将快速发展,从而开创计算科学的一个新纪元。

2.3　下一代网络技术

下一代网络(NGN,Next Generation Network)是一种全新的网络架构,代表了未来络发展的主流趋势。实际上 NGN 好像一把大伞,涵盖了因特网、核心网、业务网、承载网、交换网、接入网、传输网、城域网、用户驻地网、家庭网络等许多内容。

2.3.1　下一代网络介绍

1. NGN 的基本概念

NGN 泛指不同于目前一代的,大量利用创新技术,以 IP 为中心,采用分层、开放和标准体系结构,支持多种接入技术,将多种业务融合的综合网络。NGN 能够容纳各种形式的信息,在统一的管理平台下,实现音频、视频、数据信号的传输和管理,提供各种宽带应用和传统电信业务,是一个真正实现宽带窄带一体化、有线无线一体化、有源无源一体化、传输接入一体化的综合业务网络。

NGN 需要做到以下几点:一是 NGN 一定是以软交换为控制核心,以分组交换网络为传输平台的网络;二是 NGN 一定能融合现有各种网络;三是 NGN 一定能提供多种业务,包括各种多媒体业务;四是 NGN 一定是一个可运营、可管理的网络。

NGN 的内涵十分广泛,如果特指业务网层面,NGN 指能融合多种业务的下一代业务网;对于数据通信,NGN 指以 IPv6 为基础的下一代因特网;从移动性而言,NGN 指以 3G 网和 4G 为代表的下一代移动网;如果特指传送层面,NGN 指以自动交换光网络为基础的下一代传送网。如果从网络接入方面来考虑,NGN 指具有多元化的无缝宽带接入的下一代接入网;从网络的控制层面来说,NGN 则指采用软交换和 IMS 作为核心架构的下一代交换网。泛指的 NGN 实际包容了所有下一代网络技术,而狭义的 NGN 往往特指以软交换为控制层,兼容所有三网技术的开放体系架构。

NGN 可以看作是全球信息基础设施的具体实现和网络主体。作为国家通信信息基础设施的网络主体,其要素为:安全、可信任,可以保证消费者的权益,确保国家安全和社会稳定;可持续、良性发展,有良好的可扩展性;与现有的主流技术可互通、共存、平滑演进;是人人可以参与创新的网络平台。

2. NGN 的基本特征

NGN 所应具备的基本特征是:多业务、宽带化、分组化、开放性、移动性、兼容性、QoS 质量保证、安全性和可管理性。具体地说,NGN 具有以下特点:

（1）采用开放式体系架构和标准接口，具有端到端透明性。

（2）各网络功能模块分离并独立发展：呼叫控制与媒体层和业务层分离、控制功能与承载能力分离、呼叫与会晤分离、应用与服务分离、业务提供与网络分离，目标是使业务真正独立于网络，灵活有效地实现业务提供。

（3）具有高速物理层、高速链路层和高速网络层。

（4）网络层趋向使用统一的 IP 协议实现业务融合。

（5）链路层趋向采用电信级大容量分组交换节点。

（6）传送层趋向实现光联网，可提供巨大而廉价的网络带宽和较低的网络成本，网络结构可持续发展，并可透明支持任何业务和信号。

（7）接入层采用多元化的宽带无缝接入技术。

（8）是业务驱动的网络，支持业务的多样化，提供话音与数据、固定与移动、点到点与广播的汇聚等业务，给用户提供自由选择业务的能力。

（9）基于分组传送，与传统网很好地配合互通。

（10）具有通用移动性，即允许用户作为单个人始终如一地使用和管理其业务而不考虑其采用何种接入技术。

（11）保证质量，有很高的安全性与可靠性。

NGN 只有具备了这些特点，才能更好地满足业务提供商以及终端用户的需求。

3. NGN 的目标

NGN 的目标是：推动公平竞争，鼓励投资，定义网络体系和能力框架以满足不同的网络管制要求和新的通信需求，提供开放的网络接口，不断提高对各种业务的创建、实现和管理的能力，建设一个能够提供话音、数据、多媒体等多种业务的，集通信、信息、电子商务、娱乐于一体，满足自由通信的分组融合网络。

4. NGN 的研究内容和技术

NGN 研究的领域包括：IPv6、光网、接入网、有线与无线的融合、业务、卫星通信、移动通信、互操作性等。NGN 研究的内容为：NGN 的通用框架模型、NGN 的功能体系结构模型、端到端业务质量、业务平台与模型、内容与网络的管理和安全、网络控制体系、NGN 中业务和网间的互操作性、新业务及应用、网络传送的基础设施、网络融合技术、新型的控制管理和运维机制、新的网络协议、新的测试技术等。

支撑 NGN 的主要技术包括 IPv6、大容量光传送技术、高速路由/交换技术、光交换与智能光网、宽带接入、城域网、软交换、3G、后 3G、4G、IP 终端、网络安全技术等。

5. NGN 提供的新业务

NGN 在原有的公共开关电话网络（PSTN，Public Switched Telephone Network）、综合业务数字网（ISDN，Integrated Services Digital Network）和智能网（IN，Intelligentized Network）等业务的基础上又增加了如下许多自己特有的业务：①入口业务；②增强型多媒体会话业务；③可视电话；④Click to Dial；⑤Web 会议业务；⑥增强型会话等待；⑦语音识别业务；⑧Text→Speech→Text；⑨基本定位业务；⑩个人路由策略；⑪视频点播业务；⑫增强型的呼叫功能等。

2.3.2　下一代网络的功能模型和所支持的协议

NGN 功能模块如图 2 - 18 所示，包含 4 个层面，每个层面又可包含子层或其他部分。

不同平面之间可以互相通信,具体如下:

(1)应用平面:由应用和中间件两部分组成。其中中间件是一些通用软件。典型的中间件组件如鉴权、计费、目录、安全、浏览、查找、导航、格式转换等。应用平面不仅向大众用户提供服务,还向运营支撑系统和业务提供者提供服务支撑。

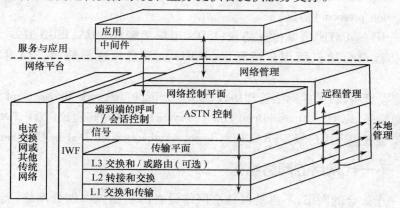

图 2-18　NGN 功能模块

(2)网络控制平面:提供端到端的呼叫/会话控制,底层自动交换传送网(ASTN,Automatic Switched Transport Network)的控制及信令处理功能。

(3)传输平面:包含网络的 3 层功能,第一层的交换和传输,二层的转接和交换以及三层的交换和/或路由功能(可选)。

(4)管理平面:提供远程和本地管理能力。

NGN 体系还需具备与现有的电路交换网的互通功能(IWF,InterWorking Function)。

NGN 功能实体之间需要采用标准的通信协议。这些协议主要由 ITU-T 和 IETF 等国际标准化组织定义。NGN 体系中主要涉及的协议有:

(1)呼叫控制协议:会话发起协议(SIP,Session Initiation Protocol)、SIP-T 和承载无关的呼叫控制(BICC,Bearer Independent Call Control)协议 RH.323 协议。SIP 由 IETF 制定,是用来建立、修改和终结多媒体会话的应用层协议。SIP-T(电话 SIP)将传统电话网信令通过"封装"和"翻译"转化为 SIP 消息,提供了用 SIP 实现传统 PSTN 网与 SIP 网络的互连机制。在 NGN 中,SIP 终端同软交换之间、软交换同应用服务器之间运行 SIP 协议;同时 SIP(SIP-T)已被软交换接受为通用的接口标准。BICC 协议由 ITU-T 制定,源于 N-ISUP 信令。BICC 协议解决了呼叫控制和承载控制分离的问题,使呼叫控制信令可在各种网络上承载。H.323 是一套在分组网上提供实时音频、视频和数据通信的标准,是 ITU-T 制定的在各种网络上提供多媒体通信的系列协议 H.32x 的一部分。

(2)媒体网关控制协议:MGCP 和 Megaco/H.248 协议。媒体网关控制器协议(MGCP,Media Gateway Controller Protocol)是 IETF 的一个草案,是目前使用最多的媒体网关控制协议。Megaco/H.248 协议由 IETF 和 ITU-T 联合开发,它是在 MGCP 协议基础上,结合了其他媒体网关控制协议的一些特点发展而成。它提供了控制媒体建立、连接、修改、释放的命令与保证这些信令执行的机制,同时也可携带一些随路呼叫信令,支持网络终端的呼叫。

51

（3）基于 IP 的媒体传送协议：NGN 使用实时传输协议（RTP，Realtime Transport Protocol）/ 实时传输控制协议（RTCP，Realtime Transport Control Protocol）协议作为媒体传送协议。

（4）业务层协议/API：SIP、Parlay、JAIN，软交换设备还应支持智能网应用协议（INAP，IN Application protocol）协议。

（5）基于 IP 的 PSTN 信令传送协议：ISDN 用户适配层（IUA，ISDN User Adaptation Layer）、消息传递部分第三级用户适配层（M3UA）、消息传递部分第二级对等适配层（M2PA）。

（6）其他类型协议：简单网络管理协议（SNMP，Simple Network Management Protocol）、普通开放策略服务（COPS，Common Open Policy Service）、网络时间协议（NTP，Network Time Protocol）、远端鉴权拨入用户服务（RADIUS，Remote Authentication Dial In User Service）。

2.3.3　下一代网络的网络结构

NGN 是一个融合的网络，不再是以核心网络设备的功能纵向划分网络，而是按照信息在网络传输与交换的逻辑过程来横向划分网络。可以把网络为终端提供业务的逻辑过程分为承载信息的产生、接入、传输、交换及应用恢复等若干个过程。为了使分组网络能够适应各种业务的需要，NGN 网络将业务和呼叫控制从承载网络中分离出来。因此 NGN 的体系结构实际上是一个分层的网络。目前对下一代网络比较公认的体系结构如图 2-19 所示。

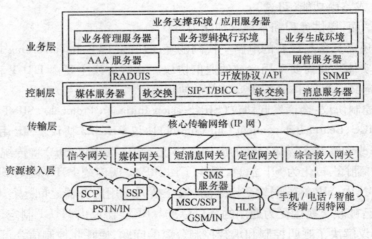

图 2-19　NGN 体系结构

从图中可以看出，NGN 从功能上可以分为资源接入层、传输层、控制层和业务层等几个层面。NGN 体系结构中各层的组成形式和作用如下：

（1）资源接入层：提供各种网络资源接入到核心骨干网的方式和手段，进行媒体格式及信令格式的转换，主要由各种接入网关/中继网关以及智能终端组成，这里的网关主要是信令网关、媒体网关、短消息网关、定位网关和综合接入网关等多种网关接入设备。

（2）传输层：负责提供各种信令流和媒体流传输的通道。NGN 的核心传输网是宽带 IP 分组网络，信息打包为 IP 分组统一在网上传输，主要传输设备为高速路由器、交换机等。

（3）控制层：主要提供呼叫控制、连接控制、协议处理、媒体资源提供、消息处理等能力，并为业务层提供访问底层各种网络资源的开放接口。该层主要包括软交换、媒体服务器、消息服务器等设备。其中，软交换是该层的核心实体，它实现了业务控制与呼叫控制分离、呼叫控制与承载控制分离，主要提供呼叫/会话控制服务和用户交互服务。控制层的作用是隔离业务层和资源接入层，从而使得业务的开发与底层的基础网络无关。

（4）业务层：为用户提供丰富多样的网络业务，实现业务的客户化，快速提供增值业务。主要设备有应用服务器、网管服务器和 AAA 服务器等。其中应用服务器是该层的核心实体，主要提供业务执行环境的功能，对业务生成和业务管理给予支持。

NGN 采用融合、分层、开放的体系结构，完全体现了业务驱动的思想和理念，很好实现了多网融合，提供了开放灵活的业务提供体系，是对传统网络的一次彻底的变革。

2.3.4　下一代网络的关键构件

NGN 的组成非常复杂，包括许多设备、器件和网元，其中关键的构件有以下几个方面：

（1）软交换：有时也称为媒体网关控制器，负责呼叫控制（呼叫连接的建立、监视和拆除）。软交换只负责呼叫处理、信令和呼叫控制，没有传输功能，即 2 个用户间通信，只有在呼叫建立和断开时，通过信令和软交换发生交互，其他时候，信息流并不经过软交换。

（2）接入设备：包括接入媒体网关和综合接入设备（IAD,Integrated Accesss Device），它的功能是实现最终用户的接入，除了原有的模数转换功能外，还必须能够完成一般数字信号和能够在分组网上传送的数据包之间的格式转换；另外，它还必须能够把原来用户板所处理的一些基本呼叫信令（比如摘机、拨号、挂机等）转换成分组网上能够传送的协议，从而实现接入设备和软交换之间的交互。

（3）分组传送网：在 NGN 里边，整个 NGN 网络的所有信息传送转发，都依赖于统一的分组传送网。它涵盖了 PSTN 网中，交换机内的交换网板、信令网板以及传输网络的作用。NGN 采用分组网来实现统一的信息承载，其目的就是为了在统一的基础网络上实现多业务的融合。从发展趋势看，基于 IP 技术的网络已经成为事实标准。可以说，目前传送网的技术发展，已经成为制约或者促进 NGN 发展、成熟的一个很关键的因素。

（4）中继网关和信令网关：在一个纯粹的 NGN 网络中，中继网关和信令网关可以说是没有必要存在的，但是，在由 PSTN 过渡到 NGN 时期，需要 NGN 和 PSTN 共存。而共存的网络，就需要互通，中继网关和信令网关就是为了实现 NGN 和 PSTN 互通的设备。所谓中继网关，就是完成电路中继和分组网上的媒体流的转换；所谓信令网关，就是完成基于电路中继的 7 号信令系统和基于分组网（IP 承载）的信令传输协议的信令系统的转换。

（5）媒体资源服务器：电路交换机中，有一个专门的部件，来完成所谓放音、收号功能，实现一些特殊的业务，比如我们常常听到的"您所呼叫的用户正忙……"。在 NGN 体系下，把所有交换机里边的这个部件都拿出来，形成一个公共的、独立的构件，就是所谓的媒体资源服务器。它能够为 NGN 网络提供基于 IP 网络的媒体资源。

比起交换机里头的放音收号框，NGN 的媒体资源服务器功能更强大，扩展性更强，它不仅能够提供基本的放音收号功能，更可以提供视频资源以及多媒体会议资源，实现文语转换和语音识别功能等,为 NGN 的很多特色业务提供支持。

(6)业务服务器:NGN 网络中,业务服务器的位置和功能类似于传统电信网络中的 IN,其作用是为 NGN 网络中的用户提供增值服务。目前直接由 NGN 增值业务服务器可提供的增值业务包括:SIP 预付费、WEB800、点击拨号、点击传真、统一消息、即时消息……

NGN 的增值业务提供上,有一个重要理念是开放的第三方业务接口。由此接口可以实现由第三方进行的增值业务开发,从而使得个性化的业务定制成为可能。此接口目前的标准为 PARLAY。PARLAY 的基本理念,是通过封装技术,把 NGN 网络中的细节屏蔽掉,抽象成各种能力集,然后通过 API 提供给第三方,使第三方在开发业务时,不必关心基础网络的具体设备、厂家等细节,只要调用相应的 API 就能够开发业务。这种第三方业务开发接口被认为是 NGN 最具吸引力的方面,可以彻底解决传统网络业务提供能力不足的顽疾。

2.3.5 软交换及其系统架构

1. 定义

软交换是一个基于软件的分布式交换/控制平台,是网络演进及 NGN 的核心设备之一,是一种提供了呼叫控制功能的软件实体。其核心思想是硬件软件化,通过软件的方式来实现原来交换机的控制、接续和业务处理等功能,各实体之间通过标准的协议进行接续和通信。软交换包含许多功能,主要完成网关管理、呼叫控制、带宽管理、资源分配、协议处理、路由、认证、计费等主要任务,同时提供现有电路交换机所能提供的所有业务,并向第三方提供可编程能力。从广义来看,软交换体系包含了 NGN 的各个组成部分,代表着整个网络的技术体系架构,利用该结构可以建立 NGN 框架。从狭义来看,软交换指的是软交换设备定位于控制层。软交换的基本含义就是把呼叫控制功能从媒体网关(传输层)中分离出来,实现基本呼叫控制功能,包含呼叫选路、管理控制、连接控制(建立会话、拆除会话)、信令互通,使得业务提供者可以方便地将传输业务与控制协议结合起来,实现业务转移。图 2-20 所示为软交换的基本概念。

2. 软交换系统的分层结构

软交换是一个分层的、全开放的体系架构,它包括 4 个相互独立的层面,分别是接入层、传送层、控制层和业务层,如图 2-21 所示。各层的主要功能如下。

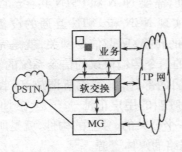

图 2-20 软交换的基本概念

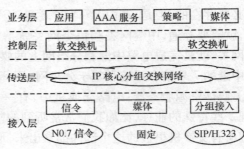

图 2-21 软交换系统的分层结构

(1)接入层:为各类终端提供访问软交换网络资源的入口,这些终端需要通过网关或

54

者是智能接入设备接入到软交换网络。

（2）传送层（也称承载层）：透明传递业务信息，目前的共识是采用以 IP 技术为核心的分组交换网络。

（3）控制层：主要功能是呼叫控制，即控制接入层设备，并向业务层设备提供业务能量或特殊资源。控制层的核心设备是软交换机，软交换机与业务层设备、接入层设备之间采用标准的接口或协议。

（4）业务层：主要功能是创建、执行和管理软交换网络的增值业务，其主要设备是应用服务器，还包括其他一些功能服务器，如鉴权服务器、策略服务器等。

3. 软交换的软件结构

软交换系统是一个复杂的功能实体集合，基于分布式技术，各功能实体以一定的规则组织一起，相互作用实现各种类型的呼叫业务。图 2 - 22 所示为软交换的软件架构。

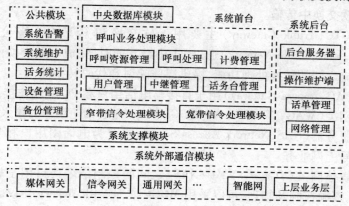

图 2 - 22 软交换软件架构

软交换系统从整体结构上可以划分为系统前台和系统后台 2 个部分。前台包括系统支撑模块、外部通信模块、窄带信令处理模块、宽带信令处理模块、呼叫业务处理模块、中央数据库模块、资源管理以及公共模块。其中：业务处理模块根据功能不同又可划分为多个子模块，即网关功能模块、各类型用户模块、各类型中继模块、呼叫控制模块、计费模块以及话务台模块等；公共模块包括话务统计模块、系统维护模块、系统告警模块、设备管理模块以及系统备份模块等。后台包括数据服务器、操作维护客户端、话单管理、话务统计管理后台、告警管理后台以及网络管理。

4. 软交换的对外接口

作为 NGN 中的核心设备，软交换必须采用标准开放的接口与网络中很多的功能实体间进行交互，系统和设备与接口的连接关系如图 2 - 23 所示。

（1）软交换与信令网关（SG，Signalling Gateway）之间的关系。SG 完成 PSTN/ISDN 侧的 7 号信令网的消息传递与 IP 侧信令传输的转换功能，而对 ISDN 用户部分（ISUP，ISDN User Part）进行透明传输。软交换与 SG 之间的接口主要用于传递它们之间的信令信息。

（2）软交换与媒体网关（MG，Media Gateway）之间的接口。MG 负责将各种终端和接入网络接入核心分组网络，主要用于将一种网络中的媒体格式转换成另一种网络所要求的媒体格式，完成数据格式和协议的转换，将接入的所有媒体信息流均转换为采用 IP 协

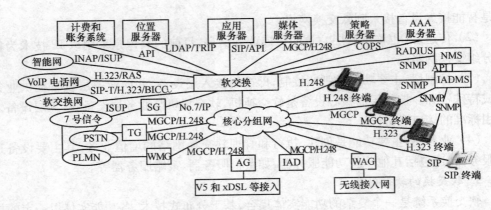

图 2-23　软交换的对外接口

议的数据包在软交换中传输。

中继网关（TG，Trunk Gateway）主要用于软交换和 PSTN/ISDN/公众陆地移动网（PLMN，Public Land Mobile Network）通过 E1 中继互通时，完成电路交换网的承载通道和分组网的媒体流之间的转换处理功能，提供媒体映射和代码转换能力。

接入网关（AG，Access Gateway）用于直接与电话用户和 PC 终端连接。

无线接入网关（WAG，Wireless Access Gateway）完成移动用户的接入。

网络接入服务器（NAS，Network Access Server）主要为电话网用户和与软交换网的直接用户提供拨号上网业务。

软交换与媒体网关（TG/AG/WAG/NAS）之间的控制信令接口用于软交换对媒体网关的承载控制、资源控制及管理，可以采用 MGCP 或 H.248/Megaco 协议。

（3）软交换与 IAD 之间的接口。IAD 将用户的话音、数据及视屏等应用接入到分组交换网络中，在分组交换网络中完成响应的功能，软交换与 IAD 之间的控制信令接口，可以采用 H.248 或 MGCP 协议。

（4）软交换与智能终端之间的接口。用户智能终端完成用户接入和话音编解码和媒体流的传输。智能终端主要采用的是 H.323 终端、SIP 终端、H.248 终端和 MGCP 终端。软交换与智能终端的控制信令接口可以采用 SIP 或 H.323、H.248、MGCP 协议。

（5）软交换与媒体服务器之间的接口。媒体服务器是软交换网络中提供专用媒体资源功能的独立设备，提供增值业务执行所需要的网络公共资源。软交换与媒体服务器间的接口协议一般采用 MGCP、H.248 协议。

（6）软交换与应用服务器之间的接口。应用服务器提供业务执行环境，负责为用户提供增值智能业务、各种个性化业务和各种开放的 API，为第三方业务的开放提供创作平台。软交换与应用服务器之间的接口提供对第三方应用和各种增值业务的支持功能。被广泛接受的接口协议是 SIP，也可是 API。

（7）软交换与位置服务器之间的接口。位置服务器记录所有软交换网络用户的用户信息，包括用户位置、属性等。综合接入设备管理系统（IADMS，Integrated Access Device Management System）作为网管系统与综合接入设备之间的代理，为软交换网络中大量的 IAD 提供网管功能。它们之间的接口可采用轻量目录访问协议（LDAP，Lightweight Directory Access Protocol）、IP 电话路由（TRIP，Telephony Routing over IP）协议等。

（8）软交换与软交换之间的接口。软交换位于网络的控制层,提供各种业务的呼叫控制、连接以及部分应用业务,接收正在处理呼叫的相关信息,指示媒体网关完成呼叫。此接口可采用 SIP-T、H. 323 或 BICC 协议,用于不同软交换间的交互。

（9）软交换与策略服务器之间的接口。策略服务器完成策略管理功能,定义各种资源接入和使用标准,分配标签,控制接入等。软交换与策略服务器间用 COPS 协议提供对网络设备的工作进行动态干预的功能。

（10）软交换与网管服务器之间的接口。网络管理系统（NMS,Network Management System）提供软交换设备的网络管理功能。IADMS 为 IAD 提供网管功能。IADMS 与软交换网络终端以及网管系统与软交换网络设备之间的管理接口,可使用 SNMP。

（11）软交换与计费账务系统之间的接口。计费和账务系统提供软交换框架体系下所有终端开户、业务的计费处理、账单生成与交互功能。软交换与计费账务系统间的接口以及 NMS 与 IADMS 间的接口为各种 API。

（12）软交换与 IN 之间的接口。IN 完成业务的提供,将呼叫连接和业务提供相分离。IN 与软交换之间的接口采用 INAP 或 ISUP 协议。

（13）软交换与 VoIP 之间的接口。VoIP 可以在 IP 网络上廉价地传输话音、传真、视频和数据等业务。VoIP 电话网与软交换之间的接口,可采用 H. 323 的注册、许可和登记、接纳和状态（RAS,Registration,Admission and Status）协议。

（14）软交换与 AAA 服务器之间的接口。AAA 服务器通过与软交换的交互完成用户的认证、鉴权、计费等功能。软交换与 AAA 服务器之间的接口采用 RADIUS 协议。

现有网络过渡到 NGN 将是一个漫长的过程,在这个过程中,传统电路交换网络是逐步消亡的,软交换是目前的替代技术。NGN 的总体趋势是技术 IP 化和 IT 化;业务融合化、开放化;承载宽带化、差异化;架构水平化、扁平化;管理智能化和集中化。NGN 在业务网络层面上是加强用户数据的统一管理,支撑融合、多样化信息服务的灵活提供和信息标识管理;在基础网络层面不断增加 IP 承载网络和接入网络的容量与带宽,提高网络的 QoS 保证水平以及多业务支撑能力。

第3章 下一代因特网协议——IPv6

随着因特网的高速发展和应用,IPv4 地址已经耗尽。要打造新一代因特网,关键技术就是 IPv6。世界许多国家为抢得先机,正在积极开展向下一代因特网协议的过渡工作,纷纷部署 IPv6 业务发展战略,并提出了具体要求。IPv6 是 IP 协议第 6 版本,是拥有巨大网址数量和高安全性能等特点的因特网新协议,是解决制约因特网发展瓶颈问题的重要途径,因此被称为新一代因特网的基础和灵魂。

3.1 IPv6 的基础知识

3.1.1 IPv4 的缺陷

IPv4 存在先天不足,主要表现如图 3 - 1 所示。

(1) IPv4 地址危机。个人计算机的普及和因特网的迅速发展,导致 IP 的需要量急剧增加;大量的移动设备和家电设备上网的趋势使目前的形势更加严峻,如手机上网、冰箱上网、汽车上网,使因特网用户数量雪崩式增长;2011 年 2 月 3 日,

图 3 - 1 IPv4 先天不足

因特网号码分配机构正式宣布其所有 IPv4 地址资源分配结束。IPv4 的 32 位地址空间已出现紧缺趋势。

(2) 路由表的膨胀。IPv4 地址中 C 类网络超过 200 万个,每个网络上的主机数量不超过 255 个。骨干网络路由器必须存储到达整个网络所有各个子网的路由信息。随着因特网用户的增长,需要使用大量的 C 类地址,造成路由表庞大,使路由器的负担沉重、性能降低,网管越来越困难。

(3) 安全性的不足。因特网开始设计是基于研究和开发的目的,没有将安全性作为重点。IPv4 只具备最少的安全性选项,这些选项还通常被路由器所忽略。应用程序通过本身的私有性和认证性操作机制完成安全性操作。IPv4 的数据在网络上传播几乎是裸露的,只能通过高层协议或应用程序加密处理。基于因特网的攻击和欺骗与日俱增,造成的损失越来越大。

(4) IP 地址不易进行自动配置和重新编址。因特网设计时,连接的计算机是静态的,IP 地址极少改变。由于 IPv4 地址分配不均衡,经常在需要网络扩容或重新部署时,需要重新分配 IP 地址,因此需要能够进行自动配置和重新编址以减少维护工作量。

(5) IP 协议的性能有待提高。IPv4 协议头部复杂,有些项可以删掉。关于选项的设计不合理,通常被路由器忽略。

（6）IPv4 缺乏 QoS 机制，不能很好地为实时交互、多媒体数据流提供良好的服务。

（7）移动性支持不够。IPv4 诞生时，因特网的结构还是以固定为主。后来研究人员提出移动 IPv4 来解决无线和移动业务的发展问题。但由于 IPv4 本身的缺陷，造成移动 IPv4 存在着诸多弊端，如三角问题、安全问题、源路由过滤问题和转交地址分配问题等。

3.1.2　IPv6 的新特性分析

IPv6 继承了 IPv4 的优点，对 IPv4 进行了改进，并增加了一些新的特性。这些新特性，大大改善了网络的传输性能。IPv6 的新特性主要有以下几方面。

1. 128 位灵活的地址空间

IPv6 地址空间由 IPv4 的 32 位扩大到 128 位。这样 IPv6 的地址最大为 2^{128}（约 3.4×10^{38}）个，平均到地球表面上来说，每平方米将获得约 6.5×10^{23} 个地址。这样未来的每一种家电、用具、终端、设备、感应器、生产流程都可以拥有自己的 IP 地址。

2. 层次化的地址结构

在 IPv6 这个较大的地址空间可以使用多层等级结构，如图 3-2 所示，每一台都有助于聚合 IP 地址空间，增强地址分配功能。提供商和组织机构可以有层叠的等级机构，管理其所辖范围内空间的分配。

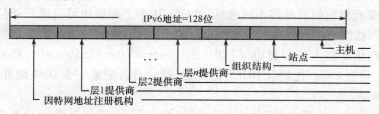

图 3-2　IPv6 多层等级结构

IPv6 支持层次化的地址层次，按照不同的地址前缀来划分，以利于骨干网路由器对数据包的快速转发。IPv6 定义了 3 种不同的地址类型，分别为单点传送地址（Unicast Address），多点传送地址（Multicast Address）和任意点传送地址（Anycast Address）。所有类型的 IPv6 地址都是属于接口而不是节点。一个 IPv6 单点传送地址被赋给某一个接口，而一个接口又只能属于某一个特定的节点，因此一个节点的任意一个接口的单点传送地址都可以用来标示该节点。

3. 简化了 IPv6 数据首部（Header）

尽管 IPv6 地址是 IPv4 的 4 倍，但首部只有 IPv4 首部的 2 倍。因为 IPv6 基本首部只携带报文传送过程中必要的控制信息，信息域从 IPv4 固定的 12 个减少为 8 个。首部的简洁使报文在传输过程中各个节点的处理速度大为提高。

4. 简化的报头和灵活的扩展

IPv6 对数据报头作了简化，以减少处理器开销并节省网络带宽。IPv6 的报头由 1 个基本报头和多个扩展报头（Extension Header）构成，基本报头具有固定的长度（40B），放置所有路由器都需要处理的信息。由于因特网上的绝大部分包都只是被路由器简单的转发，因此固定的报头长度有助于加快路由速度。IPv4 的报头有 15 个域，而 IPv6 的只有 8 个域，固定 40B，这就使得路由器在处理 IPv6 报头时显得更为轻松。与此同时，IPv6 还定义了多种扩展报头,这使得 IPv6 变得极其灵活,能提供对多种应用的强力支持,同时又为以后支持新的应用提供了可能。这些报头被放置在 IPv6 报头和上层报头之间,每一个可以通过独特的"下一报头"的值来确认。除了逐个路程段选项报头(它携带了在传输路径上每一个节点都必须进行处理的信息)外,扩展报头只有在它到达了在 IPv6 的报头中所指定的目标节点时才会得到处理(当多点播送时,则是所规定的每一个目标节点)。在那里,在 IPv6 的下一报头域中所使用的标准的解码方法调用相应的模块去处理第一个扩展报头(如果没有扩展报头,则处理上层报头)。每一个扩展报头的内容和语义决定了是否去处理下一个报头。因此,扩展报头必须按照它们在包中出现的次序依次处理。一个完整的 IPv6 的实现包括下面这些扩展报头的实现:逐个路程段选项报头,目的选项报头,路由报头,分段报头,身份认证报头,有效载荷安全封装报头,最终目的报头。

5. 有状态和无状态的地址配置

为简化主机配置,IPv6 既支持有状态的地址配置(如,在有支持 IPv6 的 DHCP(DH-CPv6,DHCP for IPv6)服务器时的地址配置),也支持无状态的地址配置(如,在没有 DH-CPv6 服务器时)。在无状态的地址配置中,链路上的主机会自动地为自己配置适合于这条链路的 IPv6 地址(称为链路本地地址),或者适合于 IPv4 和 IPv6 共存的 IP 地址,或者由本地路由器加上了前缀的 IP 地址。甚至在没有路由器的情况下,同一链路上的所有主机,也可以自动配置它们的链路本地地址,这样不用手工配置也可以进行通信。链路本地地址在 1s 之内就能自动配置完成,因此同一链路上的节点的通信几乎是立即进行的。相比之下,一个使用动态主机配置协议(DHCP,Dynamic Host Configuration Protocol)的 IPv4 主机则要等上整整 1min:先放弃 DHCP 的配置,然后自己配置一个 IPv4 地址。

6. QoS 保证

IPv6 报文的基本首部中的"优先级"和"流标识"2 个域都是进行 QoS 控制的。IPv6 的流标识可以在"流"信息传输的过程中使中间的一系列路由器对这些数据报做特殊处理。这种能力对支持需要固定吞吐量、开销、带宽、时延和抖动的应用非常重要,诸如多媒体应用中的视频点播、实时转播以及其他的实时交互。优先级是控制 QoS 的另一手段。4 位长的优先级域使源地址能指定所发数据报的传送优先级。

7. 即插即用的连网方式

IPv6 把自动将 IP 地址分配给用户的功能作为标准功能。只要机器一连接上网络便可自动设定地址。它有 2 个优点:一是最终用户用不着花精力进行地址设定;二是可以大大减轻网络管理者的负担。IPv6 有 2 种自动设定功能:一种是和 IPv4 自动设定功能一样的名为"全状态自动设定"功能;另一种是"无状态自动设定"功能。

8. 提供了较完备的安全机制

广义的安全机制包括安全验证(Authentication)和保密机制(Confidentiality Capabilities)2 部分。IPv6 主要有 3 个方面的安全机制,即数据包确认、数据报的保密和数据报的完整,安全功能具体在其扩展数据报中实现。IPv6 的认证扩展首部(AH,Authentication Header)主要提供密码验证和证明数据报是否完整无误,默认时采用消息摘录算法(MDA,Message Digest Algorithm)进行验证。

为保证数据的安全,采用封装安全载荷(ESP,Encapsulating Security Payload)的扩展数据首部。IP 定义了 2 种模式的 ESP:隧道模式(Tunnel Mode)和传输模式(Transport mode)。传输模式中,数据发送端首先将其要发送的 IP 数据流进行加密压缩,转换后的密文称为 ESP 帧,然后将加密的 ESP 帧放入一个开放(Unencrypted)的报文中,最后从发送端发送到接收端。在传输模式中,ESP 只能包含加密传输层协议的数据报文(例如 TCP、用户数据报协议(UDP, User Datagram Protocol)、因特网控制报文协议(ICMP, Internet Control Messages Protocol))。与隧道模式相比,传输模式更节省数据传输带宽。在网络中的每个合法设备中都需要具备统一的加密算法。

9. IPv4 和 IPv6 的比较

表 3-1 对 IPv4 和 IPv6 作了综合的比较,列出了它们的主要差别。

表 3-1　IPv4 和 IPv6 的主要差别

IPv4	IPv6
地址长度 32 位	地址长度 128 位
IPsec 为可选扩展协议	IPsec 成为 IPv6 的组成部分,对 IPsec 的支持是必须的
包头中没有支持 QoS 的数据流识别项	包头中的流标识字段提供数据流识别功能,支持不同 QoS 要求
由路由器和发送主机两者完成分段	路由器不再分段,分段仅由发送主机进行
包头包括完整性检查和	包头中不包括完整性检查和
包头中包含可选项	所有可选内容全部移至扩展包头中
地址解析协议(ARP, Address Resolution Protocol)使用广播 ARP 请求帧对 IPv4 地址进行解析	组播邻居请求报文替代了 ARP 请求帧
因特网组管理协议(IGMP, Internet Group Management Protocol)管理本地子网成员	由组播监听发现(MLD, Multicast Listener Discovery)报文替代 IGMP 管理本地子网
ICMP 路由器发现为可选协议,用于确定最佳默认网关的 IPv4 地址	ICMPv6 路由器请求和路由器发布报文为必选协议
使用广播地址发送数据流至子网所有节点	IPv6 不再有广播地址,而是使用面向链路局部范围内所有节点的组播地址
地址配置方式为手工操作或通过 DHCP 进行	地址自动配置
在域名服务器(DNS, Domain Name Server)中,IPv4 主机名称与地址的映射使用 A 资源记录类型来建立	IPv6 主机名称与地址的映射使用新的 AAA 资源记录类型来建立
IN-ADDR. ARPA 域提供 IPv4 地址—主机名解析服务	IP6. INT 域提供 IPv6 的地址—主机名解析服务
支持 576B 数据包(可能经过分段)	支持 1280B 数据包(不分段)

3.1.3　IPv6 的数据结构和首部格式

1. IPv6 的数据结构

IPv6 协议对报文格式进行了优化,删除了不必要的选项字段以减少报文长度,采用基本首部和扩展首部相结合的形式实现更好的利用率。一个 IPv6 报文通常具有如图 3-3 所示的结构。

在每一个 IPv6 报文中,IPv6 基本首部是必须的,并且固定长度为 40B,除此之外,IPv6 报文可以携带 0 个或多个扩展首部,因此整个 IPv6 报文的首部长度是可变的。IPv6 协议

61

IPv6基本首部	IPv6扩展首部	上层协议数据单元
		数据载荷
	IPv6报文	

图 3-3　IPv6 报文格式

属于网络层协议,上层协议数据单元通常是指传输层的协议单元,例如 UDP 和 TCP,而 ICMPv6 报文也需要 IPv6 报文来承载,但它并不属于传输层。

2. IPv4 和 IPv6 数据首部格式的比较

IPv4 和 IPv6 的数据首部格式如表 3-2、表 3-3 所列。

表 3-2　IPv4 报文的基本首部

版本号(4 位)	首部长度(4 位)	服务类型(8 位)	总长(16 位)	
标识(16 位)			分片标识(4 位)	分片偏移(12 位)
生存时间(8 位)		协议(8 位)	报文首部校验和(16 位)	
源地址(32 位)				
目的地址(32 位)				
可选项 + 填充字节(32 位)				

表 3-3　IPv6 报文的基本首部

版本号(4 位)	优先级(4 位)	流标识(24 位)	
净负荷长度(16 位)		下一报文首部(8 位)	跳限(8 位)
源地址(128 位)			
目的地址(128 位)			

IPv4 与 IPv6 数据报头格式的比较如表 3-4 所列。

表 3-4　IPv4 与 IPv6 数据报头格式比对表

IPv4 数据报头项	作　用	IPv6 数据报头项	作　用
版本(Version)	协议版本号,IPv4 规定该字段值设置为4	版本(Version)	IPv6 协议中规定该字段值为6
首部长度(Header length)	32 位/字的数据报头长度	优先级(Priority)	当该字段为 0～7 时,表示在阻塞发生时允许进行延时处理,值越大优先级越高。当该字段是 8～15 时表示处理以固定速率传输的实时业务,值越大优先级越高
服务类型(Type of service)	指定优先级、可靠性及延迟参数		
分组总长(Total length)	标识 IPv4 总的数据报长度	流标识(Flow label)	路由器根据流标识的值在连接前采取不同的策略
标识符(Fragment identification)	表示协议、源和目的地址特征	净负荷长度(Payload length)	指扣除报头后的净负载长度
分片标识(Flags)	包括附加标志	下一报文首部(The next header)	如果该数据有附加的扩展头,则该字段标识紧跟的下一个扩展头;若无,则标识传输层协议种类,如 UDP(17),TCP(6)
分段偏移量(Flagment offset)	分段偏移量(以 64 位为单位)		

IPv4 数据报头项	作 用	IPv6 数据报头项	作 用
生存时间 （Time to live）	允许跨越的网络节点 或 gateway 的数目	跳限（Hop limit）	即转发上限，该字段是防止数据报传输过程中无休止的循环下去而设定的。该项首先被初始化，然后每经过一个路由器该值就减一，当减为零时仍未到达目的端时就丢弃该数据报
用户协议（Protocolid）	请求 IP 的协议层		
报文首部校验和 （Header checksum）	只适应于报头		
源地址 （Source address）	8 位网络地址,24 位网内主机地址,共 32 位	源地址（Source address）	发送方 IP 地址,128 位
目的地址 （Destination address）	8 位网络地址,24 位网内主机地址,共 32 位	目的地址（Destination address）	接收方 IP 地址,128 位
选择项（Options）	鉴定额外的业务		
填充区（Padding）	确保报头的长度为 32 位的整数倍		

3. IPv6 数据首部的简要说明

下面对 IPv6 数据首部的各项进行简单介绍。

1）版本号

IPv6 协议的版本号,即在所有 IPv6 首部中,该字段的值为 6,即 IP 协议版本 6。

2）优先级

在 IPv6 优先级域中首先要区分二大业务量（Traffic）：即受拥塞控制（Congestion-controlled）业务量和不受拥塞控制的（Noncongestion-controlled）业务量。

在 IPv6 规范中 0 级 ~7 级的优先级为受拥塞控制的业务量保留,这种业务量的最低优先级为 1,因特网控制用的业务量的优先级为 7。不受拥塞控制的业务量是指当网络拥塞时不能进行速率调整的业务量。对时延要求很严的实时话音即是这类业务量的一个示例。在 IPv6 中将其值为 8 级 ~15 级的优先级分配给这种类型的业务量,如表 3 - 5 所列。

表 3 - 5   IPv6 优先级域分配情况

优先级别	业 务 类 型	注 意 事 项
0	无特殊优先级	在受拥塞控制的业务量和实时业务量（即不受拥塞控制的业务量）之间不存在相对的优先级顺序。例如高质量的图像分组的优先级取 8,SNMP 分组的优先级取 7,决不会使图像分组优先
1	背景（Background）业务量（如网络新闻）	
2	零散数据传送（如电子邮件）	
3	保留	
4	连续批量传送（如 FTP、网络文件系统（NFS））	
5	保留	
6	会话型业务量（如 Telnet 及窗口系统）	
7	Internet 控制业务量（如寻路协议及 SNMP 协议）	
8 ~ 15	不受拥塞控制业务量（如实时语音业务等）	

3）流标识

一个流由其源地址、目的地址和流序号来命名。在 IPv6 规范中规定"流"是指从某个源点向（单播或组播的）信宿发送的分组群中，源点要求中间路由器作特殊处理的那些分组。也就是说，流是指源点、信宿和流标记三者分别相同的分组的集合。任何的流标记都不得在此路由器中保持 6s 以上。此路由器在 6s 之后必须删除高速缓存（cache）中登录项，当该流的下一个分组出现时，此登录项被重新学习。并非所有的分组都属于流。实际上从 IPv4 向 IPv6 的过渡期间大部分的分组不属于特定的流。例如，简单邮件传输协议（SMTP，Simple Mail Transfer Protocol）、文件传送协议（FTP，File Transfer Protocol）以及 WWW 浏览器等传统的应用均可生成分组。这些程序原本是为了 IPv4 而设计的，在过渡期为使 IPv4 地址和 IPv6 地址都能处理而进行了改进，但不能处理在 IPv4 中不存在的流。在这分组中应置入由 24 位 0 组成的空流标记。

4）净负荷长度

有效载荷长度域指示 IP 基本首部以后的 IP 数据报剩余部分的长度，单位是字节。此域占 16 位，因而 IP 数据报通常应在 65535B 以内。IPv6 报头的长度说明和 IPv4 有很大的不同。其一，IPv6 基本报头的长度固定为 40B，故不再需要单独对其长度作专门说明，所以就节约了类似 IPv4 中的首部长度这样一个字段。其二，净负荷长度是指包括扩展头和上层协议数据单元（PDU，Protocol Data Units）部分，不含基本报头。其中 PDU 是由传输头及其负载（如 ICMPv6 消息或 UDP 消息等）构成。但如果使用 Hop-By-Hop 选项扩展首部的特大净荷选项，就能传送更大的数据报。利用此选项时净荷长度置 0。

5）下一报文首部

下一个首部用来标识数据报中的基本 IP 首部的下一个首部。该首部指示选项的 IP 首部和上层协议。表 3-6 列出了主要的下一个首部值。其中一些值是用来标识扩展首部的。

表 3-6　IPv6 数据首部下一个首部域分配情况

下一个首部号	0	4	6	17	43	44	45	46	50	51	58	59	60
代表含义	中继点选项首部	IP	TCP	UDP	寻路首部	报片首部	IDRP	RSVP	封装化安全净荷	认证首部	ICMP	无下一个首部	信宿选项首部

6）跳限

跳限为 8 位无符号整数，IPv6 用分组在路由器之间的转发次数来限制分组的生命周期，分组每经一次转发，该字段减 1，减到 0 时就把这个分组丢弃。跳限决定了能够将分组传送到多远。使用跳限有 2 个目的。第一是防止寻路发生闭环（loop）。因 IP 不能纠正路由器的错误信息，故无法使此数据报到达信宿。在 IP 中可以利用跳限来防止数据报陷入寻路的死循环中。使用跳限另一目的，是主机利用它在网内进行检索。因 PC 要向其中一个服务器发送数据报，发向哪个都行，为了减轻网络负荷，PC 希望搜索到离它最近的服务器。

7）源地址和目的地址

基本 IP 首部中最后 2 个域是信源地址和目的地址。它们各占 128 位。在此域中置入数据报最初的源地址和最后的目的地址。

3.1.4 IPv6 中的地址

1. IPv6 的地址表示

IPv4 地址表示为点分十进制格式,32 位的地址分成 4 个 8 位分组,每个 8 位写成十进制,中间用点号分隔。而 IPv6 的 128 位地址则是以 16 位为一分组,每个 16 位分组写成 4 个十六进制数,中间用冒号分隔,称为冒号分十六进制格式。如 21DA:00D3:0000:2F3B:02AA:00FF:FE28:9C5A。

下面看一个以二进制形式表示的 IPv6 地址,该 128 位地址以 16 位为一分组可表示为:

0010000111011010 0000000011010011 0000000000000000 0010111100111011
0000001010101010 0000000011111111 1111111000101000 1001110001011010

每个 16 位分组转换成十六进制并以冒号分隔:

21DA:00D3:0000:2F3B:02AA:00FF:FE28:9C5A

这是一个完整的 IPv6 地址。IPv6 地址表示有以下几种特殊情形:

IPv6 可以将每 4 个十六进制数字中的前导零位去除做简化表示,但每个分组必须至少保留 1 位数字。去除前导零位后,上述地址可写成:

21DA:D3:0:2F3B:2AA:FF:FE28:9C5A

某些地址中可能包含很长的零序列,为进一步简化表示法,还可以将冒号十六进制格式中相邻的连续零位合并,用双冒号"::"表示。"::"符号在一个地址中只能出现 1 次,该符号也能用来压缩地址中前部和尾部的相邻的连续零位。例如地址 1080:0:0:0:8:800:200C:417A,0:0:0:0:0:0:0:1,0:0:0:0:0:0:0:0 分别可表示为压缩格式 1080::8:800:200C:417A,::1,::。

在 IPv4 和 IPv6 混合环境中,有时更适合采用另一种表示形式:x:x:x:x:x:x:d.d.d.d,其中 x 是地址中 6 个高阶 16 位分组的十六进制值,d 是地址中 4 个低阶 8 位分组的十进制值(标准 IPv4 表示)。例如地址 0:0:0:0:0:0:13.1.68.3,0:0:0:0:0:FFFF:129.144.52.38 写成压缩形式为::13.1.68.3,::FFFF:129.144.52.38。

要在一个统一资源定位器(URL,Uniform Resource Locator)中使用文本 IPv6 地址,文本地址应该用符号"["和"]"来封闭。例如文本 IPv6 地址 FEDC:BA98:7654:3210:FEDC:BA98:7654:3210 写作 URL 示例为 http://[FEDC:BA98:7654:3210:FEDC:BA98:7654:3210]:80/index.html。

2. IPv6 地址空间的分配

IPv6 地址的前几位指定了地址类型,包含前几位的变量长度域叫做格式前缀。这些前缀的分配状况如表 3-7 所列。

表 3-7　IPv6 地址空间的分配

分配状况	格式前缀	占寻址空间的比例	分配状况	格式前缀	占寻址空间的比例
保留	0000 0000	1/256	未分配	101	1/8
未分配	0000 0001	1/256	未分配	110	1/8
预留给 NSAP 分配	0000 001	1/128	未分配	1110	1/16

分配状况	格式前缀	占寻址空间的比例	分配状况	格式前缀	占寻址空间的比例
未分配	0000 010	1/128	未分配	1111 0	1/32
未分配	0000 011	1/128	未分配	1111 10	1/64
未分配	0000 1	1/32	未分配	1111 110	1/128
未分配	0001	1/16	未分配	1111 1110 0	1/512
可聚集全球单点传送地址	001	1/8	链路本地单点传送地址	1111 1110 10	1/1024
未分配	010	1/8	节点本地单点传送地址	1111 1110 11	1/1024
未分配	011	1/8			
未分配	100	1/8	多点传送地址	1111 1111	1/256

IPv6 的单点传送地址包括可聚集全球单点传送地址、链路本地单点传送地址、节点本地单点传送地址，共计占 IPv6 寻址总空间的 15%。

3. IPv6 地址类型

IPv6 地址是独立接口的标识符，所有的 IPv6 地址都被分配到接口，而非节点。由于每个接口都属于某个特定节点，因此节点的任意一个接口地址都可用来标识一个节点。

IPv6 有 3 种类型地址：

1）单点传送（单播）地址

一个 IPv6 单点传送地址与单个接口相关联，发给单播地址的包传送到由该地址标识的单接口上。但是为了满足负载平衡系统，在 RFC 2373 中允许多个接口使用同一地址，只要在实现中这些接口看起来形同一个接口。

2）多点传送（组播）地址

一个多点传送地址标识多个接口，发给组播地址的包传送到该地址标识的所有接口上。IPv6 协议不再定义广播地址，其功能可由组播地址替代。

3）任意点传送（任播）地址

任意点传送地址标识一组接口（通常属于不同的节点），发送给任播地址的包传送到该地址标识的一组接口中根据路由算法度量距离为最近的一个接口。如果说多点传送地址适用于 one-to-many 的通信场合，接收方为多个接口的话，那么，任意点传送地址则适用于 one-to-one-of-many 的通信场合，接收方是一组接口中的任意一个。

4. IPv6 单点传送地址

IPv6 单点传送地址包括：可聚集全球单点传送地址、链路本地地址、站点本地地址和其他一些特殊的单点传送地址。

1）可聚集全球单点传送地址

可聚集全球单点传送地址，顾名思义是可以在全球范围内进行路由转发的地址，格式前缀为 001，相当于 IPv4 公共地址。全球地址的设计有助于构架一个基于层次的路由基础设施。与目前 IPv4 所采用的平面与层次混合型路由机制不同，IPv6 支持更高效的层次寻址和路由机制。可聚集全球单点传送地址结构如图 3-4 所示。

	13位	8位	24位	16位	64位
001	TLA ID	Res	NLA ID	SLA ID	接口ID

图 3-4　可聚集全球单点传送地址

001 是格式前缀,用于区别其他地址类型。随后分别是 13 位的 TLA ID、8 位的 Res、24 位的 NLA ID、16 位 SLA ID 和 64 位主机接口 ID。顶级聚合体(TLA,Top Level Aggregator)、下级聚合体(NLA,Next Level Aggregator)、节点级聚合体(SLA,Site Level Aggregator)三者构成了自顶向下排列的 3 个网络层次。TLA 是与长途服务供应商和电话公司相互连接的公共骨干网络接入点,其标识符(ID,IDentifier)的分配由国际因特网分址机构(IANA,Internet Assigned Number Authority)严格管理。NLA 通常是大型 ISP,它从 TLA 处申请获得地址,并为 SLA 分配地址。SLA 也可称为订户(subscriber),可以是一个机构或一个小型 ISP。SLA 负责为属于它的订户分配地址。SLA 通常为其订户分配由连续地址组成的地址块,以便这些机构可以建立自己的地址层次结构以识别不同的子网。分层结构的最底层是网络主机。Res 是 8 位保留位,以备将来 TLA 或 NLA 扩充之用。

2)本地使用单点传送地址

本地单点传送地址的传送范围限于本地,又分为链路本地地址和站点本地地址两类,分别适用于单条链路和一个站点内。

(1)链路本地地址。它的格式前缀为 1111 1110 10,用于同一链路的相邻节点间通信,如单条链路上没有路由器时主机间的通信。链路本地地址相当于当前在 Windows 下使用 169. 254. 0. 0/16 前缀的 APIPA IPv4 地址,其有效域仅限于本地链路。链路本地地址可用于邻居发现,且总是自动配置的,包含链路本地地址的包永远也不会被 IPv6 路由器转发。

(2)站点本地地址。它的格式前缀为 1111 1110 11,相当于 10. 0. 0. 0/8、172. 16. 0. 0/12 和 192. 168. 0. 0/16 等 IPv4 私用地址空间。例如企业专用 Intranet,如果没有连接到 IPv6 因特网上,那么,在企业站点内部可以使用站点本地地址,其有效域限于一个站点内部,站点本地地址不可被其他站点访问,同时含此类地址的包也不会被路由器转发到站外。一个站点通常是位于同一地理位置的机构网络或子网。与链路本地地址不同的是,站点本地地址不是自动配置的,而必须使用无状态或全状态地址配置服务。站点本地地址允许和 Internet 不相连的企业构造企业专用网络,而不需要申请一个全球地址空间的地址前缀。如果该企业日后要连入因特网,它可以用它的子网 ID 和接口 ID 与一个全球前缀组合成一个全球地址。IPv6 自动进行重编号。

3)兼容性地址

在 IPv4 向 IPv6 的迁移过渡期,2 类地址并存,我们还将看到一些特殊的地址类型:

(1)IPv4 兼容地址。可表示为 0:0:0:0:0:0:w. x. y. z 或::w. x. y. z(w. x. y. z 是以点分十进制表示的 IPv4 地址),用于具有 IPv4 和 IPv6 两种协议的节点使用 IPv6 进行通信。

(2)IPv4 映射地址。它是又一种内嵌 IPv4 地址的 IPv6 地址,可表示为 0:0:0:0:0:FFFF:w. x. y. z 或::FFFF:w. x. y. z。这种地址被用来表示仅支持 IPv4 地址的节点。

(3)6to4 地址。它用于具有 IPv4 和 IPv6 两种协议的节点在 IPv4 路由架构中进行通信。6to4 是通过 IPv4 路由方式在主机和路由器之间传递 IPv6 分组的动态隧道技术。

5. IPv6 多点传送地址

IPv6 的多点传送（组播）与 IPv4 运作相同。多点传送可以将数据传输给组内所有成员。组的成员是动态的，成员可以在任何时间加入一个组或退出一个组。

IPv6 多点传送地址格式前缀为 1111 1111，此外还包括标志（Flags）、范围域和组 ID 等字段，如图 3-5 所示。

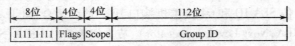

图 3-5 IPv6 多点传送地址

4 位 Flags 可表示为：000T，其中高 3 位保留，必须初始化成 0。T=0 表示一个被 IANA 永久分配的多点传送地址；T=1 表示一个临时的多点传送地址。4 位 Scope 是一个多点传送范围域，用来限制多点传送的范围。表 3-8 列出了在 RFC 2373 中定义的 Scope 字段值。

表 3-8 IPv6 多播地址 Scope 分配情况

值	范围域	值	范围域	值	范围域	值	范围域
0	保留	4	未分配	8	机构本地范围	C	未分配
1	节点本地范围	5	站点本地范围	9	未分配	D	未分配
2	链路本地范围	6	未分配	A	未分配	E	全球范围
3	未分配	7	未分配	B	未分配	F	未分配

Group ID 标识一个给定范围内的多点传送组。永久分配的组 ID 独立于范围域，临时组 ID 仅与某个特定范围域相关。

6. IPv6 任意点传送地址

一个 IPv6 任意点传送地址被分配给一组接口（通常属于不同的节点）。发往任意点传送地址的包传送到该地址标识的一组接口中根据路由算法度量距离为最近的一个接口。目前，任意点传送地址仅被用做目标地址，且仅分配给路由器。任意点传送地址是从单点传送地址空间中分配的，使用了单点传送地址格式中的一种。

子网—路由器任意点传送地址必须经过预定义，该地址从子网前缀中产生。为构造一个子网—路由器任意点传送地址，子网前缀必须固定，余下的位数置为全"0"，如图 3-6 所示。

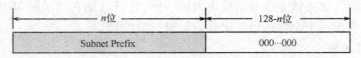

图 3-6 子网—路由器任意点传送地址

一个子网内的所有路由器接口均被分配该子网的子网—路由器任意点传送地址。子网—路由器任意点传送地址用于一组路由器中的一个与远程子网的通信。

7. IPv6 中的地址配置

当主机 IP 地址需要经常改动的时候，手工配置和管理静态 IP 地址是一件非常烦琐和困难的工作。在 IPv4 中，DHCP 协议可实现主机 IP 地址的自动设置。其工作过程大致如下:一个 DHCP 服务器拥有一个 IP 地址池,主机从 DHCP 服务器申请 IP 地址并获得有关的配置信息(如默认网关、域名服务器(DNS,Domain Name Server)等),由此达到自动设置主机 IP 地址的目的。IPv6 继承了 IPv4 的这种自动配置服务,并将其称为全状态自动配置。

除了全状态自动配置,IPv6 还采用了一种被称为无状态自动配置的自动配置服务。在无状态自动配置过程中,主机首先通过将它的网卡 MAC 地址附加在链接本地地址前缀 1111111010 之后,产生一个链接本地单点广播地址(IEEE 已经将网卡 MAC 地址由 48 位改为了 64 位。如果主机采用的网卡的 MAC 地址依然是 48 位,那么,IPv6 网卡驱动程序会根据 IEEE 的一个公式将 48 位 MAC 地址转换为 64 位 MAC 地址)。接着主机向该地址发出一个被称为邻居探测的请求,以验证地址的唯一性。如果请求没有得到响应,则表明主机自我设置的链接本地单点广播地址是唯一的。否则,主机将使用一个随机产生的接口 ID 组成一个新的链接本地单点广播地址。然后,以该地址为源地址,主机向本地链接中所有路由器多点广播一个被称为路由器请求的数据包,路由器以一个包含一个可聚合全局单点广播地址前缀和其他相关配置信息的路由器公告来响应该请求。主机用他从路由器得到的全局地址前缀加上自己的接口 ID,自动配置全局地址就可以与因特网中的其他主机通信了。

使用无状态自动配置,无需手动干预就能够改变网络中所有主机的 IP 地址。例如,当企业更换了联入因特网的 ISP 时,将从新 ISP 处得到一个新的可聚合全局地址前缀。ISP 把这个地址前缀从它的路由器上传送到企业路由器上。由于企业路由器将周期性地向本地链接中的所有主机多点广播路由器公告,因此企业网络中所有主机都将通过路由器公告收到新的地址前缀,此后,它们就会自动产生新的 IP 地址并覆盖旧的 IP 地址。

3.1.5　IP 扩展首部

一个 IPv6 报文可以有 0 个或多个扩展首部。IPv6 的扩展首部是可选的,加在 IP 分组的基本首部之后,属于 IPv6 数据净载荷的一部分,因此,其长度也计算在 IPv6 基本首部的载荷长度字段中。IPv6 规范中定义了 6 种不同的扩展首部,如表 3-9 所列。

表 3-9　IPv6 的扩展首部

序号	扩展首部	类型值	含　义	参考文档
1	逐跳选项首部	0	报文经过的路由器都会处理	RFC 2460
2	目的选项首部	60	由目的 IPv6 主机处理	RFC 2460
3	路由首部	43	类似 IPv4 的松散路由	RFC 2460
4	分段首部	44	IPv6 报文的分段	RFC 2460
5	认证首部	51	确认报文交互双方的身份	RFC 4302
6	加密首部	50	有关加密的密钥信息	RFC 4303

在这些扩展首部中,除"目的选项首部"外,其余首部最多只能出现 1 次,第 2 个"目的选项首部"的位置位于"加密首部"之后。转发路径上的所有路由器只需要处理"逐跳选项首部"即可。所有的扩展首部除了具有图 3-7 所示的通用格式外,还具有如下特点。

（1）除了加密首部外，所有其余扩展首部的长度都是 8B 的整数倍，其中"首部长度"字段是以 8B 为单位指明首部长度，但不包括第一组的 8B。

下一首部	首部长度	特定扩展首部字段
特定扩展首部内容或选项		

图 3 - 7　IPv6 扩展首部通用格式

（2）IPv6 基本首部和扩展首部的"下一首部"字段指明了紧跟其后的首部类型值，每一个扩展首部都有唯一的类型值，如果紧随其后的是上层协议首部（如传输层），那么，该字段使用与 IPv4 首部中的"协议"字段相同的数值。

在 IPv6 扩展首部机制中，除了以上定义的 6 种首部外，还有一种特殊的角色："选项"。逐跳选项首部和目的选项首部都需要使用"选项"，它用于封装在扩展首部携带的参数，通常这些参数是以"类型—长度—值"格式封装，其具体格式如图 3 - 8 所示。

选项类型	选项长度	选项数据

图 3 - 8　扩展首部的选项格式

IPv6 节点对选项的处理是按照其在报文中出现的顺序依次处理的。选项的类型值并不是随便分配的，而是需要经过特别设计的，因为选项类型的最高 2 位指明当 IPv6 节点不认识此选项时，如何处理该选项；第 3 位标识是否可以被转发路由器修改。处理方式包括是否丢弃报文，以及是否向源节点发送 ICMPv6 报文。

因为选项数据的长度是可变的，为了实现 IPv6 报文对齐的要求，RFC 2460 定义了 2 种填充选项：Pad1 和 PadN，如图 3 - 9 所示。

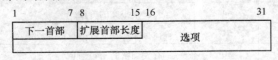

图 3 - 9　Pad1 和 PadN 选项格式

Pad1 是一个特殊选项，它只有选项类型字段，并且值为 0，没有选项长度和数据，用于插入一个全 0 的填充字节。相反，PadN 则可以用于插入多个填充字节，对于一个 N 字节的填充选项，选项数据长度为 $N-2$ 字节，选项数据值为 $N-2$ 字节的全 0 数据。

下面对 IPv6 各扩展首部的基本概念和用法作以简单地介绍。

1. 逐跳选项扩展首部

逐跳选项扩展首部携带选项信息，主要在路由转发路径上所有 IPv6 节点处理时使用。当 IPv6 基本首部中的下一个首部字段值为 0 时，表示后面紧跟着逐跳选项扩展首部。逐跳选项扩展首部的结构如图 3 - 10 所示。

1	7 8	15 16	31
下一首部	扩展首部长度	选项	

图 3 - 10　逐跳选项首部的格式

下一首部表示了逐跳选项首部的类型，扩展首部长度值是逐跳选项扩展首部中 8B 块的数量，其中不包括第 1 个 8B。因此对于第 1 个 8B 的逐跳选项首部来说，其首部扩展长度的值为 0。填充选项用于确保 8B 的边界。

70

能出现在逐跳选项扩展首部的选项包括 Pad1、PadN 超大数据包选项和路由器警告选项。超大数据包选项（类型值为194），用于传送超大的 IPv6 数据包。IPv6 基本首部的载荷长度字段只有16位，因此能承载的载荷长度最大为64KB，超过这一临界值时，则必须使用超大数据包选项，分组有效载荷长度最大可达4294967295B（4GB − 1B）。然而，如果 IPv6 报文使用了此选项，那么，传输层协议（如 TCP 和 UDP）也需要进行相应的修改，以支持超大的数据长度。当使用了超大数据包选项时，IPv6 基本首部的载荷长度字段设置为0。值得注意的是：一个 IPv6 报文不能同时使用分段扩展首部和超大数据报选项。

路由器警告选项（类型值为5）提醒路由器对 IPv6 数据包的内容进行更深入的检查，而不仅仅是路由转发。该选项用于多播收听者发现和资源预留协议（RSVP, Resource ReSerVation Protocol）。

2. 路由扩展首部

路由扩展首部的功能类似于 IPv4 的松散源路由选项，用于指定从源节点到目的节点的路径中必须经过的一个或多个中间节点。此扩展首部只能由源节点进行设置，中间节点收到报文后，需要进行相应的处理。路由扩展首部的类型值是43，其格式如图 3 – 11 所示。

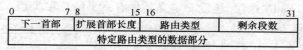

图 3 – 11　路由扩展首部格式

剩余段数指明还有多少个中间节点必须经过。当节点在处理一个 IPv6 报文的路由扩展首部时，如果遇到不认识首部的路由类型字段，那么，将会根据剩余段数来判断该采取哪种措施：如果剩余跳数为0，节点忽略该首部，继续处理下一首部；如果剩余跳数不为0，节点丢弃该报文，并向源节点发送错误代码为0的 ICMP 报文。

目前只定义了路由类型值为0的路由扩展首部，此时，数据部分则以列表的形式记录了中间节点的 IPv6 地址，但这些地址不能是多播地址类型。使用路由扩展首部时，源节点发出的数据包的目的地址并不是数据包最终的目的地址，而是第一个中间节点的 IPv6 地址。当数据包到达第1个中间节点后，它会从扩展路由首部中取出第2个中间节点的 IPv6 地址，并填入 IPv6 基本首部的目的地址字段中，依此类推，直到到达最终目的主机。

3. 分段扩展首部

IPv6 基本首部不包含任何的分段信息，而是通过分段扩展首部来实现 IPv6 数据包的分片。此外，IPv6 与 IPv4 的分片机制还有如下区别：IPv6 数据包只能由报文的源节点进行分片，中间路由器不能对 IPv6 报文进行分片处理，而只能使用 ICMPv6 报文通知源节点进行分片并重发数据包。

当 IPv6 节点需要发送的数据包大于链路的最大传输单元（MTU, Maximum Transfer Unit）时，则需要结合分段扩展首部（类型值44）进行分片，分段扩展首部的格式如图 3 – 12 所示。

分段偏移量占13B，并以8B组为单位，标识了该分片在原 IPv6 报文的开始偏移量。M 标志位指示了该分片是否是最后一个分片。IPv6 节点在对报文进行分片之前，必须为

下一首部	保留	分段偏移量	保留	M
报文标识符				

图 3-12　分段扩展首部格式

报文分配一个标识符,此标识符在一组特定的通信双方中是唯一的,接收端根据报文标识符对 IPv6 分片报文进行重组。

一个 IPv6 报文,又分为"不可分片部分"和"可分片部分",前者主要包括 IPv6 基本首部和需要被转发节点处理的扩展首部(例如逐跳选项扩展首部和路由扩展首部),其余的只需要被目的主机处理的扩展首部和上层协议首部都是可分片的。源节点为报文进行分片后,会为每一分片单独插入一个"分段扩展首部"。因此,报文被分片后,各分片长度的总和必然大于分片前报文的总长度。在分片前,报文的 MTU 必须小心地选择,因为它直接关系到每一分片的大小。

4. 目的选项扩展首部

目的选项扩展首部用于携带只被目的 IPv6 主机处理的选项,类型值为 60,格式定义与"逐跳选项扩展首部"完全相同。目的选项扩展首部是唯一可以在同一个 IPv6 报文中出现 2 次的扩展首部,第 1 次是在"逐跳首部"后面,第 2 次是在"加密首部"后面。到目前为止,除了 Pad1 和 PadN 选项,还没有定义其他有意义的选项类型。

5. 认证扩展首部

下一首部	首部长度	保留
安全系数索引(SPI)		
序列号		
身份验证数据		

图 3-13　认证扩展首部格式

认证扩展首部是在 RFC 4302 中单独定义的,主要为 IPv6 数据包在无连接情况下的数据完整性提供保障,另外接收端还可以通过此认证扩展首部确认发送方的身份。认证扩展首部的类型值为 51,其格式定义如图 3-13 所示。

6. 加密扩展首部

加密扩展首部在 RFC 4303 中单独定义,用于对紧跟其后的 IPv6 数据内容进行加密处理,通过使用某种加密算法,以防止数据在传输过程中泄露,目的主机只有使用正确的密钥才能解密。该首部经常与认证扩展首部结合使用,同时达到验证发送方的目的。加密扩展首部的类型值为 50,与认证扩展首部类似,首部有 2 种使用模式:传输模式和透明模式。

3.2　ICMPv6 和邻居发现协议

3.2.1　ICMPv6

1. 协议概述

ICMPv6 是 ICMP 针对 IPv6 的新版本,在 RFC 4443 中定义,其协议号为 58。ICMPv6 位于 TCP/IP 模型中的网络层,主要用于报告 IPv6 报文处理过程中的错误消息和执行网络诊断功能。与 ICMP 相比,ICMPv6 增加了一些新的应用场景,比如邻居发现协议和多播监听者发现协议都使用 ICMPv6 报文进行交互。

ICMPv6 报文需要使用 IPv6 报文来承载,其报文类型又分为 2 类:错误报文和信息报文。ICMPv6 报文的一般格式,如图 3 - 14 所示,类型字段为 8 位,最高位是 0(即取值范围 0 ~ 127)时表示该 ICMPv6 报文是一个错误报文,最高位为 1(即取值范围 128 ~ 255)时表示该 ICMPv6 报文是一个信息报文。

0	7 8	15 16	31
类型	代码	校验和	
报文体			

图 3 - 14　ICMPv6 报文通用格式

代码字段占 8 位,其取值又决定于类型值,用于区分某一类型的多条报文。报文体部分一般是尽可能多地引用原 IPv6 报文数据,但不能超过最小的 MTU 值。

2. 错误报文

ICMPv6 报文的错误报文类型如表 3 - 10 所列。

表 3 - 10　ICMPv6 错误报文类型

类型值	错 误 报 文	含 义
1	目的地不可达	通知源节点,数据包不能被正确发送至目的节点
2	数据包过大	通知源节点,IPv6 数据包大于链路的 MTU 值,报文需要进行分片再重传,并告知具体的 MTU 值
3	超时	通知源节点,IPv6 数据包的跳数限制已过期
4	参数问题	通知源节点,在处理 IPv6 基本首部或扩展首部时发现错误
100 、101	实验	实验用途
127	保留	保留

(1)目的地不可达。当一个路由器无法正确转发 IPv6 报文到目的地址时,将产生一个 ICMPv6"目的地不可达"的错误报文。至于不可达的原因,可以通过设置代码字段进一步地说明:如代码 = 0 表示没有到达目的地址的路由,代码 = 2 表示目的地址超出了源地址的作用范围等。除了路由器,IPv6 数据包源节点的 IPv6 协议层也会产生此报文。

(2)数据包过大。当路由器在转发过程中,发现 IPv6 报文长度大于下一跳链路的 MTU 时,会产生此报文通知源节点所发送的 IPv6 数据包过大。"数据包过大"错误报文的类型值为 2,报文格式包含一个 MTU 字段,由路由器填写正确的 MTU 值。与其他 IC-MPv6 报文相比,此类型的错误报文的目的地址是多播地址,而其他类型的报文通常只使用单播地址。

(3)超时。超时又可分为跳数超时(代码值 = 0)和分段重组超时(代码值 = 1),当路由器在转发一个 IPv6 报文时,会将基本首部的"跳数限制"字段递减 1,如果递减后数值小于或等于 0,那么,路由器就会丢弃该报文,并向源节点发送"超时"错误报文。另外,在报文分片机制中,如果接收端收到第一个分片后,60s 内没有接收所有剩余的分片,那么,被认为分段重组超时,接收端会产生此类型的错误报文。

(4)参数问题。当路由器或主机在处理 IPv6 报文首部时,如遇到有错误的字段,导致不能完整地处理整个报文,则会使用"参数问题"通知源节点。不同代码值代表不同的错误原因,如 0 表示错误的首部字段,1 表示不能识别的下一跳类型,2 表示不能识别的 IPv6 选项。

3. 信息报文

ICMPv6 的定义了如下的信息报文类型:回显请求(128)、回显应答(129)、实验(200、

201)、保留(255)。最常用的类型有回显请求和回显应答,其报文格式如图 3-15 所示。

0 7	8 15	16 31
类型值	代码	检验和
标志符		序列号
数据		

图 3-15 回显请求和回显应答报文格式

标志符用于标识该报文的发送端,序列号是发送端给此报文的唯一序号,以区分同类型的多个不同报文,2 个字段的组合才能真正标识一个 ICMPv6 回显请求或回显应答报文,因此,在某个请求报文和对应的应答报文中,这 2 个字段的值一定是相等的。

3.2.2 邻居发现协议

邻居发现协议(Neighbor Discovery Protocol)是新增的一个协议规范,与 ICMPv6 协议同处于网络层,是 IPv6 协议体系的一个基本组成部分。它取代了 IPv4 协议中使用的 ARP、ICMP、路由器发现以及 ICMP 重定向报文,并提供了额外的功能。

IPv6 节点使用邻居发现协议可以发现同一链路(包括交换机的同一个虚拟局域网(VLAN,Virtual Local Area Network))上邻居的存在、解析邻居的链路层地址、发现路由器和跟踪各邻居的可达性状态等。该协议还可工作在多类链路上,如点对点链路、多播链路、非广播多路访问和共享式链路等。

邻居发现协议在 RFC 4861 中描述,并重新定义了 5 类新的 ICMPv6 报文。它致力于解决同一链路上 IPv6 邻居节点交互的问题,包括路由器发现、前缀发现、参数发现、地址自动配置、地址解析、确定下一跳、邻居不可达检测、重复地址检测和重定向等。

与 IPv4 机制相比,IPv6 的邻居协议有了以下的改善:

(1) 路由器发现是协议的一部分,主机没有必要去监听路由协议。

(2) 路由器通告携带了链路层地址,不需要再通过交互来获得路由器的链路地址。

(3) 路由器通告携带了链路的前缀,不需要再通过别的机制去配置子网掩码。

(4) 路由器通告可以实现地址自动配置功能。

(5) 重定向报文已经携带了链路地址,不需要重新获得。

(6) 多个地址前缀可以配置在同一条链路上。

(7) 邻居不可达检测是协议的一部分。

下面就 IPv6 邻居发现使用的报文结构、数据结构及其工作原理做介绍。

1. 数据包格式

邻居发现协议定义了 5 类新的 ICMPv6 报文,它们都属于信息报文类型,分别是路由器请求、路由器通告、邻居请求、邻居通告和重定向。

1) 路由器请求报文(图 3-16)

IPv6 主机是用路由器请求报文去寻找链路上存在的路由器,以获取路由前缀信息、MTU 信息等,主机使用此报文还可以触发路由器立即回复路由器通告报文,而不需要等待路由器周期性的发送通告。

0 7	8 15	16 31
类型值=133	代码(0)	检验和
保留(未使用,由发送方设置为0)		
选项(长度不定,若可知的话,是发送方的链路层地址)		

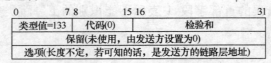

图 3-16 路由器请求报文格式

路由器请求报文的类型值为133,代码字段设置为0。主机发送该报文时,目的地址设置为预先定义的链路—本地范围的所有路由器多播地址(FFO2::2),源地址也同样为发送接口上的链路—本地地址,如果没有此类地址,则会设置成未指定地址(::)。

2) 路由器通告报文(图3-17)

0　　　　7	8　　　　15			16　　　　31
类型值=134	代码(0)			校验和
当前跳数限制	M	0	保留	路由器生存期
可达时间				
重传时间				
选项				

图3-17　路由器通告报文格式

路由器通告报文的类型值为134,代码为0。路由器会周期性地发送路由器通告报文,向邻居节点通告自己的存在,以及相关的一些参数信息。路由器通告可以多播方式和单播方式发送,周期性的通告是以多播方式,如果是对收到的路由器请求报文进行回复,则以单播方式发送。

但IPv6主机收到一个路由器通告时,会把"当前跳数限制"的值作为发送IPv6报文时的默认跳数限制。M位是"可管理地址配置标识位",O位是"其他配置标识位",各占1位,分别用于控制IPv6主机如何配置IPv6地址和DNS等参数。当M为1时,IPv6主机将使用DHCPv6协议配置地址,否则,将使用无状态地址自动配置方式;当O为1时,主机使用DHCPv6获取除地址外的其他参数信息,如DNS。

当IPv6主机收到一个路由器通告报文时,会以路由器的链路—本地地址为下一跳创建一条默认路由,路由器生存期字段便是用于指定此默认路由的有效时间,字段占16位,以s为单位,最长可表示约18h,但此字段值为0时,表示此路由器不可作为默认路由器。

每一个IPv6节点,都会维护一个邻居缓存表,记录了邻居是否可达等信息,可达时间字段则是用于更新此表相应表项。重传时间是以μs为单位,表示路由器周期性发送邻居请求报文的时间间隔。

路由通告报文可以携带的有效选项包括源节点链路地址选项、MTU选项和前缀信息选项。路由器发送通告的最重要功能之一就是通告路由器前缀信息选项,IPv6主机收到该报文后,可以使用此前缀信息自动生成IPv6地址,通常这些前缀都是单播地址类型的,但不需要通告FE80::/64,因为这是众所周知并只用于链路范围,并且主机在启动IPv6协议栈时,已经会自动使用该前缀生成一个链路—本地地址。

3) 邻居请求报文(图3-18)

邻居请求报文类型值为135,代码为0,主要用于解析除IPv6路由器外的其他邻居节点的链路层地址,此时以多播方式发送邻居请求报文;或者用于邻居的可达性检测,此时以单播方式发送邻居请求报文。通常,发送端还会在选项字段中携带自己的链路层地址。

格式字段中的目标地址指明要解析哪一个IPv6地址,但它不能是多播地址类型。

4) 邻居通告报文(图3-19)

邻居通告报文类型值为136,代码为0。邻居通告用于公告自己的存在以及更新链路的链路层地址信息。当回应一个邻居请求报文时,以单播方式发送;当更新链路层地址时,以多播方式发送。另外路由器除了发送路由器通告报文外,也会发送邻居通告报文。

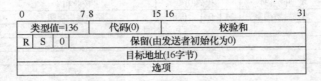

0	7 8	15 16	31
类型值=135	代码(0)	校验和	
保留(只用于不可达监测消息报文)			
目标地址			
选项			

图 3 – 18 邻居请求报文格式

0	7 8	15 16	31
类型值=136	代码(0)	校验和	
R S 0	保留(由发送者初始化为0)		
目标地址(16字节)			
选项			

图 3 – 19 邻居通告报文格式

　　邻居通告报文有 3 个标识位,即路由器标识位(R)、请求标识位(S)和覆盖标识位(O),分别表示:R 位置 1 表示发送者是一个路由器;S 位置 1 表示此报文是回复邻居请求报文;O 位置 1 表示此通告信息可以覆盖原有邻居缓存表条目。目标地址记录一个被解析节点的 IPv6 地址。如果 S 位置 1,则为原请求报文中的目标地址,否则,表示该报文是一个更新接口链路层地址的通告报文,字段值设置为该接口的 IPv6 地址。邻居通告报文只有 1 个有效的选项:目标链路层地址,对应于目标地址字段的链路层地址。

　　5)重定向报文(图 3 – 20)

　　重定向报文类型值为 137,当主机在发送 IPv6 报文时,一般是根据路由表项的最佳匹配原则,从特定的接口把报文发送到下一跳节点。若路由表项不是最新的,或者不是很完整的时候,可能会导致现有的下一跳其实并不是最佳的。此时,路由器可以使用重定向报文,告诉主机去往目的地址有更好的下一跳节点。还有一种特殊的情况就是:目的地址事实上与发送端是邻居关系,可以直接发送,而不需要经过路由器转发。

　　重定向报文格式中的字段"目标地址"和"目的地址"分别表示更优的下一跳路由器的 IPv6 地址和被重定向的目的 IPv6 地址。当目标地址和目的地址相同时,表示此目的地址与发送端是邻居关系,否则,下一跳是一个路由器,通常为路由器的链路—本地地址。

0	7 8	15 16	31
类型值=137	代码(0)	校验和	
保留(由发送者初始化为0)			
目标地址(16字节)			
目的地址(16字节)			
选项			

图 3 – 20 重定向报文格式

　　重定向报文的有效选项包括目标链路地址和重定向首部,重定向首部是指触发路由器发送重定向报文的原始 IPv6 报文部分。

　　6)选项格式

　　邻居发现协议定义的 5 类报文通常可以携带 0 个或多个选项,但不同类型的报文可携带的选项类型也是不一样的。这里简单介绍 5 类报文所使用到的选项类型:源/目的链路层地址选项、前缀信息选项、重定向首部选项和 MTU 选项。

　　(1)源/目的链路层地址选项(图 3 – 21)。类型值为 1 表示这是源节点链路层地址,为 2 表示这是目的节点的链路层地址。不同的链路类型有不同的链路层地址格式,通常,它们的长度也是不一样的。源链路层地址选项可以在邻居请求报文、路由器请求报文和路由器通告报文中使用,而目的链路层地址选项只能在邻居通告报文和重定向报文中使用。

0　　　　　 7 8　　　　　 15 16　　　　　　　　　　　 31
类型值=1或2	长度	链路层地址

图 3 – 21　链路层地址选项格式

（2）前缀信息选项（图 3 – 22）。前缀信息选项的类型值为 3,只能在路由器通告报文中使用,用于通告路由器为某一链路分配的 IPv6 前缀,前缀长度取值范围为 0 ~ 128。L 是 On – link 标识位。A 是自动地址配置标识位,置 1 表示该 IPv6 前缀可用做无状态地址自动配置。有效时间和优先时间分别表示使用此前缀生成的地址可作为有效地址和首选地址使用的时间长度。

0　　　　 7 8　　　　 15 16　　　　　 31
类型值=3	长度	前缀长度	L	A	保留
有效时间
优先时间
保留
IPv6前缀

图 3 – 22　前缀信息选项

（3）重定向首部选项。重定向首部选项类型值为 4,格式较为简单,但只能在重定向报文中使用,用于携带引起路由器发送重定向报文的原始报文。

（4）MTU 选项。MTU 选项类型值为 5,只出现在路由器通告报文中,路由器使用该选项以确保同一链路上的所有节点都使用相同的 MTU 值。

2. 邻居发现过程的分析

邻居发现过程主要是指用邻居发现协议的各种报文的传输以及主机所存储的数据结构来确定邻居节点之间的关系,并进行网络配置的过程,具体来说就是指路由器和前缀发现、地址解析、邻居不可达检测和重定向等功能的完成。

1）数据结构

主机和某些路由器在与邻居节点发生通信时,需要维护一些数据结构。主机一般需要维护的数据结构如下:

（1）邻居缓存表。它是指主机暂时保存的最近通信过的邻居的信息表,与 IPv4 中的 ARP 缓存表类似。该表中存储了链路上邻居的单播 IP 地址、链路层地址、路由器标志、等待解析地址的报文的队列指针、邻居的可达状态、下一次发起邻居不可达检测的时间等,其中邻居的可达状态有 5 个（未完成、可达、失效、延迟和探测）,且由邻居不可达检测算法维护。

（2）目的缓存表。它存储的是最近发送到的目的地下一跳地址的信息。在目的缓存表中的每一项都含有目的 IP 地址（本地或远程）、先前解析的下一跳 IP 地址和目的地路径 MTU。

（3）前缀列表。它包含了链路上的前缀。在前缀列表的每一项中都定义了可以直接到达的目的(即邻居)的一个 IP 地址范围。该列表根据在路由器通告报文中所通告的前缀来添加表项。

（4）默认路由器列表。它包含了与链路上的路由器相对应的 IP 地址,这些路由器或者是发送了路由器通告报文的路由器,或者是有资格用作默认路由器的那些路由器。

2）路由器发现/前缀发现

路由器/前缀发现描述了主机通过邻居发现协议来确定邻居路由器的位置,同时获得地址前缀和地址自动配置信息的过程。

路由器/前缀发现主要是通过路由器请求报文和路由器通告报文来完成的。主机可以发送路由器请求报文,然后等待路由器响应发送路由器通告报文,或者由路由器周期性地发送路由器通告报文,来通告自己的存在。路由器/前缀发现主要的过程如下:

（1）IPv6 路由器在本地链路上周期性地发送路由器通告报文,以通告主机自己的存在。此通告报文包含默认跳限制、MTU、前缀和路由等信息。在本地链路上的活动 IPv6 主机接收路由器通告报文,使用这些报文的内容来维护默认路由器列表和前缀列表、自动配置地址、添加路由和配置其他参数。

（2）除了 IPv6 路由器周期性地发送路由通告报文外,正在启动的主机也会向链路本地范围所有路由器多播地址(FFO2∷2)发送路由器请求报文。如果该主机已经配置了单播地址,则在主机发送的路由器请求报文中会以此单播地址为源地址,否则,路由器请求报文中的源地址为未指定地址(∷)。无论路由器请求报文中源地址是单播地址还是未指定地址,此报文中的目的地址都是链路本地范围内所有路由器的多播地址,即FFO2∷2。

（3）当接收到路由器请求报文后,本地链路上的所有路由器都会向发送路由器请求报文的主机发送路由器通告报文,如果路由器请求报文中的源地址为未指定地址,则向链路本地范围所有节点多播地址(FFO2∷1)发送路由器通告报文。此时,该路由器通告报文的选项中,包含了地址前缀和路由器等的信息。

（4）主机接收路由器通告报文,用它们的内容来建立默认路由器列表、前缀列表和设置其他的配置参数。在主机和路由器在接收路由器请求或路由器通告报文时要先对其进行确认,凡不符合确认条件的都将被丢弃,不予处理。

3）地址解析

在 IPv4 中,地址解析即 IP 地址到链路层地址的映射是由 ARP 完成的,并且每个节点维护一张 ARP 缓存表,缓存中包含 ARP 获悉的节点的链路层地址。在 IPv6 中,节点的地址解析是通过邻居请求报文和邻居通告报文来实现的,其地址解析过程如下:

（1）主机通过发送多播邻居请求报文来请求目标节点返回其链路层地址,邻居请求报文的多播地址是从目标 IP 地址得到的请求节点多播地址。邻居请求报文中选项字段为源链路层地址选项,该选项的值为发送主机的链路层地址。

（2）当目标主机接收到邻居请求报文后,会根据邻居请求报文中的源地址和源链路层地址选项中的链路层地址,来更新它自己的邻居缓存表。接着,目标节点向邻居请求报文的发送方发送一个单播邻居通告报文。该邻居通告报文中包含目标链路层地址选项。

（3）当接收到来自目标节点的邻居通告报文后,发送主机会根据目标链路层地址选项中的信息,创建一个关于目标节点的新表项,以更新它的邻居缓存表。这时,在发送主机和目标主机之间就可以进行通信了。

在主机和路由器接收邻居请求或邻居通告报文时,要先对其进行确认。

4)邻居不可达检测

这种检测是指通过邻居发现协议来确认邻居之间可到达或不可到达的状态。主机与邻居节点之间的所有路径都应进行邻居不可达性检测,它包括主机到主机、主机到路由器以及路由器到主机之间的通信,也可用于路由器之间检测邻居或邻居路径所发生的故障。

通常节点依靠上层信息来确定对方节点是否可达。然而,如果上层通信产生足够长的延时或者一个节点与和它对应的节点停止接收应答,邻居不可达检测过程就会被调用。

邻居不可达检测的主要过程如下:节点向对方发送单播的邻居请求报文,如果对方节点可达,它将回应一个邻居通告报文。然而,如果请求节点没有收到应答,它会进行重试,经过多次失败后就删除邻居缓存中的表项。如果需要的话,还会触发地址解析协议获取新的 MAC 地址。

如果在确定对应节点不可达后,清空邻居缓存,还将会使所有的上层通信中断。验证邻居节点的不可达性,并不表示也必然验证了从发送节点到目标节点的端到端的可达性。因为相邻节点可能是节点或路由器,所以相邻节点并不一定是数据包的最终目标。邻居节点不可达性仅仅验证了到目标的第一跳的可达性。

5)重定向功能

重定向功能是将主机重定向到一个更好(更佳)的第一跳路由器,或通知主机目的地实际上是一个邻居节点。

当选择的路由器作为分组传送的下一跳并不是最佳选择时,路由器需产生重定向报文,通知源主机到达目的地存在一个更佳的下一跳路由器。

路由器必须能够确定与它相邻的路由器的本地链路地址,以保证收到重定向报文的目标地址,根据本地链路地址来识别邻居路由器。对静态路由情况,下一跳路由器的地址应用本地链路地址表示;对于动态路由,需要相邻路由器之间交换它们的本地链路地址。

3.3 IPv4 向 IPv6 的过渡技术

3.3.1 IPv6 的演进阶段与策略

IPv6 无疑是个巨大的进步,但大量现用设备均支持 IPv4,实施 IPv6 网络,必须充分利用现有的网络环境构造下一代因特网,以避免过多的投资浪费。IPv6 的根本目的是继承和取代 IPv4,很长一段时间是 IPv4 与 IPv6 共存的过渡阶段。过渡的问题可以分成两大类:

第 1 类就是解决这些 IPv6 的小岛之间互相通信的问题。

第 2 类就是解决 IPv6 的小岛与 IPv4 的海洋之间通信的问题。

IPv6 网络的部署策略有以下几种类型:IPv4 孤岛、IPv6 和 IPv4 互通、IPv6 孤岛和纯 IPv6 网络,其概念如图 3 – 23 所示。

IPv4 向 IPv6 的平滑过渡大致可以分为 5 个阶段,如表 3 – 11 所列。在过渡的初期,因特网由 IPv4 海洋和 IPv6 孤岛组成,所采用的过渡技术主要实现 IPv4 海洋中的 IPv6 孤

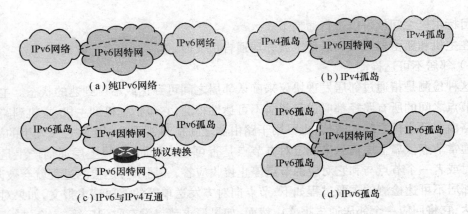

（a）纯IPv6网络　　　　　　　　　　（b）IPv4孤岛

（c）IPv6与IPv4互通　　　　　　　　（d）IPv6孤岛

图 3－23　IPv6 网络部署类型

岛之间的通信。随着 IPv6 网络的不断部署,IPv4 的海洋将会逐渐变小,所采用的过渡技术主要解决 IPv4 网络与 IPv6 网络的通信问题,而 IPv6 孤岛会越来越多,最终形成 IPv6 海洋,完全取代 IPv4。

表 3－11　IPv6 的演进阶段

阶段 1	阶段 2	阶段 3	阶段 4	阶段 5
纯 IPv4 网络	IPv4 海洋,IPv6 孤岛	IPv4 海洋,IPv6 海洋	IPv6 海洋,IPv4 孤岛	纯 IPv6 网络

过渡阶段所采用的过渡技术主要包括:

（1）双栈技术:双栈节点与 IPv4 节点通信时使用 IPv4 协议栈,与 IPv6 节点通信时使用 IPv6 协议栈。

（2）隧道技术:提供了 2 个 IPv6 站点之间通过 IPv4 网络实现通信连接,以及 2 个 IPv4 站点之间通过 IPv6 网络实现通信连接的技术。

（3）IPv4/IPv6 协议转换技术:提供了 IPv4 网络与 IPv6 网络之间的互访技术。

3.3.2　IPv6/IPv4 双栈协议

双栈技术是 IPv4 向 IPv6 过渡的一种有效的技术。网络中的节点同时支持 IPv4 和 IPv6 协议栈,源节点根据目的节点的不同选用不同的协议栈,而网络设备根据报文的协议类型选择不同的协议栈进行处理和转发。对于双栈骨干网,其中的所有设备必须同时支持 IPv4 /IPv6 协议栈,连接双栈网络的接口必须同时配置 IPv4 地址和 IPv6 地址。具有双栈的节点协议结构如图 3－24 所示。

如果 IPv6 域中的一个没有固定 IPv4 地址的双栈主机需要与 IPv4 网络中的 IPv4 主机进行通信的话,可以采用双栈转换机制(DSTM,Dual Stack Transition Mechanism)。该机制需要一个特定的服务器提供动态的临时 IPv4 全局地址,并使用 IPv4 over IPv6 隧道技术穿过 IPv6 网络。DSTM 的原理如图 3－25 所示,主要包括以下几部分。

DSTM 服务器:负责为 IPv6 网络中的双栈主机分配一个临时的 IPv4 全网唯一地址,在生命期内维护这个临时分配的 IPv4 地址与 IPv6 地址之间的映射关系,此外提供 IPv6 隧道末端(TEP,Tunnel End Point)的信息。

DSTM 节点:一台双栈主机,负责将 IPv4 报文封装到 IPv6 报文里。

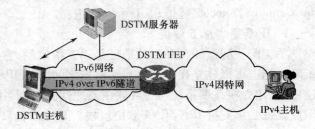

IPv6/IPv4应用层	
TCP/UDP协议	
IPv4协议	IPv6协议
链路层	
物理层	

图3-24 双栈节点协议示意图　　　　图3-25 DSTM 的原理框图

DSTM TEP:一台双栈转换器,位于 IPv6 与 IPv4 网络的边界,相当于一个网关。

当一个 DSTM 主机要与一个 IPv4 主机通信时,首先向 DSTM 服务器申请一个临时的 IPv4 地址,DSTM 服务器将临时的 IPv4 地址以及 DSTM TEP 的信息通知 DSTM 主机。在 IPv4 数据包发送前,先将其封装在 IPv6 数据包中,发给 DSTM TEP。TEP 将报文拆包,同时记录 IPv4 地址与 IPv6 地址的对应信息,TEP 将 IPv4 报文发给通信对端。对于从对端发给 DSTM 主机的 IPv4 报文,由于在 DSTM TEP 里已经有 IPv4 地址和 IPv6 地址的对应信息,因此 DSTM TEP 接收到以后,将 IPv4 报文打包到 IPv6 报文里,发给 DSTM 主机。

DSTM 对于应用层来说是透明的,应用层仍通过 IPv4 地址工作,所以任何纯 IPv4 的应用都可以运行,域内的主机可与 IPv4 因特网上的任意主机进行通信。DSTM 对于网络来说也是透明的,DSTM 域的网络上只跑 IPv6 报文,而 IPv4 网络上只跑 IPv4 报文。

3.3.3 IPv6 穿越 IPv4 隧道技术

隧道(Tunnel)是指一种协议封装到另外一种协议中的技术。隧道技术只要求隧道两端(也就是2种协议边界的相交点)的设备支持2种协议。IPv6 穿越 IPv4 隧道技术提供了利用现有的 IPv4 网络为互相独立的 IPv6 网络提供连通性,IPv6 报文被封装在 IPv4 报文中穿越 IPv4 网络,实现 IPv6 报文的透明传输,如图3-26所示。

这种技术的优点是,不用把所有的设备都升级为双栈,只要求 IPv4/IPv6 网络的边缘设备实现双栈和隧道功能。除边缘节点外,其他节点不需要支持双协议栈。可以大大利用现有的 IPv4 网络投资。但是隧道技术不能实现 IPv4 主机与 IPv6 主机的直接通信。

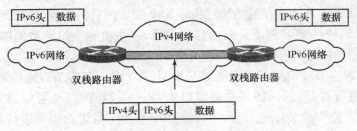

图3-26 IPv6 穿越 IPv4 隧道

IPv6 网络边缘设备收到 IPv6 网络的 IPv6 报文后,将 IPv6 报文封装在 IPv4 报文中,成为一个 IPv4 报文,在 IPv4 网络中传输到目的 IPv6 网络的边缘设备后,解封装去掉外部 IPv4 头,恢复原来的 IPv6 报文,进行 IPv6 转发。用于 IPv6 穿越 IPv4 网络的隧道技术有:①IPv6 手工配置隧道;②IPv4 兼容地址自动隧道;③6to4 自动隧道;④ISATAP 自动隧道;⑤IPv6 over IPv4 GRE 隧道;⑥隧道代理技术;⑦6over4 隧道;⑧边际网关协议(BGP,Bor-

81

der Gateway Protocol)隧道;⑨Teredo 隧道。

1. IPv6 手工配置隧道

手工配置隧道的源和目的地址是手工指定的,它提供了一个点到点的连接。IPv6 手工配置隧道可以建立在 2 个边界路由器之间为被 IPv4 网络分离的 IPv6 网络提供稳定的连接,或建立在终端系统与边界路由器之间为终端系统访问 IPv6 网络提供连接。隧道的端点设备必须支持 IPv6/IPv4 双协议栈。其他设备只需实现单协议栈即可。

一个手工隧道在设备上以一个虚接口存在,从 IPv6 侧收到一个 IPv6 报文后,根据 IPv6 报文的目的地址查找 IPv6 转发表,如果该报文是从此虚拟隧道接口转发出去,则根据隧道接口配置的隧道源端和目的端的 IPv4 地址进行封装。封装后的报文变成一个 IPv4 报文,交给 IPv4 协议栈处理。报文通过 IPv4 网络转发到隧道的终点。隧道终点收到一个隧道协议报文后,进行隧道解封装,并将解封装后的报文交给 IPv6 协议栈处理。一个设备上不能配置两个隧道源和目的都相同的 IPv6 手工隧道。

2. IPv4 兼容自动隧道

自动隧道的目的地址是根据穿越隧道的 IPv6 报文的目的地址得到的,不用预先配置。对于 IPv4 兼容自动隧道,其承载的 IPv6 报文的目的地址是 IPv4 兼容的 IPv6 地址格式。IPv4 兼容地址的前 96 位全部为 0,后 32 位为 IPv4 地址。其格式如图 3-27 所示。

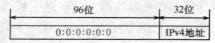

图 3-27 IPv4 兼容 IPv6 地址格式

IPv4 兼容隧道是通过隧道虚接口实现的,如果一个隧道口的封装模式是 IPv4 兼容隧道,则只需配置隧道的源地址,而目的地址是在转发报文时,从 IPv6 报文的目的地址中取得的。从 IPv4 兼容隧道转发的 IPv6 报文的目的地址必须是 IPv4 兼容的 IPv6 地址,隧道的目的地址就是 IPv4 兼容地址的后 32 位。如果一个 IPv6 报文的目的地址不是 IPv4 兼容地址,则不能从 IPv4 兼容隧道转发出去。如果 IPv4 兼容地址中的 IPv4 地址是广播地址、多播地址、网络广播地址、出接口的子网广播地址、全 0 地址、环回地址,则该 IPv6 报文被丢弃,不会进行隧道封装处理。

IPv4 兼容隧道的目的节点就是被封装的 IPv6 报文的目的节点,被解封装后的报文不会被转发。所以,IPv4 兼容隧道是路由器到主机,或主机到主机类型的隧道。IPv4 兼容隧道是点到多点的隧道。

一个 IPv4 兼容节点使用 IPv4 兼容地址同另一个 IPv4 兼容节点通信时,使用 IPv4 兼容隧道对报文进行封装,返回的报文也可以走 IPv4 兼容隧道(也可以通过 IPv6 手工隧道);在同一个普通 IPv6 节点进行通信时,使用 IPv6 手工隧道对报文进行封装,返回的报文通过 IPv4 兼容隧道传输。

由于 IPv4 隧道要求每一个主机都要有一个合法的 IP 地址,而且通信的主机要支持双栈、支持 IPv4 兼容自动隧道,不适合大面积部署。目前该技术已经被 6to4 隧道所代替。

3. 6to4 自动隧道

6to4 隧道也属于一种自动隧道,隧道也是使用内嵌在 IPv6 地址中的 IPv4 地址建立的。与 IPv4 兼容自动隧道不同,6to4 自动隧道支持路由器到路由器、主机到路由器、路由

82

器到主机、主机到主机。这是因为 6to4 地址是用 IPv4 地址作为网络标识,其地址格式如图 3 - 28 所示。

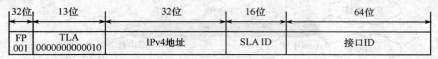

图 3 - 28　6to4 地址格式

其格式前缀(FP,Format Prefix)为二进制的 001,TLA 为 0x0002。也就是说,6to4 地址可以表示为 2002::/16,而一个 6to4 网络可以表示为 2002:IPv4 地址::/48。通过 6to4 自动隧道,可以让孤立的 IPv6 网络之间通过 IPv4 网络连接起来,如图 3 - 29 所示。6to4 自动隧道是通过隧道虚接口实现的,6to4 隧道入口的 IPv4 地址手工指定,隧道的目的地址根据通过隧道转发的报文来决定。如果 IPv6 报文的目的地址是 6to4 地址,则从报文的目的地址中提取出 IPv4 地址做为隧道的目的地址;如果 IPv6 报文的目的地址不是 6to4 地址,但下一跳是 6to4 地址,则从下一跳地址中取出 IPv4 地址做为隧道的目的地址。后者也称为 6to4 中继。

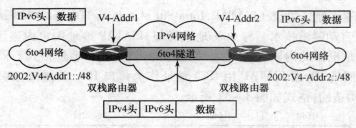

图 3 - 29　6to4 隧道组网示意图 1

IPv6 报文在到达边界路由器后,根据报文的 IPv6 目的地址查找转发表。如果出接口是 6to4 自动隧道的隧道虚接口,且报文的目的地址是 6to4 地址或下一跳是 6to4 地址,则从 6to4 地址中取出 IPv4 地址作为隧道报文的目的地址。隧道报文的源地址是隧道接口上配置的。

1 个 IPv4 地址只能用于 1 个 6to4 隧道的源地址,如果 1 个边缘路由器有多个 6to4 网络使用同样的 IPv4 地址作为网络本地地址,则使用 6to4 地址中的 SLA ID 来区分,但它们共用 1 个隧道。其隧道组网如图 3 - 30 所示。

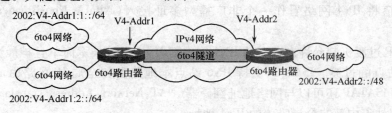

图 3 - 30　6to4 隧道组网示意图 2

随着 IPv6 网络的发展,普通 IPv6 网络需要与 6to4 网络通过 IPv4 网络互通,这可以通过 6to4 中继路由器方式实现。6to4 中继就是通过 6to4 隧道转发的 IPv6 报文的目的地址不是 6to4 地址,但转发的下一跳是 6to4 地址,该下一跳为 6to4 中继。隧道的 IPv4 目的地址从下一跳的 6to4 地址中获得。如图 3−31 所示,灰色的网络是普通 IPv6 网络。

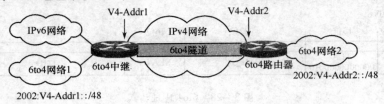

图 3−31 6to4 中继组网示意图

如果 6to4 网络 2 中的主机要与 IPv6 网络互通,在其边界路由器上配置路由指向的下一跳为 6to4 中继路由器的 6to4 地址,中继路由器的 6to4 地址是与中继路由器的 6to4 隧道的源地址相匹配的。6to4 网络 2 中去往普通 IPv6 网络的报文都会按照路由表指示的下一跳发送到 6to4 中继路由器。6to4 中继路由器再将此报文转发到纯 IPv6 网络中去。当报文返回时,6to4 中继路由器根据返回报文的目的地址(为 6to4 地址)进行 IPv4 报文头封装,数据就能够顺利到达 6to4 网络中了。

4. ISATAP 隧道

站内自动隧道地址协议(ISATAP,Intra-Site Automatic Tunnel Addressing Protocol)是另外一种 IPv6 自动隧道技术。与 6to4 地址类似,ISATAP 地址中也内嵌了 IPv4 地址,它的隧道封装也是根据此内嵌 IPv4 地址来进行的,只是 2 种地址格式不同。6to4 是使用 IPv4 地址作为网络 ID,而 ISATAP 用 IPv4 地址作为接口 ID。其接口标识符是用修订的 EUI−64 格式构造的,格式如图 3−32 所示。

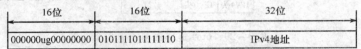

图 3−32 ISATAP 接口 ID 格式

如果 IPv4 地址是全局唯一的,则 u 位为 1,否则 u 位为 0。g 位是 IEEE 群体/个体标志。ISATAP 地址接口 ID 的形式看起来是 00-00-5E-FE 加 IPv4 地址的样子。5E-FE 是 IANA 分配的。由于 ISATAP 是通过接口 ID 来表现的,所以,ISATAP 地址有全局单播、站点单播、多播等形式。ISATAP 地址的前 64 位是通过向 ISATAP 路由器发送请求来得到的,它可以进行地址自动配置。在 ISATAP 隧道的两端设备之间可以运行邻居发现协议。ISATAP 隧道将 IPv4 网络看作一个非广播型多址接入(NBMA,Non-Broadcast Multi-Access)。

ISATAP 过渡机制允许在现有的 IPv4 网内部署 IPv6,该技术简单且扩展性很好,可以用于本地站点的过渡。ISATAP 支持 IPv6 站点本地路由和全局 IPv6 路由域,以及自动 IPv6 隧道。ISATAP 还可以与网络地址翻译器(NAT,Network Address Translators)结合,从而可以使用站点内部非全局唯一的 IPv4 地址。

如图 3−33 所示,在 IPv4 网络内部有 2 个双栈主机 PC2 和 PC3,它们分别有一个私网 IPv4 地址。要使其具有 ISATAP 功能,需要进行如下操作:

首先配置 ISATAP 隧道接口,这时会根据 IPv4 地址生成 ISATAP 类型的接口 ID;根据接口 ID 生成一个 ISATAP 链路本地 IPv6 地址,生成链路本地地址以后,主机就有了 IPv6

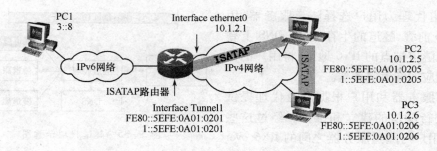

图 3 - 33　ISATAP 隧道部署

连接功能。然后进行主机自动配置,主机获得全局 IPv6 地址、站点本地地址等。

当主机与其他 IPv6 主机进行通信时,从隧道接口转发,将从报文的下一跳 IPv6 地址中取出 IPv4 地址作为 IPv4 封装的目的地址。如果目的主机在本站点内,则下一跳就是目的主机本身,如果目的主机不在本站点内,则下一跳为 ISATAP 路由器的地址。

然而,如果一个节点是处于 NAT 设备后面的私有网络内部,其 IPv4 地址是私有的。为了能够穿越 NAT 设备与其他站点进行通信,可以使用 UDP/IPv4 封装,其端口号为 3544。

5. IPv6 over IPv4 通用路由封装(GRE,Generic Routing Encapsulation)隧道

IPv6-over-IPv4 GRE 隧道机制定义了如何用一种网络协议去封装另一种网络协议的方法,使用标准的 GRE 隧道技术提供了点到点连接服务,需要手工指定隧道的端点地址。在 IPv6 过渡阶段,GRE 可以用于把 IPv6 报文封装在 IPv4 报文中,实现通过 IPv4 网络透明地传输 IPv6 报文的功能。当我们使用 IPv4 的 GRE 隧道承载 IPv6 报文时,乘客协议是 IPv6,而承载协议是 IPv4。

如图 3 - 34 所示,IPv6 站点之间可通过边界路由器的 GRE 隧道实现 IPv6 的互联互通。两双栈路由器需要为隧道接口配置全局的 IPv6 地址、隧道的起始端口和终点地址的 IPv4 地址,最后还需要配置隧道模式为 GRE。

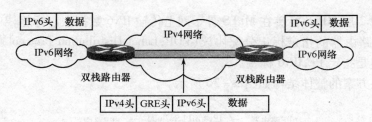

图 3 - 34　IPv6-over-IPv4 GRE 隧道

6. 隧道代理

隧道代理(Tunnel Broker)是一种架构而非具体的协议,它的主要目的是简化隧道的配置。该框架由用户、隧道代理、隧道服务器、DNS 服务器组成。隧道代理为小型的 IPv6 网络或 IPv4 网络中的主机提供了访问已有 IPv6 网络的服务,该技术更适合于现有 IPv4 网络中的主机访问 IPv6 网络。其框架结构如图 3 - 35 所示。

用户首先连接到隧道代理上,向隧道代理提供自己的信息,包括 IPv4 地址、DNS 域名、是主机还是路由器。在连接时隧道代理会验证用户的身份。如果允许客户使用隧道

服务,隧道代理为用户选择隧道服务器、用户的 IPv6 前缀、隧道的生存期;在 DNS 上登记分配给隧道端点的 IPv6 地址;将用户的信息通知相应的隧道服务器。

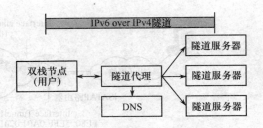

图 3-35　隧道代理示意图

隧道服务器和用户根据隧道代理提供的信息进行隧道的建立和维护。经过这些步骤后,用户与隧道服务器之间的 IPv6 over IPv4 隧道就建立好了。用户在通信结束后,可以通知隧道代理删除隧道,释放隧道、IPv6 地址等资源。

7. 6over4 机制

6over4 机制使用 IPv4 组播来模拟一个虚拟的物理链路,IPv6 的组播地址映射成 IPv4 的组播地址,在此基础上实现邻居发现协议。6over4 主机的 IPv6 地址由 64 位的单播地址前缀和规定格式的 64 位接口标识符::AABB:CCDD 组成,其中 AABB:CCDD 是其 IPv4 地址的十六进制表示。6over4 技术要求主机间的 IPv4 必须支持组播,以用来互联 IPv4 网络内隔离的 IPv6 主机。

8. 6PE

如果服务提供商想实现一个 IPv6 网络,对于网络核心是基于 IPv4 的情况,可以在支持 IPv6 协议的边缘路由器之间构造 IP 隧道,这些隧道可以充当支持 IPv6 协议的点到点的连接。在这些边缘路由器之间交换的 IPv6 分组可以封装在 IP 分组中,透明地在骨干网上传输。这个解决方案称为 IPv6 提供商边缘路由器(6PE),提供了一种可伸缩的 IPv6 早期部署的解决方法。它有以下一些特点:

（1）IPv6 协议仅仅在选择的提供商边缘(PE,Provider Edge)路由器上实施。

（2）PE 路由器使用多协议 BGP(MP-BGP)会话在骨干网上交换 IPv6 路由。

（3）MPLS 标签被 PE 路由器赋给 IPv6 路由,直接在 PE 路由器之间交换,类似 VPN 路由。

（4）使用 2 层 MPLS 标签在 MPLS 骨干网上传输 IPv6 数据报。标签栈中的第 1 个标签是出口 PE 路由器的指定标记分配协议(LDP,Label Distribution Protocol)标签,标签栈中第 2 个标签是指定 PE IPv6 标签。

6PE 解决方案的整体结构如图 3-36 所示。

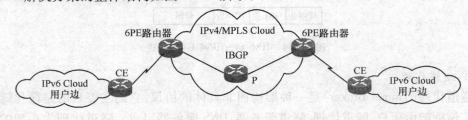

图 3-36　6PE 网络示意图

ISP 利用已有的 IPv4 骨干网为分散用户的 IPv6 网络提供接入能力。其主要思想是:用户的 IPv6 路由信息转换为带有标签的 IPv6 路由信息,并且通过内部 BGP(IBGP,Internal BGP)会话扩散到 ISP 的 IPv4 骨干网中。在转发 IPv6 报文时,当流量在进入骨干网的隧道时,首先会被打上标签。隧道可以是 GRE 隧道或者 MPLS LSP 等。

当 ISP 想利用自己原有的 IPv4/MPLS 网络,使其通过 MPLS 具有 IPv6 流量交换能力时,只需要升级 PE 路由器就可以了。所以对于运营商来说,使用 6PE 特性作为 IPv6 过渡机制无疑是一个高效的解决方案,其操作风险也会要小得多。

9. Teredo 隧道

Teredo 隧道是一种 IPv6-over-UDP 隧道。因为传统的 NAT 不能够支持 IPv6-over-IPv4 数据包的穿越,所以为了解决这个问题,采用把 IPv6 数据包封装在 UDP 载荷中的方式穿过 NAT。Teredo 隧道用于不能将 NAT 设备升级以提供 IPv6 路由或不能作为 6to4 路由器的情况下。

在 Teredo 协议中,定义了 4 种不同的实体:Client、Server、Relay、Host-specific Relay。在这当中,Client 是指处于 NAT 域内并想要获得 IPv6 全局连接的主机;Server 具有全局 IPv4 地址并且能够为 Client 分配 Teredo 地址;Relay 负责转发 Client 和一般 IPv6 节点通信时的数据包,Host-specific Relay 是指不通过 Relay 就可以直接和 Client 进行通信的 IPv6 主机。这些角色同时都支持 IPv6/IPv4 协议。

Teredo 技术能够使 IPv6 数据包穿越 NAT,以使域内的 IPv6 节点得到全球性的 IPv6 连接。但 Teredo 的运行需要 Relay 的支持,Teredo 地址采用了规定格式的前缀的做法也不符合 IPv6 路由分等级的思想。另外,如果 NAT 经过升级后能够支持 IPv6-over-IPv4 数据包的穿越,则没有必要使用 Teredo。

3.4 移 动 IPv6

3.4.1 移动 IPv6 概述

移动 IPv6 是在网络层为 IPv6 提供移动性支持的协议,为用户提供可移动的 IP 数据服务,让用户可以在世界各地都使用同样的 IPv6 地址。这个规范是在 2004 年 6 月由 IETF 标准化的,在[RFC3775]和[RFC3776]中规范的。移动 IPv6 向 IPv6 中增加了移动功能。支持移动 IPv6 功能的 IPv6 主机可以在整个 IPv6 因特网范围内移动,可以随心所欲地更改它到达 IPv6 因特网的接入点。如果主机不支持移动 IPv6,当它更改自己的接入点时,会终止所有已有的连接。2 个节点之间的连接是通过源地址和目的地址配对维持的。IP 地址有两层含义,一层含义是节点的标识符,另一层含义是节点的位置信息。

移动 IPv6 的基本思想是,不但要为 IPv6 主机节点分配一个来自接入网络的地址作为定位符,还要为它提供第 2 个 IPv6 地址作为标识符。第 2 个地址固定到该主机的家乡位置,即使主机移动也绝不改变。这个固定地址被称为"家乡地址"(home address)。只要该主机使用其家乡地址作为连接信息,那么,当该主机移动时,它与其他节点之间的连接就不会终止。

家乡地址的概念为支持移动 IPv6 的主机提供了另外一个有用的特性。因特网上的任何 IPv6 节点都可以通过指定家乡地址来访问支持移动 IPv6 的主机,而无需关注该主机的位置。这个特性使得创建漫游服务器成为可能。由于漫游服务器的家乡地址不会改变,所以我们能够以家乡地址访问该服务器。例如,任何人都可以在支持移动 IPv6 的笔记本上运行 Web 服务器程序,而所有人无需知道这台笔记本所处的位置就可以访问它。移动 IPv6 利用 IPv6 自动配置、优化的报头和扩展选项,简化了主机移动协议的设计,解决了移动 IPv4 入口过滤、三角路由、网络优化等问题,并降低了网络开销,提高了工作性能。

1. 移动 IPv6 的组成

移动 IPv6 的组成如图 3-37 所示,各部分的概念概述如下:

(1)移动节点(Mobile Node):指能够从一个链路的连接点移动到另一个连接点,同时,仍能通过其家乡地址被访问的节点。

(2)家乡代理(Home Agent):指移动节点家乡链路上的一个路由器。当移动节点离开家乡时,能截取其家乡链路上的目的地址。移动节点家乡地址的分组,通过隧道转发到移动节点注册的转交地址。

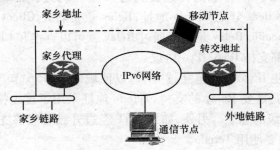

图 3-37 移动 IPv6 的组成

(3)通信节点(Correspondent Node):指所有与移动节点通信的节点,该节点不需要具备移动 IPv6 能力。

(4)家乡地址(Home Address):指分配给移动节点的永久的 IP 地址,通过家乡地址,移动节点一直可达,而不管它在 IPv6 网络中的位置如何。

(5)转交地址(Care of Address):指移动节点访问外地链路时获得的 IP 地址。移动节点同时可得到多个转交地址,其中注册到家乡代理的转交地址称为主转交地址。

(6)家乡链路(Home Link):指产生移动节点的链路。

(7)外地链路(Foreign Link):指除了其家乡链路之外的任何链路。

(8)绑定(Binding):指移动节点家乡地址和转交地址之间的关联。

2. 移动 IPv6 与移动 IPv4 的比较

移动 IPv6 从移动 IPv4 中借鉴了许多概念和术语,例如 IPv6 中移动节点、家乡代理、家乡地址、家乡链路、转交地址和外地链路等概念和移动 IPv4 中的几乎一样,但两者还是有差别的,具体比较如表 3-12 所列。

表 3-12 移动 IPv6 与移动 IPv4 概念比较

移动 IPv4 概念	等效的移动 IPv6 概念
移动节点、家乡代理、家乡链路、外地链路	相同
移动节点的家乡地址	全球可路由的家乡地址和链路局部地址。
外地代理、外地转交地址	外地链路上的一个"纯"IPv6 路由器,没有外地代理,只有配置转交地址

88

移动 IPv4 概念	等效的移动 IPv6 概念
配置转交地址，通过代理搜索、DHCP 或手工得到转交地址	通过主动地址自动配置、DHCP 或手工得到转交地址
代理搜索	路由器搜索
向家乡代理的经过认证的注册	向家乡代理和其他通信节点的带认证的通知
到移动节点的数据传送采用隧道	到移动节点的数据传送可采用隧道和源路由
由其他协议完成路由优化	集成了路由优化

3.4.2 移动 IPv6 工作原理和过程

1. 移动 IPv6 基本工作原理

当移动节点在家乡网段中时，它与通信节点之间按照传统的路由技术进行通信，不需要移动 IPv6 的介入。

当移动节点移动到外地链路时，其工作过程如图 3-38 所示，可用下面几点加以描述：

（1）采用 IPv6 定义的地址自动配置方法得到外地链路上的转交地址。

（2）移动节点将它的转交地址通知给家乡代理。移动节点的转交地址和家乡地址的映射关系称为一个"绑定"。移动节点通过绑定注册过程把自己的转交地址通知给位于家乡网络的家乡代理。

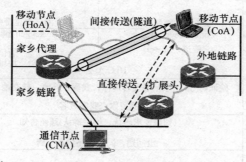

图 3-38 移动 IPv6 原理示意图

（3）如果可以保证操作时的安全性，移动节点也将它的转交地址通知几个通信节点。

（4）未知移动节点转交地址的通信节点送出的数据包和移动 IPv4 一样路由，它们先路由到移动节点的本地网络，从那里家乡代理再将它们经过隧道送到移动节点的转交地址。

（5）知道移动节点转交地址的通信节点送出的数据包可以利用 IPv6 选路报头直接送给移动节点，选路报头将移动节点的转交地址作为一个中间目的地址。

（6）在相反方向，移动节点送出的数据包采用特殊的机制被直接路由到它们的目的地。然而，当存在入口方向的过滤时，移动节点可以将数据包通过隧道送给家乡代理，隧道的源地址为移动节点的转交地址。

2. 移动 IPv6 的关键过程

在移动 IPv6 的协议中，从三角路由到路由优化的通信过程包含了移动检测，获取转交地址,转交地址注册,隧道转发等机制,往返可路由等信令过程等。图3-39所示为移动 IPv6 的过程。

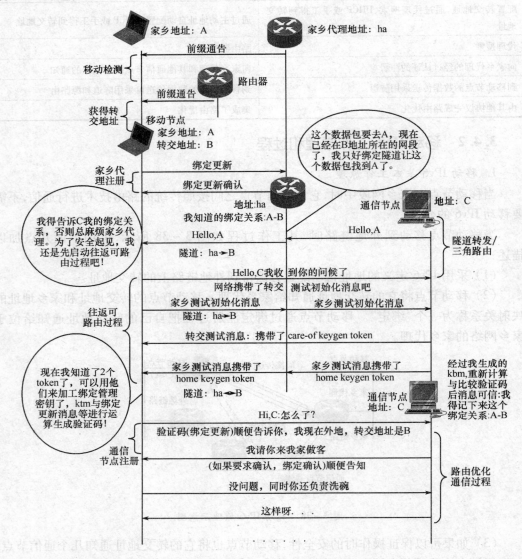

图 3-39 移动 IPv6 过程图解

1）移动检测

移动检测分为二层移动检测和三层移动检测。不论二层移动检测用啥方法,移动 IPv6 中依靠路由通告来确定是否发生了三层移动。移动节点在家乡网段时,在规定的时间间隔内能够周期性收到路由前缀通告;如果移动节点从家乡网络移动到外地网络的时候,在规定的时间间隔内没有再收到家乡网段的路由通告,则移动节点认为发生了网络层移动。

2）获取转交地址

当移动节点监测到发生了网络切换时,就需要分配当前网段可达的转交地址。获得转交地址的方式可以是任何传统的 IPv6 地址分配方式,如无状态自动配置方式,或者是有状态分配方式。最简单的方式之一就是无状态自动配置方式,利用所接收到外地网络的路由前缀,与移动节点的接口地址合成转交地址。

3)转交地址注册

移动节点获得转交地址后需要将转交地址与家乡地址的绑定关系分别通知给家乡代理以及正在与移动节点通信的通信节点,这个过程分别称为家乡代理注册以及通信节点注册。转交地址的注册主要通过绑定更新/确认消息来实现。

4)隧道转发机制/三角路由

移动节点已经完成家乡代理注册但是还没有向通信节点注册时,通信节点发往移动节点的数据在网络层仍然使用移动节点的家乡地址。家乡代理会截取这些数据包,并根据已知的移动节点转交地址与家乡地址的绑定关系,通过 IPv6 in IPv6 隧道将数据包转发到移动节点。移动节点可以直接回复给通信节点。这个过程也叫做三角路由。

5)往返可路由过程

往返可路由过程主要目的在于保证通信节点接收到绑定更新的真实性和可靠性,由 2 个并发过程组成:家乡测试过程和转交测试过程。

家乡测试过程首先由移动节点发起家乡测试初始化消息,通过隧道经由家乡代理转发给通信节点,以此告知通信节点启动家乡测试所需的工作。通信节点收到家乡测试初始化消息后,会利用家乡地址及两个随机数 Kcn 与 nonce,进行运算生成 home keygen token,然后会利用返回给移动节点的家乡测试消息把 home keygen token 以及 nonce 索引号告诉移动节点。

转交测试首先是移动节点直接向通信节点发送转交测试初始化消息,通信节点会将消息中携带的转交地址与 ken 和 nonce 进行相应运算生成 care-of keygen token,然后在返回移动节点的转交测试信息中携带 care-of keygen token 以及 nonce 索引号。

移动节点利用 home keygen token 和 care-of keygen token 生成绑定管理密钥 Kbm,再利用 kbm 和绑定更新消息进行相应运算生成验证码 1,携带在绑定更新消息中。通信节点收到绑定更新消息后利用 home keygen token,care-of keygen token 以及 nonce 数,与绑定消息进行相应运算,得出验证码 2。比较 2 个验证码,如果相同,通信节点就可以判断绑定消息真实可信,否则,将视为无效。

6)动态家乡代理地址发现过程

通常家乡网络的前缀和家乡代理的地址是固定的,但也可能因为故障或其他原因出现重新配置。当家乡网络配置改变时,身在外地的移动节点需要依靠动态家乡代理地址发现过程发现家乡代理的地址。这主要借助目的地为一个特殊 anycast 地址的 ICMP 特别消息。

3.4.3 移动报文格式

移动报文首部是移动 IPv6 定义的一个新的扩展报文首部,是为了承载移动 IPv6 信令报文而引入的。移动节点、通信节点和家乡代理在创建和管理绑定报文时会用到。移动报文首部只有在用于绑定确认时,才可以用类型 2 的路由报文首部来进行发送。只有在绑定更新时,才可以使用家乡地址目的选项。在发送移动报文首部时,不能使用绑定更新列表和绑定缓存信息。移动报文首部格式如图 3-40 所示,这是基于常规的扩展首部格式。

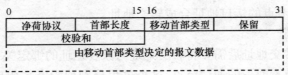

图 3-40　移动 IPv6 报文首部格式

净荷协议字段指的是后续首部。这个字段相当于其他扩展首部中的下一个首部字段;但是,目前的规范不允许在移动首部后面再跟有其他扩展首部或者传输首部。也就是说,在 IPv6 分组的首部链中,移动首部必须总是最后一个首部。实行这种限制是为了简化 IPsec 机制和移动 IPv6 之间的交互。目前,净荷协议字段总是设置为 58(IPv6-NON-XT),表示没有下一个首部。首部长度字段表示除去开始的 8B 之外的移动首部的长度,以 8B 为单位。移动首部类型字段表示移动首部的报文类型。目前定义了 8 种移动首部类型。表 3-13 给出了所有的移动报文首部类型。保留字段留给未来使用。校验和字段保存移动首部的校验和值。计算校验和值所用的算法与 ICMPv6 所用的校验和算法相同。首部剩余部分的定义依赖于移动首部类型值。另外,移动首部可以拥有称为移动选项的一些选项。

表 3-13　移动报文首部类型

类型	描　述
0	绑定刷新请求(BRR,Binding Refresh Request):为了更新绑定信息,请求移动节点再次发送绑定更新报文
1	家乡测试发起(HoTI,Home Test Init):针对移动节点的家乡地址,发起迂回路由过程
2	转交测试发起(CoTI,Care-of Test Init):针对移动节点的转交地址,发起迂回路由过程
3	家乡测试(HoT,Home Test):HoTI 报文的响应报文
4	转交测试(CoT,Care-of Test):CoTI 报文的响应报文
5	绑定更新(BU,Binding Update):发送请求,要求创建移动节点的家乡地址和转交地址之间的绑定信息
6	绑定确认(BA,Binding Acknowledgement):BU 报文的响应报文
7	绑定错误(BE,Binding Error):通知一侧与移动 IPv6 响应信令处理有关的错误

1. 绑定刷新请求(BRR)报文

当通信节点需要让移动节点延长绑定信息寿命时,就要使用 BRR 报文。接收到 BRR 报文的移动节点应该向通信节点发送绑定更新报文,以使通信节点更新它所持有的绑定信息。BRR 报文的格式如图 3-41 所示。

图 3-41　BRR 报文

BRR 报文是从通信节点发送到移动节点的。该 IPv6 分组的源地址是发送 BRR 报文的通信节点的地址,其目的地址是被要求重发绑定更新报文的移动节点的家乡地址。绑定刷新请求报文禁止含有类型 2 路由首部或家乡地址选项。也就是说,如果目的移动节点离开家乡,那么,家乡代理通过隧道把该报文发送给目的移动节点。目前还没有为绑定刷新请求报文定义任何移动选项。

2. 家乡测试发起(HoTI)报文

HoTI 报文用来发起迂回路由过程。HoTI 报文的格式如图 3-42 所示。

家乡发起 cookie(Home Init Cookie)填充的是移动节点中生成的随机值。该 cookie 用于匹配 HoTI 报文和通信节点响应发送的家乡测试报文。HoTI 报文禁止含有类型 2 路由首部或家乡地址选项。HoTI 报文总是从移动节点通过隧道发送给它的家乡代理,再转发给通信节点。目前还没有为 HoTI 报文定义任何移动选项。

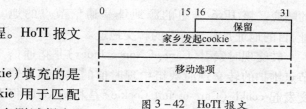

图 3-42 HoTI 报文

3. 转交测试发起(CoTI)报文

CoTI 报文用来发起迂回路由过程。CoTI 报文的格式如图 3-43 所示。

当移动节点想要优化自己与通信节点之间的路径时,移动节点就向通信节点发送转交测试发起报文。该 IPv6 分组的源地址是移动节点的转交地址,目的地址是通信节点的地址。

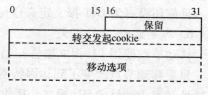

图 3-43 CoIT 报文

转交发起 cookie(Care-of Init Cookie)填充的是移动节点中生成的随机值。该 cookie 用于匹配 CoTI 报文和通信节点响应发送的转交测试报文。CoTI 报文禁止含有类型 2 路由首部或家乡地址选项。CoTI 报文总是直接从移动节点发送到通信节点。目前还没有为 CoTI 报文定义任何移动选项。

4. 家乡测试(HoT)报文

HoT 报文用来应答从移动节点发送到通信节点的 HoTI 报文。HoT 报文包含一个令牌,这个令牌被用来计算用于保护绑定更新报文的共享密钥。HoT 报文的格式如图 3-44 所示。

HoT 报文是从通信节点发送到移动节点的,它用作先前从移动节点发出的 HoTI 报文的响应。该 IPv6 分组的源地址是通信节点的地址,目的地址是移动节点的家乡地址。

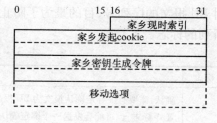

图 3-44 HoT 报文

家乡现时索引(Home Nonce Index)是指通信节点维护的家乡现时数组中现时值的索引值。家乡发起 cookie(Home Init Cookie)是相应 HoTI 报文中的家乡发起 cookie 值的一份副本。移动节点可以通过计算 cookie 值来匹配先前发出的 HoTI 报文和接收到的 HoT 报文。如果未找到相应的 HoTI 报文,就丢弃接收到的 HoT 报文。家乡密钥生成令牌(Home Keygen Token)是一个令牌值,它用来计算用于保护绑定更新报文的共享密钥。目前还没有为 HoT 报文定义任何移动选项。

5. 转交测试(CoT)报文

CoT 报文用来应答从移动节点发送到通信节点的 CoTI 报文。CoT 报文包含一个令牌,这个令牌被用来计算用于保护绑定更新报文的共享密钥。CoT 报文的格式如图 3-45 所示。

CoT 报文是从通信节点发送到移动节点的,它用作先前从移动节点发出的 CoTI 报文的响应。该 IPv6 分组的源地址是通信节点的地址，目的地址是移动节点的转交地址。

转交现时索引（Care-of Nonce Index）是指通信节点维护的转交现时数组中现时值的索引值。转交发起 cookie（Care-of Init Cookie）是相应 CoTI 报文中的转交发起 cookie 值的副本。移动节点可以通过计算 cookie 值来匹配先前发出的 CoTI 报文和接收到的 CoT 报文。如果未找到相应的 CoTI 报文，就丢弃接收到的 CoT 报文。转交密钥生成令牌（Care-of Keygen Token）是一个令牌值，它用来计算用于保护 BU 报文的共享密钥。目前还没有为 CoT 报文定义任何移动选项。

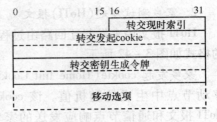

图 3 - 45　CoT 报文

6. 绑定更新（BU）报文

移动节点使用 BU 报文来告知通信节点或家乡代理的转交地址与家乡地址的绑定信息。只要移动节点改变了到达因特网的接入点并更改了转交地址，它就发送带有自身转交地址和家乡地址的 BU 报文。接收到这条报文的节点就会创建一个条目来保存该绑定信息。图 3 - 46 给出了 BU 报文的格式。

BU 报文是从移动节点发送到家乡代理或通信节点的。该 IPv6 分组的源地址是移动节点的转交地址，目的地址是家乡代理或通信节点的地址。为了将移动节点的家乡地址信息包含进去，BU 报文含有一个目的选项首部。序列号字段包含一个针对 BU 报文的序列号，目的是为了防止重放攻击。BU 报文的标志字段可以包含表 3 - 14 所列的标志。

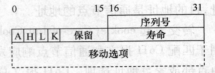

图 3 - 46　BU 报文

表 3 - 14　BU 报文的标志

标志	描　　述
A	确认：需要有关绑定确认报文为 BU 报文的响应。如果设置了 H 标志，就必须设置 A 标志。即使没有设置 A 标志，也可能会发送一个绑定确认报文来指示错误
H	家乡注册：表示这个 BU 报文是一个用于家乡注册的报文
L	链路本地地址兼容：表示移动节点的链路本地地址与它的家乡地址具有相同的接口 ID
K	密钥管理移动能量：表示因特网密钥交换（IKE，Internet Key Exchange）源地址（SA，Source Address）信息能够在移动中生存

寿命字段指定了绑定信息的建议寿命。当 BU 报文用于家乡注册时，它的值不能比发送该报文的移动节点的家乡地址或转交地址的剩余寿命大。其值以 4s 为单位。BU 报文可以有以下移动选项：①绑定授权数据选项；②现时索引选项；③替换转交地址选项。

7. 绑定确认（BA）报文

BA 报文是作为从移动节点发出的 BU 报文的响应而发送的。BA 报文的格式如图 3 - 47 所示。

BA 报文是从家乡代理或通信节点发送到移动节点的。该 IPv6 分组的源地址是家乡代理或通信节点的地址，目的地址是移动节点的转交地址。为了向离开家乡的移动节点的家乡地址发送一条 BA 报文,就必须拥有一个包含移动节点家乡地址的类型 2 路由首部。

图 3-47   BA 报文

状态字段表示对接收到的 BA 报文的处理结果。表 3-15 列出了目前规定的状态码清单。状态字段后面紧跟着的是标志字段。目前仅定义了 K 标志,K 标志具有密钥管理移动能量,表示 IKE SA 信息在移动中无法生存。序列号字段是最后一个 BA 报文中所包含的最终有效序列号的副本。当移动节点发送具有较小序列号值的 BA 报文时,这个字段也用作最新序列号的指示器。如果移动节点重启并丢失了当前绑定信息的序列号信息,就会发生这种情况。寿命字段表示经过批准的绑定信息的寿命。即使移动节点在 BA 报文的寿命字段中申请更长的寿命,接收节点也并不总是会批准所申请的寿命值。接收 BA 报文的那个节点有权决定实际的寿命。BA 报文可以具有绑定授权数据选项和绑定刷新建议选项 2 种。

表 3-15   BA 报文的状态码

代码	描述	代码	描述	代码	描述
0	接受 BU	131	不支持家乡注册	136	到期的家乡现时索引
1	接受但必须前缀发现	132	不是家乡子网	137	到期的转交现时索引
128	未指明原因	133	不是这个移动节点的家乡代理	138	到期的现时值
129	管理性禁止	134	重复地址检测失败	139	禁止更改注册类型
130	资源不足	135	序列号超出窗口		

8. 绑定错误(BE)报文

BE 报文用来表示在移动信令处理中所发生的错误。BE 报文的格式如图 3-48 所示。

BE 报文是从支持移动 IPv6 的节点上发送的。该 IPv6 分组的源地址是发送这个 BE 报文的节点的地址。BE 报文禁止含有类型 2 路由首部或家乡地址选项。

状态字段有两种错误类型:状态为"1"时表示接收到的家乡地址选项没有绑定信息;状态为"2"时表示接收到不可识别的移动首部类型值。如果造成错误的分组是从移动节点发送的,那么家乡地址字段包含移动节点的家乡地址;否则,这个字段包含一个未指定地址。目前还没有为 BE 报文定义任何移动选项。

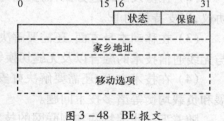

图 3-48   BE 报文

3.4.4 移动 IPv6 的优缺点和应用展望

移动 IPv6 作为 IPv6 的一个组成部分,提供对节点移动和网络移动支持。它是到目前为止最优秀的支持移动接入的网络协议。从技术上看,移动 IPv6 的优势主要体现在:128 位的海量地址、动态家乡代理发现机制、地址自动配置、数据的完整性保护和重发机制、路由优化机制、入口过滤功能、端到端的对等通信、地址结构层次的优化、高服务质量、更好的移动性和部署容易等。

IPv6 的部署运行,第一个获得巨大应用的将是移动接入应用。目前的移动设备所提供的主要是语音服务,但在移动的基础上提供优质的数据服务始终是广大移动用户的需求。现在多种网络技术正在逐步融合,IP 协议将成为统一的网络平台,但原来 IP 协议对网络节点的移动性支持不够,大量移动设备的用户希望在移动过程中保持因特网接入和持续通信,获得如固定接入一样的网络服务质量。

未来移动 IPv6 的发展主要呈现以下趋势、标准制定上实现协作和联合、产品研发更具广度与深度、科学研究与商业应用并重、业务创新将成为主题。随着 3G 时代的到来,越来越多的设备通过无线接入方式接入到因特网,移动 IPv6 将是 3G/B3G 网络承载和业务应用的发展方向,移动网络系统将全面基于或兼容 IPv6。随着多种无线接入技术的发展、部署和完善,网络终端可能通过多种不同的接入方式连接到网络中,如 Wi-Fi,3G 以及蓝牙等。利用移动 IPv6 巧妙地屏蔽了底层链路的异质性,在设计上层应用时无需再考虑移动性问题,可以大幅简化移动业务的开发。

进入物联网时代,物与物、物与人之间的通信同样需要构建在 IPv6 之上,末梢网络之间的通信同样需要移动性支持。例如构建在移动的人体上的健康监测单元,搭载在汽车上的智能交通系统等,移动 IPv6 有希望成为应对物联网移动问题的解决方案之一。

移动 IPv6 技术是一项新的网络基础技术,还处于标准、研发、部署应用的初期,问世以来一直面临着技术、成本、应用等诸多挑战,其广泛应用还依赖于 IPv6 网络的部署和普及。相对于有线 IPv6 来说也有很多不足:带宽明显低得多,其误码率必然明显高得多;移动主机有更高的造价;对于某些采用防火墙技术的网络可能会阻断 IP 隧道数据包。因特网上的许多设备和 ISP 不支持移动 IP 业务,这极大地限制了 IPv6 的研究与发展。

要真正实现全球范围内移动网络,移动 IPv6 还需要完成以下几个方面的工作:

(1)在协议的发展方面,还需要进一步完善 IPv6 协议、移动 IPv6 协议、IPSec 协议、流控制传输协议(SCTP,Stream Control Transmission Protocol)、Diameter(RADIUS 协议的升级版本)。

(2)在协议的改进方面,需要差分服务质量和端到端服务质量的支持;研究增强 TCP 协议,以支持移动 IP。

(3)在移动本身方面,还需要解决认证、授权及计费的机制和服务、资源的有效管理、与无线通信技术的融合以及无缝切换等问题。

(4)在技术方面,还需要解决好安全性、IPv4/IPv6 共存环境过渡、复杂度、多接入扩展和负载均衡等诸多技术问题。

随着下一代因特网和物联网的技术革命的到来,移动 IPv6 受到了来自标准组织,设备厂商、网络运营商等各方的广泛关注,我国的科研机构及运营商在 CNGI 项目平台基础上,具备了对移动 IPv6 技术和应用进行开发试验的良好基础,有望取得国际领先的技术成果,开发创新型的业务应用。

移动 IPv6 的前景诱人,但要实现全球范围的真正的移动网络,需要整个移动 IPv6 体系结构的协调,除了解决路由问题以外,整个移动 IPv6 体系的完善还有很多工作要做。

第4章　10Gb 以太网技术

目前市场上的网络产品几乎是以太网产品。10Gb 以太网(GbE,Gigabit Ethernet)借鉴了以太网、GbE 的成功因素和经验,在结构、协议、接口、技术和软硬件方面引起了巨大的变革和进步,形成了光缆、铜缆、双绞线和背板 10GbE 百花盛开的局面;不但在网络的核心层、骨干层、汇聚层使用 10GbE,而且将 10GbE 推向边缘层。随着实时融合通信、网络电视、网络游戏的推广,10GbE 产品有可能进入千家万户。下面就 10GbE 的主要内容作一详细介绍。

4.1　10Gb 以太网概述

4.1.1　10Gb 以太网的概念与技术特点

10GbE 是数据速度为 10Gb/s 的以太网新技术,它不仅速度比 GbE 提高了 10 倍,在应用范围上也得到了更多的扩展。10GbE 不仅适合所有传统局域网(LAN,Local Area Network)的应用场合,更能延伸到传统以太网技术受到限制的城域网(MAN,Metropolitan Area Network)和广域网(WAN,Wide Area Network)范围。它适应于新型的网络结构,具有可靠性高、安装和维护都相对简单等很多优点,同时采用 10GbE 构建系统的费用比采用 ATM/SONET 技术构建的类似系统可降低 25% 左右,并且 10GbE 能提供更新、更快的数据业务,既可以和 SONET 协同工作,也可以使用端到端的以太网连接。

10GbE 技术的主要特点表现为以下几点:

(1)更公平,更兼容。在同一个网络中可允许存在众多销售商不同的以太网产品共同运行,用户选购产品时不用担心不同厂商产品间的兼容性问题。

(2)简单方便,升级容易。10GbE 技术可将原 10/100/1000Mb/s 以太网速率方便地提升到 10Gb/s。在升级到 10GbE 解决方案时,大多数网络管理程序和布线都可以保持不动。

(3)更高的带宽和更远的传输距离。10GbE 带宽可达 10Gb/s 和传输距离可达 40km。

(4)结构简化,性能提高。10GbE 技术可通过建立 VLAN 的方法优化网络拓扑结构,运用 IEEE802.1s 标准 VLAN 用户组从而在网络中增多 VLAN 用户,使连接用户数目不受限制。

(5)功能加强,安全得到保障。10GbE 技术提供了更多的更新功能,大大提升 QoS,能更好地满足网络安全、服务质量、链路保护等多个方面需求。

(6)以太网使用 SNMP 提供网络管理和维护功能。网络管理程序利用 SNMP 除了提供服务准备和网络故障分析功能外,还可以使运营商快速展开业务。

（7）成本低廉。以太网网络速率提升到10Gb/s后，网络软硬件增加的费用、培训、安装和网络管理与维护的费用都相对低廉。

（8）灵活方便。网络设计者在采用统一10GbE技术的基础上，可选择不同的工作速率、不同的传输介质和各类接口，使之实现灵活全网布局。

（9）捆绑连接。采用10GbE互连，甚至4个10GbE捆绑互连，达到40Gb/s的速度。

（10）采用10GbE，允许"永远在线"监视，能够鉴别干扰或入侵监测，发现网络性能瓶颈，获取计费信息或呼叫数据记录，从网络中获取商业智能。

在10GbE方面也存在一些问题：它继承了以太网一贯的弱QoS特点，如何进行有保障的区分业务承载，仍然没有解决。10GbE技术的应用将取决于宽带业务的开展。只有广泛开展宽带业务，如视频电波、视频组播、高清晰度电视和实时游戏等，才能促使10GbE技术广泛应用和网络健康有序发展。

4.1.2　10GbE 技术要点

10GbE与原来的以太网技术相比有很大的差异。其技术要点主要表现在以下几点。

1. 全双工的工作模式

10GbE只支持全双工模式，而不支持单工模式，而以往的各种以太网标准均支持单工/双工模式。

2. 不支持 CSMA/CD 协议

10GbE不满足带冲突检测的载波侦听多址访问（CSMA/CD，Carrier Sensing Multiple Access with Collision Detection）协议，因为这种技术属于较慢的单工以太网技术。

3. 物理层（PHY，Physical Layer）特点

由于10GbE可作为LAN也可作为WAN使用，而LAN和WAN之间由于工作环境不同，对于各项指标的要求存在许多的差异，主要表现在时钟抖动、误码率（BER，Bit Error Rate）、QoS等要求不同，就此制定了2种不同的物理介质标准。

10Gb/s局域以太网PHY的媒介访问控制（MAC，Medium Access Control）时钟可选择工作在1Gb/s方式下或10Gb/s方式下，允许以太网复用设备同时携带10路1Gb/s信号帧格式与以太网的帧格式一致，工作速率为10Gb/s。10Gb/s LAN可用最小的代价升级现有的LAN，并与10/100/1000Mb/s兼容。

10Gb/s WAN PHY的特点：由于局域以太网采用以太网帧格式，传输速率为10Gb/s，而10Gb/s广域以太网采用OC-192c帧格式在线路上传输，传输速率为9.58464Gb/s，所以10Gb/s广域以太网MAC层有速率匹配功能。通过10Gb/s介质无关接口（MII，Medium Independent Interface）提供9.58464Gb/s的有效速率。线路比特误码率可为10^{-12}。与OC-192c的SONET再生器协同工作，并利用OC-192c帧格式和最少的段开销与现有的网络兼容，当物理介质采用单模光纤时，传输距离可达300km；采用多模光纤时，可达40km。

4. 帧格式

在帧格式方面，由于10GbE是高速以太网，所以为了与以前的所有以太网兼容，必须采用以太网的帧格式承载业务。如果以太网帧在WAN中传输，对帧格式进行了修改，添加长度域和帧头差错控制（HEC，Header Error Control）域。

5. 速率适配

10Gb/s 局域以太网和广域以太网 PHY 的速率不同,LAN 的数据率为 10Gb/s,WAN 的数据率为 9.58464 Gb/s(此速率是物理编码子层(PCS,Physical Coding Sublayer)末编码前的速率)。但是 2 种速率的 PHY 共用一个 MAC 层,MAC 层的工作速率为 10Gb/s,采用什么样的调整策略将 10Gb 介质无关接口(XGMII,10 Gigabit Media Independent Interface)的传输速率 10Gb/s 降低,使之与 PHY 的传输速率 9.58464Gb/s 匹配,是 10GbE 需要解决的问题。目前将 10Gb/s 适配为 9.58464Gb/s 的 OC-192c 的调整策略有 3 种:

(1)在 XGMII 接口处发送 HOLD 信号,MAC 层在一个时钟周期停止发送。

(2)利用"Busy idle",PHY 向 MAC 层在数据包之间的间隔(IPG,Interpacket Gap)期间发送"Busy idle",MAC 层收到后,暂停发送数据。PHY 向 MAC 层在 IPG 期间发送"Normal idle",MAC 层收到后,重新发送数据。

(3)采用 IPG 延长机制。MAC 每次传完一帧,根据平均数据速率动态调整 IPG 间隔。

6. 接口方式

10GbE 在 LAN、MAN、WAN 不同的应用上提供了多样化的接口类型。在 LAN 方面,可以提供多模光纤长达 300m 的支持距离,或针对大楼与大楼间/园区网的需要提供单模光纤长达 10km 的支持距离;在 MAN 方面,可以提供 1550nm 波长单模光纤长达 40km 的支持距离。在 MAN 方面,可提供 OC-192C WAN PHY,支持长达 70km~100km 的连接。

7. 编码方式

10GbE 使用 64B/66B 和 8B/10B 两种编码方式,而传统以太网只使用 8B/10B 编码方式。

(1)采用 4 路的 GbE 所使用的 8B/10B 编码技术进行数据传输。

(2)采用单路的 64B/66B 编码技术进行数据传输。

第一种编码技术主要用于基于 DWDM 技术的 10GbE 的 LAN PHY 接口。分 4 路传输以达到 10Gb/s 的总速率。

单路的 64B/66B 编码技术是一种高效的新编码技术。在该编码技术中,从上层 MAC 子层传来的 64 比特数据块,加上 PHY 的用于控制的 2 比特("01"表示 MAC 数据,"10"表示 PHY 的控制帧),这样就组成了 66 比特的数据块。在 PHY 中便以 66 比特数据块为基础进行数据传输。由于 64B/66B 编码技术具有均匀的 4 比特汉明(Hamming)保护距离,平均分组出错率非常低,而且该编码技术的统计直流平衡性好,因此,在 lEEE802.3ae 标准中作为 10GbE 的主流编码技术。

4.1.3 10Gb 以太网物理层规范的表达方式

先前的以太网 PHY 规范总是采用 10/100/1000Base-??? 的命名方法,而 10GbE 的 PHY 并没有命名为 10000Base-???,而是用字母"G"来取代后面的 3 个"0",即 10GBase-abc,含义是 10Gb/s 的以太网。字母"abc"分别代表 10GbE 的工作波长、PHY 编码方案和波长复用数,如图 4-1 所示。

其中,当第 1 个字母"a"为 S、L 和 E 时,分别表示工作波长是短波长(850nm)、长波长(1310nm)和超长波长(1550nm)。

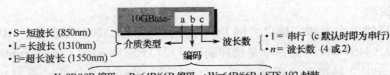

图 4-1　10Gb 以太网物理层规范的表达方式

当第 2 个字母"b"为 X、R 和 W 时,分别表示 8B/10B、64B/66B 和 64B/66B + STS - 192 封装的 PHY 编码方案;b = X 和 b = R 都表示 LAN 类型的 PHY 规范,b = W 则表示 WAN 类型的 PHY 规范。

当第 3 个字母"c"为 1 和 n 时,分别表示单波长(串行发送方案)和 n 个波长的复用方案,单波长时通常在命名中省略最后的"1",在一般情况下 $n = 4$。

4.1.4　10Gb 以太网协议标准

表 4-1 是 10GbE 协议推出的时间表及其描述。

表 4-1　10GbE 协议推出的时间表及其描述

年代	IEEE 802.3 标准	技术描述	对应标准代码
2002	IEEE 802.3ae	10GbE 标准	10GbE
2004	IEEE 802.3ak	同轴铜缆 10GbE 标准	10GBase-CX4
2006	IEEE 802.3an	双绞线铜缆 10GbE 标准	10GBase-T
2006	IEEE 802.3aq	传统多模光纤 10GbE 标准	10GBase-LRM
2007	IEEE 802.3ap	背板吉比特 10GbE 标准	10GBase-KX4、10GBase-KR

IEEE 802.3ae 10GbE 标准主要包括以下内容:兼容 802.3 标准中定义的最小和最大以太网帧长度;仅支持全双工方式;使用点对点链路和结构化布线组建星形物理结构的 LAN;支持 802.3ad 链路汇聚协议;在 MAC/物理层信令(PLS, Physical Layer Signaling)服务接口上实现 10Gb/s 的速度;定义 2 种 PHY,即 LAN PHY 和 WAN PHY;定义将 MAC/PLS 的数据传送速率对应到 WAN PHY 数据传送速率的适配机制;定义支持特定物理介质相关子层(PMD,Physical Medium Dependent sublayer)的 PHY 规范,包括多模光纤和单模光纤以及相应传送距离;支持 ISO/IEC 11801 第 2 版中定义的光纤介质类型,等等。

下面简要介绍 10GbE 标准的几种技术规范。

1. IEEE 802.3ae 10GbE 标准规范

IEEE 802.3ae 10GbE 标准定义了 2 种类型 LAN,即 10GBase-X 和 10GBase-R,规范了 4 个标准的接口,它们分别是串行机制的 10GBase-SR、10GBase-LR 和 10GBase-ER,以及基于波分复用机制的 10GBase-LX4。面向 WAN 的有 10GBase-SW、10GBase-LW 和 10GBase-EW。

(1) 10GBase-X 使用一种特紧凑包装,含有 1 个较简单的 WDM 器件、4 个接收器和 4 个在 1300nm 波长附近以大约 25nm 为间隔工作的激光器,每一对发送器/接收器在 3.125Gb/s 速度(数据流速度为 2.5Gb/s)下工作,采用 8B/10B 线路码型。

(2) 10GBase-R 是一种使用 64B/66B 编码的串行接口,数据流为 10.000Gb/s,因而产生的时钟速率为 10.3Gb/s。

100

（3）10GBase-W 是 WAN 接口,采用64B/66B 线路码型,与 SONET OC-192 兼容,其时钟为 9.953Gb/s,数据流为 9.585Gb/s。

（4）10GBase-SR。这是遵守 IEEE802.3ae 标准的 LAN PHY 标准简称。网络为星形拓扑结构,采用64B/66B 线路码型,数据速率为 10Gb/s,传输速度达 10.3124Mb/s,最大网段长度为全双工;使用成本最低的光纤(850nm)支持 33m 和 86m 标准多模光纤上的 10Gb/s 传输。SR 标准在使用全新的 2000 MHz/km 多模光纤(激光优化)时可支持长达 300m 的传输。SR 在标准定义的所有 10Gb/s 光纤中成本最低。

（5）10GBase-LR。这是遵守 IEEE802.3 标准的 LAN PHY 标准简称。网络为星形拓扑结构,采用64B/66B 线路码型,数据速率为 10Gb/s,传输速度达 10.3124 Mb/s;使用成本高于 SR 的单模光纤(1310nm),需要更复杂的光纤定位以支持长达 10km 的单模光纤。

（6）10GBase-ER。这是遵守 IEEE802.3ae 标准的 LAN PHY 标准简称。网络为星形拓扑结构,采用64B/66B 线路码型,数据速率为 10Gb/s,传输速度达 10.3124 Mb/s;使用最昂贵的光纤(1550nm)支持长达 30km 的单模光纤。如果距离为 40km,则光纤连接必须为定制的链路。

（7）10GBase-LX4。这是遵守 IEEE802.3ae 标准的 LAN PHY 标准简称。网络为星形拓扑结构、8B/10B 线路码型,数据速率为 10Gb/s,传输速度达 3.125×4Mb/s。它采用了一个由 4 束激光组成的阵列,每个以 3.125Gb/s 发射,并且 4 个接收器以 WDM 的方式排列。该 PMD 工作在 1300nm 频段,可以在传统的 FDDI 级多模光纤(MMF,Multi Mode Fiber)上支持 300m 的连接距离,在单模光纤上支持 10km 的连接距离。LX4 比 SR 和 LR 的成本都要昂贵,因为除了光多路复用器之外,它还需要 4 倍长的光路和电路。

（8）10GBase-SW。这是遵守 IEEE802.3ae 标准的 WAN PHY 标准简称。网络为星形拓扑结构;WAN PHY 传输介质为多模光纤(850nm 波长)串行接口/WAN 接口;采用64B/66B 线路码型;数据速率为 9.2942Gb/s,传输速度达 9.95328Mb/s;最大网段长度为全双工,(62.5μm 多模光纤)28m/35m/160、200MHz·km;(50μm 多模光纤)69m/0.4GHz·km、86m/0.4GHz·km、300m/0.4GHz·km。

（9）10GBase-LW。这是遵守 IEEE802.3ae 标准的 WAN PHY 标准简称。网络为星形拓扑结构,WAN PHY 传输介质为单模光纤(1310nm),采用64B/66B 线路码型,数据速率为 9.2942Mb/s,传输速度达 9.95328 Mb/s,最大网段长度为 10km。

（10）10GBase-EW。这是遵守 IEEE802.3ae 标准的 WAN PHY 标准简称。网络为星形拓扑结构,WAN PHY 传输介质为单模光纤(1550nm),采用64B/66B 线路码型,数据速率为 9.2942Mb/s,传输速度达 9.95328 Mb/s,最大网段长度为 40km。

IEEE 802.3ae 兼容了以前的标准,不改变上层协议,其变化都体现在 PHY 层和 MAC 层的改变。10GbE 支持 LAN 和 WAN 的 PMD 层,它们都支持 3 种波长:850nm、1310nm 和 1550nm。不同类型标准之间的差异列于表 4-2 中。表 4-3 概括了当前使用的和市场上供应的各种类型光纤的距离特性。

从表 4-2 可以看到,10GBase-S(S 代表短波)是为 MMF 上 850nm 光传输设计的,10GBase-L(L 代表长波)是为单模光纤(SMF,Single Mode Fiber)上 1310nm 光传输设计的,10GBase-E(E 代表超长波)是为 SMF 上 1550nm 光传输设计的。

表 4-2　10GbE 7 种类型标准比较

标准名称	PHY	数据速率/ （Gb/s）	PCS	传输速率/ （Gb/s）	PMD /nm	光纤类型	传输距离
10GBase-LX4	LAN-PHY	10	8B/10B	3.125 4	1310WWDM	MMF/SMF	300m/10km
10GBase-SR	LAN-PHY	10	64B/66B	10.3124	850	MMF	300m
10GBase-LR	LAN-PHY	10	64B/66B	10.3124	1310	SMF	10km
10GBase-ER	LAN-PHY	10	64B/66B	10.3124	1550	SMF	40km
10GBase-SW	WAN-PHY	9.2942	64B/66B + WIS	9.95328	850	MMF	300m
10GBase-LW	WAN-PHY	9.2942	64B/66B + WIS	9.95328	1310	SMF	10km
10GBase-EW	WAN-PHY	9.2942	64B/66B + WIS	9.95328	1550	SMF	40km

表 4-3　市场上各种类型光纤的距离特性

光纤类型		带宽 /MHz	10GBase-S 850nm	10GBase-LX4 1300nm WWDM	10GBase-L 1310 nm	10GBase-E 1550 nm
多模	62.5μm	160	最大 28m			
		200	最大 35m			
		500		最大 300m		
	50μm	400	最大 69m	最大 240m		
		500	最大 86m	最大 300m		
		2000	最大 300m			
单模	10μm	n/a	不支持	最大 10000m	最大 10000m	最大 40000m

2. 同轴铜缆 10GbE 标准——10GBase-CX4

IEEE 802.3ak 是第一个不采用 5/6 类电缆技术的铜缆以太网标准。802.3ak 也称 10GBase-CX4,它被规定在 CX4(即 4 对双轴铜线)上传输,采用由 Infiniband 贸易协会制定的 IBX4 连接器标准,为机房内相互距离不超过 15m 的以太网交换机和服务器集群提供了一个以 10Gb/s 速度互联的、经济的方式。

10GBase-CX4 技术扩展了 10GbE 附加单元接口(XAUI,10Gigabit Ethernet Attachment Unit Interface),它使用预加重,均值化和双轴电缆。该项技术使用了相同的 10Gb MAC、XGMII 和 802.3 中指定的 XAUI 编码器/解码器,将信号分解为 4 个不同的路径。传输的预加重着重于高频成分,以补偿 PC 组件的损耗。被电缆组件减弱的信号由接收均衡器进行最后一次升压。CX4 适用于机架间系统,因为它支持的距离太短,而不能用于更加广泛的数据中心。另一个缺点是,CX4 屏蔽电缆的体积太大,使得布线难度加大。

3. 双绞线铜缆 10GbE 标准——10GBase-T

铜缆 10GbE 的另外一个标准——10GBase-T 标准是指在双绞铜线上实施 10Gb/s 的以太网,可以在 6 类 UTP(CAT6)线缆上支持 55m～100m 的距离,在 7 类线(CAT7)和增强 6 类线(即 Cat6a 线缆)上支持 100m 的距离。此外,一个通道模型定义了电缆性能的单个测量,从而使 CAT5e 实现了 45m。

10GBase-T 和 10GBase-CX4 的性能比较如表 4-4 所列。

表 4-4　10GBase-T 和 10GBase-CX4 的性能比较

性能指标	内核功耗	速度/(Gb/s)	信令	延时	电缆长度/m	工艺/nm	内核尺寸/mm²
10Base-cx4	400mW~500mW	10	PAM2	<200ns	15	130	约6
10Base-T	10W~12W	10	PAM12 或 PAM16	>2μs	100	90	30~40

10GBase-T 允许最终用户使用相同的协议以 10/100Mb/s 速率到桌面,1000Mb/s 速率到工作组交换,10Gb/s 速率到大楼或建筑群主干。以 LAN 观点,10GBase-T 的应用正是高速互连所必需的,有助于采用以太网作为 WAN/MAN 技术。另外 10GBase-T 对评估存储区域网络(SAN,Storage Area Network)、服务器群、数据中心和混合技术间有效高速互连的成本也有积极意义。

4. 传统多模光纤 10GbE 标准——10GBase-LRM

10GBase-LRM 中的 LRM 代表长度延伸多点模式,对应的标准为 2006 年发布的 IEEE 802.3aq。该标准规范了 FDDI/OM1/OM2/OM3 光纤的最小传输距离(220m)和最小模带宽(500MHz·km),对应的有效模带宽为 2.3GHz,定义了信道动态变化的最高频率为 10Hz。这是一种使用电色散补偿技术的标准,旨在为 10GbE 在多模光纤上的应用提供一种扩展距离的高性价比解决方案。

5. 背板 10GbE 标准

IEEE 802.3ap 是背板 10GbE 标准,系统的背板扮演的是板卡和子系统之间通信高速公路的角色,而这些板卡和子系统正是构建路由器或刀片服务器等复杂设备的关键组件。IEEE 802.3ap 已经存在并行(10GBase-KX4)和串行(10GBase-KR)2 种版本。并行版是背板的通用设计,它将 10Gb 信号拆分为 4 条通道,每条通道的带宽都是 3.125Gb/s。而在串行版中只定义了 1 条通道,带宽为 1Gb/s、10Gb/s 甚至 4 路 10Gb/s,可带来 10^{-12} 或更低的误码率。在串行版中,为了防止信号在较高的频率水平下发生衰减,背板本身的性能就需要更高,而且可以在更大的频率范围内保持信号的质量。

IEEE 802.3ap 规范保留了 802.3 以太网中的一些完善定义,包括 MAC 接口的帧格式以及最大和最小帧尺寸。由于符合 802.3 的 MAC 定义,这项建议中的背板标准将与其他 802 标准相互兼容。

4.2　10Gb 以太网的体系结构

尽管 10GbE 是在原有 GbE 技术的基础上发展起来,不过由于其工作速率的大大提高和适用范围的大大拓宽,所以与原来的以太网技术相比还是有很大的差异。主要表现在:PHY(包括物理子层、接口、协议、规范)的实现方式、帧格式、编解码、传输介质、布线机制和 MAC 的工作速率及适配策略等方面。

4.2.1　10Gb 以太网技术的层次模型

图 4-2 是 10GbE 以太网的层次模型,数据链路层包括 MAC 子层和协调子层(RS,Relation Sublayer);通信接口包括 XGMII(串行接口)、XGMII 延长子层接口和 XAUI(串行

103

接口）；10GbE 主要有 2 种编码方式:8B/10B 和 64B/66B 编码;激光器调制方式有直接调制方式和外部调制方式;介质采用 850nm、1310nm 和 1550nm 的 SMF 和 MMF。10GBase-SR/SW 传输距离按照波长不同由 2m 到 300m。10GBase-LR/LW 传输距离为 2m 到 10km。10GBase-ER/EW 传输距离为 2m 到 40km。它们各自对应不同的串行 LAN PHY 和 WAN PHY 设备。

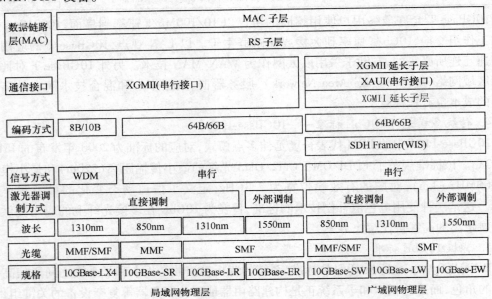

图 4-2 10GbE 以太网的层次模型

10Gb 光以太网支持的 PHY 类型为 10GBase-X、10GBase-R 及 10GBase-W 等。10GBase-X 包含 10GBase-LX4,它是基于 8B/10B 编码的;10GBase-R 包含 10GBase-SR、10GBase-LR 和 10GBase-ER,它基于 64B/66B 编码;10GBase-W 包含 10GBase-SW、10GBase-LW 和 10GBase-EW,它基于 64B/66B 编码,但封装形式为 STS-192c/SDH VC4-64c。10GBase-X 和 10GBase-R 属于 LAN PHY,10GBase-W 属于 WAN PHY。

10GBase-R 和 10GBase-W 使用相同的 PCS,但是 10GBase-W 被封装在美国国家标准化组织(ANSI,American National Standards Institute) T1. 416-1999 标准所定义的 STS-192c/SDH VC-4-64c 帧结构中,成员包括 10GBase-SW、10GBase-LW 和 10GBase-EW。原先计划定义的 10GBase-LW4 未被列入正式标准。10GBase-W 组的 PHY 设备需要广域网接口子层(WIS,WAN Interface Sub-layer)来支持其与 SDH 设备之间的互联功能。

4.2.2 帧结构

IEEE 802. 3ae 专业研究组在制定 10GbE 标准中,力图使 10GbE 技术既适合于 LAN 网络环境,也适合于 WAN 干线网络环境。由于两者网络环境对于以太网技术要求不同,就其帧结构来说也有差别。

LAN 网络环境正是现行传统标准以太网技术所处网络环境。因此,10GbE 技术运用于 LAN 环境其 MAC 帧结构与以前以太网帧格式一致,并与传统标准以太网(10Mb/s、100Mb/s、1Gb/s)速率兼容,从而为现行传统标准以太网升级到 10GbE 创造

104

了便利条件。

LAN 网络环境 10GbE PHY 对于 MAC 帧的处理过程如下：

当 MAC 需要发送数据时,首先将其帧送入 PCS 进行 8B/10B 线路编码(或 64B/66B 线路编码),发现帧头和帧尾时自动在此帧前后加入特殊码组,即数据流起始标识符(SSD,Start of Stream Delimiter)和数据流结束标识符(ESD,End of Stream Delimiter)。这样,在 PCS 形成经编码的以太网帧。在 SSD 和 ESD 之间是帧前序 Preamble(7B)、帧起始符(SOF,Start Of Frame)(1B)、目的地址(DA,Destination Address)(6B)、SA(6B)、长度/类型区域 L/T(2B)、客户数据区域 DATA(46B~1500B)、填充区域(视帧长而定,填充区域确保帧长不少于 64B)和帧校验序列(FCS,Frame Check Sequence)(4B)。

在 10GbE PHY 的下层,通过对接收 10GbE 数据帧进行编码/译码处理后,利用 SSD、Preamble、SOF 和 ESD 等 10B 准确地进行帧定位,从而将数据帧一帧一帧地接收下来并送入上层进行分帧处理,得到原发送数据。

在 WAN 环境中,发端首先将 10GbE 数据帧映射入 SDH/SONET 同步复用体制的 STM-64/STS-192c 信号帧结构的存载荷区域内,即 STM-64/STS-192c 信号帧成为 WAN 以太网 PHY 物理介质附件(PMA,Physical Medium Attachment)子层的一部分。因此,在将 10GbE 数据帧被映射入 SDH/SONET 的 STM-64/STS-192c 信号帧结构的存载荷区域内之前,需将其进行 64B/66B 线路编码和相关的扰码,并且必须将其 SSD 和 ESD 去掉。这样,这时仅靠 Preamble 和 SOF 进行帧定位。由于客户数据(DATA)区域中出现 Preamble 和 SOF 码组的概率相当大,为了尽量降低在收端产生帧误定位的概率,必须对其传统的现行以太网帧结构进行改进。

鉴于上述情况,IEEE 802.3ae 专业组提出 10GbE 数据帧结构的改进意见,将原以太网数据帧结构中的帧前序 Preamble 由原 7B 压缩为 5B,增加了长度(H)和 HEC 两个区域。长度(H)区域在每帧的最前边,占用 2B(用于表示修改后的 MAC 帧长度,由于最大帧长是 1526B,需要 11 位来表示,所以只好用 2B 表示);接着是占用 5B 的帧前序(Preamble)、占用 1B 的 SOF、占用 2B 的 HEC 区域。HEC 区域的作用是对于帧头前 8B 实行 CRC,将其运算得到的校验位放置在此区域内。

图 4-3 是在 WAN 网络环境中 10GbE 数据帧结构及其到 SDH/SONET STM-64/STS-192c 信号帧结构存载荷区域的映射示意图。

4.2.3 物理传输介质

在 IEEE802.3ae 特别工作组开发的标准草案中,它所提供的 PHY 支持光纤传输介质,其连接距离如表4-5所列。

表 4-5 工作组确定光纤传输的目标距离

PMD(可选收发机)	850nm 串行	1310nm WWDM	1310nm WWDM	1310nm 串行	1550nm 串行
所支持的光纤型号	多模	多模	单模	单模	单模
目标距离/m	65	300	10000	10000	40000

为了达到特定的距离,特别工作组共选择了 4 个 PMD。它们是:

(1)选择了 1310nm 串联 PMD 来实现 2km 和 l0km SMF 的连接。

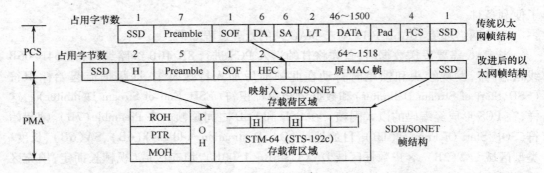

图 4 - 3　WAN 环境下 10GbE 数据帧结构及映射示意图

DATA—客户数据区域(46~1500B);Pad—填充区域(视帧长而定,填充区域确保帧长不少于64B);

L/T(Length/Type)—长度/类型区域;Preamble—帧前序;路通道开销(POH,Path Overhead);

PTR—指针(PTR,Pointer);ROH—中继段开销(ROH,Regenerator Section Overhead);

MOH—复用段开销(MOH,Multiplexing Section Overhead)。

(2)选择 1550nm 的串联方案来实现(或者超越)40km 的 SMF 目标。对 40km PMD 的支持说明,GbE 已经能够成功地应用在 MAN 和 LAN 的远距离通信中。

(3)还选用串行 850nm 收发器,在 MMF 上使用 850nm 的 PMD 实现 65m 的传输目标。

(4)选择了 2 种宽波分复用(WWDM,Wide Wavelength Division Multiplexing)的 PMD,其中:一种是 1310nm 的 SMF,用于 10km 范围的应用;另一种 1300nm PMD,用于在已安装的 MMF 上实现 300m 的传输目标。

光缆与光源的要求是与 10GbE 技术应用的环境紧密相关的。对于短途应用,例如数据中心内部数据服务器之间、网络中心内部交换机之间以及一幢楼内部各层楼之间等,这些一般来说网径都在 300m 之内,可采用 850nm 多模通用光缆,其光源可采用 850nm 垂直腔型面发射激光二极管(VCSEL,Vertical Cavity Surface-Emitting Laser diode);而对于 SAN、MAN 和 WAN 网络的长途应用,可采用 1550nm 单模通用光缆和分布反馈激光二极管(DFBLD,Distributed Feedback Laser Diodes),其传输距离可达 40km;为与现存疏波分复用(CWDM,Coarse Wavelength Division Multiplexing Multiplexer)干线网的连接,可采用负色散光纤甚至无水峰全波光纤等新型光纤,以适应带宽(色散)与传输距离的要求,其光源可采用间接(或直接)调制的 10Gb/s 激光源。

对于每种光接口类型与采用的光缆、光源和传输距离之间的关系原则上可参阅表 4 -6 中提供的数据。

表 4 -6　传输距离与建议应采用光纤之间的对应关系

光接口类型	采用的光缆介质	要求采用的光源	要求的传输距离
850nm 串行光接口	50μm(2GHz·km)多模	垂直腔型面发射激光器(VCSEL)	(2~300)m
	50μm(0.5GHz·km)多模		(2~82)m
	50μm(0.4GHz·km)多模		(2~66)m
	62.5μm(0.2GHz·km)多模		(2~33)m
	62.5μm(0.16GHz·km)多模		(2~26)m

光接口类型	采用的光缆介质	要求采用的光源	要求的传输距离
1310nm 串行光接口	10μm/125nm 普通单模光缆	FP 激光器和 VCSEL	(2~40)km
1310nm 四波分复用光接口	普通单模光缆	法布里－帕罗（FP，Fabry-Perot）激光器和 VCSEL	(2~40)km
	50μm(0.5GHz·km)多模		(2~300)m
	50μm(0.4GHz·km)多模		(2~240)m
	62.5μm(0.5GHz·km)多模		(2~300)m
1550nm 串行光接口	1550nm 普通单模光缆或其他新型光缆	分布反馈激光源（DFBLD）	40km 以上

4.3　10Gb 以太网物理子层功能与协议

10GbE 一方面承继了现存以太网技术 PHY 结构,在其结构中都有 RS、PMD、PMA 和 PCS 这 4 个子层。但是由于速率、协议、接口、编解码、软硬件的变化,同时考虑了 10GbE 技术在各种环境中的应用,即各种类型光纤传输介质的情况,LAN、SAN、MAN 及 WAN 各种网络环境,同时也细致地考虑了在串行光链路和波分复用光网络中的应用等,因此,对这些子层作了许多重大的调整,并赋予了许多新的更为广泛的内容。另一方面,为适应速率的提高与高速光模块的配合,并且也为 10GbE 技术进入 WAN 的需要,10GbE PHY 增加了 WIS;为使 10GbE 的功能得到扩展,又增加了 XAUI 扩展器子层（XGXS,XAUI Extender Sublayer）。下面分别对这些子层的协议和技术问题做详细介绍。

4.3.1　调和子层

1. 主要概念

RS 的主要概念包括以下几点:

(1) RS 在 MAC 串行数据流和 XGMII 并行数据通道之间进行转换。

(2) RS 把 XGMII 所提供的信号装置映射成 MAC 所提供的 PLS 服务原语。

(3) 数据传输的每个方向是独立的,且由数据、控制和时钟信号提供服务。

(4) RS 在发送通路上产生连续的数据和控制字符,在接收通路上期望接收到连续的数据和控制字符。

(5) RS 参与链路故障检测,通过监控接收通路作出预告,以便对指示不可靠的链路作出状态报告;在发送通路上产生状态报告,是为了对连接链路远端的数据终端设备(DTE, Data Terminal Equipment)报告所检测的链路故障。

2. RS 输入输出

图 4-4 是 RS 输入输出的示意图。PLS 服务原语支持 CSMA/CD 操作,这些原语包括 PLS_DATA. request、PLS_SIGNAL. indicate、PLS_DATA. indicate、PLS_DATA_VALID. indicate 和 PLS_CARRIER. indicate。另外 RS 发送的 XGMII 信令包括 TXD <31:0>、TXC <3:0> 和 TX_CLK;接收的 XGMII 信令包括 RXD <31:0>、RXC <3:0> 和 RX_CLK。

4.3.2　10Gb 介质无关接口扩展子层

XGXS 扩展子层具有下列特征:

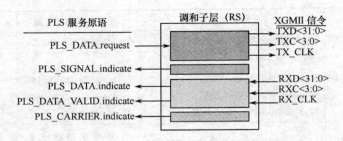

图 4-4　RS 输入输出的示意图

（1）与 XGMII 接口的信号映射比较简单。

（2）独立的发送和结束数据通路。

（3）用 4 个通道分别对应于 XGMII 的数据和控制信号。

（4）使用低摆幅的差分信号。

（5）有抖动控制能力，以满足 PCS 物理编码子层的要求。

（6）使用 8B/10B 编码。

1. XGXS 的主要概念

下面列出了 XGXS 的主要概念：

（1）可选择的 XGMII 扩充器插入在 RS 和 PHY 之间,明显地扩充 XGMII 的物理范围,减小指针计数。

（2）XGMII 组成 4 个窄通道,每个窄通道在每个相关时钟的边缘传递 1 个数据字节或 1 个控制字符。源 XGXS 把 XGMII 窄通道上的字节转化成 1 个自身计时的、串行的和 8B/10B 编码的数据流。4 条 XGMII 窄通道的每一条横过 4 条 XAUI 窄通道的一条进行发送。

（3）源 XGXS 把空闲控制字符(互联帧)转化成 8B/10B 码序列。目标 XGXS 恢复来自每条 XAUI 窄通道的时钟和数据,并纠偏 4 条 XAUI 窄通道成单时钟 XGMII。

（4）目标 XGXS 增加或删除互联帧,作为时钟速率不一致补偿的需要,优先把返回的互联帧码序列转化成 XGMII 空闲控制字符。

（5）XGXS 使用相同的代码和编码规则作为 10GBase-X 的 PCS 和 PMA。

2. XGXS 子层及其输入输出

XAUI 接口和 XGMII 接口的信号对应关系如图 4-5 所示。在发送端,XGXS 子层将接收到的 XGMII 接口数据进行相应的编码,并送到相应的 XAUI 接口数据通道上;在接收端,XGXS 子层将接收到的码元进行解码,对通道之间的时钟差异进行补偿,并将解码后的数据送到相应的 XGMII 接口通道上。

XGMII 和 XAUI 接口之间的转换由 XGXS 来完成,在 XAUI 接口的信号源侧,某给定线上的数据和时钟字节在 XGXS 中转变成 8B/10B 编码数据流。每对线上的数据流传输速率为 3.125Gb/s。在互连的信号宿侧,将时钟信号从到达的数据流中提取出来,再通过解码,重新映射成 32 位 XGMII 格式。这样,74 针的 XGMII 接口可减少成 8 对即 16 针的 XAUI 接口;而且,XAUI 的信源同步时钟方案允许 XAUI 交叉时钟域,从而在系统中除去复杂的定时校正。

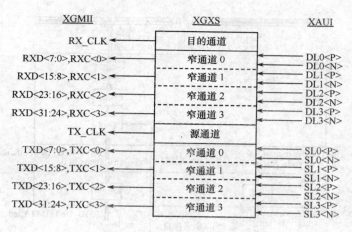

图 4-5 XGXS 的输入输出

4.3.3 物理编码子层

1. 基于 10GBase-X 的物理编码子层 PCS

1）提供的服务

基于 10GBase-X 的 PCS 提供所有 XGMII 需要的服务,这些服务包括以下几个方面:

(1) 32 XGMII 数据比特和 4 XGMII 控制比特的编码,对于 4 条并行窄通道来说每条传递 10 位码组,并且与下面的 PMA 通信。

(2) 4 条 PMA 并行窄通道对于 32 XGMII 数据位和 4 XGMII 控制位的解码,每条通道传递 10 位码组。

(3) 每条通道上的码组同步,以便确定码组边界。

(4) 以队列形式从所有窄通道接收码组的纠偏(Deskew)。

(5) 支持管理数据输入输出(MDIO,Management Data Input/Output)接口和寄存器装置,报告状态,以此控制 PCS。

(6) XGMII 控制字符与随机序列码组之间的转换,使序列窄通道能够同步,时钟速率能够得到补偿,窄通道与窄通道能够形成队列。

(7) 时钟速率补偿协议。

(8) 报告链路状态,以确定故障的环境。

2）PCS 的内部功能

对于 10GBase-X 来说,PCS 包括发送、接收、同步和纠偏过程,PCS 的功能框图如图 4-6 所示。PCS 从下面信道的特殊自然状态中保护 RS(MAC)。

当与 XGMII 通信时,PCS 在每个方向上使用 32 个数据信号(TXD <31:0> 和 RXD <31:0>)、4 个控制信号(TXC <3:0> 和 RXC <3:0>)和 1 个时钟(TX_CLK 和 RX_CLK)。

当与 PMA 通信时,PCS 在发送方向上使用数据信号 tx_code-group <39:0>,在接收方向上使用信号 rx_unaligned <39:0>。每组数据信号都传到 10 位码组的 4 条窄通道。在 PMA 服务接口,以空比特流的形式,通过嵌入特殊的非数据码组,尽可能产生用于 PHY 时钟速率补偿的码组队列、窄通道与窄通道的纠偏和预备。PCS 提供 XGMII 帧和

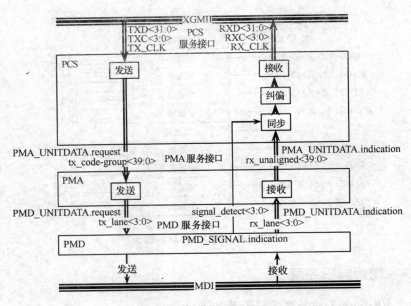

图 4 - 6 PCS 的功能框图

PMA 服务接口帧所必须的功能。

tx_code-group 和 rx_unaligned 信号以类似 XGMII 信号的方法组成 4 条窄通道。在发送方面,首先,PCS 码组排成队列窄通道 0,第二窄通道 1,第三窄通道 2,第四窄通道 3,依此类推,第五窄通道 0,第六窄通道 1,等等。这种定向的窄通道机制通过 PMA 与 PMD 的服务接口进行扩展(见表 4 - 7)。

表 4 - 7 发送和接收窄通道的关系

窄通道	XGMII TXD、RXD	XGMII TXC、RXC	PMA tx_code-group、rx_unaligned	PMD tx_lane、rx_lane
0	<7:0>	<0>	<9:0>	<0>
1	<15:8>	<1>	<19:10>	<1>
2	<23:16>	<2>	<29:20>	<2>
3	<31:24>	<3>	<39:30>	<3>

PCS 发送过程不断地产生基于 TXD <31:0> 和 TXC <3:0> 信号的码组,通过 PMA_UNITDATA. request 原语把这些码组发送给 PMA 服务接口。

PCS 同步过程通过 PMA_UNITDATA. indicate 原语不断地接收不结盟和非同步的码组,获得 10 位码组同步,通过 SYNC_UNITDATA. indicate 消息把同步 10 位码组传递给 PCS 纠偏过程。PCS 同步过程设置 lane_sync_status <3:0> 标志以指示 PMA 是否可信任地独立运行。

PCS 纠偏过程通过 SYNC_UNITDATA. indicate 消息不断地接收同步码组,使码组形成队列以移除链路引进的窄通道之间的偏斜,通过 ALIGN_UNITDATA. indicate 消息把形成队列和同步的码组传递给 PCS 接收过程。PCS 纠偏过程判断 align_status 标志以指示 PCS 已成功地将所有 PCS 窄通道的码组进行了纠偏和形成了队列。无论什么时候解除 align_status 标志,PCS 纠偏过程都努力纠偏和形成队列。PCS 纠偏过程的其他情况是

110

空的。

通过 ALIGN_UNITDATA. indicate 消息,PCS 接收过程不断地接收来自 PMA 服务接口的码组。PCS 接收过程监控这些码组,产生涉及 XGMII 的 RXD 和 RXC。所有接收的表示空的码组用空字符来代替。PCS 发送和接收过程通过链路状态报告,支持故障条件下的发送和接收。

2. 基于 10GBase-R 的 PCS 子层

1) 提供的服务

10GBase-R PCS 提供所有 XGMII 所需要的服务,具体有以下几点:

(1) 8 XGMII 数据字节与 66 比特块(64B/66B)的编码解码。

(2) 将编码数据传递到 PMA,或将解码数据从 PMA 传递到 PCS。

(3) 当与 WAN PMD 连接时,删除(插入)空格以补偿 MAC 和 PMD 之间的速率差别。

(4) 确定什么时候建立功能链路,通过 MDIO 告知管理实体 PHY 什么时候准备使用。

2) PCS 的内部功能

PCS 由 10GBase-R 的 PCS 发送、块同步、PCS 接收和 BER 监控过程组成。PCS 从信道的特殊自然状态中屏蔽 RS 和 MAC。PCS 发送信道和接收信道能够在一般模式下运行,当不能与 WIS 连接时以测试的模型运行。当 PCS 与 WIS 连接时,WIS 提供测试模式的功能性。PCS 的内部功能如图 4 - 7 所示。

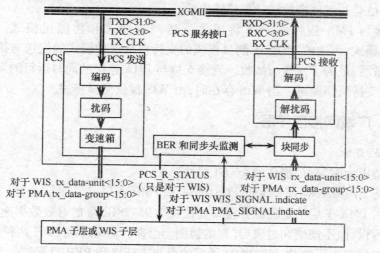

图 4 - 7   PCS 的内部功能框图

与 XGMII 通信时,PCS 使用 4B 宽、同步的数据通道,分组定界由发送控制信号(TX-Cn = 1)和接收控制信号(RXCn = 1)提供。当与 PMA 或 WIS 通信时,PCS 使用 16B 宽、同步的传递 16 位编码比特的数据通道。对于 64B/66B 块的队列在 PCS 内完成。WIS 和 PMA 子层的运行不依赖于块和分组边界。PCS 提供的功能必须使分组在 XGMII 帧和 PMA 服务接口帧之间映射。

当发送信道是以一般模式运行时,PCS 发送过程根据 XGMII 的 TXD <31:0> 和 TXC <3:0> 信号不断产生块。PCS 发送过程的变速箱功能把作为结果的比特包装成 16 位发送数据单元。通过 PMA_UNITDATA. request 或 WIS_UNITDATA. request 原语把发送数据单元分别发送给 PMA 或 WIS 服务接口。当 WIS 存在时，PCS 发送过程通过删除空字符也适应 XGMII 和 WIS 之间的速率。

当发送信道在测试模式下运行时，通过 PMA_UNITDATA. request 原语，把测试模式组装成发送到 PMA 服务接口的发送数据单元。当接收信道在一般模式下运行时，PCS 同步过程不断监控 PMA_SIGNAL. indicate（SIGNAL_OK）或 WIS_SIGNAL. indicate（SIGNAL_OK）。当 SIGNAL_OK 指示 OK 时，然后通过 PMA_UNITDATA. indicate 原语或 WIS_UNIT-DATA. indicate 原语，PCS 同步过程接收数据单元。根据 2 位同步头，它获得了块同步，并且把接收块传递给 PCS 接收过程。PCS 同步过程把 sync_status 标志设置成指示 PCS 是否获得同步。

当 PCS 已经获得同步，BER 监控过程监控确认 hi_ber 的信号质量，判断额外的错误是否被检测。当 sync_status 被确认和 hi_ber 完全被证实，PCS 接收过程不断地接收块。PCS 接收过程监控这些块，在 XGMII 上产生 RXD < 31:0 > 和 RXC < 3:0 >。当 WIS 存在时，PCS 接收过程通过插入空闲字符适应 WIS 和 XGMII 数据速率之间的变化。接收过程把 WIS_SIGNAL. request（PCS_R_STATUS）原语发送到 WIS 以指示它的状态。当 PCS_R_STATUS 值变化时发送原语，当接收状态机制处于 RX_INIT 状态时，PCS_R_STATUS 值为FAIL，其他情况为 OK。

当接收信道采用测试模式时，BER 监控过程被丧失。接收过程在 RX_INIT 的状态下被占据，接收位会与测试模式和计算错误比较。

支持直接与 PMA 连接的 PCS 将提供发送测试模式和伪随机模式，可提供支持PRBS31 测试模式，可选的 PRBS31 测试模式的支持包括这种模式的发送与接收能力。测试模式分别激活，是为了发送与接收。直接支持与 PMA 连接的同时运行的发送与接收测试模式，以便支持反馈测试。当 WIS 存在时，由 WIS 提供测试模式。

4.3.4 广域网接口子层

1. WIS 的目标

（1）支持以太网 MAC 操作的全双工模式。

（2）支持 10GBase-W 所定义的 PCS、PMA 和 PMD 子层。

（3）在由 PMA 子层给定的服务接口处提供 9.95328Gb/s 的有效数据速率。

（4）执行设计、不规则和过失/异常的检测，允许与 SONET 和 SDH 两种网络的兼容。

（5）保护通常使用的 PCS 和 PMD 子层的全双工环境和 BER 目标。

2. WIS 子层在发送端完成的功能

（1）接收来自 PCS 物理编码子层的数据流，将数据流映射到 STS-192c/VC-4-64c 的同步载荷封装（SPE，Synchronous Payload Envelope）中。

（2）添加通道开销和相应的填充字节，使帧结构符合 STS-192c/VC-4-64c SPE 的要求。

（3）根据 SPE 产生线路开销字节和段开销字节，并产生相应的位交叉奇偶校验（BIP，Bit Interleaved Parity）。

（4）对产生的 WIS 子层的数据帧进行扰码操作。

112

（5）通过与 PMA 物理媒质附加子层的业务接口将数据帧发送出去。

3. WIS 子层在接收端完成的功能

（1）通过与 PMA 物理媒质附加子层的业务接口接收数据。

（2）根据接收的数据来判断数据帧的边界，并提取相应的净荷和开销。

（3）对净荷和开销进行解扰操作。

（4）对线路开销中的指针部分进行处理，根据指针所指向的位置提取 SPE。

（5）根据线路开销、段开销和通道开销产生 BIP 码，并与接收到的 BIP 相比较，以判断数据帧是否正确传送。

（6）移去线路开销、段开销、通道开销和填充字节，得到真正的数据净荷。

（7）对接收的数据帧的错误和异常进行检测和处理，并将情况通知管理者。

（8）将 SPE 部分还原为送往 PCS 物理编码子层的数据单元，并将数据送往 PCS 子层。

WIS 子层的功能框图和业务接口如图 4-8 所示，在 WIS 服务接口（与 PCS 子层相联）的传输速率是 9.58464Gb/s，与 STS-192c 静荷的速率一致；在 PMA 服务接口的传输速率是 9.95328Gb/s，与 OC-192/STM-64 速率一致。在发送方向上，WIS 通过服务接口把来自 PCS 的数据映射到净荷容器中，同时加入固定填充字节和通道开销字节，对净荷同步封装；在接收方向上，由于来自 PMA 的数据是 OC-192 形式，同步进程对 PMA 接口数据 1：8 串并转换后对 OC-192 数据帧进行帧对齐，然后去掉段开销、通道开销和固定填充字，经 8：1 并串转换后完成发送。

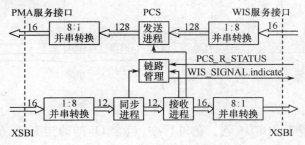

图 4-8　WIS 子层框图

4. WIS 子层的数据收发过程

WIS 子层包含发送、接收、同步和链路管理 4 个功能单元。发送和接收的过程处理如图 4-9 所示。

在发送时，将 PCS 的数据单元映射到净荷中，根据净荷产生通道开销和必要的填充字节，根据通道开销、净荷和填充字节计算 B3。然后产生线路开销，并计算 B2。最后计算段开销，经过扰码后产生 B1 加在数据帧中，将数据帧通过业务接口送往 PMA 子层。

在接收时，接收从 PMA 业务接口来的数据帧，提取 B1，然后进行解扰码操作，对解扰后的数据帧进行计算 B1，并与数据帧中携带的 B1 进行比较。去掉段开销，校验 B2。然后去掉线路开销并处理指针部分并校验 B3，最后去掉通道开销和填充字节，将还原的数据单元送往 PCS 子层。

链路管理功能单元提供管理接口，使管理者可对 WIS 子层进行配置和状态的查询。

113

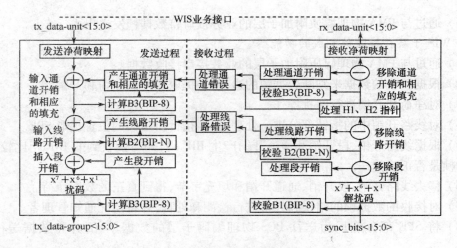

图 4-9   W1S 子层发送和接收数据流程图

同步操作对接收数据进行对齐的操作,找到数据帧的边界,从而进行相关的接收操作。

同步载荷封装 SPE 的封装形式如图 4-10 所示。

列 →	1	2		64	65	66	67	68	69	…	16703	16704
行1					0	1	2	3	4	…	16638	16639
行2					16640	16641	16642	16643	16644	…	33278	33279
行3	通道开销	固定充填	…	固定充填								
行4												
行5					⋮	⋮	⋮	⋮	⋮	…	⋮	⋮
行6												
行7												
行8					116480	116481	116482	116483	116484	…	133118	133119
行9					133120	133121	133122	133123	133124	…	149758	149759

通道开销　　固定填充　　　　　　　　　净荷

图 4-10   同步载荷封装数据格式

每个 SPE 包括 9 行,16704 列。在每行中,包含 1B 的通道开销,63B 的填充字节和 16640B 的净荷。每个 SPE 的净荷的容量是 149760B。字节的发送顺序是从左往右,在图中就是从序号为 0 的字节开始依次发送,最后是序号为 149759 的字。

4.3.5   物理介质附件子层

1. 基于光纤介质的 PMA 子层

1) PMA 层主要功能

在发射信号方向上 PMA 层主要完成 3 个功能:

(1) 为 PMA 上层模块提供传输源时钟。

(2) 将 16 路低速并行数据转化成 1 路高速串行比特流。

(3) 将串行的数据传送给 PMD 层。

接收信号方向上 PMA 层需要完成以下功能:

(1) 根据来自 PMD 的串行数据恢复出位时钟。

(2) 将恢复的时钟传送给 PMA 上层模块。

（3）将一路高速串行数据转化成 16 路低速并行数据。

（4）将解串的并行数据传送给 PMA 上层模块。

（5）提供链路状态信息。

2）PMA 的内部功能

（1）PMA 发送功能。它把未被改变的数据（除非连载的）从 PMA 客户直接传到 PMD。在接收简单的 PMA_UNITDATA. request 方面，PMA 发送功能连载 16 位的 tx_data-group < 15:0 > 参数，以简单连续 16 位的形式，把它们发送到 PMD。

（2）PMA 接收功能。它把未被改变的数据从 PMD 客户直接传到 PMA 客户。在接收简单的 PMD_UNITDATA. indicate 方面，PMA 把所收到的 16 位装配成单 16 位的值，并把此值传到 PMA 客户作为简单 PMA_UNITDATA. indicate rx_data-group < 15:0 > 参数。PMA 接收功能不把 rx_data-group < 15:0 > 与来自链路远端的原始 tx_data-group < 15:0 > 同等看待。

2. 基于 10GBase-LX4 的 PMA 子层

10GBase-LX4 的 PMA 子层的基本功能是负责 PCS 子层的对等实体之间的通信，PMA 将 PCS 来的码组下传给 PMD 子层设备，然后经过光纤传输后，PMA 又执行相反的过程，将码组信息上传给对端的 PCS 子层实体。与先前光以太网不同的是 PMA 子层业务接口之间的数据宽度。10GBase-LX4 的 PMA 子层将宽度为 40 位的上层数据映射为 PMD 子层所需的 4 个宽度为 10 位的码组流。

1）PMA 的发送过程

当 PMA 接收到来自 PCS 的服务原语 PMA_UNITDATA. request 时，开始以频率 $312.5\text{MHz} \pm 100 \times 10^{-6}\text{MHz}$ 接收数据 tx_code-group < 39:0 >，如图 4 – 11 所示。PMA 将接收到的这些 40 位并行数据流转化成 4 个码流 tx_lane < 3:0 >，每个码流都由以 10 位为单位的码组流构成，然后从各个码组流的最低位开始逐个发送给下面的 PMD 子层，并与此同时发出服务原语 PMD_UNITDATA. request。

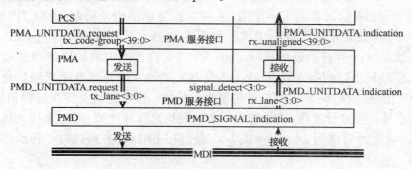

图 4 – 11　10GBase-LX4 的 PMA 子层功能

2）PMA 的接收过程

当 PMA 接收到来自 PMD 的服务原语 PMA_UNITDATA. indicate 时，开始以 $3.125\text{GBaud} \pm 100 \times 10^{-6}\text{Gbaud}$ 的速率接收来自 PMD 的 4 个以 10 位为单位的码组流 rx_lane < 3:0 >，如图 4 – 11 所示。然后 PMA 将这些码组流映射成 40 位的矢量 rx_unaligned < 39:0 >，接着向 PCS 子层发出服务原语 PMA_UNITDATA. indicate，并将数据矢量并行上传给 PCS。

4.3.6 物理介质相关子层 PMD

1. 基于光纤介质的 PMD

GbE 依靠的是以前为光纤通道定义的 PMD，而 10GbE 则进行了重新定义，支持各种距离的传送（如 28m、35m、69m、86m、240m、300m、10km 和 40km 等）。因此，在标准中选择了多种 PMD 子层，以满足于上述要求。这里包括 1310nm 单模光纤传输介质串行 PMD、1550nm 单模光纤传输介质串行 PMD、850nm 多模光纤传输介质串行 PMD 和 2 种 1310nm 多模/单模光纤传输介质四波分复用（WDM）PMD 情况。

10GBase-R 和 10GBase-W PMD 执行 PMD 服务接口和媒体相关接口（MDI，Medium Dependent Interface）之间传送数据的发送和接收功能。为此，PMD 子层在测试点 TP2 和 TP3 处进行了标准化。如图 4 – 12 所示。

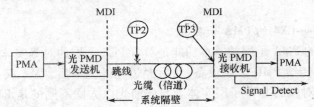

图 4 – 12 PMD 的功能框图

在 2m ~ 5m 长度之间，与连接类型一致的类型与发送机连接，在 TP2 的输出端定义了光传输信号。除非指定别的方式，否则所定义的所有发射机的度量和测试在 TP2 处产生。在连接接收机的光缆（TP3）的输出处定义光接收信号。除非指定别的方式，否则所定义的所有接收机的度量和测试在 TP3 处产生。

2. 基于 10GBase-LX4 铜缆的 PMD 子层

10GBase-LX4 PMD 的功能框图如图 4 – 13 所示，其中也定义了测试参考点。与吉比特光以太网不同的是，10GBase-LX4 PMD 采用 4 路复用的传输机制，所以 TP1 和 TP4 是由一系列参考点构成，分别为 TP1 < 0:3 > 和 TP4 < 0:3 >。PMD 子层通过 PMD 服务接口接收从 PCS 来的 4 个并行的码组流（rx_lane < 0:3 >），这些电域的码流经过重定时后去调制 4 个工作波长不同的激光器，从这些激光器发出的 4 个光脉冲序列经过合波器后成为一路 WDM 信号，最后在 MDI 接口被送至光纤传输。接收过程与发送过程相反，到达对端的 WDM 信号先经过分波器，被分解成 4 个单波长光脉冲序列，通过光接收机后成为电信号，再经过重定时后成为 rx_lane < 0:3 >，最后在 PMD 服务接口被上传给接收端 PCS 实体。

PMD 还向上层提供全局信号探测功能，它通过 PMD 服务接口向上层发出持续的 SIGNAL_DETECT 信号。SIGNAL_DETECT 是指示接收端有 4 个有效的光脉冲序列到达的全局信号。当 4 列中任一列信号光功率小于 – 30dBm 时，SIGNAL_DETECT 信号取值为 FAIL，表示接收无效，否则它取值为 OK，表示接收有效。可见 SIGNAL_DETECT 信号实际上是接收光功率的判别信号，其实现机制可以有多种，例如可以根据输入光信号的强度来判别，还可以根据输入光信号的平均功率来判别，甚至可以将 SIGNAL_DETECT 信号分成 4 个，分别指示每列光脉冲的功率是否有效。不论采用哪种实现方式，都要求光信号

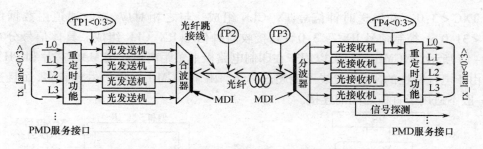

图 4-13 10GBase-LX4 的 PMD 子层功能框图

与噪声之间存在一定大小的幅度差别,即光信噪比(OSNR,Optical Signal Noise Ratio)要足够大。

发送端的 4 个光脉冲序列 tx_lane <0:3> 分别对应着接收端的 4 列光脉冲 rx_lane <0:3> ,在功能框图中,这 4 个并列的信号分别用 L0、L1、L2 和 L3 来表示。它们的工作波长范围不同,因而能被复用成一路 WDM 信号。其波长分配方案列在表 4-8 中。

表 4-8 10GBase-LX4 的波长分配方案

通道	波长范围/nm	PMD 服务接口处的发送比特流	PMD 服务接口处的接收比特流
L0	1269.0 ~ 1282.4	tx_lane <0>	rx_lane <0>
L1	1293.5 ~ 1306.9	tx_lane <1>	rx_lane <1>
L2	1318.0 ~ 1331.4	tx_lane <2>	rx_lane <2>
L3	1342.5 ~ 1355.9	tx_lane <3>	rx_lane <3>

4.4 10Gb 以太网物理层接口

4.4.1 XGMII 接口

XGMII 接口在功能上类似于 GbE 的 MII,它们都定义了允许 MAC 和 PHY 逻辑独立开发的接口。每个方向的数据传输是独立的,并由数据、控制和时钟信号提供服务。当 XGMII 选择与 XAUI 扩展时,逻辑上存在 2 个 XGMII 接口。通路上的发送信号通过一个 XGMII 从 RS 传到 XAUI 的 DTE(顶端) XGXS;通路上的接收信号通过一个 XGMII 从 PCS 传到 XAUI 的 PHY XGXS,通过另一个 XGMII 从 DTE XGXS 传到 RS,如图 4-14 所示。

XGMII 接口的目的是提供 10GbE MAC 子层和 PHY 之间简单、便宜、容易实现的互联。

XGMII 接口具有如下特性:

(1)支持 10Gb/s 速率。

(2)数据和定界符与参考时钟保持同步。

(3)支持 32 位宽的发送和接收数据通道。

(4)使用的信号电平与普通数字 ASIC 过程兼容。

(5)只能支持全双工工作模式。

XGMII 是因为平衡媒质无关的需要和简单成本低的要求而产生的。XGMII 接口由独立的发送和接收通道组成。发送通道由 32 位宽的数据信号 TXD <31:0> ,4 位宽的控制

117

信号 TXC <3:0> 和发送时钟信号 TX_CLK 组成。与之相对应,接收通道由数据信号 RXD <31:0>,控制信号 RXC <3:0> 和接收时钟信号 RX_CLK 组成。具体信号分布如图 4-15 所示。XGMII 接口可以用于在印制电路板上短距离地连接 MAC 芯片和 PHY 芯片。由于电气特性的限制,走线不能超过 7cm。由于 XGMII 接口信号比较多,而且速率高,一般不适用于背板之间的连接。

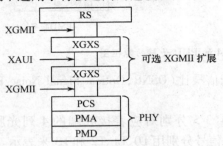

图 4-14　XGMII 接口与 XGXS 子层之间的关系

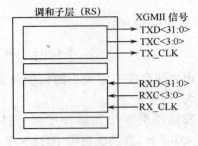

图 4-15　XGMII 接口信号的组成

XGMII 接口的界面与其他接口、物理子层和信号之间的关系可用图 4-16 来描述。

32 位数据 TXD <31:0> 和 4 位 TXC <3:0> 划分为 4 个通道,同样,接收信号 RXD <31:0> 和 RXC <3:0> 也划分为 4 个通道。4 个通道共享统一的时钟信号 TX_CLK 和 RX_CLK。4 个通道根据 round-robin 算法分配流量。例如:在发送数据时,第 1 个字节分配给通道 0,第 2 个字节分配给通道 1,第 3 个字节分配给通道 2,第 4 个字节分配给通道 3,然后从头开始分配,第 5 个字节分配给通道 0,依此类推。通道的分配如表 4-9 所列。

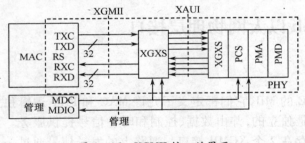

图 4-16　XGMII 接口的界面

表 4-9　XGMII 接口通道分配

TXD RXD	TXC RXC	通道
<7:0>	<0>	0
<15:8>	<1>	1
<23:16>	<2>	2
<31:24>	<3>	3

4.4.2　10Gb 附加单元接口 XAUI

"AUI"借用了原来的以太网附加单元接口的简称(Ethernet Attachment Unit Interface),而"X"源于罗马数字中的 10,代表每秒传输 10Gb 的意思。XAUI 被设计成既是一个接口扩展器,又是一个接口。它是对 XGMII 的扩展。XAUI 还可以在以太网的 MAC 层和 PHY 的互联方面代替或作为 XGMII 的扩展,这是 XGMII 比较典型的应用。

XAUI 直接从 GbE 标准中 1000Base-X 的 PHY 发展而来,它具有自带时钟的串行总线和一个全双工接口,自同步特性消除了时钟和数据的相位偏移。XAUI 接口的速率是 1000Base-X 的 2.5 倍,通过 4 条串行通道使数据吞吐量达 GbE 的 10 倍。

XAUI 和 1000Base-X 一样,采用可靠的 8B/10B 传输代码,保证信号在通过互联的接口处(一般是铜介质)后依然完好如初,方便了芯片印制电路之间的直接连接。XAUI 的

118

优越性还包括由于自钟控特性带来的固有低电磁干扰,由于多比特总线飘移补偿性能带来的允许芯片间连接有更长的距离,具有误码检测和故障隔离、低功率损耗及其 I/O 通道容易和可使用通用的互补金属氧化物半导体(CMOS,Complementary Metal-Oxide Semiconductor)工艺集成 XAUI 输出/输入的能力。XAUI 能极大地改进和简化互连的路由选择,很适合用于芯片之间、各种板之间以及芯片和光学组件之间互连。

　　XAUI 用来把 MAC 中的点到点的 XGMII 扩展成为典型的物理互连的结构。XAUI 在 MAC 和 PCS 之间扮演的角色如图 4 - 17 所示。

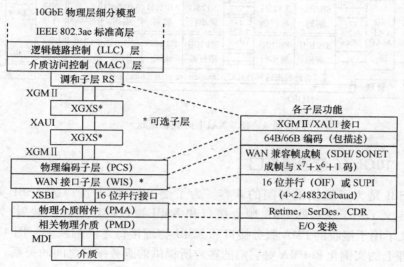

图 4 - 17　XAUI 在 MAC 和 PCS 之间扮演扩展接口的角色

SUPI(Simple Universal PMD Interface)—简单通用的 PMD 接口。

　　由于 XGMII 接口信号比较多,以及电气特性的限制,最多只能传输 7cm。为了扩展 XGMII 接口的传输长度,并且减少接口信号的数量,IEEE 802.3ae 标准在 RS 和 PCS 之间添加了 XGXS。XGXS 是成对出现的,分别位于 RS 端和物理编码子层端。XGXS 与 RS 以及 PCS 之间的连接通过 XGMII 接口,XGXS 之间的连接通过 XAUI 接口。XAUI 的一个优点是,由于它自锁的特性而具有极低的电磁干扰,从而能够通过误码检测、故障隔离和较低的功耗来保证传输更长的距离。XAUI 接口传输距离可以达到 50cm。

　　XAUI 对 XGMII 接口数据进行透明的传输,不进行任何其他的处理。XAUI 接口用一对差分信号来传输 XGMII 接口的一个通道,差分信号传输的是经过 8B/10B 编码后的数据。位于 XAUI 接口两端的 XGXS 扩展子层不需要完全同步,所以可以使用独立的工作时钟。位于 RS 和 PCS 的 XGXS 子层功能是完全一样的。

　　在实际的设计中,XGMII 扩展子层的实现可能有些差异。如果使用符合 10GBase-LX4 标准并且采用 8B/10B 编码的 PHY 芯片,可以在 RS 端的 XGXS 中集成 PCS 和 PMA 的功能,那么,在 PHY 一侧就不再需要 XGXS 子层。

　　XAUI 接口是一个低摆幅的交流耦合差分接口。交流耦合可以使互联的器件工作在不同的直流电压;低摆幅的差分信号可以提高抗噪声性能和电磁干扰性能。XAUI 接口只能支持点到点的连接。

现已被批准的 XAUI 规范规定了一种窄而快的数据管道,可以使用标准的 CMOS 集成电路来实现,或者嵌入到专用集成电路(ASIC,Application Specific Integrated Circuit)内部。这种规范由 4 个信号流组成,每个信号流的速度为 3.125Gb/s,总速度为 12.5Gb/s。即使考虑到 8B/10B 和 64B/66B 的编解码开销,仍足以支持 10Gb/s 的信号吞吐率。这个速度也能与 SONET OC-192 9.953Gb/s 的速率相匹配,XAUI 的数据通道如图 4 – 18 所示。

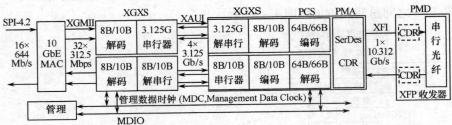

图 4 – 18 XAUI 的数据通道

4.4.3 10Gb 16 位通道接口

定义 XSBI 是为了提供设备间的兼容。为了使 PMA 服务接口的 XSBI 实例化,在表 4 – 10 中定义了用于发送的 PMA 服务接口和 XSBI 物理接口之间的映射,另外,在表 4 – 11 中定义了用于接收的 PMA 服务接口和 XSBI 物理接口之间的映射。图 4 – 19 描述了 XSBI 物理上的实例化和 PMA 对它们的客户所提供的服务接口之间的关系。

表 4 – 10 PMA 服务接口与 XSBI 物理接口之间的发送位映射

	名子	位号															
PMA 服务接口	tx_data-group	0	1	2	3	4	5	6	7	8	9	10	11	12	13	14	15
XSBI 物理接口	xsbi_tx	15	14	13	12	11	10	9	8	7	6	5	4	3	2	1	0

表 4 – 11 PMA 服务接口与 XSBI 物理接口之间的接收位映射

	名子	位号															
PMA 服务接口	rx_data-group	0	1	2	3	4	5	6	7	8	9	10	11	12	13	14	15
XSBI 物理接口	xsbi_rx	15	14	13	12	11	10	9	8	7	6	5	4	3	2	1	0

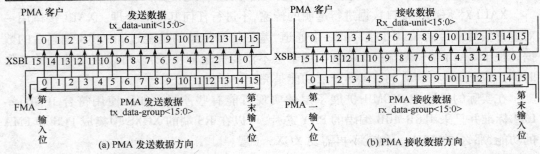

图 4 – 19 XSBI 物理接口与 PMA 服务接口之间的映射关系

图 4 – 20 是国际 OIF 的 XSBI PHY,XSBI 连接 PMA 和 PCS。PCS 在 PMA_TX_CLK 的

120

上升沿将 xsbi_tx <15:0> 上的数据传递给 XSBI 寄存器。XSBI 把 PMA 与它的客户、PCS 或 WIS 子层连接起来，XSBI 的数据传输速率为 16×644.53Mb/s，采用全双工传输。

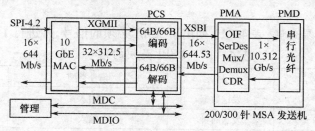

图 4-20 OIF 的 XSBI PHY

图 4-21 提供了数据组与数据组时钟信号的全双工传输。PMA 客户提供 xsbi_tx <15:0> 数据组给 XSBI 发送功能，该功能封闭 PMA_TX_CLK 上升边沿的数据。PMA_TX_CLK 信号来源于 PMA 所提供的 PMA_TXCLK_SRC。内部发送时钟产生单元(TX-CGU, Transmit Clock Generation Unit)使用参考时钟(REFCLK, Reference Clock)产生内部位时钟，该时钟通常用来连载失去 PMA 输出的封闭数据。

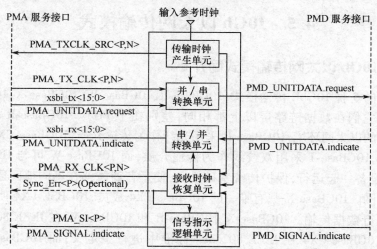

图 4-21 XSBI 参考框图

PMA 接收功能接收来自 PMD 的串行数据，抽取位时钟，在接收时钟恢复单元(RXC-RU, Receive Clock Recovery Unit)内部恢复来自串行输入的数据。恢复数据被卸载，并传递到 xsbi_rx <15:0> 的 PMA 客户。恢复时钟和 PMA_RX_CLK(以 1/16 的位速率)的上升沿由 PMA 用来将接收的 16 位数据组发送到 PMA 客户。

PMA_SIGNAL. indicate 是 PMD_SIGNAL. indicate、Sync_Err 信号和可选择的 PMA 反馈信号的一种功能。在 PMA 反馈信号停止的情况下，无论什么时候 PMD_SIGNAL. indicate 指示 FAIL，PMA_SIGNAL 都会指示 FAIL。当 Sync_Err 有效，例如 PMA 不能恢复来自输入数据流的时钟，这时 PMA_SIGNAL 也会指示 FAIL。若 PMA 反馈功能被实现和激活，PMA_SIGNAL. indicate 会不理 PMD_SIGNAL. indicate 及其表现，就好像 PMD_SIGNAL. indicate 是有效一样。

121

PMA_RX_CLK 从几个串行数据导出,当没有有效的输入信号、可选择确认的同步错误(Sync_Err)或 PMA 不能由串行输入数据导出时钟的其他条件时,提供有效的 PMA_RX_CLK。

为了使 XSBI 容易理解,表 4 – 12 列出了 XSBI 必须的信号,并进行了说明。

表 4 – 12 XSBI 必须的信号

符 号	信号名	信号类型	活动等级
xsbi_tx < 15:0 >	发送数据	输入	高电平
PMA_TX_CLK < P,N >	发送时钟	输入	上升沿
PMA_TXCLK_SRC < P,N >	发送时钟的源时钟	输出	上升沿或下降沿
xsbi_rx < 15:0 >	接收数据	输出	高电平
PMA_RX_CLK < P,N >	接收时钟	输出	上升沿
PMA_SI < P >	PMA 指示信号	输出	H 高电平

Sync_Err < P > 是可选择的信号,此信号通常用来指示 PMA 无能力恢复来自串行数据流的时钟。逻辑高指示有一个同步错误,逻辑上不能保证同步。

4.5　10Gb 以太网传输模式

4.5.1　10Gb 以太网传输模式简介

目前主流的 5 种 10GbE 传输模式:10GBase-R、10GBase-W、10GBase-X、10GBase-CX4 和 10GBase-T,它们在数据链路层以上都相同,差别在于 PHY。10GBase-R 和 10GBase-CX4 用于传统的以太网环境,10GBase-R 采用光纤作为传输介质,10GBase-CX4 采用铜缆作为传输介质,10GBase-T 采用双绞线作为传输介质,而 10GBase-W 可与 OC-192 电路、SONET/SDH 设备一起运行,保护传统基础投资,使运营商能够在不同地区通过 MAN 提供端到端以太网。10GBase-X 只有唯一的 10GBase-LX4 成员,10GBSE-LX4 使用 WDM 波分复用技术进行数据传输。10GBase-X、10GBase-R 和 10GBase-W 在 IEEE 802.3ae 标准中作了定义;10GBase-CX4 在 IEEE 802.3ak 标准中进行了定义;而 10GBase-T 在 IEEE 802.3an 中作了定义。它们与 ISO OSI 参考模型之间的关系如图 4 – 22 所示。

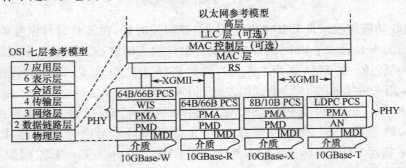

图 4 – 22　10GbE 层次结构、规范实体与 ISO OSI 参考模型之间的关系

AN(Auto-Negotiation)—自协商;LDPC(Low Density Parity Check)—低密度奇偶校验。

表 4-13 描述了 10GbE 规范实体所采用的介质与编码,以及它们与各物理子层之间存在的关系,其中 M(Mandatory)表示必选项。

表 4-13　10GbE 规范实体与编码、子层、介质之间的关系

规范术语	8B/10B PCS&PMA	64B/66B PCS	WIS	串行 PMA	850nm 串行 PMD	1310nm 串行 PMD	1550nm 串行 PMD	1310nm WDM PMD	4 通道电子 PMD	双绞线 PCS&PMD
10GBase-SR		M		M	M					
10GBase-SW		M	M	M	M					
10GBase-LX4	M							M		
10GBase-CX4	M								M	
10GBase-LR		M		M		M				
10GBase-LW		M	M	M						
10GBase-ER		M		M			M			
10GBase-EW		M	M	M						
10GBase-T										M

4.5.2　10GBase-X 传输模式

1. 10GBase-X 物理层工作原理

10GBase-X PHY 功能框图如图 4-23 所示,PMD 采用 4 通道并行光收发模块,在收发方方向上总带宽为 12.5Gb/s,净荷带宽为 10Gb/s。PMD 与 PMA 接口为 XAUI,在发送方向上,PMA 完成 20:1 并串转换;在接收方向上,PMA 完成时钟数据恢复(CDR,Clock Data Recovery)和 1:20 串并转换。XGMII 接口的数据分为 4 个通道,每个通道为 8 位数据和 1 位控制字,4 个通道共用一个时钟。在发送方向上,PCS 对 XGMII 数据进行适配采样;采样后的数据进入发送 FIFO,每个通道 FIFO 位宽 10 位,深度为 4 个字长,用于分离串行和并行接口的时钟域;同时,插入调整字符/A/(K28.3)用于在接收时进行通道数据对齐,接着进行 8B/10B 编码,从而保证 PHY 的数据流中有足够多的电平转换,方便接收端进行时钟恢复。在接收方向上,PCS 把串并转换后的数据进行通道对齐,经 10B/8B 解码后送接收 FIFO,用于对输入数据相位调整,与接收时钟(RXCLK,Receive Clock)同相,同时双沿采样,形成 32 位数据和 4 位控制位。

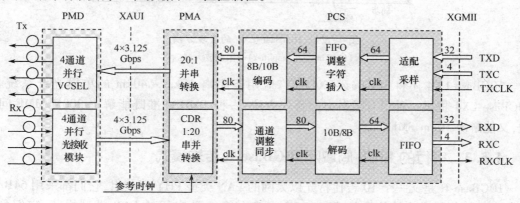

图 4-23　10GBase-X PHY 功能框图

IEEE802.3 标准对于 10BASE-X 的 PMD 类型未规定是并行或是串行形式,在图 4-23 中 PMD 采用了并行收发模式。对于串行单纤工作模式,PMD 可采用 XENPAK 光模块实现,其电口与 XAUI 标准一致。

2. 10GBase-LX4 规范实体

10GBase-X 的 PHY 技术采用 8B/10B 编码方案,只包括一个成员,即 10GBase-LX4。10GBase-LX4 是一种并行的 10Gb 光以太网 PHY 技术。它共有 4 条波长通道,分别占据 1310nm 附件的 4 个波长,因此被称为并行的 PHY 技术。这 4 条通道通过 WDM 技术复用在一起。每条通道的信号速率是 3.125GBaud/s,相当于 2.5Gb/s 的信息速率,因此,4 条通道上信息总速率为 10Gb/s。

3. 面向 MMF 的 10GBase-LX4

10GBase-LX4 可借助 4 条数据速率为 3.125Gb/s 的通道中的每一条来实现 10GbE。首先电路对 4 条 3.125Gb/s 通道重新定时,然后每条通道驱动一个激光器。最后,一个波分复用器把这 4 个入(波长)组合在一起,在单根光纤上传输,如图 4-24 所示。在一个 10GBase-LX4 模块中,波分复用器把 4 个波长组合在一起,这 4 个波长的中心彼此距离 25nm,宽度约 13nm。分布式反馈(DFB,Distributed Feedback)激光器具有 10GBase-LX4 系统必需的特性。

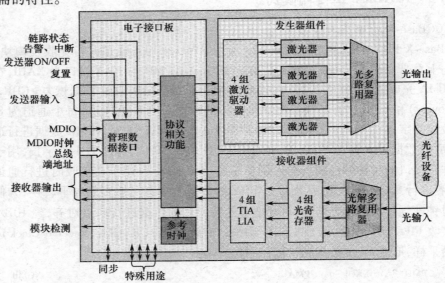

图 4-24 10GBase-LX4 的实现方法
LIA(Limiting Amplifier)—限幅放大器。

10GBase-LX4 还将 10GBase-LX4 推广应用于距离 10km~40km 的单模光纤系统。10GBase-LX4 提供一种很有吸引力的替代方法:一种 PMD 标准既能解决 300M MMF 问题,又能解决 10km SMF 问题。

4.5.3 串行的 10Gb 局域网 10GBase-R 传输模式

10GBase-R 是又一个 10 吉比特光以太网的 LAN 类型 PHY 规范组,它们都采用 64B/66B 编码方案和单波长传输技术。10GBase-R 包含 3 种串行的 LAN 类型规范,它们分别是：

（1）短波长串行 LAN 规范：10GBase-SR（850nm）。

（2）长波长串行 LAN 规范：10GBase-LR（1310nm）。

（3）超长波长串行 LAN 规范：10GBase-ER（1550nm）。

1. 10GBase-R 物理层工作原理

10GBase-R PHY 功能框图如图 4-25 所示，图 4-25 中 PMD 和 PMA 可采用 10Gb/s 收发一体光模块。PMA 与 PCS 电接口为 XSBI。在发送方向上，PCS 对 XGMII 数据双沿采样后进行 64B/66B 编码。64B/66B 码不具有高 0、1 转换密度，直流不平衡，开销小的特点。为了便于时钟提取，需对 64B/66B 编码后的数据加扰码。在 66 位编码后的数据的起始 2 位为同步头，这 2 位不参与加扰，加扰的生成多项式为 $G(x) = 1 + X^{39} + X^{58}$，与解扰生成多项式一致；加扰后的 64 位数据和 2 位同步头送入变速箱，其功能是把 66×156.25 Mb/s 数据转换成 16×644.53 Mb/s 数据。在接收方向上，同步模块对 XSBI 数据检测，检出起始 2 位同步信号，当误码率低于 10^{-4} 时给出失同步指示重新搜索进行同步；同步头不参与解扰，然后进行 66B/64B 解码，由 FIFO 双沿采样速率匹配后送 XGMII 完成接收。

2. 10GBase-SR

在 10GBase-S 中，10GBase-SR 采用多模光纤 62.5μm MMF 和 50μm MMF 作为媒质。由于速率提高了，所以设计网络时，在相同的带宽—距离积之下，10GBase-SR 的最大链路距离小于吉比特光以太网中的短波长规范 1000Base-SX，因此 10GBase-SR 一般用于短距离高速连接，比如高性能服务器与主机、物理位置相近的交换机之间。10GBase-SR 和 1000Base-SX 在链路距离上的比较如表 4-14 所列。

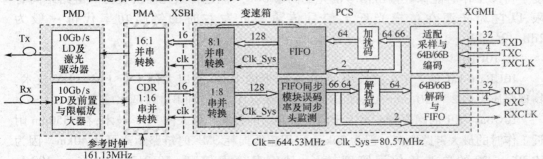

图 4-25 10GBase-R PHY 功能框图

表 4-14 10GBase-SR 和 1000Base-SX 的最大链路距离

光纤类型	850nm 处的带宽—距离积/（MHz·km）	10GBase-SR 最大传输距离/m	1000Base-SX 最大传输距离/m
62.5μm MMF	160	26	220
	200	33	275
50μm MMF	400	66	500
	500	82	550
	2000	300	不支持

从表 4-14 可以看出,850nm 处 62.5μm MMF 的带宽—距离积一般为 160MHz·km 或 200MHz·km,因此在 10Gb/s 速率下所能支持的链路距离十分有限。目前克服这一缺点的措施主要有 2 种,即副载波复用(SCM,Subcarrier Multiplexing)技术和多幅度编码技术。其原理都是通过复用或者高效编码技术,使光纤上信号速率(波特率)更小,而信息速率(比特率)不变,从而增大多模光纤等效的带宽—距离积,以使链路距离有可能延长。

3. 10GBase-LR

10GBase-LR 是工作在波长为 1310nm 附近的 10Gb 光以太网串行 LAN PHY 技术。10GBase-LR 的物理媒质只采用 2 种 10μm SMF,即 B1.1(非色散位移光纤)和 B1.3(低水峰光纤)2 种。相比之下,工作在 1300nm 波长的 1000Base-LX 和 10GBase-LX4 即可采用多模光纤(62.5μm MMF 和 50μm MMF),又可采用单模光纤(10μm SMF),媒质类型更多。这 3 种长波长光以太网在光纤连接时都可以采用双工用户连接器(SC,Subscriber Connector)。

10GBase-LR 在 1310nm 附近工作时的最大链路距离是 10km,这与 10GBase-LX4 相同。因为 10GBase-LR 的单波长信道上信息速率较高(10.3125GBaud/s ± 100 × 10^{-6}GBand/s),所以对光发送器的回损和色散代价提出了特殊要求。10GBase-LR 可以采用有自动温控电路和致冷措施的激光器。但是,出于成本上的考虑,光以太网更宜非致冷的激光器。就目前的技术水平来看,10GBase-LR 可以采用工作于 1310nm 附近的 DFB 激光器,还可以采用 InGaAsP-InP 材料制成的脊型波导表面发射激光器,这是一种非致冷、低成本的法布里-帕罗(FP,Fabry-Perot)腔激光器,工作波长在 1300nm 附近,在 70℃ 温度下持续工作时能保证输出信号消光比高于 8dB。但这种激光器所支持的链路距离有限,以它为光源在单模光纤上信号传输 2km 左右时的链路功率代价一般为 2dB ~ 2.5dB。

4. 10GBase-ER

10GBase-ER 是工作在波长为 1550nm 附近的 10Gb 光以太网串行 LAN PHY 技术。物理媒质采用 2 种 10μm SMF,即 B1.1(非色散位移光纤)和 B1.3(低水峰光纤)。

10GBase-ER 的网段跨度远大于前面所介绍的各类光以太网 PHY 技术,在 1550nm 附近工作时的最大链路距离一般为 30km,采用超低损耗 SMF 时链路距离可达 40km。因为 10GBase-ER 的单波长信道跨度较长,且信息速率较高(10.3125GBaud/s ± 100 × 10^{-6}GBaud/s),所以对光发送器的输出功率、调制强度、回损和色散代价等都提出了更严格的要求。

10GBase-ER 所支持的链路距离为 30km ~ 40km,此距离是 VCSEL 和 FP 腔激光器所不能提供的。这时可以采用工作在 1550nm 附近的脊型波导 DFB 激光器。这种激光器在无需致冷、10Gb/s、60℃ 的条件下,能与非色散位移光纤配合起来提供 30km 以上的以太网链路。因为色散位移光纤(DSF,Dispersion-Shifted Fiber)在长距离传输中有较严重的非线性效应,会恶化光信号质量,所以必须采用非色散位移光纤或者损耗系数很小的低水峰光纤。

在最坏情况下,10GBase-ER 的功率预算和链路代价所应达到的要求如表 4-15 所列。

表 4－15 在最坏情况下 10GBase-ER 的功率预算和链路代价

参　数	10GBase-ER
链路功率预算/dB	15.0
最大传输距离/km	30
信道插入损耗/dB	10.9
链路功率代价/dB	3.6(链路距离为30km时);4.1(链路距离为40km时)
链路功率预算的余量/dB	0.5(链路距离为30km时);0.0(链路距离为40km时)

4.5.4 10GBase-W 传输模式

10GBase-W 是 10Gb 光以太网的 WAN 类型 PHY 规范组,包括 10GBase-SW(短波长)、10GBase-LW(长波长)和 10GBase-EW(超长波长)3 个规范。它们都采用 64B/66B 编码方案和单波长传输技术。

1. 10GBase-W 定义 WIS 的目的

10GBase-W 定义 WIS 的目的可归结为以下几点:

(1)支持 10Gb 光以太网 MAC 层的全双工模式。

(2)支持 10GBase-W 规范组中对 PCS、PMA、PMD 子层的要求。

(3)给 PMA 子层提供 9.48464Gb/s 的等效数据速率,以便与 SDH VC-4-64c/SONET OC-192c 帧的数据速率匹配。

(4)提供成帧、扰码和故障检测等基本功能,以便与 SDH/SONET 的基本需求相匹配。

(5)维持 PCS 和 PMD 子层对全双工模式和误码率的要求。

与 10GBase-R 相比,10GBase-W 的 PMA 和 PCS 子层是相同的,它在 PMA 和 PCS 子层间加入 WAN 接口子层—WIS 子层,其目的是允许 10GBase-W 设备产生以太网的数据流,以便在 PHY 可以直接映射到 STS－192c 或 VC-4-64c,而无需 MAC 或上层的处理。

2. 10GBase-W 的 PMA 子层与 XSBI 接口

10GBase-W 的 PMA 子层功能以及 XSBI 操作与 10GBase-R 相同,只在信号速率上有差别。在 10GBase-R 中 XSBI 向上连接 PCS 子层,信号速率是 10.3125GBaud/s,因此接收和发送时钟的周期是 1.55151ns,频率是 622.08MHz ± 20 × 10^{-6}MHz;在 10GBase-W 中 XSBI 向上连接 WIS 子层,信号速率是 9.95328GBaud/s,因此接收和发送时钟的周期是 1.60751ns,频率是 644.53125MHz ± 100 × 10^{-6}MHz。因为 10GBase-R 和 10GBase-W 的信号速率不同,所以 PMA 子层的接收与发送时钟略有差别。除了这些差别外,这两者的 XSBI 是通用的。

3. 10GBase-W 的 PMD 子层

10GBase-W 的 PMD 子层包含 3 种串行的 WAN 类型规范,它们分别是:

(1)短波长串行 WAN 规范:10GBase-SW(850nm)。

(2)长波长串行 WAN 规范:10GBase-LW(1310nm)。

(3)超长波长串行 WAN 规范:10GBase-EW(1550nm)。

10GBase-W 组中的 PMD 子层规范与 10GBase-R 组的相应 PMD 规范相同。唯一的差别是 10GBase-W 组的信号速率为 $9.95328Gb/s \pm 20 \times 10^{-6}$ Gb/s，10GBase-R 为 $10.3125Gb/s \pm 100 \times 10^{-6}$ Gb/s。10GBase-LW 和 10GBase-EW 的最大链路距离分别是 10km 和 30km(或 40km)。

4.5.5 10GBase-LRM

IEEE 802.3aq 10GBase-LRM 标准定义了一种可以在传统多模光纤进行 10GbE 传输的低成本 PHY 接口，可以帮助企业从现有光纤架构升级到 10Gb/s 网络。

1. 10GBase-LRM 的主要目标

(1) 利用现有的 10GbE 串行 LAN PHY 编码子层；

(2) 支持好于或等于 10^{-12} 的误码率；

(3) 支持 62.5μm 纤芯的多模光纤：160/500MHz · km 和 200/500MHz · km(OM1)；

(4) 支持 50μm 纤芯的多模光纤：400/400MHz · km，500/500MHz · km(OM2) 和 1500/500MHz · km(OM3)；

(5) 提供一个 PHY 规范，支持下述链路长度：在已安装的 500MHz · km 多模光纤上最低支持 220m 的链路，在选定的多模光纤上最低支持 300m 的链路。

2. 基础技术方案

为实现 IEEE 802.3 确立的 10GBase-LRM 目标，解决已安装光纤提出的挑战，10GBase-LRM 工作组已经选择下述基础技术方案：

(1) 串行、基带、NRZ 传输，使用一个激光器，降低发射机的成本。

(2) 在 1300nm 波长窗口内运行，提高已安装的光纤的带宽潜力。

(3) 激光调模发射到多模光纤中(可能会通过吉比特以太网开发的调模跳线(Patch Cord)实现，10GBase-LX4 也使用这种跳线)。此技术同时稳定及最大化了光纤的带宽潜力。

(4) 具有自动增益控制(AGC，Automati Gain Control)功能的线性光学接收机。这降低了失真，把信号电平置于正确的电均衡范围内。

(5) 电均衡，补偿光纤带宽不足，恢复信号。

4.5.6 铜缆 10GbE 10GBase-CX4 传输模式

在 2004 年 3 月，10GbE 标准端口类型迎来了一个新的成员：10GBase-CX4。这是第一个基于铜线接口的 10GbE 规范。10GBase-CX4 运行在 15m 长的 4 对双轴铜线上，采用由 Infiniband 贸易协会制定的 IBX4 连接器标准，应用于机房内的机架和堆栈设备的短距离互联，还可用于数据中心以便聚集服务器。

1. 基本原理

10GBase-CX4 利用了预校正技术、均衡技术和同轴电缆，从而将芯片对芯片通信的 XAUI 接口的传输距离扩展到 50 英尺(约 15m)。10GBase-CX4 的工作原理如图 4-26 所示。预校正和接收器均衡技术用来增加信号强度，来补偿高频传送数据中的信号损失。预校正是一种频率补偿技术。在使用这项技术时，传送信号中的高频频段被加强，或者低频频段被衰减，来补偿电缆组中的高频损失。接收器均衡是一种应用于接收器的类似处理技术。采用预校正技术减少了接收机均衡器的动态范围要求,降低了在标准芯片中实现它的难度。

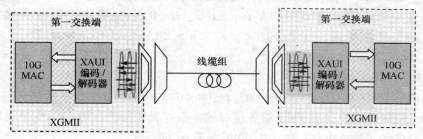

图 4-26 10GBase-CX4 的工作原理

10GBase-CX4 在以下几方面做了特殊的规定、设计和处理:

（1）10GBase-CX4 利用 802.3 中规定的 10Gb MAC、XGMII 接口和 XAUI 编码器/解码器,将信号划分到 4 条 3.125GBaud 的差分通道中。

（2）传送预校正处理集中在高频部件上,以补偿 PC、连接器和电缆组件中的高频成分做了进一步的规定。

（3）接收均衡器对电缆组件降低的信号进行最后的放大。

802.3ak 规范不是利用单个铜线链路传送 10Gb 数据,它使用 4 台发送器和 4 台接收器来传送 10Gb 数据,并以差分方式运行在同轴电缆上,每台设备利用 8B/10B 编码,以每信道 3.125GHz 的波特率传送 2.5Gb/s 的数据。这需要在每条电缆组的总共 8 条双同轴信道的每个方向上有 4 组差分线缆对。

2. 链路的连接框图

10GBase-CX4 链路如图 4-27 所示,电子发送信号在配对的连接器输出端(TP2)做了定义,除规范的其他情况外,所有发射机的测试在 TP2 处进行,所有接收机的测试在配对的连接器的输入端(TP3)进行。一双配对的连接器已经包括发送和接收规范 2 个方面。

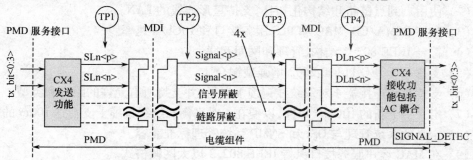

图 4-27 10GBase-CX4 链路

图中 SLn < p > 和 SLn < n > 分别是窄通道 n（n = 0,1,2,3）一对线路上所发送的正差分信号和负差分信号,DLn < p > 和 DLn < n > 分别是窄通道 n（n = 0,1,2,3）一对线路上所接收的正差分信号和负差分信号。

3. PMD 的发送功能

PMD 的发送功能把 PMD 服务接口消息 PMD_UNITDATA. request（tx_bit < 0:3 >）所

请求的 4 条逻辑比特流转化成 4 条分离的电子信号流。然后 4 条信号流传递到 MDI,SLn $<p>$ 减去 SLn $<n>$ 的输出正电压(差分电压)相当于 tx_bit = 1。

PMD 使用消息 PMD_UNITDATA. request(tx_bit $<0:3>$)把从 PMD 服务接口收到的比特传递到 MDI 窄通道。这里(SL0 $<p>$/$<n>$,SL1 $<p>$/$<n>$,SL2 $<p>$/$<n>$,SL3 $<p>$/$<n>$) = tx_bit $<0:3>$。

4. PMD 的接收功能

使用消息 PMD_UNITDATA. indicate(rx_bit $<0:3>$),PMD 接收功能把来自 MDI 的 4 条电子信号流转化成发送到 PMD 服务接口的 4 条逻辑比特流。DLn $<p>$ 减去 DLn $<n>$ 的每个信号流的正输入电平(差分电压)相当于 rx_bit = 1。

使用消息 PMD_UNITDATA. indicate(rx_bit $<0:3>$),PMD 把从 MDI 窄通道所收到的比特传递到 PMD 服务接口。这里 rx_bit $<0:3>$ = (DL0 $<p>$/$<n>$,DL1 $<p>$/$<n>$,DL2 $<p>$/$<n>$,DL3 $<p>$/$<n>$)。

4.5.7 双绞线铜缆 10GBase-T 传输模式

10GBase-T 是指在超 6 类或 7 类 UTP 或屏蔽铜缆双绞线上的 10GbE。这一新标准为整个互联网行业带来全新的速度、吞吐量和机会。为达到"广泛市场潜力",10GBase-T 的挑战在于为包括电子仪器和电缆布线的完整解决方案制订的要求,以确保把非屏蔽铜双绞线和其 RJ-45 连接器的方便性和熟悉性拓展到 10Gb/s 领域。

10GBase-T 优于采用光纤的 10GBase-X/L/S 方案表现在:不必使用光通信调制器,因而降低了成本;其优于 10GBase-CX4 的是:最大传输距离可达到 100m,而 10GBase-CX4 仅为 15m。

1. 10GBase-T 的主要目标

10GBase-T 的目标如下:

(1) 遵循 IEEE 802.3 MAC 的全双工运行模式。

(2) 使用点到点链路和结构化拓扑,支持星形连线的 LAN。

(3) 支持 CSMA/CD、MAC 和 PLS 服务接口和 10Gb/s 速率。

(4) 符合 IEEE 802.1 结构、管理和网间互联。

(5) 支持 ISO/IEC 11801:2002 增强型铜介质。

(6) 支持在 4 连接器 4 对双绞线铜缆下运行,并支持所有允许的距离和类型。

(7) 定义一个新的 10Gb/s PHY,以便在 4 对平衡双绞线铜缆上支持达 100m 的距离。

(8) 定义的系统管理与 OSI 和 SNMP 系统管理标准兼容。

(9) 在 MAC 客户服务接口保持 IEEE 802.3 以太网帧格式。

(10) 保持当前 IEEE 802.3 标准最小和最大帧长度。

(11) 支持自动流通和协商。

(12) 在所有允许的距离范围内和对于所有支持的光纤类型,BER 的值要小于等于 10^{-12}。

(13) 使用高级系统水平工具测试完整 100m 4 条信道解决方案,该测试工具允许对所有参数模拟最差情况配置。

(14) 在组件设计及性能方面的革新性改进。

（15）完整布线系统设计及安装指南。

（16）方便安装的组件（包括直径最小增量以及传统圆形）。

（17）使用实验室和现场测试工具检验信道性能。

2. 连接线段的主要性能参数

10GBase-T 连接部分的传输参数包括接入损耗、回程损耗、线对之间的近端串扰（NEXT，Near-End Crosstalk）损耗、功率总 NEXT 损耗、线对间的等电平远端串扰（ELFEXT，Equal Level Far-End Crosstalk）、功率总 ELFEXT 回程损耗及延迟。除此之外，所有外界串扰及由连接段间相互作用所产生的串扰分别称为功率总外界 NEXT（PSANEXT，Power Sum Alien NEXT）和功率总外界 ELFEXT（PSAELFEXT，Power Sum Alien ELFEXT）。

10Gbase-T 主 要 技 术 指 标 是 外 界 串 扰，包 括 PSANEXT 与 接 入 损 耗 的 比 值、PSAELFEXT 与接入损耗的比值、外界串扰的差额计算、功率补偿、信号发送、调制速率、编码及启动。

在双绞线上传输 2500Mb/s 的数据的挑战是受到发射器的功率限制，同时传输的信号必须符合电磁兼容的要求，通道的带宽受到布线中损伤产生的噪声影响。尽可能利用通道带宽的办法是在接收端获得接受信号的最大功率，最小化地降低布线系统中受到的损伤。

3. 10Gbase-T 标准中的布线类型及距离

用于支持 10GBase-T 标准操作的布线系统都必须满足连接段的要求。连接段规格的基本要求是要满足 10Gbase-T 标准的布线目标，即在 E 级布线上至少可以达到 55m ～ 100m 的连接距离，而在 F 级布线则是至少 100m 的操作距离。只要布线能够满足连接段的要求，也就可以采用其他级别的布线（例如 D 级/5e 类）。同样，只要能够满足连接段的规格，则距离超过 55m 的 E 级/6 类。表 4 - 16 所列为缆线的最大传输距离与布线参考。

表 4 - 16　IEEE 802.3an 10GBase-T 系统可采用的布线类型及支持的传输距离

缆 线 级 别	最大传输距离/m	布 线 参 考
E 级/6 类	55～100	ISO/IEC TR-24750 / TIA/EIA TSB-155
E 级/6 类:未屏蔽	55	ISO/IEC TR-24750 / TIA/EIA TSB-155
E 级/6 类:屏蔽	100	ISO/IEC TR-24750 / TIA/EIA TSB-155
F 级/7 类	100	ISO/IEC TR-24750
EA 级/增强 6 类	100	ISO/IEC 11801 Ed 2.1 /TIA/EIA-568-B.2-10

4. 10GBase-T 信号传输的简单过程

主要依靠 4 项技术使 10GBase-T 变为现实，即损耗消除、模拟与数字转换、线缆增强和编码改进，如图 4 - 28 所示。其过程可描述如下：

（1）10Gb/s 传输信号由网络接口卡（NIC，Network Interface Card）PHY 传送到交换机 PHY。

（2）交换机 PHY 中的高性能模数转换器（ADC，Analog to Digital Converter）对微弱对接收信号进行数字化处理。

（3）强大的信号处理功能消除回波、近端串扰和远端串扰，并对信号进行均衡处理。

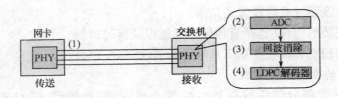

图 4 – 28　10GBase-T 信号传输的简单过程

（4）低密度奇偶校验 LDPC 编解码进行纠错，取得低比特误码率。

5. 10GBase-T 的实施

10GBase-T PHY 在 4 对平衡电缆上使用全双工基带传输，同时在每个方向每条线对上 2500Mb/s 的传输来获得总计 10Gb/s 的数据速率，如图 4 – 29 所示。基带 16 级 PAM 信令具有每秒 800 兆符号的调制速率。以每 PAM16 符号 3.125 信息比特的速率与辅助信道比特一起对以太网数据和控制字符编码。2 个连线传送的 PAM16 符号被认为是一个 2 维（2D）符号，从受约束的一群最大 128 空间的 2D 符号中选择被称为 DSQ128[7]（128 的加倍平方）的 2D 符号。在链路启动以后，连续发送由 512 个 DSQ128 符号组成的 PHY 帧，DSQ128 由 7 比特标号确定，每个符号由 3 个未编码的比特和 4 个 LDPC 编码比特组成。一个 PHY 的帧包括 512 个 DSQ128 符号，在 4 条线对上作为 4×256 PAM16 来传输，在帧方案中嵌入了数据和控制符号，帧在链路启动后连续地运行，每秒 800 兆符号的调制速率导致符号的周期为 1.25 ns。

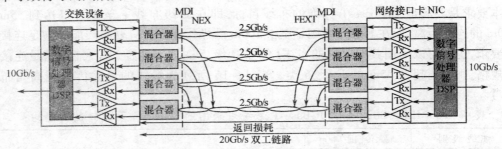

图 4 – 29　10GBase-T 的拓扑

10GBase-T PHY 可以设定为主 PHY 或从 PHY，共享一条链路段的两站之间的主—从（MASTER-SLAVE）关系在自动协商期间建立。MASTER PHY 使用局部时钟确定发送操作的定时，MASTER-SLAVE 关系包括环定时。如果环定时得以实现，来自接收信号的时钟恢复 SLAVE PHY，使用它确定发送操作的定时，执行环境如图 4 – 30 所示。如果环定时不能够实现，SLAVE PHY 发送时钟和 MASTER PHY 发送时钟是相同的。

6. 10GBase-T 的功能结构

图 4 – 30 所示为 10GBase-T 的功能结构框图。该图中的 recovered_clock 弧显示指明返回 PMA 发送的接收时钟信号的传递。

PCS 上与 XGMII 下与 10GBase-T PMA 连接，PCS 在发送方向接收 8 个 XGMII 数据字节，在 XGMII 服务接口的发送信号为 TXD <31:0>。所获得的 512 DSQ128 符号的 PHY 帧传递到 PMA 作为 PMA_UNITDATA. request。PMA 以每对 256 组成的 PAM16 符号的形式，在 4 对线缆上发送 DSQ128 符号。在接收方向，在标准模式下，PCS 通过 PMA 在 256

4D 符号块期间处理从远处 PHY 所接收的码组,在接收通道上把它们映射成 XGMII 服务接口,用这种接收处理方案,由 PMA 接收功能来实现符号时钟同步。

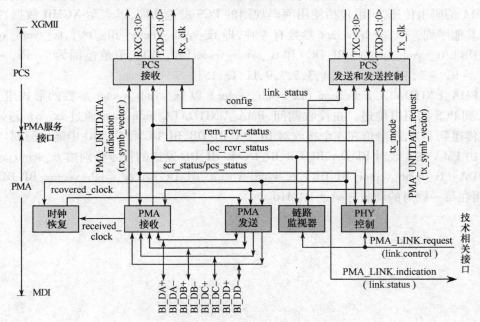

图 4-30　10GBase-T 功能结构框图

PMA 在平衡电缆物理介质上通过 MDI 耦合来自 PCS 服务接口的消息,并提供链路管理和 PHY 控制功能。PMA 在 4 对长度达 100m 平衡电缆上以 800M 符号/s 的速度提供全双工通信。

PMA 发送功能由 4 台发送机组成,在 4 对 BI_DA,BI_DB,BI_DC 和 BI_DD 中的每对上产生连续时间模拟信号。在标准模式下,从 PCS 发送功能所收到的每个 4 维(4D)符号经历着多阶段处理。第一阶段,符号完成 Tomlinson-Harashima 预编码(THP),THP 在 4 维符号的每一维把 PMA16 输入映射成准连续离散时间值。处理 4 维符号流的 THP 可由发送滤波器进一步处理,然后直达 4 个 DAC,DAC 输出可与连续时间滤波器一起做进一步处理。

PMA 接收功能由 4 个独立的接收机组成,接收机用于相位调制信号,涉及 4 对 BI_DA、BI_DB、BI_DC 和 BI_DD 的每一对。接收机负责获得的符号定时,当以一般模式运行时,负责删除回波、近端串扰、远端串扰和补偿信号。4D 符号通过 PMA_UNITDATA. indication 消息提供给 PCS 接收功能。PMA 也包括链路监督功能。

PMA PHY 控制功能产生控制 PCS 和 PMA 子层操作的信号。PHY 控制开始遵循自协商的实现,提供要求成功地运行 10GBase-T 的启动功能,确定 PHY 是在一般模式下运行,允许数据在链路段上传输,还是在 PHY 发送特殊的用在学习模式的 PMA2 码组。

PMA_LINK. request (link_control)允许自协商算法能还是不能运行 PMA。

link_control 参数在 3 个值:SCAN_FOR_CARRIER、DISABLE 或 ENABLE 中取一。

PMA_LINK. indication (link_status)由 PMA 产生,指示介质的状态,告知 PCS、PMA PHY 控制功能和链路状态的自协商算法。link_status 参数的取值为三者 FAIL、READY、

133

OK 之一。

PMA_UNITDATA. request(tx_symb_vector)以 tx_symb_vector 参数的形式定义从 PCS 到 PMA 的码组传递,码组包括使用编码规则的 PCS 发送功能,以表示 XGMII 数据、控制流和其他序列。tx_symb_vector 参数有 4 种,即 tx_symb_vector[BI_DA]、tx_symb_vector[BI_DB]、tx_symb_vector[BI_DC]和 tx_symb_vector[BI_DD],取值范围为{ −15, −13, −11, −9, −7, −5, −3, −1,1,3,5,7,9,11,13,15}。

PMA_UNITDATA. indication(rx_symb_vector)以 rx_symb_vector 参数的形式定义从 PMA 到 PCS 的码组传递。在接收期间,PMA_UNITDATA. indication 通过 rx_symb_vector 参数传递到 PCS,符号值在 4 个接收对 BI_DA、BI_DB、BI_DC 和 BI_DD 中能检测到。

由 PMA 在 4 线对 BI_DA、BI_DB、BI_DC 和 BI_DD 发送的符号分别由 tx_symb_vector[BI_DA]、tx_symb_vector[BI_DB]、tx_symb_vector[BI_DC]和 tx_symb_vector[BI_DD]表示,用在每一线对的调制方案是 PAM16。

第 5 章　40Gb 和 100Gb 以太网

过去的 10 年,以太网速率经历了从百兆比特网络向吉比特及 10Gb 网络的过渡。当前,具备 10Gb/s 上行端口的服务器在数据中心已得到广泛应用,40Gb/s 上行端口的服务器也跃跃欲试。为应对服务器速率急剧增长而引发的汇聚链路与回程链路资源的过度占用,IEEE 802.3ba 高速研究小组(HSSG,High Speed Study Group)已着手定义 MAC 参数、物理层规范和管理参数,已顺利实现下一代以太网能够在 40Gb/s 和 100Gb/s 速率传输 802.3 格式帧。

40/100GbE 将为新一波更高速的以太网服务器连通性和核心交换产品铺平发展之路。它解决了数据中心、运营商网络和其他流量密集高性能计算环境中数量越来越多的应用的宽带需求。而数据中心内部虚拟化和虚拟机数量的繁衍,以及融合网络业务、视频点播和社交网络等的需求也是推动制定该标准的幕后力量。通过更快速的 40/100Gb/s 管道,它还有望推动 10GbE 的普及,可以提供更多的 10Gb 链路汇聚,还有望降低运营支出,通过减少多个 10Gb/s 链路汇聚以实现 40Gb/s 和 100Gb/s 速率的需求,从而改善能源效率。

5.1　40Gb 和 100Gb 以太网的研究现状与性能指标

5.1.1　40Gb 和 100Gb 以太网的现状

早在 2005 年,朗讯贝尔实验室在 ECOC 上首次报道了 100Gb/s 光以太网信号传输试验。为了达到 100Gb/s 传输,他们采用了 2 项最新的技术——其一是双二进制信号编码,利用正、负和零 3 种电平来代表一个二进制信号,这种信号方式比传统的不归零(NRZ,Non Return to Zero)码需要更少的带宽;其二是单芯片光均衡器技术。2006 年 9 月,朗讯科技贝尔实验室又在 ECOC2006 上宣布实现 2000km 的 107Gb/s × 10 的光传输,证明了 100Gb/s 以太网是一种可以实用的技术。

我国也已经攻克了 40Gb/s 的关键技术,在国际上首次实现了 40Gb/s SDH 在 G.652 或 G.655 光纤上传送 560km、80 × 40Gb/s 信号传送 800km,从 2005 年至今,运行良好。中国电信还于 2007 年 9 月在南京到杭州的线路上成功地进行了 40Gb/s 的传输试验。

目前主要有 ITU-T、电气与电子工程师协会(IEEE,Institute of Electrical and Electronics Engineers)和 OIF 3 个组织在进行 40GbE 和 100GbE 的相关标准化工作。ITU-T 主要从光传送网的角度对 40GbE 和 100GbE 技术进行规范;而 IEEE 主要从业务接口的角度规范 40/100GbE 的接口参数;OIF 则主要关注 100GbE 长途传输线路接口以及相关电接口的规范。

各主要国际标准化组织在 40/100GbE 的标准化工作如图 5 - 1 所示。ITU-T 与 IEEE

对于 40/100GbE 标准化分工如图 5-2 所示。

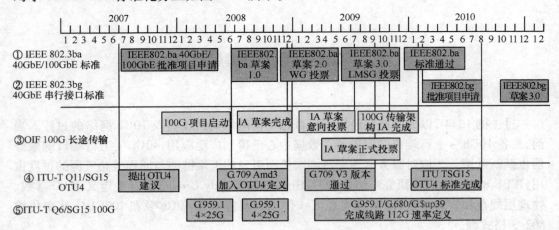

图 5-1　国际标准化组织 40GbE/100GbE 标准工作进展

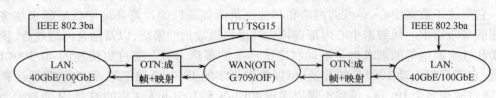

图 5-2　ITU-T 与 IEEE 对于 40GbE/100GbE 标准化分工

IEEE 于 2006 年 7 月成立了 HSSG,重点对 40GbE 和 100GbE 标准目标进行定义,包括 10×10Gb/s 和 4×25Gb/s 2 种 100GbE 光接口标准。2007 年 12 月,HSSG 正式转变为 IEEE 802.3ba 任务组,其任务是制定在光纤和铜缆上实现 40GbE 和 100GbE 数据速率的标准,研究内容包括逻辑模块功能、基于光纤长距与短距 PMD、基于铜缆 PMD 等。2010 年 6 月,IEEE P802.3ba 被正式批准生效。由多个模块厂商组成的 CFP 多源协议联盟也发布了客户侧可热插拔光模块硬件和软件接口协议。之后,IEEE 也启动了串行 40GbE 的标准化工作(IEEE 802.3bg)。总体而言,IEEE 在 40GbE 和 100GbE 上的标准化工作已经趋于完善。

ITU-T 于 2009 年 12 月更新了光传送网(OTN,Optical Transport Networks)接口建议 G.709,规范了 40/100Gb/s 相应的逻辑接口(ODU3 和 ODU4),相应的物理接口指标在 G.959.1 中进行定义。同时,随着 IEEE 对 40GbE 和 100GbE 标准化工作的结束,ITU-T 在 G.709 中还定义了 40GbE 和 100GbE 到 OTU3 和 OTU4 的映射协议,规定了单板中的成帧处理要求。可以说,到目前为止,ITU-T 对 40GbE 和 100GbE 的相关标准工作已经趋于完善,这将会在很大程度上促进 40/100GbE 技术的逐步广泛应用。

OIF 于 2008 年 9 月开始研究 100Gb/s 长距离 DWDM 传输项目,该项目遵从 ITU-T 定义的 112Gb/s 传输速率,采用具有检测点(DP,Detection Point) - 四相相移键控(QPSK, Quadrature Phase Shift Keying)方法和相干接收机结合的技术来开展 100Gb/s 系统的长距离传输研究,制定 100Gb/s 波分侧光模块电气机械接口、软件管理接口、集成式发射机和接收机组件、前向纠错技术的协议等规范以推动波分侧接口设计的标准化。目前开展的项目包括 100Gb/s 长距离 DWDM 传输架构、100Gb/s 长距离 DWDM 传输集成光器件、100Gb/s DP-QPSK 长距离通信的前向纠错（FEC，Forward Error Correction）、用于 100Gb/s 长距离 DWDM 传输的光模块标准、用于甚短距离芯片到模块的接口标准等。目前已完成 100Gb/s 长途传输架构、偏振复用正交调整发射器件要求、100Gb/s DWDM 传输系统用集成相干接收机要求以及 100Gb/s 长途 WDM 模块电气特性等方面的工作。

与此同时，我国也在积极进行 40/100Gb/s 的标准化工作。我国的 40/100Gb/s 传输标准由中国通信标准化协会（CCSA）制定，目前已经完成行标《N×40Gb/s 光波分复用（WDM）系统技术要求》（YD/T 1991 - 2009）、《N×40Gbit/s 光波分复用（WDM）系统测试方法》（YD/T 2147 - 2010）。在 100Gb/s 的标准化工作方面，我国也在积极跟踪相关的国际标准的最新进展。目前已经完成标准类研究报告"40G/100G 以太网承载和传输技术研究"，行业技术报告"N×100Gbit/s DWDM 传输系统技术要求"和研究报告"N×100Gbit/s DWDM 系统测试方法"正在研究当中。

5.1.2 IEEE 802.3ba 的目标和要求

IEEE 802.3ba 对目标和要求做出了以下规定：

（1）只支持全双工通信。

（2）仍维持 802.3 /以太网 MAC 层的帧格式。

（3）保持目前 802.3 标准中的最低和最高帧长度。

（4）支持更好的不大于 10^{-12} 的误码率。

（5）提供对光传输网络的适当支持。

（6）支持 40Gb/s 的 MAC 数据传输速率。

（7）在以下条件下提供物理层的规范，支持 40Gb/s 的操作：

① 在 SMF 上至少传输 10km；

② 在 OM3 MMF 上至少传输 100m；

③ 在铜缆上至少传输 10m；

④ 在背板上至少传输 1m。

（8）支持 100Gb/s 的 MAC 数据传输率。

（9）在以下条件下提供物理层的规范来支持 100Gb/s 的操作：

① 在 SMF 上至少传输 40km；

② 在 SMF 上至少传输 10km；

③ 在 OM3 MMF 上至少传输 100m；

④ 在铜缆上至少传输 10m。

5.1.3 100GbE 的速率变换

100GbE 的信号速率为 103.125Gb/s ± 100×10^{-6}Gb/s，需要满足 10×10Gb/s 信号在屏蔽铜缆上至少传输 7m，在多模光纤上至少传输 100m；4×25Gb/s 信号在单模光纤上至少传输 10km 和至少传输 40km 这两种传输距离的需求。100GbE 的关键技术问题是速度变换和提升问题，其光网络传输主要解决 3 个方面的技术难题：一是光信噪比和对单模光纤偏振色散的容限问题；二是非线性效应的影响问题；三是相干接收的 ADC 和数字信号处理(DSP, Digital Signal Process)要求较高的问题。要达到100Gb/s的传输速率,集成电路、光芯片、光器件等关键器件也必须能够支持100Gb/s的应用,如在光模块中要用到跨阻放大器、高速逻辑器件等集成电路。

100GbE物理层对于MAC层来的数据处理的出发点是尽量提供最大的数据率和有足够的数据吞吐量,因此,在物理层的串行通道接口中采用64B/66B编码,经此编码后,速率提高到103.125Gb/s(=100Gb/s×66/64)。支持此速率的接口每线卡带宽需要升级到200Gb/s~500Gb/s带宽,背板串行器/解串行器(SerDes, Serializer/Deserializer)速率甚至要达到10.3125Gb/s以上,对于背板设计、工艺要求、材料、总线长度满足等都比以前要苛刻得多;对于满足电信级要求的系统,还需要满足虚拟队列、层次化QoS等流管理特性,这就要求更大的处理带宽需求、更多的队列支持能力、更大的缓冲等提升系统设计难度。

对于如此之高的数据流量,其时钟频率将高达1.6GHz,这样的时钟频率在逻辑设计中很难达到。如果在电层采用多通道(虚通道)并行处理,如10路并行处理的通道,每个通道数据位宽64位,这样161MHz的时钟便可以满足设计需求(64位×10×161.1328125MHz = 103.125Gb/s)。

虚通道中通道数L为PMA层中电层片间接口通道数M和PMD层连接到光纤介质通道数N的最小公倍数,即 L = LMC(M, N)。比如在实际的逻辑设计中,期望100Gb/s的以太网的设备可以适配不同的光模块以实现网络对接。当前用于100Gb/s传输的光模块通常有10×10Gb/s、4×25Gb/s和5×20Gb/s,即 $N = (10, 4, 5)$,而电层片间通道数M通常选取 $M = 10$,根据 L = LMC(M, N),可知在PCS层中应设计20路虚通道。

5.1.4 物理层端口规范

40/100Gb/s以太网物理层端口规范的命名表达式一般为40/100GBase-abc,其中字母a、b和c分别表示40/100GbE的物理媒介类型(传输距离)、物理层编码方案和波长(通路)复用数。如图5-3所示。

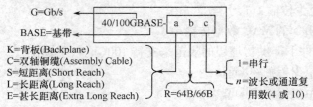

图5-3 40/100GbE以太网物理层端口规范的表达方式

其中:当第1个字母"a"为K、C、S、L和E时,对应物理媒介分别为背板、双轴铜缆、短距离光纤,长距离光纤,甚长距离光纤;当第2个字母"b"为R时,表示64B/66B的物理层编码方案,由表可知40GbE和100GbE只有64B/66B这种物理层编码方案;当第3个字母"c"为1和n时,分别表示单个波长/通路(串行发送方案)和n个波长/通路复用方案,单个波长/通路时,通常在命名中省略最后的"1",一般情况下 $n = 4$ 或10。

MAC数据速率要达到40Gb/s和100Gb/s,对相应物理层PHY要进行定义,其PHY端口类型的描述如表5-1所列。

表 5 – 1　40/100GbE 端口类型

端口类型	PHY 描述
40GBase-KR4	40Gb/s 背板 4 通道 64B/66B 编码物理介质
40GBase-CR4	40Gb/s 铜线 4 通道 64B/66B 编码物理介质
100GBase-CR10	100Gb/s 铜线 10 通道 64B/66B 编码物理介质
40GBase-SR4	40Gb/s MMF 4 通道 64B/66B 编码 100m 短距离物理介质
100GBase-SR10	100Gb/s MMF 10 通道 64B/66B 编码 100m 短距离物理介质
40GBase-LR4	40Gb/s SMF 4 通道 64B/66B 编码 10km 长距离物理介质
100GBase-LR4	100Gb/s SMF 4 通道 64B/66B 编码长距离 10km 物理介质
100GBase-ER4	100Gb/s SMF 4 通道 64B/66B 编码 40km 甚长距离物理介质

5.2　40GbE 和 100GbE 的体系结构

5.2.1　40GbE 和 100GbE 的结构模型

40/100GbE 的标准 IEEE 802.3ba 一方面继承了现存以太网(10 Mb/s、100 Mb/s、1000 Mb/s、10Gb/s)技术物理层体系构架,在其体系构架中都有 PCS、PMA、PMD、RS 子层、逻辑链路控制(LLC,Logical Link Control)、MAC 和 MDI;另一方面,为了满足下一代以太网的要求,其体系结构比以前的以太网增加了新的内容。这其中包括了针对 40GBase-KR4、40GBase-CR4 和 100GBase-CR10 规范,在 PHY 中增加了可选的 FEC 子层、AN 子层;MAC、PHY 间的片内总线使用 40Gb 媒体无关接口(XLGMII,40Gigabit Media Independent Interface)、100Gb 媒体无关接口(CGMII,100Gigabit Media Independent Interface),PHY 层间总线使用 40Gb 附属单元接口(XLAUI,40Gigabit Attachment Unit Interface)、100Gb 附属单元接口(CAUI,100Gigabit Attachment Unit Interface);下一代以太网支持全双工操作,保留使用 IEEE 802.3 MAC 帧格式和长度规范,所以标准在帧格式、服务、管理属性方面进行扩展已与先前的速率保持一贯性。此外,其他各个子层都有相应的改动。

IEEE 802.3ba 标准的结构模型如图 5 – 4 所示。

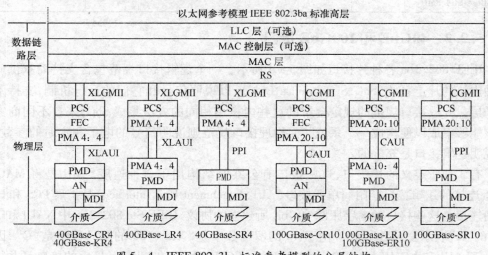

图 5 – 4　IEEE 802.3ba 标准参考模型的分层结构

表 5 - 2 描述了 40GbE 和 100GbE 规范实体与各物理子层和接口之间存在的关系,其中 M(Mandatory)表示必选项,O(Optional)表示可选项。

表 5 - 2　40GbE 和 100GbE 规范实体与各物理子层和接口之间的关系

规范实体 物理子层和接口	40GBase-				100GBase-			
	KR4	CR4	SR4	LR4	CR10	SR10	LR4	ER4
AN	M	M			M			
100GBase-R FEC	O	O			O			
RS	M	M	M	M	M	M	M	M
XLGMII	O	O	O	O				
CGMII					O	O	O	O
40GBase-R PCS	M	M	M	M				
100GBase-R PCS					M	M	M	M
40GBase-R PMA	M	M	M	M				
100GBase-R PMA					M	M	M	M
XLAUI	O	O	O	O				
CAUI					O	O	O	O
40GBase-KR4 PMD	M							
40GBase-CR4 PMD		M						
100GBase-CR10 PMD					M			
40GBase-SR4 PMD			M					
100GBase-SR10 PMD						M		
PPI			O			O		·
40GBase-LR4 PMD				M				
100GBase-LR4 PMD							M	
100GBase-ER4 PMD								M

5.2.2　40GbE 和 100GbE 接口

IEEE 802.3ba 各种片接口如图 5 - 4 所示。一个逻辑接口规范包含支持商家供应的各种内核的片上系统(SoC,System on a Chip),以说明信号和它们的运行机制,支持不同的子层。开放接口规范的规定会帮助这些内核用相同的方法集成 SoC,来自不同商家的内核能够集成以便构成一个系统。而物理接口规范则说明信号的电子和定时的参数,对于说明逻辑接口是充分的。

有 3 种所定义的片接口,这些接口有公共的结构用于 2 种速度。MII 是将 MAC 与 PHY 连接的逻辑接口。附属单元接口(AUI,Attachment Unit Interface)是扩展 PCS 和 PMA 之间连接。这些接口的名字跟踪 10GbE 所建立的协议,IEEE Sta 802.3ae 中 XAUI 和 XG-MII 的"X"表示罗马数字 10。由于 40 的罗马数字是"XL",100 的罗马数字是"C",因而得出 XLAUI 和 XGMII 用于 40Gb/s,CAUI 和 CGMII 用于 100Gb/s。最后的接口是并行物理接口(PPI,Parallel Physical Interface),PPI 用于 40GBase-SR4 and 100GBase-SR10 连接 PMA 与 PMD 的物理接口。

1. XLGMII 和 CGMII

XLGMII 支持 40Gb/s 的数据速率,CGMII 支持 100Gb/s 的数据速率,它们都被定义为 MAC 和 PCS 之间的逻辑接口,它们都共享公共的接口规范,唯一的差别是指定的时钟速率。

在 100GbE 草案规范中,CGMII 被定义为具有 64 位宽数据信号、8 位宽控制信号和 1.5625GHz 时钟的逻辑接口。也就是说接口 CGMII 提供 64 位宽的发送和接收数据通道,64 位数据通道划分成 8 条通道,每条通道 8 位数据信号和 1 位控制信号,以便指定是数据还是控制信息。定界符和空格在时钟循环期间被转换。有一个与发送有关的单时钟,还有一个与接收通道有关的单时钟。此外,对于 40GbE 来说,XLGMII 接口的参考时钟是 625MHz;对于 100GbE 来说,CGMII 接口的参考时钟是 1.5625GHz。

2. XLAUI 和 CAUI

XLAUI 和 CAUI 用于连接 PMA 子层之间(可以连接多达 4 个和 10 个 PMA 子层)的自发时钟串行总线接口,能极大地改进和简化互连的路由选择,主要应用于芯片与芯片之间或者芯片与模块之间的连接。

如图 5 - 5 所示,XLAUI 接口用于 40Gb/s,分为 4 通路,每个通路的速率为 10.3125Gb/s;CAUI 接口用于 100Gb/s,分为 10 通路,每个通路的速率为 10.3125Gb/s。它们都是能够把 MAC 和涉及 PHY 的子层分割开来的低指针计数的物理接口,这类似于 10GbE 的 XAUI。它们是利用 64B/66B 编码的自时钟、多通道、串接链路。

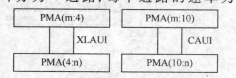

图 5 - 5 XLAUI 和 CAUI

每条通道在 10Gb/s 有效数据速率下运行,64B/66B 编码时导致 10.3125Gb/s 的信号速率。

窄通道利用低摇摆交流电耦合平衡差分信号支持约 25cm 的距离,在 XLAUI 的情况下有 4 条 10Gb/s 的发送和接收通道,导致总的 8 对和 16 路信号;在 CAUI 的情况下有 10 条 10Gb/s 的发送和接收通道,导致总的 20 对和 40 路信号。

这些接口主要是用作片到片的接口。此外,在 IEEE P802.3ba 改善的过程中,没有机械连接器列入 XLAUI 和 CAUI 的清单中。这些接口也是用于插头形式规范的候选接口,通过插头模块,允许单主机系统支持各种 PHY 类型。由于这一点,这些接口被规定在带有一个连接器 FR4 印制电路板(PCB,Printed Circuit Boards)剥离线路上建立约 25cm 的信道。

3. PPI

PPI 是 PMA 和 PMD 子层之间短距离物理接口。40GbE 或 100GbE 唯一的差别是通道的数量。PPI 是自时钟、多通道串接链路,利用 64B/66B 编码,每条通道以有效的 10Gb/s 数据速率运行,用 64B/66B 编码时会导致 10.3125Gb/s 的信号速率。在 XLAUI 的情况下有 4 条 10Gb/s 的发送和接收通道;在 CAUI 的情况下有 10 条 10Gbit/s 的发送和接收通道。

4. MDIO 接口

在 RS 子层下方是管理数据输入/输出接口 MDIO,目的是访问设备的寄存器,控制链路状态、速度、节能情况、故障、反馈、PCS 的错误计数、测试模式等。

5. MDI

MDI 用于将 PMD 子层和物理层的媒介(光缆或电缆)相连接。MDI 是 PMD 与媒介之间的接口,包括连接的缆线和 PMD 插座,并要满足特定的接口性能规范。

5.2.3 RS 调和子层

调和子层 RS 将 XLGMII(CGMII)的通路数据和相关控制信号映射到原始 PLS 服务接口定义的(MAC/PLS)的接口上。XLGMII(CGMII)接口位于 RS 子层与 PCS 子层之间,如图 5-6 所示,实现 40/100GbE MAC 子层与 PHY 之间简单、低成本、容易实现的互连。RS 调和子层能适配 MAC 层的比特串行协议,将串行的比特流转换为适合 40/100GbE 物理层传输的可用于并行分发的串行码块即 64B。RS 子层和 XLGMII(CGMII)接口使 MAC 可以连接到不同类型的物理媒介上。

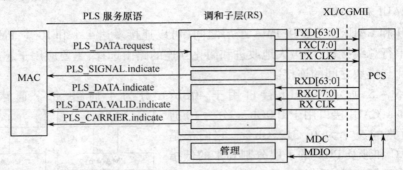

图 5-6 RS 子层和 XLGMII(CGMII)接口连接图

在 RS 子层左侧,有 5 条 PLS 服务原语支持 CSMA/CD 操作。由于 40/100Gb/s 操作仅支持全双工操作,故 RS 子层不会产生 PLS_SIGNAL. indicate 和 PLS_DATA. VALID. indicate 这 2 种原语。通过 PLS_DATA. request、PLS_DATA. indicate 和 PLS_DATA. VALID. indicate 这 3 种原语把 MAC 串行数据流转换为 XLGMII(CGMII)并行数据流。

在 RS 子层右侧是 XLGMII(CGMII)接口,其设计继承 XGMII 接口,由独立的发送和接收通道组成。发送通道由 64 位的数据信号 TXD[63:0],8 位的控制信号 TXC[7:0]和发送时钟信号 TX_CLK 组成。与之对应,接收通道由 64 位的数据信号 RXD[63:0],8 位的控制信号 RXC[7:0]和发送时钟信号 RX_CLK 组成。

64 位的数据信号 TXD[63:0]和 8 位的控制信号 TXC[7:0]划分为 8 条通路,同样 64 位的数据信号 RXD[63:0]和 8 位的控制信号 RXC[7:0]也划分为 8 条通路。8 条通路共享统一的时钟信号 TX_CLK 和 RX_CLK。8 条通路根据 Round-Robin 算法分配流量。例如:在发送数据时,第 1 个字节分配给通路 0,第 2 个字节分配给通路 1,第 3 个字节分配给通路 3,以此类推,第 8 个字节分配给通路 7,然后从头开始分配,第 9 个字节分配给通路 0。数据包从通路 0 开始以 8B 对齐。

5.2.4 PMA 物理介质接入子层

PMA 子层把 PCS 与 PMD 子层互联,包含传输、接收和碰撞检测(取决于 PHY)、时钟恢复和歪斜队列。PMA 子层提供 PCS 子层和 PMD 子层之间的串行化服务接口,而且是简单的比特级复用/解复用。

PMA 子层的作用是将 PCS 层中 L 路虚通道数据按位复用形成 m 路的 CAUI 接口通道数据(CAUI 接口用作电层的片间接口),通过 CAUI 接口连接到光模块器件对应的 PMA 层,再将 m 路的 CAUI 接口数据转换为 n 路通道接到 PMD 层,其模块构成如图 5 - 7 所示。

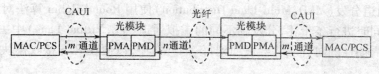

图 5 - 7　100GbE 中 PMA 层功能模块

PMA 子层的功能框架图如图 5 - 8 所示,PMA 子层可以改变输入/输出的通路(Lane)的对应关系和相应通路上的数据速率。对于 40GbE,复用/解复用的方案可以为 $4 \times 10\text{Gb/s}$、$2 \times 20\text{Gb/s}$ 和 $1 \times 40\text{Gb/s}$,即 $m = 4,2,1$,相应的通路上的速率为 10Gb/s、20Gb/s、40Gb/s;$n = 1,2,4$,相应的通路上的速率为 40Gb/s、20Gb/s、10Gb/s。对于 100GbE,复用/解复用的方案可以为 $10 \times 10\text{Gb/s}$、$5 \times 20\text{Gb/s}$、$4 \times 25\text{Gb/s}$、$2 \times 50\text{Gb/s}$、$1 \times 100\text{Gb/s}$。

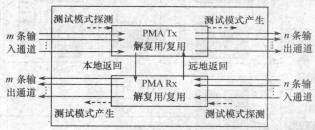

图 5 - 8　PMA 子层的功能框架图

对于 100GBase-LR4 来说,PCS 产生 20 个 PCS 通道,PMA 的功能通过电接口分成互联的 2 个 PMA 器件,CAUI 是基于 10 个宽度接口,每个通道 10Gb/s。这种实现 PMA 子层在 CAUI 顶部将 20 路 PCS 通道多路复用成 10 条物理通道。PMA 子层在 CAUI 的底部执行 3 个功能:第一它重新给进入的电信号定时;在定时以后,电通道然后转换回到 20 条 PCS 通道;最后多路复用成 100GBase-LR4 PMD 所需要的 4 通道。

不管怎样,100GBase-SR10 结构的实现是不同的,在这种实现中,主机片直接连接到在每个方向钩住 10 并行光纤通道的光收发器。PMA 子层驻留相同的器件作为 PCS 子层,把 20 路 PCS 通道多路复用成 10 路 PPI,这是 PMA 与 PMD 连接的非重新定时的电接口。

5.2.5　PCS 物理编码子层

PCS 位于 RS 和 PMA 子层之间。PCS 层的主要功能包括:①提供数据帧的描述;②控制信令的传送,确保所必须的时钟传送密度;③提供 SerDes 类型的电和光接口所需要的时钟传送;④通过剥离或者分离的方式将多个通道绑定到一起;⑤执行各速率的 XLGMII (CGMII)与 PMA 子层之间的变换,用于 10GbE 的 64B/66B 编解码方案,拆分和重新组合通过多通道的码块信息,将以太网 MAC 功能映射到现存的编码和物理层信号系统功能上。PCS 与上层 RS 连接使用 XLGMII(CGMII)接口,与下层 PMA 子层接口使用 XLAUI(CAUI)接口。

PCS 子层有以下具体的功能特点:

(1)编解码方案是基于 10GBase-R 的 64B/66B 方案,运行于 40Gb/s 或 100Gb/s 速率上,包括 66 位块编码/解码和串扰/解串扰。

(2)多通道分发(MLD,Multi-Lane Distribution)使用 Round-Robin 算法对经过编码和加扰 66 位块同时进行条带化,分发到不同的虚拟通道(VL,Virtual Lane)中去,如图 5 - 9 所示。此外,周期性的对齐块将会被加到每一个 VL 中,以便在 PCS 接收模块中实现去偏移操作。

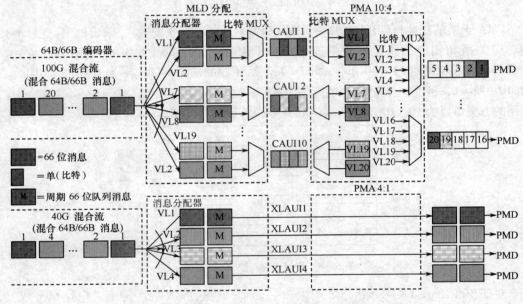

图 5 - 9 VL 的产生和 PMA 通路映射图

(3) VL。

① VL 并不一定对应物理通路。

② VL 是通过使用 Round-Robin 算法对经过编码加扰的 66 位块同时进行条带化。VL 产生图如图 5 - 9 所示。

③ VL 的数目与电通路数目 m 和 PMD 通路数目 n 的最小公倍数成比例。因为这样允许一个 VL 中的所有数据可以通过同一个电和光通路组合传输;此外还能在 PCS 接收模块中确保一个 VL 中的所有数据都以正确的顺序排列。对于 40GbE,VL 为 1、2 和 4 信道数或波长数的接口宽度;对于 100GbE,VL 为 1、2、4、5、10 和 20 信道数或波长数的接口宽度。

④ 只有当电通路数目 m 不相等 PMD 通路数目 n 时,才需要 VL。

⑤ 对齐标记允许 PCS 接收模块执行偏移补偿、重新对齐所有的 VL 和重新组合成单个 40Gb/s 或 100Gb/s 数据流(64B/66B 块以正确的顺序排列)。

(4) PMA 映射 m 电通路到 n PMD 通路:仅是简单的比特级复用。PMA 通路映射图如图 5 - 9 所示。对于 40GbE,PMA 映射 4 电通路到 1 PMD 通路;对于 100GbE,PMA 映射 10 电通路到 4 PMD 通路。

（5）对齐和静态偏移补偿只在 PCS 接收模块中。

下面以 100Gb/s PCS 子层为例,说明 PCS 子层在处理数据时的流程。如图 5 - 10 所示。

PCS 通道的发送通路:来自 CGMII 接口的数据首先被编码,成为 64B/66B 块连续流,并被加扰。66 位 100Gb/s 数据加扰后通过 Round-Robin 带机制,分布到 20 个虚拟通路(VL)上。同时,周期性地在每个 VL 上加上特殊的对齐标记(66B 块),实现带内偏移机制。

这 20 个 VL 通过 2:1 变速箱复用到 10 个 PMA 电通路,每个独立的 PMA 电通路运行在 10.3125Gb/s,其中的数据通过 10 个 CAUI 接口通路发送到 PMA 子层。

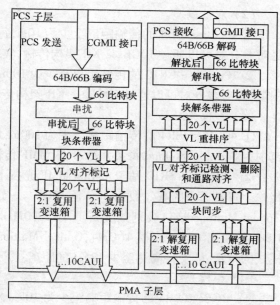

图 5 - 10   100Gb/s PCS 处理数据流程

PCS 通道的接收通路:接收通道将数据从 10 个 CAUI 接口通路 1:2 变速箱解复用至 20 个 VL。在每个 VL 中的数据经过块同步后,VL 对齐器检测每个 VL 中的对齐标记,对齐通路,找到 VL 中的净负荷数据,并去掉偏移对齐标记,重新排序,恢复 66B 位 100Gb/s 汇集数据流。最后经过解扰,解码成 CGMII 接口数据。

5.2.6   PMD 物理介质相关子层

PMD 子层支持在 PMA 子层和媒介之间交换串行化的符号代码位。PMD 子层将这些电信号转换为适合于某种特定的媒介上传输的形式。表 5 - 3 对各种不同的物理层 PMD 接口,从传输距离、所用线缆、占用波长、信号方式和实现方式这 5 方面进行总结。

表 5 - 3   下一代以太网的物理层规程总结表

PMD	40GBase-KR4	40GBase-CR4	40GBase-SR4	40GBase-LR4	100GBase-CR10	100GBase-SR10	100GBase-LR4	100GBase-ER4
传输距离	1m	10m	100m	10km	10m	100m	10km	40km
线缆	背板传输	双轴铜缆	OM3 并行 MMF	SMF	双轴铜缆	OM3 并行 MMF	SMF	SMF
信号方式				CWDM			DWDM	DWDM + SOA
实现方式	4×10Gb/s	4×10Gb/s	4×10Gb/s	4×10Gb/s	10×10Gb/s	10×10Gb/s	4×25Gb/s	4×25Gb/s
注:SOA(Semiconductor Optical Amplifier)——半导体光放大器								

由表 5 - 3 可以看出,有 4 类不同的 PMD:背板、双轴铜缆、多模光纤(MMF)和单模光纤(SMF)。不同的 PMD 有不同的传输实现方式。

（1）背板。40GBase-KR4 的传输距离至少为 1m，每个传输方向上有 4 个通路以及对应的背板媒介接口，每个通路可以通过 10GBase-KR 架构传输，实现方式为 4×10Gb/s。

（2）双轴铜缆。

① 40GBase-CR4 的传输距离至少为 10m，每个传输方向包含 4 对差分对的双轴铜缆，每对差分对可以通过 10GBase-KR 架构传输，实现方式为 4×10Gb/s。

② 100GBase-CR10 的传输距离至少为 100m，每个传输方向包含 10 对差分对的双轴铜缆，每对差分对可以通过 10GBase-KR 架构传输，实现方式为 10×10Gb/s。

（3）多模光纤。

① 40GBase-SR4 的传输距离至少为 100m，使用 4 条并行 OM3 MMF，占用的中心波长范围为 840nm～860nm，每条并行 OM3 MMF 传输 10Gb/s，实现方式为 4×10Gb/s。

② 100GBase-SR10 基于 850nm MMF 光技术，支持每个方向 10 组并行光纤的 100GbE 传输。每条通道的有效数据速率是 10Gb/s，实现方式为 10×10Gb/s。光多模 3（OM3，Optical Multimode 3）级别的光纤具有 2000MHz/km 有效模式的带宽，能支持高达至少 100m 的距离。而光多模 4（OM4，Optical Multimode 4）级别的光纤具有 4700MHz/km 有效模式的带宽，能支持高达至少 125m 的距离。

（4）单模光纤。

① 40GBase-LR4 的传输距离至少为 10km，使用符合 ITU G.694.2 规范的 SMF，占用的 4 个中心波长分别为 1271nm、1291nm、1311nm 和 1331nm，并使用 CWDM 技术，每个波长的速率为 10Gb/s，实现方式为 4×10Gb/s。

② 100GBase-LR4 PHY 基于 DWDM 技术，在 SMF 情况下支持至少 10km 的传输。4 种中心波长分别是 1295.56nm、1300.05nm、1304.58nm 和 1309.14nm，中心频率间隔 800GHz，是 100GHz 间隔频率栅栏的成员。每个波长的有效数据速率是 25Gb/s，实现方式为 4×25Gb/s。因此，100GBase-LR4 PMD 支持在单模光纤上每个方向 4 个波长的 100GbE 传输。

③ 100GBase-ER4 PHY 也是基于 DWDM 技术，在一对单模光纤上支持至少 40km 的传输。使用符合 ITU G.694.1 规范的 SMF，占用的 4 个中心波长分别为 1295.56nm、1300.05nm、1304.58nm 和 1309.14 nm。中心频率间隔 800GHz，是 100GHz 间隔频率栅栏的成员。每个波长的有效数据速率是 25Gb/s。因此，100GBase-LR4 PMD 支持在单模光纤上每个方向 4 个波长的 100GbE 传输。为了达到 40km 的要求，还要加上 SOA 技术，实现方式为 4×25Gb/s。

5.2.7　FEC 转发纠错子层和自协商 AN 子层

在 40GBase-KR4、40GBase-CR4 和 100GBase-CR10 这 3 种 PHY 中，其物理层增加了可选的 FEC 子层和 AN 子层。

1．FEC 子层

FEC 子层位于 PCS 子层与 PMA 子层之间。FEC 重用了 10GBase-R 中的 FEC 规范。FEC 的主要功能是提供编码增益以提高链路预算和误码率（BER）性能。FEC 子层透明地传输 64B/66B 编码块。

FEC 是一种二进制突发错误检查编码，能够纠正多达 11 位突发错误，同时也是一种轻量级编码,有低开销、低延时和低耗能等优点,此外 FEC 不会引起信令速率的提升或者数据速率的降低。

FEC 对 4(40Gb/s)或者 10(100Gb/s)条通路进行独立编解码。为了 FEC 同步 4/10 条通路增加了一些变化:相同的 FEC 块锁定状态框图;只有所有的通路都被锁定后,才产生报告全局同步信号;可能增加一个 FEC 帧标志信号用于通路对齐;为 4/10 条通路增加一些 FEC MDIO 变量。

此外,FEC 还可以通过 AN 子层协商 FEC 的性能。

2. AN 子层

AN 子层位于 PMD 子层之下,使用 MDI 接口与物理媒介连接。AN 子层重用了 10GBase-R 中的 AN 规范。AN 的主要功能是提供一种在链路两端设备交互信息的方法,可以自动地配置两端设备,使它们工作在共有的最高性能模式下。

AN 可以用作协商 PHY 的类型、FEC 性能、暂停性能,也可以用作数字信号检测。

AN 增加的变化有:在保留空间中增加了技术能力位,以指示 40GBase-KR4、40GBase-CR4 和 100GBase-CR10 这 3 种能力;提供并行检测功能以允许后向兼容传统的不支持自协商的 10GBase-CX4 PHY。

5.3 100GbE 光收发器

信道容量受香农理论的限制。贝尔实验室研究人员估计在 1550nm 窗口的 SMF 信道容量大于 100Tb/s。符号速度受奈奎斯特准则速率的限制。围绕 1310nm 的 100nm 宽窗口的信道容量限制在 30Tbaud 左右。因此,100Gb/s 以太网在基本范围限制内。

SMF 光收发器的设计还受到其他限制的约束。对于光损耗和散射,HSSG 采用 ITU (International Telecommunications Union) G.652 的模型。1550 nm 的损耗是 0.2dB/km,而 1310nm 的损耗是 0.4dB/km。1550nm 的色散(CD,Chromatic Dispersion)是 20ps/nm·km,而 1310nm 左右的 CD 在 −5ps/nm·km ~ 5ps/nm·km 范围内。

10GBase-ER 规定在 1550nm 的情况下传输 40km,光纤损耗 8dB。10GBase-LR 规定在 1310nm 的情况下传输 10km,光纤损耗 16dB。100Gb/s 的速率需要 10 WDM 的信道,其构成为 10 × 10Gb/s。

5.3.1 100GbE SMF 4 × 25Gb/s 光收发器

4 × 25Gb/s 光收发器的结构如图 5 − 11 所示。集成电路(IC,Integrated Circuit)与 100Gb/s 收发器连接,电子接口的窄通道是 10Gb/s。为了实现 10Gb/s 和 25Gb/s 之间速率的转化,利用了 10:4 SerDes IC。串行器 IC 执行 3 种功能:①接收输入数据;②把输入通道多路复用成输出通道;③低通滤波和产生发送数据的输入参考时钟。并行器 IC 执行 3 种功能:①接收输入数据;②把输入通道多路分离成输出通道;③产生输入数据的时钟。由于 SerDes 的非整数效用,会产生更高的功率损耗。

发射机使用 4 个调制激励器(MD,Modulator Driver)和 4 个电镀吸收调制激光器 (EML,Electro-absorption Modulator Laser)。EML 由连续分布反馈激光二极管和电镀吸收调制器 2 部分组成,用于在收发器中传送数据,提供低噪声和高信号带宽。EML 有

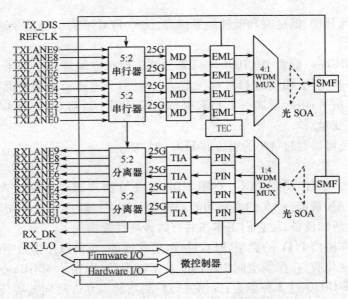

图 5 - 11　100GbE SMF 4 × 25Gb/s 收发器结构

TXLANE—发射通道；RXLANE—接收通道。

4 个不同的 EML 波长到达 WDM 多路复用器（MUX，Multiplexer）。一种预备结构使用 4 个激光驱动器（LD，Laser Driver）和 4 个直接调制激光器（DML，Direct Modulation Laser）。对于小于 4km 范围，EML 发射机可用在 1310nm 或是 1550nm 方面。DML 发射机在 1550nm 方面需要进行色散补偿。接收机使用 WDM 多路信号分离器（DeMUX，De-multiplexer）、4 个内部 PN 结（PIN，P-Intrinsic-N）的光敏二极管和 4 个跨导倒数放大器（TIA，Transimpedance Amplifier）。TIA IC 调整接收机噪声的性能，把光电二极管单端输入电流转化成不同的输出电压。在 TIA 或 SerDes IC 内部需要一个限幅放大器（LA，Limiting Amplifier）功能。

WDM 的间隔可以涉及以下几个方面：

（1）25nm IEEE LX-4 栅格。

（2）20nm ITU G. 694. 2 CWDM 栅格。

（3）ITU G. 694. 1 DWDM 栅格间隔的范围在 400GHz ~ 800GHz 之间（2nm ~ 4nm）。

LX-4 和 CWDM 栅格允许非冷却的激光器，这可能会导致低功耗。DWDM 栅格允许统一的 EML 或 DML 制造的处理器，以便适合窄 1310nm、低散射窗口和密集光噪声滤波器带宽，但需要热电冷却器（TEC，Thermo-Electric Cooler）冷却。

对于城域网的应用，4 × 25Gb/s 1310nm 结构需要 SOA（见图 5 - 11 的虚框图）。SOA可以设计成在 1310nm 或 1550nm 状态下运行。主要的设计挑战是信号失真和光色度亮度干扰。SOA 能够勉强地与激光器或波导 PIN 在平板光波电路或光子集成电路（PIC，Photonic Integrated Circuits）上集成。如果把 1310nm 最小色散波长与宽间隔 DWDM 栅格结合，不需要色散补偿。高输出功率 DML（而不是 EML）发射机可不需要发送的 SOA。25Gb/s 雪崩光电二极管（APD，Avalanche Photodiode）接收机可不需要接收的 SOA。数据中心应用（小于 4km）不需要选择 SOA 或等价器件。使用相同的 40km 和 4km 规范的LAN WDM 栅格要求有共享的收发器结构和基础架构。

需要说明的是 4×25Gb/s 1550nm 结构不需要 10km～40km 范围的 SOA,但是在此范围内需要有管理噪声的发射机;需要光散射补偿;在判决电路(LA)之前,需要线性 TIA 和电子散射补偿(EDC,Electronic Dispersion Compensation)。

5.3.2　100GbE 多模光纤 10×10Gb/s 收发器

图 5－12 所示为 10×10Gb/s MMF 收发器结构。电子 I/O 速率是 10Gb/s,与 SMF 收发器相同,提供收发器应用的交互性。结构有 12 条信道便于应用,因而 100Gb/s 以太网能够与公用硬件一致受到支持。通过 2 个 12×10Gb/s 信道的无连接,支持 10×10G b/s 的应用。100Gb/s MMF 收发器是面板插销,类似于 40Gb/s MMF 方块小型插头(QSFP,Quad Small Form Factor Pluggable)的功能性。

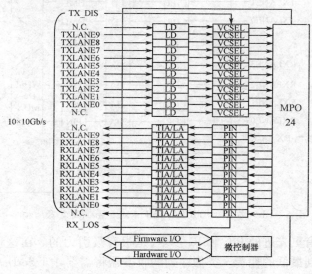

图 5－12　100Gb/s 使用 12×10Gb/s 部件的 MMF 10×10Gb/s 收发器结构

为了重新给电子接口定时,图 5－12 没有 CDR,输入通道直接与 12 个 LD 连接,然后再连接到 12 个元件的 VCSEL 阵列;输出通道直接与 12 个 TIA/LA 连接,这 12 个 TIA/LA 与 12 个元件 PIN 二极管阵列连接。这就比采用 CDR 需要更低的耗费和更低功率的解决办法。

连接 24 根光纤的 MPO 连接器具有 12 个发送信道和 12 个接收信道。选择的办法是使用 2 个 12 根光纤的 MPO 连接器,12 个信道的发送连接器与 12 个信道的接收连接器相邻并接。24 根光纤连接对于 VCSEL 和 PIN 二极管阵列比对准与 VCSEL 阵列的 12 根光纤连接器和独立地对准与 PIN 二极管阵列的 12 根光纤连接器更复杂和更昂贵。无论如何,24 根光纤提供更高的密度,更低的光纤传输耗费和简单的光缆管理。

5.3.3　改进的 100Gb/s SMF 4×25Gb/s 收发器结构

为实现高容量、低耗 100Gb/s 的计算机互联,100Gb/s 收发器需要迁移高端 PIC 技术到大量的制作过程。图 5－13 所示为数据中心应用的低耗 4×25Gb/s 结构,重新调整 25Gb/s 电接口的速度可应用到改进的模块实现中。减少电接口的宽度和插脚的数量以及减少消除模块中串行器/并行器的功率能够帮助我们使模块的体积更小。这种更小的模块会产生更高的端口计数,因此能够综合帮助驱动每个端口耗费下降。所有的光功能是在 2 个 PIC 上,对于 40km 的范围,图 5 - 11 的 SOA 也可在 PIC 上集成,不需要 SerDes 功能。具有均等 CDR 功能对于重新给 4×25Gb/s 电子 I/O 计时是足够的。为了实现 IC,未来 45nm 或 32nm 节点 CMOS 过程是必须的。这种收发器的计数变成类似于今天的 10Gb/s SMF 收发器。更高的集成和更低 I/O 计数也导致比图 5 - 11 更低的波形因数。

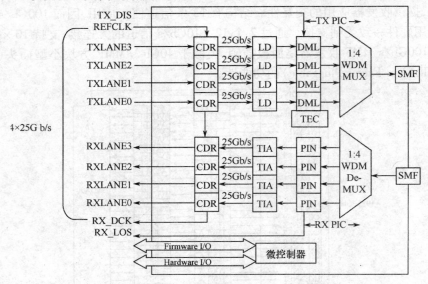

图 5 - 13 改进的 100Gb/s SMF 4×25Gb/s 收发器结构

预备的结构具有更先进的 PIC 和 IC 技术,是很有吸引力的。在这种状态下,通过提供单信道光纤来达到最低的耗费。类似序列的收发器将需要 4:1 SerDes、100GHz 放大器和光调节器。如果额外的光功能如分离器、合成仪和偏振模式转动体能够有效集成在 PIC 上的话,那么,其他的 DWDM 技术可以是低耗费的,附属器件也将提供单波长。对于数据中心的应用,1310nm 的操作的散射是可以接受的。改进的 SMF 技术可以充分地降低耗费以实现所有的应用。

5.4 100GbE 的硬件实现方法

100GbE 常常用单芯片来实现,20:10 PMA 也常常嵌入在相同的芯片上,这是因为重定时物理接口是 CAUI（10×10.3125Gb/s 电子接口）。因此考虑到功耗和电路规模,MAC/PCS 实现需要相关的大规模集成电路,比如 CMOS 器件和大规模可编程门阵列（FPGA,Field Programmable Gate Array）是比较适宜的技术。

5.4.1 100GbE PCS 和 PMA 层的并行处理方法

100GbE 的 CGMII 被定义为具有 64 位宽数据信号、8 位宽控制信号和 1.5625GHz 时钟的逻辑接口。为了在一个循环处理一个 64B/66B 码块,必须进行优化。无论如何,虽然这种高频率时钟通常在中央处理器（CPU,Central Processing Unit）内,在 ASIC 内难以完

150

成,但是采用基于单元的设计方法,ASIC 可用在通信中。因为在经过 45nm CMOS 处理以后,再也不能期望晶体管运行速度戏剧性地增加,必须减小时钟频率和采用并行化的思路。例如 8 并行 CGMII 会有 512 位宽数据信号、64 位宽控制信号和 195MHz 时钟(见图 5 − 14),这在今天甚至用 FPGA 是完全可以实现的。

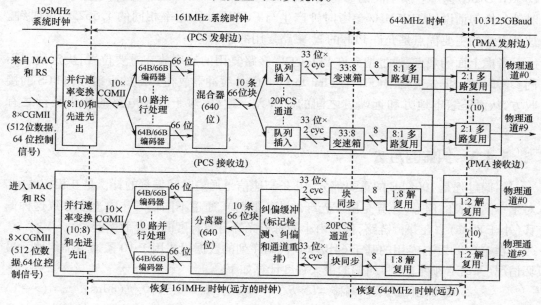

图 5 − 14　100GbE 的 PCS 和 PMA 的并行实现框图

　　无论如何,当并行处理时,需要把这种过程分成可并行的和串行的过程。例如 64B/66B 编码过程分成代码变换过程和数据混合过程。在代码变换处理过程中,不依赖于前后代码块,所以并行代码变换电路能够简单地并行。在数据混合处理过程中,一个给定的混合计算的块取决于串行比特流原块的处理结果,所以不能使用用于代码变换电路的相同并行处理方法。因此在一个单循环内,为了处理一个并行数据信号(例如 512 位宽),需要数据混合电路结构。

　　作为一个例子,考虑 FPGA 的使用,选择 161MHz 运行时钟,该时钟是 103.125Gb/s 的 1/640,把 64B/66B 编码解码并行成 10 行。同时把 10 个代码变换单元放在一行,每一行在一个循环处理一个块(64 位)。对于数据混合电路来说,平行安放串行混合器以便在一行处理 640 位。顺便指出数据混合单元能够在一个单循环处理 10 个块。

5.4.2　LSI 时钟方法

　　逻辑电路使用的时钟频率需要在没有改变大规模集成电路(LSI,Large-Scale Integrated circuit)内部或由稍微调节数据速率而改变。我们需要把逻辑电路分成多时钟区域,因为 MAC/PCS LSI 需要使用多时钟,例如,用作 CAUI 的 10.3125GHz 的时钟区域以及用作 CGMII 和 MAC 的 1.5625GHz 的时钟区域。另外,PCS 的接收方需要补偿时钟速率差,因为以太网标准允许 $\pm 100 \times 10^{-6}$ 差作为逻辑边和远端边之间的数据速率。有 2 种方法准备多系统时钟,其中:一种是使用相同的参考时钟;另一种是使用不同的参考时钟。使用相同的参考时钟意味着单参考时钟（例如 312.5MHz）常常产生 10.3125GHz 时钟和 1.5625GHz 的时钟。这种方法的优点是全部 MAC/PCS LSI 可以在公共时钟上运行（除在接收机恢复时钟上运行部分之外）。缺点是需要不同 2^n 倍数的锁相逻辑（PLL, Phase Locked Logic）速率。用不同的参考时钟，例如能从 644 MHz 参考时钟产生 10.3125GHz 时钟。换句话说，从 195MHz 参考时钟产生与 CGMII 并行速率相同的 1.5625GHz 时钟。这种方法的主要优点是允许 PLL 的 2^n 多路复用的速率。

考虑上面的观点，通过把允许 PLL 的 2^n 多路复用的速率放在重要位置，决定使用不同参考时钟。把先进先出（FIFO, First In First Out）缓冲器放在 PCS 的发射方和 PCS 的接收方，从而压缩本地方和远端方之间的时钟差。这样，对于减少电路的体积是行之有效的。

5.4.3 纠偏的方法

纠偏过程是 100GbE 的重要部分，10 条高速信号通道时间偏移的补偿是互相相关的。对于不同波长的信号（差异是由于光纤的波长散射），通过不同信号传输速度导致这种偏移（小于 80ns）。在并行链路，偏移由小的每根光纤有效长度的差异而引起。

在 100GbE 内，专用的基于 64B/66B 代码序列的数据模式用于 10 条通道的纠偏。最坏情况（系统必须考虑到）纠偏的最大程度计算如下：

$$\text{通道之间的最大偏移} = L * S/T = 40000 * 2/100 = 800 \text{ 位}(80\text{ns}) \qquad (5-1)$$

这里传输长度 L 为 40km，在给定波长范围的情况下，任意 2 条信道上信号之间的最大偏移 S 为 2ps/m，每位的信号周期为 100ps。

因此，纠偏数据模式的大小应大于 1600 位（+/−80ns），符合最大偏移（80ns）的 2 倍的长度。32 个 64B/66B 代码（32 × 64 位 = 2048 位 > 1600 位）序列隐藏着 1600 位。

PCS 在发送方执行通道的分布式处理，在多通道传输的接收方执行纠偏过程。首先发送方 PCS 分配编码和混乱码块给并行分配的 20 个 PCS 通道，同时，所有的 PCS 通道使用循环方法插入线向标。

在改变时钟区域的通道分配处理阶段，通过使用 FIFO 缓冲器和不同的参考时钟，能把并行的速率从符合 CGMII 的 8 变成符合 10Gb/s CAUI 物理通道的 10。这期间 20 条并行 PCS 通道符合前述介绍的两个循环处理过程。

为了产生插入队列标记的间隔，必须周期性地修改来自 CGMII 数据流的分组间的间隙（IPG, Inter-Packet Gaps）。可以使用发送方 FIFO 缓冲的方法对需要的数据流进行缓冲。

当接收方的通道检测到在发送方插入的线向标时，通过获得所有 PCS 通道（例如偏移）线向标的到达时间的差异，并且通过时间延迟以删除差异来执行纠偏。此外，如果接收的 PCS 通道成员无序的话，PCS 把内部数据通路转化成给 PCS 通道再排序。

因为适合于 FIFO 控制器的逻辑电路更复杂且仅仅使用一个 FIFO 缓冲器具有更大的体积，因而使用了接收方 PCS 的 2 个 FIFO 缓冲器：第 1 个 FIFO 缓冲器处理纠偏的缓冲和线向标的删除；第 2 个 FIFO 缓冲器处理本地和远处之间的时钟差异的补偿，以及删除线向标以后在 LSI 内部的参考时钟和空信号的注入之间的时钟差异的补偿。

5.4.4　变速箱 LSI 的实现

变速箱 LSI 是 10∶4 PMA 子层的等价物,通常驻留在 100GBase-LR4/-ER4 光模块内。变速箱这个名字来自 PMA 多路复用的比率是 10∶4(因素 2.5),这不是一个整数的倍数。

变速箱 LSI 实现的一个问题是正在安装许多 25Gb/s 或 10Gb/s 的高速串行接口。约2010 年,SiGe 或另外的这种高速电路的混合半导体器件或许习惯于实现 25Gb/s 串行接口,这正是第一个 100GbE 产品出现的时候。无论如何,混合半导体器件一般有高功耗,所以整个变速箱 LSI 平均消耗约 10W。然而,将来的实现会转移到能量更有效 CMOS 的器件上,人们希望更低的耗费。变速箱 LSI 实现的问题如下:

(1) 10∶4 通道交换的方法。

(2) 加速和减小 10Gb/s 和 25Gb/s 接口的 CMOS 电路的功耗。

在变速箱的发送方向,10 条 10.3125Gb/s 物理通道转化成 4 条 25.78125Gb/s 物理通道。换句话说,在接收方向,4 条 25.78125Gb/s 物理通道转化成 10 条 10.3125Gb/s 物理通道。变速箱 LSI 的比特多路复用器和比特多路分离器的实现方法,在 100GbE 草案规范中没有严格的定义,这是因为有几种实现方法。变速箱 LSI 模块图的一个例子如图5－15 所示。因为 10∶4 多路复用器不是整数比率,难以实现,首先 10 条物理通道转化成20 条 PCS 通道;与发送方 10 个并行的 1∶2 比特多路分离器和接收方 10 个 2∶1 比特多路复用器相比较,与 MAC/PCS LSI 的 20∶10 PMA 相同;然后 20 条 PCS 通道转化成 4 条物理通道,这主要利用了 4 条并行 5∶1 比特多路复用器(发送方)和 1∶5 比特多路分离器(接收方)。这些多路复用器和分离器的实现方法可能导致 PCS 通道似乎在 PCS 的接收方的位置交换。毫无疑问,因为通道无序化,接收方的 PCS 必须重新排序。

在实现模型中,使用了 CMOS 器件,因此很难以 PCS 通道的串行速度(5.15625Gb/s)操纵逻辑部件。因此,对于多路复用器和多路分离器电路以及内部的数据通路,使用约644MHz 的慢时钟。这样,能够制造 GHz 序列逻辑电路,逻辑电路的尺寸也许比使用 SiGe器件更大,但是,达到了能量消耗减少的目的。

因为 PMA 不受状态偏移和 PCS 通道无序的影响,纠偏的机制不必在变速箱 LSI 内进行。100GbE 草案规范定义了由变速箱 LSI 内的逻辑电路所实现的一些功能,有选择地定义了容忍偏移变化的小型 FIFO、测试图发生器和检测器。这样变速箱能够当作比具有许多功能的 MAC/PCS LSI 更小的芯片来实现。

5.4.5　基于汉明码的纠错

100GbE 帧格式包括基于汉明码(132b,140b)的纠错(图 5－16)。纠错必须提供充分快(超过 10Gb/s)和可靠的(BER < 10^{-12})数据传输。虽然 Reed-Solomon (RS)或 TrellisCode Modulate (TCM)代码获得好的纠错性能,然而 2 种编码都花费相当长的时间来处理,并且需要相当大的数据缓冲器,因此既增加延迟又增加电路的尺寸。基于这些理由,选择了适合于 100GbE 的基于汉明码的前向纠错代码。这就获得了低延迟(< 100 ns)纠错和小型电路。

在 100GbE 内,对于数据的每个 132 位(2 个 64B/66B 码),增加 8 位,以此开通每一

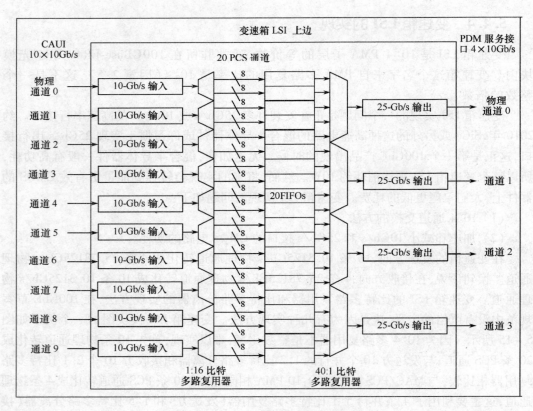

图 5-15 变速箱 LSI 的实现框图

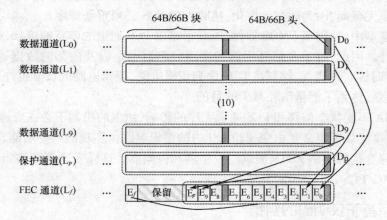

图 5-16 用在前向纠错的结构数据

条冗余比特通道。8 位代码获得 1 位纠错和 2 位错误检测。这种代码能够检测从 10^{-8} 到 10^{-12} 的 BER。

5.4.6 容错通道恢复机制

为了获得高可靠的数据传输,100GbE 包括冗余传输机制(图 5-17)。这种机制使用额外的保护通道。保护通道发送从 10 位并行数据通道计算出的奇耦数据。在单通道偶

154

然 1 位错误的情况下,在接收方由 FEC 纠正这些错误。在 1 条通道被中断的情况下,从 9 位数据和奇耦数据中由 EX-OR 电路计算出纠正的数据。这种机制提供来自单通道问题的不断地检测和恢复,不需要重新传输或通道重构。这种机制提供了高可靠的数据通信。

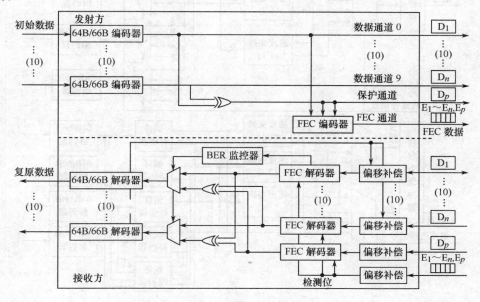

图 5 - 17   故障通道恢复机制的结构

5.4.7   自动链路速度选择机制

为了实现 100GbE 和 10GbE 之间的兼容,100GbE 的接口支持链路速度选择和自动恢复机制。自动恢复机制(图 5 - 18)支持链路吞吐量的自动检测和激活通道号码的交换。在信号传输的初始序列中,发射方指示活动的通道数;接收方检测这种通道数,调整接收条件以适合于活动通道的指示数。

这种机制提供大部分解决方案以处理各种 10Gb/s 活动通道,并且动态地操纵。例如,在网络提供者暂时租用 4 种波长的情况下,用户能够使用 40Gb/s 链路的端口,因此提供高灵活性。

5.4.8   40GbE 和 100GbE 铜缆和光缆规范的收发通道

1. 40GBase-CR4 和 100GBase-CR10 收发通道

在发射机(TP0)和接收机模块 (TP5)之间的 40GBase-CR4 和 100GBase-CR10 信道有 2 种插入损耗,即收发机差分控制阻抗印制电路板插入损耗和缆线插入损耗。在图 5 - 19 所示的信号传输系统中,有 2 个成双的连接对,TP0 和 TP5 是不可测的参考点,所有缆线的测量可在 TP1 和 TP4 之间进行。SLn < p > 和 SLn < n > 分别是通道 $n(n = 0, 1, 2, 3$ 或 $n = 0, 1, 2, 3, 4, 5, 6, 7, 8, 9)$ 的发送差分信号对的正电压和负电压,DLn < p > 和 DLn < n > 分别是通道 n 接收差分信号对的正电压和负电压。

40GBase-CR4 PMD 发送功能把由 PMD 服务接口信息 PMD_UNITDATA. request0 与

155

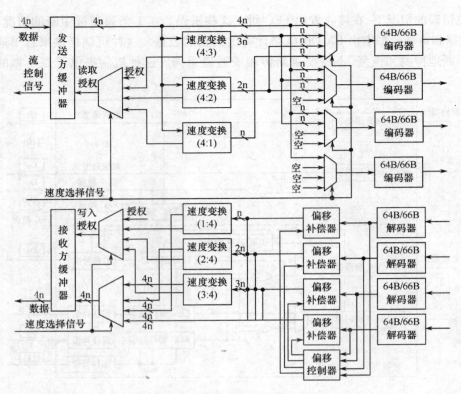

图 5 - 18　链路速度选择机制的结构

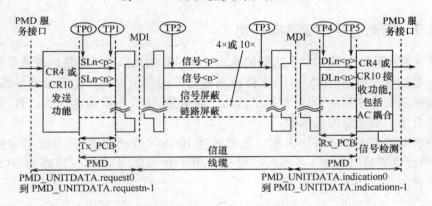

图 5 - 19　40GBase-CR4 和 100GBase-CR10 链路

PMD_UNITDATA. request3 所请求的 4 比特流转化成分隔的 4 路电流。SL < p > 正输出电压减 SL < n > (差分电压) 为 tx_bit = 1。100GBase-CR10 PMD 发送功能把由 PMD 服务接口信息 PMD_UNITDATA. request0 与 PMD_UNITDATA. request9 所请求的 10 比特流转化成各自的 10 路电流。SL < p > 正输出电压 减 SL < n > (差分电压) 为 tx_bit = 1。

　　40GBase-CR4 PMD 接收功能把来自 MDI 的 4 路电流转化成 4 比特流,使用消息 PMD_UNITDATA. indication0 与 PMD_UNITDATA. indication3,将 4 比特流投递到 PMD 服务接口。DL < p > 的正输入电压减 DL < n > (差分电压) 为 rx_bit = 1。100GBase-CR10 PMD 接收功能把来自 MDI 的 10 路电流转换成 10 比特流,使用消息 PMD _

156

UNITDATA. indication0 与 PMD_UNITDATA. indication9 将这 10 比特流投递到 PMD 服务接口。DL < p > 的正输入电压减 DL < n > (差分电压)为 rx_bit = 1。

2. 40GBASE-SR4 和 100GBASE-SR10 的收发通道

40GBASE-SR4 和 100GBASE-SR10 PMD 执行 PMD 服务接口和 MDI 之间传送数据的收发功能,其数据的收发通道如图 5 - 20 所示。在主机兼容板的输出端(TP1a)指定的是电发射信号,在模数兼容板的输入端(TP1)指定的是电发送输入端的其他规范。在 $50 \mu m$ 多模光调度塞绳(长度在 2m ~ 5m 之间)的输入端(TP2)指定的是光输入信号。在 MDI 光缆的输出端(TP3)指定的是光接收信号。在模块兼容板的输出端(TP4)指定的是电接收信号。在主机兼容板的输入端(TP4a)指定的是电接收机输入端的其他规范。

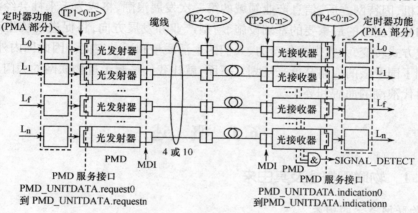

图 5 - 20 40GBase-SR4 和 100GBase-SR10 收发通道模块

PMD 发送功能是把 PMD 服务接口信息 PMD_UNITDATA. request0 与 PMD_UNITDATA. requestn 所请求的 4 路或 10 路电比特流转化成各自的光信号流。光信号流转交给 MDI,MDI 有 4 路或 10 路并行的光发送通道。在每一条信号流的更高的光功率电平相应为 tx_bit = 1。

使用消息 PMD_UNITDATA. indication0 与 PMD_UNITDATA. indicationn,为了把信号投递到 PMD 服务接口,PMD 接收功能把从 MDI 所接收的 4 路或 10 路并行的光信号流转化成各自的电比特流。在每一条信号流的更高的光功率电平相应为 rx_bit = 1。

第6章 物 联 网

物联网(IoT,Internet of Things)是现代信息技术发展到一定阶段的必然产物,是多项现代信息技术的殊途同归与聚合应用,是信息技术系统性的创新与革命。物联网被认为是继计算机、因特网之后,信息产业领域的第三次发展浪潮,将成为未来社会经济发展、社会进步和科技创新的最重要的基础设施、新型产业和发展方向;将促进传统生产、生活方式向现代方式转变,大大提高生产力、人们的生活质量和活动空间。因此国内外都把它的发展提到了国家级的战略高度来规划。下面,就让我们一起走进物联网的大门,一窥物联网这个时代浪潮的面貌和姿态。

6.1 概 述

6.1.1 物联网概念及其由来

1. 物联网概念的由来

1995 年,比尔·盖茨在《未来之路》中提及"物联网",但当时这个新概念没有引起太多的关注。

1999 年,在美国召开的移动计算和网络国际会议提出,传感网是下一个世纪人类面临的又一个发展机遇。这一年,MIT Auto-ID Center 提出物联网思路,即把所有物品通过射频识别等信息传感设备与互联网连接起来,实现智能化识别和管理。

2001 年,加利福尼亚的克里斯托弗·皮斯特正式提出了"智能灰尘"的概念。

2004 年日本总务省提出 u-Japan 构想中,希望在 2010 年将日本建设成一个"任何时间、任何地方、任何东西和任何人"都可以上网的环境。

2005 年 11 月,在突尼斯举行的信息社会世界峰会(WSIS)上,国际电信联盟发布了《ITU 互联网报告 2005:物联网》,正式提出了"物联网"的概念。报告指出,无所不在的"物联网"通信时代即将来临,世界上所有的物体从轮胎到牙刷、从房屋到纸巾都可以通过因特网主动进行交换。

2008 年 11 月,IBM 提出"智慧的地球"概念,即"互联网 + 物联网 = 智慧地球",以此作为经济振兴战略。

2009 年 1 月,IBM 首席执行官彭明盛提出"智慧地球"构想,其中物联网为"智慧地球"不可或缺的一部分,而奥巴马在就职演讲后已对"智慧地球"(传感器网 + 互联网)构想提出积极回应,并提升到国家级发展战略,由此引发了世界各国对物联网的追捧。

在中国,"物联网"最早被称为"传感网",中国的传感网发展起步较早,中国科学院早在 10 年前就启动了传感网研究,先后投入数亿元。

2. 物联网的定义

物联网就是"物物相连的因特网"。这有两层意思：第一，物联网的核心和基础仍然是因特网，是在因特网基础之上的延伸和扩展的一种网络；第二，其用户端延伸和扩展到了任何物品与物品之间，进行信息交换和通信。

因此，物联网是通信网和因特网的拓展应用和网络延伸，是通过射频识别（RFID，Radio Frequence IDentifier）装置、红外感应器、全球定位系统、激光扫描器等信息传感设备，按约定的协议，把任何物品通过各种无线（有线）的长（短）距离通信网络实现互联互通、应用大集成的网络。物联网在内网（Intranet）、专网（Extranet）和/或因特网环境下，进行信息交换、通信、计算、处理，以实现人与物、物与物信息交互和无缝链接，达到智能化识别、定位、跟踪、监控、报警、联动、精确管理和科学决策的目的。

这里的"物"要满足以下条件才能够被纳入"物联网"的范围：

（1）要有相应信息的接收器。

（2）要有数据传输通路。

（3）要有一定的存储功能。

（4）要有 CPU。

（5）要有操作系统。

（6）要有专门的应用程序。

（7）要有数据发送器。

（8）遵循物联网的通信协议。

（9）在世界网络中有可被识别的唯一编号。

从时—空—物 3 维视角看，物联网是一个能够在任何时间、地点，实现任何物体和任何人互联的动态网络，它包括了 PC 之间、人与人之间、物与人之间、物与物之间的互联。在物联网中物理的、虚拟的物体都具有可标识性，其物理属性、虚拟特征均可被读取，并能通过智能接口无缝集成。

从技术理解，物联网是指物体通过智能感应装置，经过传输网络，到达指定的信息处理中心，最终实现物与物、人与物之间的自动化信息交互与处理的智能网络。

从应用理解，物联网是指把世界上所有的物体都联接到一个网络中，形成"物联网"，然后"物联网"又与现有的因特网结合，实现人类社会与物理系统的整合，达到更加精细和动态的方式管理生产和生活。

3. 物联网的基本特征

"网络化"、"物联化"、"互联化"、"自动化"、"感知化"、"智能化"是物联网的基本特征。

"网络化"：是物联网的基础。无论是机器对机器（M2M，Machine to Machine）、专网，还是无线、有线传输信息，感知物体，都必须形成网络状态；不管是什么形态的网络，最终都必须与因特网相联接，这样才能形成真正意义上的物联网（泛在性的）。目前的所谓物联网，从网络形态来看，多数是专网、局域网，只能算是物联网的雏形。

"物联化"：人物相联、物物相联是物联网的基本要求之一。电脑和电脑连接成互联网，可以帮助人与人之间交流。而"物联网"就是在物体上安装传感器、植入微型感应芯片，然后借助无线或有线网络，让人们和物体"对话"，让物体和物体之间进行"交流"。可以说,因特网完成了人与人的远程交流,而物联网则完成人与物、物与物的即时交流,进而实现由虚拟网络世界向现实世界的联接转变。

"互联化":物联网是一个多种网络、接入、应用技术的集成,也是一个让人与自然界、人与物、物与物进行交流的平台,因此,在一定的协议关系下,实行多种网络融合,分布式与协同式并存,是物联网的显著特征。与因特网相比,物联网具有很强的开放性,具备随时接纳新器件、提供新的服务的能力,即自组织、自适应能力。

"自动化":通过数字传感设备自动采集数据;根据事先设定的运算逻辑,利用软件自动处理采集到的信息,一般不需人为的干预;按照设定的逻辑条件,如时间、地点、压力、温度、湿度、光照等,可以在系统的各个设备之间,自动地进行数据交换或通信;对物体的监控和管理实现自动的指令执行。

"感知化":物联网离不开传感设备。RFID、红外感应器、全球定位系统、激光扫描器等信息传感设备,就像视觉、听觉和嗅觉器官对于人的重要性一样,它们是物联网不可或缺的关键元器件。

"智能化":所谓"智能",是指个体对客观事物进行合理分析、判断及有目的地行动和有效地处理周围环境事宜的综合能力。物联网的产生是微处理技术、传感器技术、计算机网络技术、无线通信技术不断发展融合的结果,从其"自动化"、"感知化"要求来看,它已能代表人、代替人"对客观事物进行合理分析、判断及有目的地行动和有效地处理周围环境事宜",智能化是其综合能力的表现。

6.1.2 物联网的研究进展

1990年,施乐公司发明的网络可乐贩售机拉开了人类追梦物联网的序幕。在利用传感技术,通过网络操控设备的过程中,人们渐渐发现了物联网的价值。伴随因特网的兴起和感知技术的发展,人们对物联网的想象也开始插上翅膀。

2003年,美国《技术评论》提出传感网络技术将是未来改变人们生活的十大技术之首。同时,全球产品电子代码(EPC,Electronic Product Code)中心在美国成立,管理和实施EPC,目标是搭建一个可以自动识别任何地方、任何事物的物联网。同年,麦德龙开设了其第一家"未来商店"。

近年来,全球主要发达国家和地区均十分重视物联网的研究,特别是欧盟以及美国、日本、韩国等,投入了大量资金进行物联网研发。

1. 欧盟的物联网行动计划

欧盟提出"物联网是我们的未来",重视欧洲各国技术标准的统一,计划建30座智能电网试点城市。欧盟在2006年成立了工作组,专门进行RFID技术的开发。2007年,欧盟采纳了物联网发展战略,并于2008年发布了物联网未来路线图。

2009年制定了《物联网战略研究路线图》和《RFID与物联网模型》等意见书。同年6月,欧盟委员会向欧盟议会递交了《欧盟物联网行动计划》,将物联网确立为欧洲下一代信息技术的发展重点,以确保欧洲在建构物联网的过程中起主导作用。行动计划共包括14项内容,主要有管理、隐私及数据保护、"芯片沉默"的权利、潜在危险、关键资源、标准化、研究、公私合作、创新、管理机制、国际对话、环境问题、统计数据和进展监督等一系列工作。

2009 年 10 月,欧盟委员会以政策文件的形式对外发布了物联网战略,除了通过信息与通信技术研发计划投资 4 亿欧元,启动 90 多个研发项目提高网络智能化水平外,欧盟委员会还将于 2011 年至 2013 年间每年新增 2 亿欧元进一步加强研发力度,同时拿出 3 亿欧元专款支持物联网相关公私合作短期项目建设。自 2007 年至 2010 年,欧洲已经投入 27 亿欧元。目前欧盟已将物联网及其核心技术纳入到预算高达 500 亿欧元并开始实施的欧盟"第七个科技框架计划(2007 年至 2013 年)"中。欧洲智能系统集成技术平台在《物联网 2020》报告中分析预测,未来物联网的发展将经历 4 个阶段:2010 年之前,RFID 被广泛用于物流、零售和制药领域;2010 年至 2015 年,物体互联;2015 年至 2020 年,物体进入半智能化;2020 年之后,物体进入全智能化。

2. 美国的智慧地球战略

作为物联网技术的全球主要推动者,美国非常重视物联网的战略地位。2008 年,美国国家情报委员会将物联网确定为未来对美国产生重要影响的 6 项重要技术之一。同年 11 月,IBM 公司发表了《智慧地球:下一代领导人议程》、《智慧地球:赢在中国》。IBM 公司提出的智慧地球构想获得了奥巴马政府的积极回应,被上升为美国的国家级发展战略,在世界范围内引发轰动。智慧地球有 3 个特征:更透彻的感知、更广泛的互联互通、更深入的智能化。2009 年 1 月,美国信息技术与创新基金会向政府提交了题为 The Digital Road to Recover: A Stimulus Plan to Create Jobs, Boost Productivity and Revitalize America 的报告,推动物联网技术的发展。《2009 年美国恢复和再投资法案》提出在智能电网、卫生医疗信息技术应用、教育信息技术等领域投入总金额为 7870 亿美元予以支持,这都与物联网技术直接相关。此外,美国自然科学基金委员会推出了 Cyber-Physical Systems 研究计划予以支持。

3. 日本的 U-Japan 计划

2004 年,日本提出了 U-Japan 战略,计划通过发展"无所不在的网络"(U 网络)技术催生新一代信息科技革命。U-Japan 战略的理念是以人为本,实现所有人与人、物与物、人与物之间的连接,希望在 2010 将日本建设成一个"实现随时、随地、任何物体、任何人均可连接的泛在网络社会。此战略将以基础设施建设和利用为核心在 3 个方面展开:一是泛在社会网络的基础建设,希望实现从有线到无线、从网络到终端,包括认证、数据交换在内的无缝连接泛在网络环境,100% 的国民可以利用高速或超高速网络;二是信息和通信技术(ICT,Information and Communication Technology)的高度化应用,希望通过 ICT 的高度有效应用,促进社会系统的改革,解决高龄少子化社会的医疗福利、环境能源、防灾治安、教育人才、劳动就业等 21 世纪的问题;三是与泛在社会网络基础建设、ICT 应用高度化相关联的安心、安全的利用环境。2009 年 2 月,日本又推出了 ICT Hatoyama Plan 纲要,研发与物联网相关的关键技术,旨在革新以 T-Engine 嵌入式操作系统、uID 标准体系为核心的普适计算技术,创造新的 ICT 市场和就业机会,使日本信息通信产业的总产值在 2020 年达到百万亿日元。

4. 韩国提出的 U-Korea 战略

2006 年韩国提出了 U-Korea 战略,旨在建立无所不在的社会,也就是在民众的生活环境里布建智能型网络、最新的技术应用等先进的信息基础建设,让民众可以随时随地享有科技智慧服务。U-Korea 主要分为发展期和成熟期 2 个执行阶段:发展期(2006 年至 2010

年)的重点任务是基础环境的建设、技术的应用及 u 社会制度的建立;成熟期(2011 年至 2015 年)的重点任务为推广 u 化服务。为配合 U-Korea 战略,韩国信息通信产业部还推出了 U-City 计划、信息通信业务示范应用发展计划、u-IT 产业集群计划和 u-Home 计划。

2009 年 10 月韩国通信委员会出台了《物联网基础设施构建基本规划》,将物联网市场确定为新增长动力。该规划提出,到 2012 年实现"通过构建世界最先进的物联网基础设施,打造未来广播通信融合领域超一流信息通信技术强国"的目标,并确定了构建物联网基础设施、发展物联网服务、研发物联网技术、营造物联网扩散环境等 4 大领域、12 项详细课题。

5. 我国的"感知中国"研究进展

中国科学院早在 1999 年就启动了传感网研究,与其他国家相比具有同发优势。该院组成了 2000 多人的团队,先后投入数亿元,在无线智能传感器网络通信技术、微型传感器、传感器终端机、移动基站等方面取得重大进展,目前已拥有从材料、技术、器件、系统到网络的完整产业链。在世界传感网领域,中国与德国、美国、韩国一起,成为国际标准制定的主导国之一。

2009 年,江苏太湖流域 20 个重要水质监测点全部安装上了"全球眼"。"全球眼"可 24h 不间断视频监控太湖水质变化情况,并能实时将信息传输到江苏省环保监控平台。

2009 年 8 月温总理视察无锡,提出建设"感知中国"中心。江苏、上海、北京等地迅速作出反应,推进物联网工作。

2009 年 9 月国家信标委成立传感网标准化工作组,并筹建产业联盟。

2009 年 9 月 10 日,全国高校首家物联网研究院在南京邮电大学正式成立。

2009 年 10 月 24 日,在中国第四届中国民营科技企业博览会上,西安优势微电子公司宣布:中国第一颗物联网的中国芯——"唐芯一号"芯片——研制成功,中国已经攻克了物联网的核心技术。"唐芯一号"芯片是一颗 24GB 超低功耗射频可编程片上系统,可以满足各种条件下无线传感网、无线个域网、有源 RFID 等物联网应用的特殊需要,为我国的物联网产业的发展奠定了基础。

2009 年 11 月 1 日,中关村物联网产业联盟成立。

2009 年 11 月 3 日,温总理在《让科技引领中国可持续发展》的讲话中强调,要着力突破传感网、物联网关键技术,及早部署后 IP 时代相关技术研发,使信息网络产业成为推动产业升级、迈向信息社会的"发动机"。

2009 年 11 月,中国电信物联网应用推广中心在无锡成立。

2009 年 12 月 4 日,中国物联网联盟筹备工作组在京成立。由同方股份、中国移动、大唐移动、中国科学院软件所、清华大学、北京大学、北京邮电大学等物联网产业链上的 40 余家企业和研发机构共同组建了中关村物联网产业联盟,志在打造中国物联网中心。

无锡启动了示范园区建设,占地 200 余亩,分为室内和室外两部分。室内包括智能家居、智能学习、智能建筑、导游导航等 8 项;室外包括湿地保护、物流、智能交通、智能车场等 7 项。2009 年,无锡传感网中心的传感器产品在上海浦东国际机场和上海世博会成功应用,首批价值 1500 万元的传感安全防护设备销售成功,这套设备由 10 万个微小的传感器组成,散布在墙头墙角墙面和周围道路上。传感器能根据声音、图像、振动频率等信息分析判断,爬上墙的究竟是人还是猫狗等动物。

2010年1月4日,无锡物联网产业研究院成立(并有签约项目)。

2010年3月,"加快物联网的研发应用"第一次写入政府工作报告。

2010年6月7日,国家物联网标准联合工作组宣布成立,包括全国11个部委及下属的19个标准工作组。

《国家中长期科学与技术规划(2006—2020年)》和"新一代宽带无线移动通信网"重大专项中均将传感网列入重点研究领域,在物联网方面将重点支持电力、电磁环境和太湖环境监测等行业应用,并支持地震预报物联网。

6. 物联网发展趋势

未来,全球物联网将朝着规模化、协同化和智能化方向发展,同时以物联网应用带动物联网产业将是全球各国的主要发展方向。

规模化发展:随着世界各国对物联网技术、标准和应用的不断推进,物联网在各行业领域中的规模将逐步扩大,尤其是一些政府推动的国家性项目,如美国智能电网、日本i-Japan、韩国物联网先导应用工程等,将吸引大批有实力的企业进入物联网领域,大大推进物联网应用进程,为扩大物联网产业规模产生巨大作用。

协同化发展:随着产业和标准的不断完善,物联网将朝协同化方向发展,形成不同物体间、不同企业间、不同行业乃至不同地区或国家间的物联网信息的互联互通互操作,应用模式从闭环走向开环,最终形成可服务于不同行业和领域的全球化物联网应用体系。

智能化发展:物联网将从目前简单的物体识别和信息采集,走向真正意义上的物联网,实时感知、网络交互和应用平台可控可用,实现信息在真实世界和虚拟空间之间的智能化流动。

结合本国优势、优先发展重点行业应用以带动物联网产业:物联网仍处于起步阶段,物联网产业支撑力度不足,行业需求需要引导,距离成熟应用还需要多年的培育和扶持,发展还需要各国政府通过政策加以引导和扶持,因此未来几年各国将结合本国的优势产业,确定重点发展物联网应用的行业领域,尤其是电力、交通、物流等战略性基础设施以及能够大幅度促进经济发展的重点领域,将成为物联网规模发展的主要应用领域。

6.2 物联网的基本组成和体系结构

6.2.1 物联网和其他网络之间的关系

物联网是一种关于人与物、物与物广泛互联,实现人与客观世界进行信息交互的信息网络;传感网是利用传感器作为节点,以专门的无线通信协议实现物品之间连接的自组织网络;泛在网是面向泛在应用的各种异构网络的集合,强调跨网之间的互联互通和数据融合/聚类与应用;因特网是指通过TCP/IP协议将异种计算机网络连接起来实现资源共享的网络技术,实现的是人与人之间的通信。物联网与现有的其他网络(如传感网、因特网、泛在网以及其他网络技术)之间的关系如图6-1所示。

从图6-1可以看出物联网与其他网络及通信技术之间的包容、交互作用关系。物联网隶属于泛在网,但不等同于泛在网,它只是泛在网的一部分;物联网涵盖了物品之间通过感知设施连接起来的传感网,不论它是否接入因特网,都属于物联网的范畴;传感网可以不接入因特网,但当需要时,随时可利用各种接入网接入因特网;因特网(包括下一代因特网)、移动通信网等可作为物联网的核心承载网。

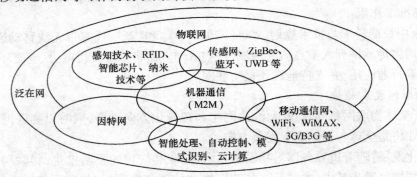

图6-1　物联网和其他网络之间的关系

6.2.2　物联网的组成架构

物联网的组成架构可细分为末梢节点(应用采集控制层)、接入层(末梢网络)、承载网络(现行的通信网络)、应用控制层、用户层(即应用层)。其中计算机网络和通信网络构成的承载网络是业务的基础网络。图6-2是物联网的组成示意图。

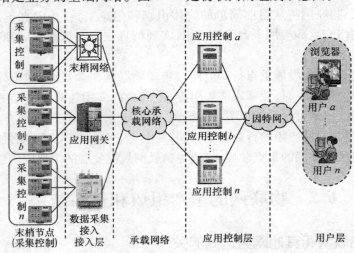

图6-2　物联网网络组成示意图

应用控制层由各种应用服务器组成(包括数据库服务器),主要功能包括对采集数据的汇集、转换、分析,以及用户层呈现的适配和事件的触发等。对于信息采集,由于从末梢节点获取大量的原始数据,并且这些原始数据对于用户来说只有经过转换、筛选、分析处理后才有实际价值,这些有实际价值的内容应用服务器将根据用户的呈现设备不同完成信息呈现的适配,并根据用户的设置触发相关的通知信息,应用控制层就承担了该项工作。同时,在需要完成对末梢节点控制时,应用控制层将完成控制指令的生成和指令下发控制功能。针对不同的应用,将设置不同的应用服务器。

164

用户层为用户提供物联网应用用户接口（UI，User Interface），包括用户设备（如 PC、手机）、客户端等。如果把物联网比作一个神经系统，那么，末梢节点、接入层就构成了外周神经（系统末梢神经系统）、承载网络（物联网的"精髓"）、应用控制层（物联网的"大脑"）和用户层构成了中枢神经系统。通过神经系统可以实现物联网信息采集和设备控制功能。

物联网中最关键的设备是终端设备，包括末梢节点和接入层的设备，它们是物联网的灵魂。然而，这些设备技术目前虽然都已具备了一定的理论基础，部分技术在一定应用环境下还得到了商用化应用，但如果要在更广泛领域得到普及性应用，在功耗、安全性、网络可靠性和健壮性等方面还存在很多技术难题需要突破。

构成物联网末梢节点的外围神经系统是物联网设备类型最丰富、数量最多、应用环境最复杂的一部分。一个应用从几个到几万、上百万不等。应用环境除了室内外，还包括在不同温度、湿度、电磁干扰下的应用环境。因此突破末梢节点采集控制设备、接入层技术是物联网的关键和难点。

6.2.3 物联网软件系统组成

软件系统是物联网的神经。不同类型的物联网，其用途是不同的，其软件系统也不相同，但其实现技术与硬件密切相关。一般来说，物联网软件系统建立在分层的通信协议体系之上，通常包括数据感知系统软件、中间件系统软件、网络操作系统（包括嵌入式系统）以及物联网管理和信息中心（包括机构物联网管理中心、国家物联网管理中心、国际物联网管理中心及其信息中心）的管理信息系统（MIS，Management Information System）等。

1. 数据感知系统软件

数据感知系统软件主要完成物品的识别和物品 EPC 码的采集和处理，主要由企业生产的物品、物品电子标签、RFID、传感器、读写器、控制器、EPC 等部分组成。存储有 EPC 码的电子标签在经过读写器的感应区域时，其中的物品 EPC 码会自动被读写器捕获，从而实现 EPC 信息采集的自动化，所采集的数据交由上位机信息采集软件进行进一步处理，如数据校对、数据过滤、数据完整性检查等，这些经过整理的数据可以为物联网中间件、应用管理系统使用。对于物品电子标签，国际上多采用 RFID、EPC 标签，用实体标记语言（PML，Physical Markup Language）来标记每一个实体和物品。

2. 物联网中间件系统软件

中间件是位于数据感知设施（读写器）与在后台应用软件之间的一种应用系统软件。中间件具有 2 个关键特征：一是为系统应用提供平台服务，这是一个基本条件；二是需要连接到网络操作系统，并且保持运行工作状态。中间件为物联网应用提供一系列计算和数据处理功能，主要任务是对感知系统采集的数据进行捕获、过滤、汇聚、计算，数据校对、解调、数据传送、数据存储和任务管理，减少从感知系统向应用系统中心传送的数据量。同时，中间件还可提供与其他 RFID 支撑软件系统进行互操作等功能。引入中间件使得原先后台应用软件系统与读写器之间非标准的、非开放的通信接口，变成了后台应用软件系统与中间件之间，读写器与中间件之间的标准的、开放的通信接口。

一般地，物联网中间件系统包括读写器接口、事件管理器、应用程序接口、目标信息服务和对象名解析服务等功能模块。

（1）读写器接口。物联网中间件必须优先为各种形式的读写器提供集成功能。协议处理器确保中间件能够通过各种网络通信方案连接到 RFID 读写器。RFID 读写器与其应用程序间通过普通接口相互作用，大多数采用由 EPC-global 组织制定的标准。

（2）事件管理器。事件管理器用来对读写器接口的 RFID 数据进行过滤、汇聚和排序操作，并通告数据与外部系统相关联的内容。

（3）应用程序接口。应用程序接口是应用程序系统控制读写器的一种接口；此外，需要中间件能够支持各种标准的协议（例如，支持 RFID 以及配套设备的信息交互和管理），同时还要屏蔽前端的复杂性，尤其是前端硬件（如 RFID 读写器等）的复杂性。

（4）目标信息服务。目标信息服务由 2 部分组成：一是目标存储库，用于存储与标签物品有关的信息并使之能用于以后查询；另一个是拥有为提供由目标存储库管理的信息接口的服务引擎。

（5）对象名解析服务。对象名解析服务（ONS，Object Naming Service）是一种目录服务，主要是将对每个带标签物品所分配的唯一编码，与一个或者多个拥有关于物品更多信息的目标信息服务的网络定位地址进行匹配。

3. 网络操作系统

物联网通过因特网实现物理世界中的任何物品的互联，在任何地方、任何时间可识别任何物品，使物品成为附有动态信息的"智能产品"，并使物品信息流和物流完全同步，从而为物品信息共享提供一个高效、快捷的网络通信及云计算平台。

4. 物联网信息管理系统

物联网也要管理，类似于因特网上的网络管理。目前，物联网大多数是基于 SNMP 建设的管理系统，这与一般的网络管理类似，提供 ONS 是重要的。ONS 类似于因特网的 DNS 要有授权，并且有一定的组成架构。它能把每一种物品的编码进行解析，再通过 UR 服务获得相关物品的进一步信息。

物联网管理机构包括企业物联网信息管理中心、国家物联网信息管理中心以及国际物联网信息管理中心，其信息管理系统软件的功能：企业物联网信息管理中心负责管理本地物联网，它是最基本的物联网信息服务管理中心，为本地用户单位提供管理、规划及解析服务；国家物联网信息管理中心负责制定和发布国家总体标准，负责与国际物联网互联，并且对现场物联网管理中心进行管理；国际物联网信息管理中心负责制定和发布国际框架性物联网标准，负责与各个国家的物联网互联，并且对各个国家物联网信息管理中心进行协调、指导、管理等工作。

6.2.4　物联网产业链的基本组成

物联网产业链中包括设备提供商（前端终端设备、网络设备、计算机系统设备）、应用开发商、方案提供商、网络提供商，以及最终用户，如图 6 - 3 所示。

初期，业务的推动以终端设备提供商为主，其通过获取行业客户需求，寻求应用开发商根据需求进行行业业务开发，网络提供商（电信运营商）提供网络服务，终端设备最终提供商担当方案集成提供商角色提供整体解决方案。这种终端设备厂商推出市场零星的、缺乏规模化发展的条件，市场比较混乱，业务功能比较单一，特别是对系统的可靠性、安全性要求较高的行业应用，该模式下很难得到整体质量的保障。因此随着产业规模的进一步

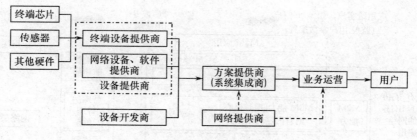

图 6-3　物联网产业链的基本组成

扩大,面临产业规划和统筹发展的问题,包括技术规划、业务发展规划等,正当其时,国家从战略层面提出了"较快推进传感网发展"的目标。所以,在政府引导和鼓励环境下,在加上一定的产业护持政策,将形成国家统筹指导,需求方主导,科研、设备制造、网络服务等产业链多方通力合作的局面。

6.2.5　物联网体系结构设计的基本原则

物联网有别于因特网,因特网的主要目的是构建一个全球性的计算机通信网络;物联网则主要是从应用出发,利用因特网、无线通信技术进行业务数据的传送,是因特网、移动通信网应用的延伸,是自动化控制、遥控遥测及信息应用技术的综合展现。当物联网概念与近程通信、信息采集、网络技术、用户终端设备结合之后,其价值才能逐步得到展现。因此,设计物联网体系结构应该遵循以下几条原则:

（1）多样性原则。物联网体系结构必须根据物联网的服务类型、节点的不同,分别设计多种类型的体系结构,不能也没有必要建立起唯一的标准体系结构。

（2）时空性原则。物联网尚在发展之中,其体系结构应能满足在时间、空间和能源方面的需求。

（3）互联性原则。物联网体系结构需要平滑地与因特网实现互联互通,如果试图另行设计一套互联通信协议及其描述语言,那将是不现实的。

（4）扩展性原则。对于物联网体系结构的架构,应该具有一定的扩展性,以便最大限度地利用现有网络通信基础设施,保护已投资利益。

（5）安全性原则。物物互联之后,物联网的安全性将比因特网的安全性更为重要,因此物联网的体系结构应能够防御大范围的网络攻击。

（6）健壮性原则。物联网体系结构应具备相当好的健壮性和可靠性。

6.2.6　M2M 体系结构

M2M 是现阶段物联网最普遍的应用形式。M2M 在欧洲以及韩国、中国已进入部分商用,主要应用于安全监测、公共交通、物流系统、车队管理、工业流程自动化、城市信息化等。

欧洲电信标准学会（ETSI,European Telecommunications Standards Institute）制定的M2M 体系架构分为 3 层（图 6-4）:感知层、网络层、应用层。感知层包括 M2M 终端、无线传感器网络（WSN,Wireless Sensor Network）、LAN、M2M 网关、M2M 能力和 M2M 应用;网络层包括接入网和核心网两大部分和网络管理、终端管理功能;应用层包括各种各样的行业应用和用户配置接口。

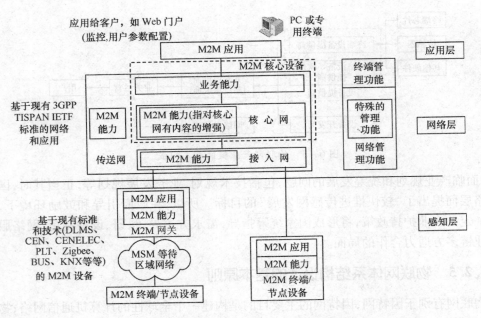

图 6-4 ETSI 制定的 M2M 分层体系结构

中国移动 M2M 定义：M2M 是通过在机器内部嵌入移动通信模块，以短消息业务（SMS，Short Messaging Service）／非结构化补充业务数据（USSD，Unstructured Supplementary Service Data）／通用分组无线业务（GPRS，General Packet Radio Services）等为接入手段，为客户提供的信息化解决方案，满足客户对生产监控、指挥调度、数据采集和测量等方面的信息化需求。中国移动 M2M 业务系统结构如图 6-5 所示。

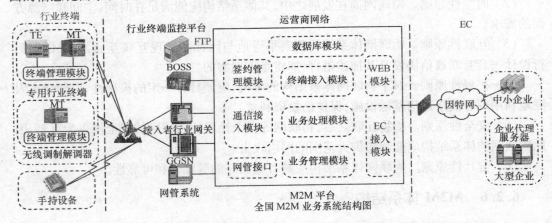

图 6-5 中国移动制定的 M2M 业务系统结构

M2M 平台提供统一的 M2M 终端管理、终端设备鉴权，并对目前行业网关尚未实现的接入方式进行鉴权。支持多种网络接入方式，提供标准化的接口使得数据传输简单直接。提供数据路由、监控，用户鉴权等管理功能。

行业网关：承载信息上报、参数配置、终端状态检测、终端注册等业务功能的短信上下行通道。

电信业务运营支撑系统(BOSS,Business Operation Support System):统一管理企业客户(EC,Enterprise Customer)信息,业务受理,计费和结算,业务信息(包括产品信息)变更由 BOSS 完成。

行业终端监控平台:M2M 平台提供文件传送协议(FTP,File Transfer Protocol)服务,将每月统计文件存放在 FTP 的服务器内,供行业终端监控平台下载,以同步 M2M 平台的终端管理数据。

6.2.7　物联网的 EPC 体系结构

EPC 的概念是将每个对象都赋予一个唯一的 EPC,并由采用 RFID 技术的信息系统管理,彼此联系,数据传输和数据储存由 EPC 网络来处理。随后,欧洲物品编码协会(EAN,European Article Numbering Association)和美国统一代码协会(UCC,Uniform Code Council)于 2003 年 9 月联合成立了非营利性组织 EPC Global,将 EPC 纳入了全球统一标识系统,实现了全球统一标识系统中的全球贸易项目代码(GTIN,Global Trade Item Number)编码体系与 EPC 概念的完美结合。

EPC Global 对于物联网的描述是,一个物联网主要由 EPC 编码体系、RFID 系统及信息网络系统 3 部分组成。

1. EPC 编码体系

物联网实现的是全球物品的信息实时共享。显然,首先要做的是实现全球物品的统一编码,即对在地球上任何地方生产出来的任何一件物品,都要给它打上电子标签。在这种电子标签携带有一个电子产品代码,并且全球唯一。电子标签代表了该物品的基本识别信息,例如,"表示 A 公司于 B 时间在 C 地点生产的 D 类产品的第 E 件"。目前,欧美支持的 EPC 编码和日本支持的到处存在的标识(UID,Ubiquitous Identification)编码是 2 种常见的电子产品编码体系。

2. 射频识别系统

RFID 系统包括 EPC 标签和读写器。EPC 标签是编号(每件商品唯一的号码,即牌照)的载体,当 EPC 标签贴在物品上或内嵌在物品中时,该物品与 EPC 标签中的产品电子代码就建立起了一对一的映射关系。EPC 标签从本质上来说是一个电子标签,通过 RFID 读写器可以对 EPC 标签内存信息进行读取。这个内存信息通常就是产品电子代码。产品电子代码经读写器报送给物联网中间件,经处理后存储在分布式数据库中。用户查询物品信息时只要在网络浏览器的地址栏中,输入物品名称、生产商、供货商等数据,就可以实时获悉物品在供应链中的状况。目前,与此相关的标准已制定,包括电子标签的封装标准及电子标签和读写器间数据交互标准等。

3. EPC 信息网络系统

EPC 信息网络系统包括 EPC 中间件、发现服务和 EPC 信息服务 3 部分。

EPC 中间件通常指一个通用平台和接口,是连接 RFID 读写器和信息系统的纽带。它主要用于实现 RFID 读写器和后端应用系统之间信息交互、捕获实时信息和事件,或向上传送给后端应用数据库软件系统以及企业资源计划(ERP,Enterprise Resource Planning)系统等,或向下传送给 RFID 读写器。

EPC 信息发现服务(Discovery Service)包括 ONS 以及配套服务,基于电子产品代码,获取 EPC 数据访问通道信息。目前，ONS 系统和配套的发现服务系统由 EPC Global 委托 Verisign 公司进行运维，其接口标准正在形成之中。

EPC 信息服务（EPCIS，EPC Information Service）即 EPC 系统的软件支持系统，用以实现最终用户在物联网环境下交互 EPC 信息。关于 EPCIS 的接口和标准也正在制定中。

可见，一个 EPC 物联网体系架构主要由 EPC 编码、EPC 标签及 RFID 读写器、中间件系统、ONS 服务器和 EPCIS 服务器等部分构成，如图 6 - 6 所示。

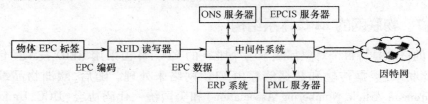

图 6 - 6　EPC 物联网体系结构示意图

由图 6 - 6 可以看到一个企业物联网应用系统的基本架构。该应用系统由三大部分组成，即 RFID 识别系统、中间件系统和计算机互联网系统。其中 RFID 识别系统包含 EPC 标签和 RFID 读写器，两者通过 RFID 空中接口通信，EPC 标签贴于每件物品上。中间件系统含有 EPCIS、PML 以及 ONS 及其缓存系统，其后端应用数据库软件系统还包含 ERP 系统等，这些都与计算机互联网相连，故可及时有效地跟踪、查询、修改或增减数据。

RFID 读写器从含有一个 EPC 或一系列 EPC 的标签上读取物品的电子代码，然后将读取的物品电子代码送到中间件系统中进行处理。如果读取的数据量较大而中间件系统处理不及时，可应用 ONS 来储存部分读取数据。中间件系统以该 EPC 数据为信息源，在本地 ONS 服务器获取包含该产品信息的 EPC 信息服务器的网络地址。当本地 ONS 不能查阅到 EPC 编码所对应的 EPC 信息服务器地址时，可向远程 ONS 发送解析请求，获取物品的对象名称，继而通过 EPC 信息服务的各种接口获得物品信息的各种相关服务。整个 EPC 网络系统借助计算机互联网系统，利用在因特网基础上发展产生的通信协议和描述语言而运行。因此，也可以说物联网是架构在因特网基础上的关于各种物理产品信息服务的总和。

综上所述，EPC 物联网系统是在因特网基础上，通过中间件系统、ONS 和 EPCIS 来实现物物互联的。

6.2.8　物联网的体系结构

从感应、传输、服务角度，按照功能纵向划分，物联网可以分为应用层、网络层和感知层，这 3 个层次可以进一步细化为以下结构（图 6 - 7）。

1）应用层

物联网应用层利用经过分析处理的感知数据，为用户提供丰富的特定服务。物联网的应用可分为监控型（物流监控、污染监控、灾害应急），查询型（智能检索、远程抄表、远程医疗、物流管理），控制型（智能交通、智能家居、路灯控制、智能电网、智能大厦、工业自动化、军事应用），扫描型（手机钱包、高速公路不停车收费）等。

应用层是物联网发展的目的，软件开发、智能控制技术将会为用户提供丰富多彩的物联网应用。各种行业和家庭应用的开发将会推动物联网的普及，也给整个物联网产业链带来利润。

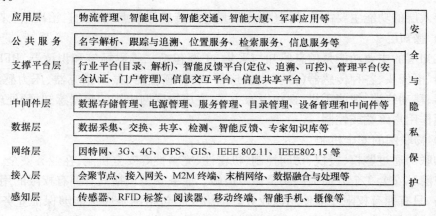

图 6-7　物联网层次结构

应用层由各种应用服务器组成(包括数据库服务器)。这些应用服务器根据用户的呈现设备完成信息呈现的适配,并根据用户的设置触发相关的通告信息。同时,当需要完成对末梢节点的控制时,应用层还能完成控制指令生成和指令下发控制。应用层还要为用户提供物联网应用 UI,包括用户设备(如 PC、手机)、客户端浏览器等。

2)公共服务层

为物联网应用提供公共服务,包括安全与隐私保护、位置服务、名字解析、跟踪与追溯、检索服务、信息服务等。

3)支撑平台层

主要包括行业平台(目录、解析)、智能反馈平台(定位、追溯、可控)、管理平台(安全认证、门户管理)、信息交互平台、信息共享平台等。

4)中间件层

负责数据存储管理、设备管理、服务管理、目录管理、电源管理、QoS 管理、虚拟主体数据等。

5)数据层

主要包括数据采集、数据交换、数据共享、数据检测、数据智能反馈、专家知识库等

6)网络层

物联网的网络层将建立在现有的移动通信网和因特网基础上,负责物体与物体之间的网络互连,为物联网提供路由、数据传输支持。主要支撑包括 WAN 及 LAN\个域网(PAN,Personal Area Network)技术。WAN 如因特网、3G 和 4G 移动通信等,LAN\PAN 如 IEEE 802.3 网络、IEEE 802.11 网络、IEEE 802.15 网络、WiFi、无线自组织网络等。

7)接入层

接入层由基站节点或汇聚节点和接入网关等组成,完成末梢各节点的组网控制和数据融合、汇聚,或完成向末梢节点下发信息的转发等功能。也就是在末梢节点之间完成组网后,如果末梢节点需要上传数据,则将数据发送给基站节点,基站节点收到数据后,通过接入网关完成和承载网络的连接;当应用层需要下传数据时,接入网关收到承载网络的数据后,由基站节点将数据发送给末梢节点,从而完成末梢节点与承载网络之间的信息转发

171

和交互。

接入层的功能主要由传感网(指由大量各类传感器节点组成的自治网络)来承担。

8）感知层

感知层的主要功能是信息感知与采集,主要包括二维码标签和识读器、RFID 标签和读写器、摄像头、各种传感器(如温度感应器、声音感应器、振动感应器、压力感应器等)、响应器、移动终端、智能手机、视频摄像头等,完成物联网应用的数据感知、预处理、事件响应及用作用户终端或控制。

9）物联网的安全机制

物联网通过鉴权、授权、访问控制、机密性、完整性等安全机制,在业务安全、网络安全和用户隐私安全 3 个方面提供安全保障措施。业务安全包括只有拥有权限的用户才能接入网络,只有拥有权限才能使用该业务。网络安全包括网络应该能够保证业务的正常运营,能够针对灾难、故障和紧急事件提供相应的处理手段。用户隐私安全包括对用户个人资料等信息进行有效保障,不能泄露用户隐私信息。业务需要采取加密机制,保证涉及用户隐私的业务数据不外泄。

物联网的管理架构包括国家层面、行业/区域层面、企业层面 3 个方面,如图 6-8 所示。

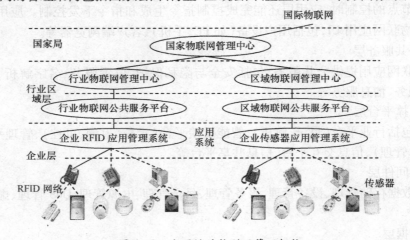

图 6-8 全国性的物联网管理架构

（1）国家层:国家物联网管理中心是一级管理中心,负责与国际物联网互联,负责全局相关数据的存储与发布,并对二级物联网管理中心进行管理。

（2）行业/ 区域层:包括行业/区域物联网管理中心和公共服务平台。行业/区域物联网管理中心是国内二级管理中心,存储各行业、各领域、各区域内部的相关数据,并将部分数据上传给国家管理中心。行业/区域公共服务平台为本行业或者区域的企业和政府提供公共的物联网服务。

（3）企业层:包括企业及单位内部的 RFID、传感器、全球定位系统(GPS, Global Position System)等信息采集系统以及局域物联网应用系统。

6.2.9　物联网与物理信息融合体系结构

物联网与物理信息融合系统密切相关,这两个概念目前越来越趋向一致。图 6-9 是物联网与物理信息融合体系结构。该图揭示了物理世界、信息空间和人的感知的互动关系,给出了感知事件流、控制信息流的流程。

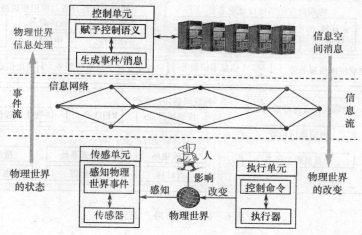

图6-9 融合体系结构原型

融合体系结构原型的几个组件描述如下:

(1)物理世界:包括物理实体(诸如医疗器械、车辆、飞机、发电站)和实体所处的物理环境。

(2)传感器:作为测量物理环境的手段,传感器直接和物理环境或现象相关。传感器将相关的信息传输到信息世界。

(3)执行器:根据来自信息世界的命令,改变物理实体设备状态。

(4)控制单元:基于事件驱动的控制单元接收来自传感单元的事件和信息世界的信息,根据控制规则进行处理。

(5)通信机制:事件/信息是通信机制的抽象元素。事件既可以是传感器表示的"原始数据",也可以是执行器表示的"操作"。通过控制单元对事件的处理,信息可以抽象地表述物理世界。

(6)数据服务器:它为事件的产生提供分布式的记录方式,事件可以通过传输网络自动转换为数据服务器的记录,以便于以后检索。

(7)传输网络:包括传感设备、控制设备、执行设备、服务器,以及它们之间的无线或有线通信设备。

6.2.10 物联网相关产业体系

物联网相关产业是指实现物联网功能所必需的相关产业集合,从产业结构上主要包括服务业和制造业两大范畴,如图6-10所示。

物联网制造业以感知端设备制造业为主,又可细分为传感器产业、RFID产业以及智能仪器仪表产业。感知端设备的高智能化与嵌入式系统息息相关,设备的高精密化离不开集成电路、嵌入式系统、微纳器件、新材料、微能源等基础产业支撑。部分计算机设备、网络通信设备也是物联网制造业的组成部分。物联网服务业主要包括物联网网络服务业、物联网应用基础设施服务业、物联网软件开发与应用集成服务业以及物联网应用服务

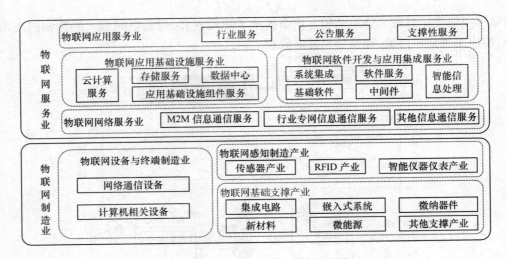

图 6 - 10 物联网产业体系

业四大类,其中物联网网络服务又可细分为机器对机器通信服务、行业专网通信服务以及其他网络通信服务,物联网应用基础设施服务主要包括云计算服务、存储服务等,物联网软件开发与集成服务又可细分为基础软件服务、中间件服务、应用软件服务、智能信息处理服务以及系统集成服务,物联网应用服务又可分为行业服务、公共服务和支撑性服务。

对物联网产业发展的认识需要进一步澄清。物联网产业绝大部分属于信息产业,但也涉及其他产业,如智能电表等。物联网产业的发展不是对已有信息产业的重新统计划分,而是通过应用带动形成新市场、新业态,整体上可分 3 种情形:一是因物联网应用对已有产业的提升,主要体现在产品的升级换代,如传感器、RFID、仪器仪表发展已数十年,由于物联网应用使之向智能化网络化升级,从而实现产品功能、应用范围和市场规模的巨大扩展,传感器产业与 RFID 产业成为物联网感知终端制造业的核心;二是因物联网应用对已有产业的横向市场拓展,主要体现在领域延伸和量的扩张,如服务器、软件、嵌入式系统、云计算等由于物联网应用扩展了新的市场需求,形成了新的增长点,仪器仪表产业、嵌入式系统产业、云计算产业、软件与集成服务业,不只是与物联网相关,也是其他产业的重要组成部分,物联网成为这些产业发展新的风向标;三是由于物联网应用创造和衍生出的独特市场和服务,如传感器网络设备、M2M 通信设备及服务、物联网应用服务等均是物联网发展后才形成的新兴业态,为物联网所独有。物联网产业当前浮现的只是其初级形态,市场尚未大规模启动。

6.3 物联网技术体系

物联网技术包括使物体设备具有感知、计算、执行和通信能力的技术,还包括信息的传输、协同和处理技术。只要能提升设备的网络通信能力并进行信息处理的技术都可以应用于物联网。在这种情况下,物联网技术体系包含的技术很多,为了系统分析物联网技术体系,将物联网技术体系划分为感知关键技术、网络通信关键技术、应用关键技术、共性技术和支撑技术,具体如图 6 - 11 所示。

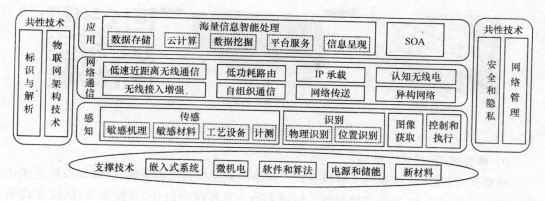

图 6-11　物联网技术体系

6.3.1　感知和识别技术

感知技术通过多种传感器、二维码、产品电子代码、IC 卡、RFID、定位、地理识别系统、激光扫描仪、遥感和电子数据交换等数据采集技术,实现外部世界信息的感知和识别。传感器将外界中的物理量、化学量、生物量转化成可供处理的数字信号。识别技术实现对物联网中物体标识和位置信息的获取。采集技术为收集有效信息和数据创造良好条件。

1. 传感器技术

传感技术同计算机技术与通信技术一起被称为信息技术的三大支柱。传感器是节点感知物质世界的"感觉器官",用来感知信息采集点的环境参数。传感器可以感知热、力、光、电、声、位移等信号,为物联网系统的处理、传输、分析和反馈提供最原始的数据信息。

传感技术是关于从自然信源获取信息,并对之进行处理(变换)和识别的一门多学科交叉的现代科学与工程技术,它涉及传感器(又称换能器)、信息处理和识别的规划设计、开发、制/建造、测试、应用及评价改进等活动。获取信息靠各类传感器,它们有各种物理量、化学量或生物量的传感器。按照信息论的凸性定理,传感器的功能与品质决定了传感系统获取自然信息的信息量和信息质量,是构造高品质传感技术系统的关键。

2. 二维码(2-dimensional bar code)

自动识别技术主要包括信息载体、载体制作(设备)和采集设备技术,其中信息载体主要包括条码(一维码和二维码)和射频卡。二维码是用某种特定的几何图形按一定规律在平面(二维方向上)分布的黑白相间的图形记录数据符号信息,如图 6-12 所示。在代码编制上巧妙地利用构成计算机内部逻辑基础的"0"、"1"比特流的概念,使用若干个与二进制相对应的几何形体来表示文字数值信息,通过图像输入设备或光电扫描设备自动识读以实现信息自动处理。二维条码/二维码能够在横向和纵向 2 个方位同时表达信息,能在很小的面积内表达大量的信息。

二维码可分为堆叠式/行排式二维码和矩阵式二维码,其中,堆叠式/行排式二维码形态上是由多行短截的一维码堆叠而成;矩阵式二维码以矩阵的形式组成,在矩阵相应元素位置上用"点"表示二进制"1",用"空"表示二进制"0",并由"点"和"空"的排列组成代码。

| (a) 条形码 | (b) 条形码输出 | (c) 二维码 |

图 6-12　二维码的几何图形

1）堆叠式/行排式二维码

堆叠式/行排式二维条码又称堆积式二维条码或层排式二维条码,其编码原理是建立在一维条码基础之上,按需要堆积成二行或多行。它在编码设计、校验原理、识读方式等方面继承了一维条码的一些特点,识读设备与条码印刷与一维条码技术兼容。但由于行数的增加,需要对行进行判定,其译码算法与软件也不完全相同于一维条码。有代表性的行排式二维条码有:Code 16K、Code 49、PDF417 等。

2）矩阵式二维码

矩阵式二维条码(又称棋盘式二维条码),它是在一个矩形空间通过黑、白像素在矩阵中的不同分布进行编码。在矩阵相应元素位置上,用点(方点、圆点或其他形状)的出现表示二进制"1",点的不出现表示二进制的"0",点的排列组合确定了矩阵式二维条码所代表的意义。矩阵式二维条码是建立在计算机图像处理技术、组合编码原理等基础上的一种新型图形符号自动识读处理码制。具有代表性的矩阵式二维条码有:Code One、Maxi Code、QR Code、Data Matrix 等。

在目前几十种二维条码中,除上述码外还有 Vericode 条码、CP 条码、Codablock F 条码、田字码、Ultracode 条码,Aztec 条码等。

二维条码/二维码具有以下特点:

(1) 高密度编码,信息容量大:可容纳多达 1850 个大写字母或 2710 个数字或1108B,或 500 多个汉字,比普通条码信息容量高几十倍。

(2) 编码范围广:该条码可以把图片、声音、文字、签字、指纹等可以数字化的信息进行编码,用条码表示出来;可以表示多种语言文字;可表示图像数据。

(3) 容错能力和抗损性强,具有纠错功能:损毁面积达 50% 仍可恢复信息。

(4) 译码可靠性高:误码率不超过千万分之一。

(5) 可引入加密措施:保密性、防伪性好,追踪性高。

(6) 成本低,易制作,持久耐用。

(7) 条码符号形状、尺寸大小比例可变。

(8) 二维条码可使用激光或计算机控制显示器(CCD,Computer Controlled Display)阅读器识读。

(9) 特别适用于表单、安全保密、追踪、证照、存货盘点、资料备援等方面。

3. 产品电子代码(EPC,Electronic Product Code)

EPC 系统是集编码技术、RFID 技术和网络技术为一体的新兴技术,它的载体是 RFID电子标签,并借助因特网来实现信息的传递。EPC 涉及产品编码、空中接口协议、物品网络检索结构 3 种关键技术,旨在为每一件单品建立全球的、开放的标识标准,实现全球范围内对单件产品的跟踪与追溯,从而有效提高供应链管理水平、降低物流成本。

EPC 系统由全球 EPC 的编码体系、射频识别系统及信息网络系统 3 部分组成,主要包括 6 个方面,如表 6 – 1 所列。

表 6 – 1　EPC 系统的构成

系统构成	名　称	注　释
EPC 编码体系	EPC 代码	用来标识目标的特定代码
射频识别系统	EPC 标签	贴在物品上或者内嵌在物品之中
	读写器	识读 EPC 标签
信息网络系统	EPC 中间件	EPC 系统的软件支持系统
	ONS	
	EPCIS	

在由 EPC 标签、读写器、EPC 中间件、因特网、ONS 服务器、EPCIS 以及众多数据库组成的实物因特网中,读写器读出的 EPC 只是一个信息参考(指针),由这个信息参考从因特网找到 IP 地址并获取该地址中存放的相关的物品信息,并采用分布式的 EPC 中间件处理由读写器读取的一连串 EPC 信息。由于在标签上只有一个 EPC 代码,计算机需要知道与该 EPC 匹配的其他信息,这就需要 ONS 来提供一种自动化的网络数据库服务,EPC 中间件将 EPC 代码传给 ONS,ONS 指示 EPC 中间件到一个保存着产品文件的服务器(EPCIS)查找,该文件可由 EPC 中间件复制,因而文件中的产品信息就能传到供应链上,EPC 系统的工作流程如图 6 – 13 所示。

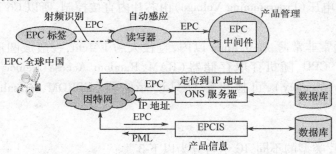

图 6 – 13　EPC 系统工作流程示意图

EPC 是一个完整的、复杂的、综合的系统。EPC 标签芯片的面积不足 $1mm^2$,可实现二进制 96(128)B 信息存储,它的标识容量上限是:全球 2.68 亿家公司,每个公司出产 1600 万种产品,每种产品生产 680 亿个。这样大的容量可以将全球每年生产的谷物逐粒标识清楚。这意味着每类产品的每个单品都能分配一个标识身份的唯一电子代码,形象地说,给它们上了"户口"。

跟条形码相比,EPC 的优势还不仅在超强的标识能力。同时,EPC 系统射频标签与视频识读器之间是利用无线感应方式进行信息交换的,因此可以进行无接触识别,"视线"所及,可以穿过水、油漆、木材甚至人体识别。EPC 1s 可以识别 50 件 ~ 150 件物品。

EPC 应用的是芯片,它存储的信息量和信息类别是条形码无法企及的。未来 EPC 在标识产品的时候将要达到单品层次,如果制造商愿意,它还可以对物品的成分、工艺、生产日期、作业班组,甚至是作业环境进行描述。EPC 以互联网为平台,能实现全球物品信息的实时共享,这将是继条码技术之后,再次变革商品零售结算、物流配送及产品跟踪管理模式的一项新技术。

EPC 实际上是将 RFID 上网以实现全球物品信息的实时共享,这将是继条码技术后再次变革商品零售结算、物流配送及产品跟踪管理模式的一项新技术。

4. 支付识别技术:IC 卡

1) 概念

IC 卡是集成电路卡(Integrated Circuit Card)的英文简称,在有些国家也称之为智能卡、智慧卡、微芯片卡等。将一个专用的集成电路芯片镶嵌于符合 ISO7816 标准的聚氯乙烯(PVC,Polyvinyl Chloride)(或丙烯腈 - 丁二烯 - 苯乙烯等)塑料基片中,封装成外形与磁卡类似的卡片形式,即制成一张 IC 卡。当然也可以封装成纽扣、钥匙、饰物等特殊形状。法国布尔(BULL)公司于 1976 年首先制成 IC 卡产品,并开始应用在各个领域。

2) 组成

基片:现在多为 PVC 材质,也有塑料或是纸制。

接触面:金属材质,一般为铜制薄片,集成电路的输入输出端连结到大的接触面上,这样便于读写器的操作,大的接触面也有助于延长卡片使用寿命;触点一般有 8 个(C1、C2、C3、C4、C5、C6、C7、C8,C4 和 C8 设计为将来保留用),但由于历史原因有的智能卡设计成 6 个触点(C1、C2、C3、C5、C6、C7)。另外,C6 原来设计为对电可擦除可编程只读存储器(EEPROM,Electrically Erasable Programmable Read-Only Memory)供电,但因后来 EEP-ROM 所需的程序电压(Programming Voltage)由芯片内直接控制,所以 C6 通常也就不再使用了。

集成芯片:通常非常薄,在 0.5mm 以内,直径大约 1/4cm,一般成圆形,方形的也有,内部芯片一般有 CPU、随机存取存储器(RAM,Random Access Memory)、只读存储器(ROM,Read-Only Memory)、可擦可编程只读存储器(EPROM,Erasable Programmable Read-Only Memory)。

3) 分类

按所嵌的芯片类型的不同,IC 卡可分为以下 3 类:

① 存储卡:卡内芯片为 EEPROM,以及地址译码电路和指令译码电路。它仅具数据存储功能,没有数据处理能力;存储卡本身无硬件加密功能,只在文件上加密,很容易被破解。常见的存储卡有 ATMEL 公司的 AT24C16、AT24C64 等。

② 逻辑加密卡:该类卡片除了具有存储卡的 EEPROM 外,还带有加密逻辑,每次读/写卡之前要先进行密码验证。如果连续几次密码验证错误,卡片将会自锁,成为死卡。常见的逻辑加密卡有 SIEMENS 公司的 SLE4442、SLE4428 和 ATMEL 公司的 AT88SC1608 等。

③ CPU 卡:该类芯片内部包含微处理器单元(CPU)、存储单元(RAM、ROM 和 EEP-ROM)和输入/输出接口单元。其中,RAM 用于存放运算过程中的中间数据,ROM 中固化有片内操作系统(COS,Card Operating System),而 EEPROM 用于存放持卡人的个人信息以及发行单位的有关信息。CPU 管理信息的加/解密和传输,严格防范非法访问卡内信息,发现数次非法访问,将锁死相应的信息区(也可用高一级命令解锁)。CPU 卡适用于保密性要求特别高的场合,如金融卡、军事密令传递卡等。国际上比较著名的 CPU 卡提

供商有 Gemplus、G&D、Schlumberger 等。

④ 超级智能卡：在 CPU 卡的基础上增加键盘、液晶显示器、电源，即成为一超级智能卡，有的卡上还具有指纹识别装置。VISA 国际信用卡组织试验的一种超级卡即带有 20 个键，可显示 16 个字符，除有计时、计算机汇率换算功能外，还存储有个人信息、医疗、旅行用数据和电话号码等。

5. 物体的识别技术：RFID

物体识别的主要代表是 RFID。RFID 是通过无线电信号识别特定目标并读写相关数据的无线通信技术。RFID 技术集成了无线通信、芯片设计与制造、天线设计与制造、标签封装、系统集成、信息安全等技术，目前已经进入成熟发展期。目前 RFID 应用以低频和高频标签技术为主，超高频技术具有可远距离识别和低成本的优势，有望成为未来的主流。在国内，RFID 已经在身份证件、电子收费系统和物流管理等领域有了广泛的应用。

RFID 技术市场应用成熟，标签成本低廉，但 RFID 一般不具备数据采集功能，多用来进行物品的身份甄别和属性的存储，且在金属和液体环境下应用受限。

6. 位置识别技术：GPS

1）GPS 简介

位置识别技术以 GPS 为主要代表。GPS 是一种结合卫星及通信发展的技术，利用导航卫星进行测时和测距，具有海陆空全方位实时三维导航与定位能力的新一代卫星导航与定位系统。GPS 以全天候、高精度、自动化、高效益等特点，成功地应用于军事、航空航天、交通运输、航海和大地测量学及其相关领域，如海洋大地测量、卫星遥感、工程测量、航空摄影、运载工具导航和管制、地壳运动测量、工程变形测量、资源勘察、地球动力学等多种学科，取得了好的经济效益和社会效益。

2）组成部分

GPS 由 3 部分组成：空间部分——GPS 星座（GPS 星座是由 24 颗卫星组成的星座，其中 21 颗是工作卫星，3 颗是备份卫星）；地面控制部分——地面监控系统；用户设备部分——GPS 信号接收机。

（1）空间部分。GPS 的空间部分是由 24 颗工作卫星组成，它位于距地表 20200km 的上空，均匀分布在 6 个轨道面上（每个轨道面 4 颗），轨道倾角为 55°。此外，还有 4 颗有源备份卫星在轨运行。卫星的分布使得在全球任何地方、任何时间都可观测到 4 颗以上的卫星，并能保持良好定位解算精度的几何图象。这就提供了在时间上连续的全球导航能力。GPS 卫星产生 2 组电码：一组称为 C/A 码（Coarse/ Acquisition Code，11023MHz）；一组称为 P 码（Precise Code，10123MHz），P 码因频率较高，不易受干扰，定位精度高，因此受美国军方管制，并设有密码，一般民间无法解读，主要为美国军方服务。C/A 码人为采取措施而刻意降低精度后，主要开放给民间使用。

（2）地面控制部分。地面控制部分由 1 个主控站、5 个全球监测站和 3 个地面控制站组成。监测站均配装有精密的铯钟和能够连续测量到所有可见卫星的接收机。监测站将取得的卫星观测数据，包括电离层和气象数据，经过初步处理后，传送到主控站。主控站从各监测站收集跟踪数据，计算出卫星的轨道和时钟参数，然后将结果送到 3 个地面控制站。地面控制站在每颗卫星运行至上空时，把这些导航数据及主控站指令注入到卫星。这种注入对每颗 GPS 卫星每天 1 次，并在卫星离开注入站作用范围之前进行最后的注入。如果某地面站发生故障,那么,在卫星中预存的导航信息还可用一段时间,但导航精度会逐渐降低。对于导航定位来说,GPS卫星是一动态已知点。星的位置是依据卫星发射的星历——描述卫星运动及其轨道的的参数算得的。每颗GPS卫星所播发的星历,是由地面监控系统提供的。卫星上的各种设备是否正常工作,以及卫星是否一直沿着预定轨道运行,都要由地面设备进行监测和控制。地面监控系统另一重要作用是保持各颗卫星处于同一时间标准——GPS时间系统。这就需要地面站监测各颗卫星的时间,求出钟差。然后由地面注入站发给卫星,卫星再由导航电文发给用户设备。GPS工作卫星的地面监控系统包括1个主控站、3个注入站和5个监测站。

(3)用户设备部分。用户设备部分即GPS信号接收机。其主要功能是能够捕获到按一定卫星截止角所选择的待测卫星,并跟踪这些卫星的运行。当接收机捕获到跟踪的卫星信号后,即可测量出接收天线至卫星的伪距离和距离的变化率,解调出卫星轨道参数等数据。根据这些数据,接收机中的微处理计算机就可按定位解算方法进行定位计算,计算出用户所在地理位置的经纬度、高度、速度、时间等信息。接收机硬件和机内软件以及GPS数据的后处理软件包构成完整的GPS用户设备。GPS接收机的结构分为天线单元和接收单元2部分。接收机一般采用机内和机外两种直流电源。设置机内电源的目的在于更换外电源时不中断连续观测。在用机外电源时机内电池自动充电。关机后,机内电池为RAM存储器供电,以防止数据丢失。目前各种类型的接受机体积越来越小,重量越来越轻,便于野外观测使用。

3)原理介绍

GPS导航系统的基本原理是测量出已知位置的卫星到用户接收机之间的距离,然后综合多颗卫星的数据就可知道接收机的具体位置。要达到这一目的,卫星的位置可以根据星载时钟所记录的时间在卫星星历中查出。而用户到卫星的距离则通过记录卫星信号传播到用户所经历的时间,再将其乘以光速得到(由于大气层电离层的干扰,这一距离并不是用户与卫星之间的真实距离,而是伪距(PR):当GPS卫星正常工作时,会不断地用1和0二进制码元组成的伪随机码(简称伪码)发射导航电文。GPS系统使用的伪码一共有两种,分别是民用的C/A码和军用的P(Y)码。C/A码频率1.023MHz,重复周期1ms,码间距1μs,相当于300m;P码频率10.23MHz,重复周期266.4天,码间距0.1μs,相当于30m。而Y码是在P码的基础上形成的,保密性能更佳。导航电文包括卫星星历、工作状况、时钟改正、电离层时延修正、大气折射修正等信息。它是从卫星信号中解调制出来的,以50b/s调制在载频上发射的。导航电文每个主帧中包含5个子帧每帧长6s。前3帧各10个字码;每30s重复1次,每小时更新1次。后2帧共15000b。导航电文中的内容主要有遥测码、转换码、第1、2、3数据块,其中最重要的则为星历数据。当用户接收到导航电文时,提取出卫星时间并将其与自己的时钟做对比便可得知卫星与用户的距离,再利用导航电文中的卫星星历数据推算出卫星发射电文时所处位置,用户在WGS-84大地坐标系中的位置速度等信息便可得知。可见GPS导航系统卫星部分的作用就是不断地发射导航电文。然而,由于用户接收机使用的时钟与卫星星载时钟不可能总是同步,所以除了用户的3维坐标x、y、z外,还要引进一个 Δt 即卫星与接收机之间的时间差作为未知数,然后用4个方程将这4个未知数解出来。所以如果想知道接收机所处

180

的位置,至少要能接收到 4 个卫星的信号。

4）功能介绍

（1）精确定时:广泛应用在天文台、通信系统基站、电视台中。

（2）工程施工:道路、桥梁、隧道的施工中大量采用 GPS 设备进行工程测量。

（3）勘探测绘:野外勘探、农业勘测及城区规划中都有用到。

（4）导航:武器导航,包括精确制导导弹、巡航导弹;车辆导航,包括车辆调度、监控系统;船舶导航,包括远洋导航、港口/内河引水;飞机导航,包括航线导航、进场着陆控制;星际导航,包括卫星轨道定位;个人导航,包括个人旅游及野外探险。

（5）定位:车辆防盗系统,手机、PDA、掌上电脑（PPC,Palm PC）等通信移动设备防盗,电子地图,定位系统,儿童及特殊人群的防走失系统。

GPS 作为移动感知技术,是物联网延伸到移动物体采集移动物体信息的重要技术,更是物流智能化、可视化的重要技术,是智能交通的重要技术。

7. 地理识别技术:地理信息系统（GIS,Geographic Information System）

地理识别技术以 GIS 为代表,以空间数据库为基础,运用系统工程和信息科学的理论,对空间数据进行科学管理和综合分析。

GIS 是一项以计算机为基础的新兴技术,在计算机软硬件支持下,以采集、储存、管理、处理、分析、建模、显示和描述整个或部分地球表面与空间地理分布有关数据的空间信息系统。该系统又由若干个相互关联的子系统构成,如数据采集子系统、数据管理子系统、数据处理和分析子系统、可视化表达与输出子系统等。GIS 的对象是地理实体。地理实体数据的最根本特点是每一个数据都按统一的地理坐标进行编码,实现对其定位、定性、定量和拓扑关系的描述。

GIS 的主要功能是数据采集与输入、数据编辑与更新、数据存储与管理、空间查询与分析（空间检索、空间拓扑叠加分析和空间模型分析）和数据显示与输出等。

构建 GIS 应用模型,首先,必须明确用 GIS 求解问题的基本流程,如图 6 - 14 所示;其次,根据模型的研究对象和应用目的,确定模型的类别、相关的变量、参数和算法,构建模型逻辑结构框图;再次,确定 GIS 空间操作项目和空间分析方法;最后,是模型运行结果验证、修改和输出。

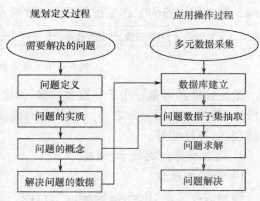

图 6 - 14　用 GIS 求解问题的基本流程

GIS 的技术优势在于它的混合数据结构和有效的数据集成、独特的地理空间分析能力、快速的空间定位搜索和复杂的查询功能、强大的图形创造和可视化表达手段,以及地理过程的演化模拟和空间决策支持功能等。其中,通过地理空间分析可以产生常规方法难以获得的重要信息,实现在系统支持下的地理过程动态模拟和决策支持。可以对相同空间范围内各种不同因素之间的内在关系进行发掘和分析,以此帮助我们寻找到这些不同的因素之间的内在联系,从而帮助我们更好地认识其规律和现象后面更深层的原因。

这既是 GIS 的研究核心,也是 GIS 的重要贡献。

地理信息系统根据其研究范围,可分为全球性信息系统和区域性信息系统;根据其研究内容,可分为专题信息系统和综合信息系统;根据其使用的数据模型,可分为矢量信息系统、栅格信息系统和混合型信息系统。

如果能将 GIS 与 IOT 技术集成起来,用于信息系统的集成与开发,就可以充分发挥 GIS 空间管理与分析的优势,以及 IOT 目标身份快速识别的特点,大幅度改善管理信息系统的工作效率。

8. 激光扫描器

激光扫描器是一种远距离条码阅读设备,其性能优越,因而被广泛应用。激光扫描器的扫描方式有单线扫描、光栅式扫描和全角度扫描 3 种方式。激光手持式扫描器属单线扫描,其景深较大,扫描首读率和精度较高,扫描宽度不受设备开口宽度限制;卧式激光扫描器为全角扫描器,其操作方便,操作者可双手对物品进行操作,只要条码符号面向扫描器,不管其方向如何,均能实现自动扫描,超级市场大都采用这种设备。

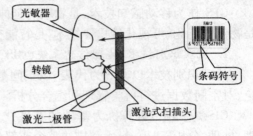

图 6 – 15　激光扫描器工作原理

激光扫描器的基本工作原理如图 6 – 15 所示。手持式激光扫描器通过一个激光二极管发出一束光线,照射到一个旋转的棱镜或来回摆动的镜子上,反射后的光线穿过阅读窗照射到条码表面,光线经过条形码的条或空的反射后返回到读写器,由一个镜子进行采集、聚焦,通过光电转换器转换成电信号,该信号将通过扫描器或终端上的译码软件进行译码。激光扫描器的工作流程如图 6 – 16 所示。

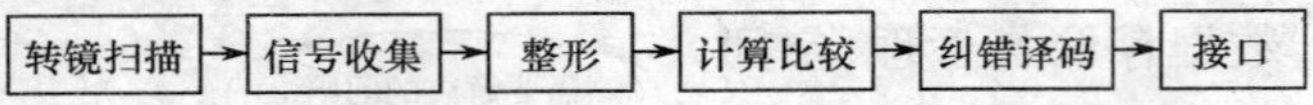

转镜扫描 → 信号收集 → 整形 → 计算比较 → 纠错译码 → 接口

图 6 – 16　激光扫描器工作流程

激光扫描器可很好用于非接触扫描,阅读效果好,识别成功率高,识别速度较快,误码率极低(约为 300 百万分之一);阅读条码密度广,可透过玻璃、透明胶纸阅读;激光读写器防震、防摔性能好。

9. 远程物体识别技术:遥感

1)遥感的概念

遥感的英文是“Remote Sensing”,意即“遥远的感知”,在日本叫“远隔探知”或“远隔探查”。其科学含义一般理解为:在遥远的地方,感测目标物的“信息”,通过对信息的分析研究,确定目标物的属性及目标物之间的关系。也就是说:不与目标物接触,凭借其发来的某些信息,识别目标。

根据遥感的这一概念,人和动物都具有一定的遥感本领。例如人的眼睛识别物体的过程就是一种遥感过程,它是靠物体的色调、亮度以及物体的形状、大小等信息,来判定物体的属性。蝙蝠能发射超声波,并用接收到的回波来判断障碍物的距离、方位和属性。现代遥感技术就是模仿自然界中的遥感现象和过程而产生的。

目前,对遥感的较一致定义是:在远离被测物体或现象的位置上,使用一定的仪器设备,接收、记录物体或现象反射或发射的电磁波信息,经过对信息的传输、加工处理及分析与解译,对物体及现象的性质及其变化进行探测和识别的理论与技术。

2)遥感基本过程

现代遥感技术的基本过程是:在距目标物几米至几千千米的距离以外,以汽车、飞机和卫星等为观测平台,使用光学、电子学和电子光学等探测仪器,接收目标物反射、散射和发射来的电磁辐射,以图像胶片或数字磁带形式进行记录;然后把这些信息传送到地面接收站,接收站把这些遥感数据和胶片进一步加工成遥感资料产品;最后结合已知物体的波谱特征,从中提取有用信息,识别目标和确定目标物间的相互关系。因此说遥感是一个接收、传送、处理和分析遥感信息并最后识别目标的复杂技术过程,如图6-17所示。

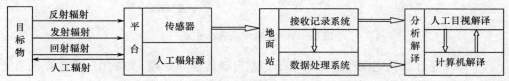

图6-17 遥感过程与技术系统

3)遥感的分类

遥感一般有以下分类方法:

(1)根据遥感平台的分类:可分为地面遥感、航空遥感、航天遥感和宇航遥感4类。平台与地面接触,对地面、地下或水下所进行的遥感和测试,常用平台为汽车、船舰、三角架、塔等。地面遥感是遥感的基础。

(2)根据电磁波谱的分类:可分为可见光遥感、红外遥感、微波遥感、多光谱遥感和紫外遥感5种。

(3)根据电磁辐射能源的分类:可分为主动和被动遥感2种。

(4)根据应用目的分类:可分为地质遥感、农业遥感、林业遥感、水利遥感、环境遥感等。

(5)根据遥感资料的显示形式,获得方式和波长范围的分类:可分为图像方式遥感和非图像方式遥感。图像方式遥感是把目标物发射或反射的电磁波能量分布以图像色调深浅来表示,如图6-18所示。非图像方式遥感是记录目标物发射或反射的电磁辐射的各种物理参数,最后资料为数据或曲线图,主要包括光谱辐射计、散射计、高度计等。

10. 电子数据交换(EDI,Electronic Data Internetchange)

一个贸易过程要经过如银行、海关、商检、运输等环节,含有同样交易信息的不同文件要经过多次重复的处理才能完成。这就增加了重复劳动量和额外的开支以及出错的机会。同时由于邮寄的延误和丢失,常常给贸易双方造成意想不到的损失。随着网络和通信技术的不断发展,EDI便应运而生。

1)概念与特点

EDI是将贸易、生产、运输、保险、金融和海关等事务文件,通过计算机系统按各有关部门或公司企业之间的标准格式进行数据交换,并按照国际统一的语法规则对报文进行处理,是一种利用计算机进行事务处理的新业务。其特点如下:

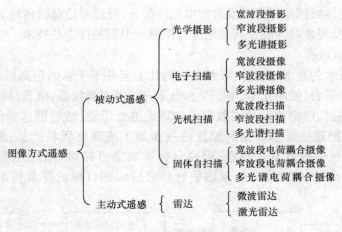

图 6-18 图像方式遥感分类

（1）EDI 是计算机之间所进行的电子信息自动传输和处理,文件用户是计算机系统。

（2）EDI 是格式化、结构化的标准文件,并具有格式检验的功能。

（3）EDI 是由计算机自动读取而无需人工干预的电子数据交换。

（4）EDI 是业务资料,是为了满足商业用途的目的。

（5）EDI 对于传输的文件具有自动跟踪、确认防篡改、防冒领、电子签名等一系列安全化措施。

EDI 数据标准是由各企业、各地区代表共同讨论、制定的电子数据交换共同标准,可以使各组织之间的不同文件格式,通过共同的标准,获得彼此之间文件交换的目的。

EDI 提高了文件处理、传递的速度,增加了可靠性和效率,减少了差错率,降低了成本,大大减少了中间环节和重复劳动,加快了资金周转,能有效地组织库存和生产,大大提高了办公效率和服务质量,从而增加了企业的贸易机会和市场竞争力。

2）EDI 提供的基本业务

提供的业务包括:贸易双方贸易伙伴关系的建立;EDI 文件的发送、接收和处理;EDI 信箱管理(消息存储转发、用户检索、格式管理、消息审计);提供应用程序接口,实现对各种用户单证的开发和制作;用户可将 EDI 单证发送给非 EDI 用户的传真机上。

3）EDI 的系统组成和流程

EDI 的系统组成包括用户接口模块、内部接口模块、报文生成与处理模块、格式转换模块、通信模块,如图 6-19 所示。EDI 软件主要有转换软件、翻译软件和通信软件。

EDI 的通信机制是信箱间信息的存储和转发。具体实现方法是在数据通信网上加挂大容量信息处理计算机,在计算机上建立信箱系统,通信双方需申请各自的信箱,其通信过程就是把文件传到对方的信箱中。文件交换由计算机自动完成,在发送文件时,用户只需进入自己的信箱系统。EDI 的处理流程如图 6-20 所示。

EDI 的发送过程,首先由映射生成 EDI 平面文件;然后由翻译生成 EDI 标准格式文件;再在文件的外层加上通信交换信封,用户通过计算机网络,接入 EDI 信箱系统,将 EDI 电子单证投递到对方的信箱中;最后 EDI 信箱系统自动完成投递和转接。接收处理过程是发送过程的逆过程。

184

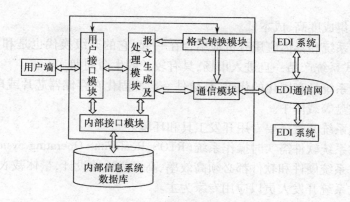

图 6-19 EDI 系统的组成

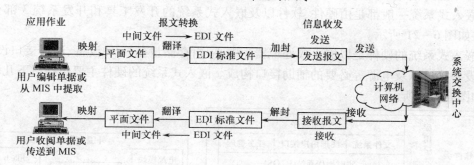

图 6-20 EDI 处理流程

6.3.2 支撑技术

物联网支撑技术包括嵌入式系统、微机电系统(MEMS)、软件、算法和方法、电源和储能、新材料技术等。

1. 嵌入式系统

1) 概念与特点

嵌入式系统往往作为一个大型系统的组成部分被嵌入到其中(这也是其名称的由来),嵌套关系可能相当复杂,也可能非常简单,其表现形式多种多样。嵌入式系统已经渗透于现代生活的各个角落——手机、微波炉、取款机、智能玩具、电子商务、工控设备、通信设备、医疗器械、航天航空、军事装备等。

嵌入式系统(Embedded System)一般是指以应用为中心,以计算机技术为基础,嵌入到对象体系中,软件硬件可剪裁,适应系统对功能、可靠性、成本、体积、功耗等指标严格要求,执行专用功能(如控制、监视或者辅助操作机器和设备)的计算机系统。嵌入式智能技术是将"无感知物体"转变为"智能物体"的关键技术,该特性使物体具备根据外部环境变化进行反应的能力。嵌入式系统诞生于微型机时代,其嵌入性的本质是将一台计算机嵌入到一个对象体系中去;对象系统则是指嵌入式系统所嵌入的宿主系统。

与通用计算机系统相比,嵌入式系统具有以下特点:

(1)嵌入式系统通常是面向特定应用的。

(2)嵌入式系统是一个技术密集、资金密集、高度分散、不断创新的知识集成系统,其

185

功耗低、体积小、集成度高、成本低。

（3）嵌入式系统和具体应用有机地结合在一起，它的升级换代也是和具体产品同步进行，因此嵌入式系统产品一旦进入市场，具有较长的生命周期。

（4）嵌入式系统具有固化的代码，其软件一般都固化在存储器芯片或单片机本身中，而不是存储于磁盘等载体中。

（5）嵌入式系统开发需要专用开发工具和环境。

（6）嵌入式系统软件需实时操作系统（RTOS, Real-Time Operating System）开发平台。

（7）嵌入式系统硬件和软件都必须高效率、高可靠性地设计，量体裁衣，去除冗余。

（8）嵌入式系统开发人员以应用专家为主。

2）嵌入式系统的组成

嵌入式系统一般都是由硬件、软件以及嵌入式系统的开发工具和开发系统 3 部分组成的，如图 6 - 21 所示。

嵌入式系统的硬件是以嵌入式处理器为中心，由存储设备、I/O 设备、通信接口设备、扩展设备接口以及电源等必要的辅助接口构成。嵌入式系统的硬件主要包括以下几个模块，如图 6 - 22 所示。

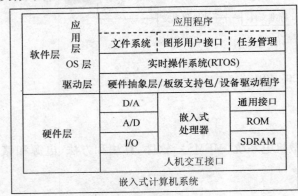

图 6 - 21　嵌入式系统的软/硬件框架　　　　图 6 - 22　嵌入式系统硬件组成

（1）嵌入式核心芯片：包括嵌入式微处理器（EMPU, Embedded Micro Processing Unit）、嵌入式微控制器（EMCU, Embedded Micro Control Unit）、嵌入式数字信号处理器（EDSP, Embedded Digital Signal Processor）、嵌入式片上系统（ESoC, Embedded SoC）。

（2）存储器：用以保存固件的 ROM 和用以保存程序、数据的 RAM。

（3）通信接口：包括 RS - 232 接口、通用串行总线（USB, Universal Serial Bus）接口和以太网接口。

（4）人机交互接口：包括键盘、鼠标、阴极射线管（CRT, Cathode-Ray Tube）、液晶显示屏（LCD, Liquid Crystal Display）和触摸屏等。

（5）电源及其他辅助设备：用于连接微控制器和开关、按钮、传感器、模数转化器、控制器、发光二极管（LED, Light Emitting Diode）及输入/输出接口等。

嵌入式系统的软件由嵌入式操作系统和相应的各种应用程序构成。具有操作系统的嵌入式软件主要有如下几个层次：驱动层程序、RTOS、操作系统的 API 和应用程序。

嵌入式系统的硬件和软件处于嵌入式系统产品本身之中,开发工具则独立于嵌入式系统产品之外。开发工具一般用于开发主机,包括语言编译器、连接定位器、调试器等,这些工具一起构成了嵌入式系统的开发系统和开发工具。

3）嵌入式系统的开发流程

嵌入式系统开发与通用系统开发有很大的区别。嵌入式系统的开发主要分为系统总体开发、嵌入式硬件开发和嵌入式软件开发 3 大部分,其总体流程图如图 6-23 所示。

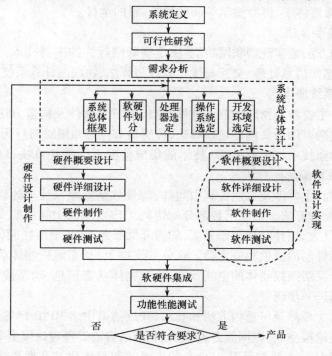

图 6-23　嵌入式系统开发流程图

2. 微机电系统(MEMS,Micro Electro Mechanical Systems)

MEMS 概念于 20 世纪 80 年代提出。它一般泛指特征尺度在亚微米至亚毫米范围的装置。MEMS 可实现对传感器、执行器、处理器、通信模块、电源系统等的高度集成,是支撑传感器节点微型化、智能化的重要技术。

MEMS 是指利用大规模集成电路制造工艺,经过微米级加工,得到的集微型传感器、微型机构、微型执行器以及信号处理和控制电路、接口电路、通信和电源于一体的微型机电系统,是支撑传感器节点微型化、智能化的重要技术。其工作原理是外部环境物理、化学和生物等信号输入,通过微传感器转换成电信号,经过信号处理后,由微执行器执行动作,达到与外部环境"互动"的功能。微机电技术的重要性在于在传感器的基础上引入了执行器,使得我们不仅能感知世界,还能远程控制世界,甚至让设备自动根据外界环境变化而采取不同的行为。

MEMS 并不只是传统机械在尺度上的缩小。与传统机械相比,除了在尺度上很小外,它将是一种高度智能化、高度集成的系统。同时在用材上,MEMS 突破了原来的以钢铁为主,而采用硅、GaAS、陶瓷以及纳米材料,具有较高的性价比,而且增加了使用寿命。由于

187

MEMS 的体积小、集成度高、功能灵活而强大,使人类的操作、加工能力延伸到微米级空间。

MEMS 的研究还具有极大的学科交叉性:微型元器件的制造就涉及设计、材料、制造、测试、控制、能源以及连接等技术。除了上述技术外,MEMS 还需要元器件的集成、装配等组装技术,同时会涉及材料学、物理性、化学、生物学、微光学、微电子学等学科作为理论基础。同时,为了掌握 MEMS 的各种机械、力学、热学、摩擦等方面的性能,还必须建立微机械学、微动力学、微流体学、微摩擦学等新的理论、新的学科。

3. 软件、算法和方法

软件、算法和方法是实现物联网功能、决定物联网行为的主要技术,重点包括各种物联网计算系统的感知信息处理、交互与优化软件与算法、物联网计算系统软件平台和高效节能嵌入式操作系统研发等。

在感知层面,主要涉及物联网节点软件接口、物节点软件及构造方法、物体数字化抽象、物联网感知复杂事件语义模型建模算法、传感器节点感知跟踪与行为建模及感知交互算法、个人隐私增强技术与现有 RFID 技术的集成情况下低能耗算法,以及低存储、低电池消耗的 RFID 数据编解码算法等。

在中间件层面,主要涉及普适计算中间件、海量数据管理与处理的软件、支持用户按需使用的资源分配的算法。物联网各部分的协同工作也需要中间件的支持。此外,由于物联网节点数量巨大,拓扑结构动态易变,如何降低服务延迟、平衡性能、服务质量和能量消耗,需要在中间件层面提供相应支持。在公共支撑上,动态解析物体名字,获取与物体相关的服务地址,灵活跟踪物体的空间数据,回溯物体状态信息,动态搜索与物体相关的信息、服务等尚需进一步研究。

在网络层面,主要涉及可重构方法和技术、开放信道中多 RFID 标签通信的防冲突算法、物联网优化理论模型、物联网服务发现机制、网络自治管理理论模型等。

在公共服务层面,主要涉及基于 QoS 的资源控制与优化及调度算法、数据加密解密服务、轻量级服务模型、可信的信息服务模型、物联网服务的动态演化机制、信息聚合模型、软件可信性的形式化验证方法、物物关联模型及语义分析等。

4. 电源和储能、新材料技术

许多传感器靠电池维持运转,电源和储能成为物联网关键支撑技术之一,包括电池技术、能量储存、能量捕获、恶劣情况下的发电、能量循环、新能源等技术,因此如何有效地存储、节省电能是一个很具挑战性的问题。太阳能、风电、热能、声能都是为物联网提供能源的可选手段。在这一领域,新型能源转换设备、新型能量采集技术、高效畜能设备、节能芯片、耗电可感知的软件技术、微电池技术等都是很值得探索的课题。

新材料技术主要是指应用于传感器的敏感元件实现的技术。传感器敏感材料包括湿敏材料、气敏材料、热敏材料、压敏材料、光敏材料等。新敏感材料的应用可以使传感器的灵敏度、尺寸、精度、稳定性等特性获得改善。

6.3.3　共性技术

物联网共性技术涉及网络的不同层面,主要包括架构技术、标识和解析、安全和隐私、网络管理技术和优化技术等。

1. 架构技术

物联网架构技术目前处于概念发展阶段。物联网需具有统一的架构,清晰的分层,支持不同系统的互操作性,适应不同类型的物理网络,适应物联网的业务特性。

作为一种基础设施、一种网络和信息系统,物联网应该有一个合理的体系结构,以支持不同设备的集成、异构数据的交互、信息模型的互操作以及子系统的自治与协同。在物联网体系结构中,系统的模块化、互操作性、可集成性、协同性、扩展性和开放性是非常重要的几个环节。

物联网本身具有子网异构、自治的特点,异构网络的整合需要体系结构的支持。异构网络融合模型、子网局部自治机制、网络行为建模、网络动态拓扑结构分析等都需要进一步研究。围绕体系结构,在应用开发范型、遗留系统集成、业务过程处理等方面还需要进一步探讨。

为了支持网络、感知与应用的有机结合和信息的有效聚合,需要对整个物联网的信息、网络结构进行分析,在分析模型理论基础上,设计合理的满足感知、信息聚合及响应处理需求的物联网软件体系结构。

2. 标识和解析技术

标识和解析技术是对物理实体、通信实体和应用实体赋予的或其本身固有的一个或一组属性,并能实现正确解析的技术。物联网标识和解析技术涉及不同的标识体系、不同体系的互操作、全球解析或区域解析、标识管理等。

3. 安全和隐私技术

安全和隐私技术包括安全体系架构、应用安全、网络安全、终端安全、安全管理以及"智能物体"的广泛部署对社会生活带来的安全威胁、隐私保护和保证措施等。其中应用安全措施包括应用访问控制、内容过滤和安全审计等。网络安全即传输安全,包括加密和认证、异常流量控制、网络隔离交换、信令和协议过滤、攻击防御与溯源等安全措施。终端安全包括主机防火墙、防病毒和存储加密等安全措施。安全管理对所有安全设备进行统一管理和控制。具体来说,它涉及以下几个方面:

(1) 智能感知网络的低能耗安全算法。

(2) 个体隐私信息保密技术。

(3) 面向动态物流的服务访问控制技术。

(4) 物联网终端木马与病毒防治技术。

(5) 基于公钥基础设施(PKI, Public Key Infrastructure)体系的一体化认证技术。

(6) 海量感知数据快速检索与分类算法。

4. 网络管理技术

网络管理主要是关于规划、协调、监督、设计和控制网络资源的使用和网络的各种活动,使网络能高效、可靠、安全和经济地运行并提供高质量的服务。通常网络管理分为2类。第1类是网络应用程序、用户帐号(例如文件的使用)和存取权限(许可)的管理。它们都是与软件有关的网络管理问题;第2类是对构成网络的硬件进行的管理,这一类包括对工作站、服务器、网卡、路由器、网桥和集线器等的管理。

网络管理有五大功能:故障管理、配置管理、性能管理、安全管理和计费管理。网络管理技术重点包括感知网络管理、设备管理、拓扑管理、事件管理、策略管理、应急管理、服务管理、互联网管理、地址标示管理,涉及管理需求、管理模型、管理功能、管理协议等。为实现对物联网广泛部署的"智能物体"的管理,需要进行网络功能和适用性分析,开发适合的管理协议。

网络管理还需要优化技术的支持,主要包括能量优化、复杂度优化、性能优化、成本优化、多级体制优化、无线频谱的优化调度与分配、资源的协同优化和系统跨层优化等。

6.3.4　网络与通信技术

网络通信技术主要实现物联网数据信息和控制信息的双向传递、路由和控制,重点包括低速近距离无线通信技术、低功耗路由、自组织通信、无线接入通信、IP承载技术、网络传送技术、异构网络融合技术以及认知无线电技术。

　1. 低速近距离无线通信技术

低速近距离无线通信技术可以延伸至蜂窝移动通信技术所难以涉及的区域,包括无线保真(WiFi,Wireless Fidelity)、蓝牙、超宽带(UWB, Ultra Wideband)、ZigBee等。每种技术具有不同的优缺点,目前ZigBee技术由于成本低、组网能力强,最适合成为物联网技术。ZigBee技术基于802.15.4协议,提供低功耗、低成本和轻量路由协议,因此可以组成传感器网络,不需要接入点,而且网络节点之间可以互相通信。目前的传感器网络大多采用ZigBee作为组网和传输技术。

所谓WiFi,其实就是IEEE 802.11b的别称,是一种短程无线传输技术,能够在数百英尺范围内支持互联网接入的无线电信号。随着技术的发展,以及IEEE 802.11a和IEEE 802.11g等标准的出现,现在IEEE 802.11这个标准已被统称为WiFi。从应用层面来说,要使用WiFi,用户首先要有WiFi兼容的用户端装置。WiFi是一种帮助用户访问电子邮件、Web和流式媒体的赋能技术。它为用户提供了无线的宽带因特网访问。同时,它也是在家里、办公室或在旅途中上网的快速、便捷的途径。能够访问WiFi网络的地方被称为热点。WiFi或802.11G在2.4Ghz频段工作,所支持的速度最高达54Mb/s。另外还有两种802.11空间的协议,包括(a)和(b)。它们也是公开使用的,但802.11G在世界上最为常用。

蓝牙是一种小型化、短距离、低成本和微功率的无线通信技术,是一种无线数据与语音通信的开放性全球规范。它使用跳频、时分多址和码分多址等先进技术,建立多种通信与信息系统之间的信息传输。其目标和宗旨是:在小范围内保持联系,不靠电缆,拒绝插头,将各种移动通信设备、固定通信设备、计算机及其终端设备、各种数字数据系统、各种家电产品,使用一种廉价的无线方式将它们连接起来,并与因特网联网,以此重塑人们的生活方式。蓝牙的工作频段是2.4GHz,传输速率可达到10Mb/s。蓝牙技术的无线电收发器是一块很小的芯片,大约只有$3.2cm^2$。它要实现的目标是在10m或100m的范围内,让笔记本电脑、掌上电脑、手机与所有支持该技术的设备建立高效率的网络联系,而不需要数据连接线,并形成一个个人领域的网络。蓝牙在各信息设备之间可以穿过墙壁或公文包,实现方便快捷、灵活安全、低成本小功耗的话音和数据通信。

UWB是一种无线载波通信技术,即不采用正弦载波,而是利用纳秒级的非正弦波窄脉冲传输数据。其每个脉冲的持续时间只有几十皮秒到几纳秒,这些脉冲所占用的带宽高达500MHz至几吉赫,数据传输速率可达几百兆比特每秒～吉比特每秒;UWB脉冲的

190

持续时间远小于脉冲的重复周期,平均发射功率很低;因此 UWB 功率谱密度非常低,几乎湮没在各种电磁干扰和背景噪声之中,具有隐蔽性好、低截获率、保密性好等优点。UWB 信号还具有穿透地表面、墙壁和其他物体的能力,具有对信号衰落不敏感、系统复杂度低及定位精度高等优点,适用于高速、近距离的无线个人通信。

2. 低功耗路由技术

物联网低功耗路由包含 2 个方面的定量指标:一方面是节点选择指标,包括节点状态,节点能量,节点跳数;另一方面是链路指标,包括链路吞吐率、链路延迟、链路可靠性、链路长度、链路着色(区分不同流类型)。所谓低功耗路由就是综合这些定量指标动态选定的最优路由。

低功耗路由支持 3 种类型的数据通信模型,即低功耗节点到主控设备的多点到点的通信,主控设备到多个低功耗节点的点到多点通信,以及低功耗节点之间点到点的通信。节点通过交换距离向量构造一个有向无环图(DAG,Directed Acyclic Graph)。DAG 可以有效防止路由环路问题,DAG 的根节点通过广播路由限制条件来过滤掉网络中的一些不满足条件的节点,然后节点通过路由度量来选择最优的路径。

3. 自组织通信技术

自组织通信技术的主要代表是移动自组织(Ad-Hoc)网络,随后衍生出了无线 Mesh 网络和无线传感器网络,它们也采用分布式、自组织组网思想,但在特定应用环境下具有不同于 Ad-Hoc 网络的特性。无线 Ad-Hoc 网络主要侧重于移动环境中,无线 Mesh 网络是一种无线宽带接入网络,无线传感器网络是无线 Ad-Hoc 网络的一种特殊形式,实现对某个区域的物理现象的监测。

1)移动自组织(Ad-Hoc)网络

"Ad-Hoc"一词来自拉丁语,意思是"为某种目的设置的,有特殊用途的"网络。Ad-Hoc网络是一组带有无线收发装置的移动节点或终端组成的一个无线特定的、多跳的、临时性自创建(Self-Creating)、自组织(Self-Organizing)、自管理(Self-Administering)、无中心的系统。网络中每个终端可以自由移动,地位相等,且具有路由功能,可以通过无线连接在任何时候、任何地点快速构建任意的网络拓扑,可独立工作,不需要现有信息基础网络设施的支持。移动终端也可与因特网或蜂窝无线网络连接。

在 Ad-Hoc 网络中,每个用户终端(节点)兼有路由器和主机 2 种功能。一方面,作为主机,终端需要运行各种面向用户的应用程序;另一方面,作为路由器,终端需要运行相应的路由协议,根据路由策略和路由表完成数据的分组转发和路由维护工作。

在 Ad-Hoc 网络中,节点间的路由通常由多个网段(跳)组成,由于终端的无线传输范围有限,2 个无法直接通信的终端节点往往要通过多个中间节点的转发来实现通信。所以,它又被称为多跳无线网、自组织网络、无固定设施的网络、对等的移动计算网络、或无框架的移动网络。Ad-Hoc 网络中的信息流采用分组数据格式,传输采用包交换机制,基于 TCP/IP 协议簇。所以说,Ad-Hoc 网络是一种移动通信和计算机网络相结合的网络,是移动计算机通信网络的一种类型。

无线 Ad-Hoc 网(图 6 – 24)没有固定的基础设施,也没有固定的路由器,所有节点都是移动的,并且都能以任意方式动态地保持与其他节点的联系。在这种环境中,由于终端的无线覆盖范围的有限性,2 个无法直接进行通信的用户终端可以借助于其他节点进行分组转发。每一个节点都可以说是一个路由器,它们完成发现和维持到其他节点路由的功能。

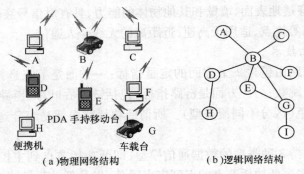

（a）物理网络结构　　　　　（b）逻辑网络结构

图 6 - 24　无线 Ad-Hoc 网络示意图

2）无线 Mesh 网（WMN, Wireless Mesh Network）

"Mesh"这个词原意是指所有的节点都互相连接。WMN 是从 Ad-Hoc 网络分离出来并承袭了部分无线局域网（WLAN, Wireless LAN）的新技术。WMN 又称无线网状网、无线网格网、无线多跳网,它是一种多跳、具有自组织和自愈特点的宽带无线网络结构,即一种高容量、高速率的分布式网络,是因特网的无线版本。WMN 不同于传统的无线网络,WMN 任何无线设备节点都可以同时作为接入点（AP,Access Point）和路由器,都可以发送和接收信号,每个节点都可以与一个或者多个对等节点进行直接通信,也可以通过一些中间节点连接互相远离不能直接连接的无线路由器。WMN 中的每个节点只和邻近节点进行通信,都具备自动路由功能,不需主干网即可构筑富有弹性的网络,因此 WMN 是一种自组织、自管理的智能网络。WMN 通过共享网络、相互连接的传感器、移动电话以及其他的有线网格互联设备进行通信。特别是分布式的资源共享将会允许这些设备为网格计算提供新的资源和使用位置。WMN 的大多数节点基本静态不动,不用电池作为动力,拓扑变化较小。WMN 可以和多种宽带无线接入技术如 802.11、802.16、802.20 以及 3G 等技术相结合,组成一个含有多跳无线链路的无线网状网络,也可以看成是 WLAN（单跳）和 Ad-Hoc 网络（多跳）的融合且发挥了两者的优势。

Mesh 网络技术原是一项军方技术。随着人们对 802.11a、802.11b 和 802.11g 等 WLAN 技术了解的深入,Mesh 网络才逐步成为企业界和消费者瞩目的焦点。

与传统的无线接入技术相比,WMN 的优势表现在:快速部署和易于安装、非视距传输;无线多跳网络、具有自组织与自管理和自愈能力、多种类型的网络接入、移动性以及能耗限制与节点类型相关、具有无线基础设施的骨干网、集成性、高可靠性、功耗限制减少、高带宽、覆盖范围广、定位准确。

3）无线传感器网络技术

无线传感器网络就是由部署在监测区域内大量的廉价微型传感器节点组成,通过无线通信方式形成的一个多跳自组织网络。无线传感器网络是一种全新的信息获取平台,能够实时监测和采集网络分布区域内的各种检测对象的信息,并将这些信息发送到网关节点,以实现对空间分散范围内的物理或环境状况的检测、协作监控与跟踪,并根据这些信息进行相应的分析和处理。

WSN 是结合了计算、通信、传感器 3 项技术的一门新兴技术,具有快速展开、抗毁性强、低成本、高密度、灵活布设、实时采集、全天候工作的优势,且对物联网其他产业具有显著带动作用。

4. 无线接入通信技术

无线通信技术按照传输距离大致可以分为以下 4 种技术,即基于 IEEE802.15 的无线个域网(WPAN,Wireless Personal Area Network)、基于 IEEE802.11 的 WLAN、基于 IEEE802.16 的无线城域网(WMAN,Wireless MAN)及基于 IEEE802.20 的无线广域网(WWAN,Wireless WAN)。

总的来说,长距离无线接入技术的代表为:全球通(GSM,Global System for Mobile Communication)、GPRS、3G;短距离无线接入技术的代表则包括 WLAN、UWB 等。按照移动性又可以分为移动接入和固定接入。其中固定无线接入技术主要有:3.5GHz 多路多点分配业务(MMDS,Multichannel Multipiont Distribution Service)、本地多点分配业务(LMDS,Local Multipoint Distribution System)、802.16d;移动无线接入技术主要包括:基于 802.15 的 WPAN、基于 802.11 的 WLAN、基于 802.16e 的全球微波互联接入(WIMAX,Worldwide Interoperability for Microwave Access)、基于 802.20 的 WWAN。按照带宽则又可分为窄带无线接入和宽带无线接入。其中宽带无线接入技术的代表有 3G、LMDS、WiMAX;窄带无线接入技术的代表有第一代和第二代蜂窝移动通信系统。

5. IP 承载技术

伴随着 IP 业务的爆炸性增长,其 IP 承载技术也得到飞速发展。下面简单介绍几种 IP 承载技术。

(1) IP Over Fiber:这种技术采用光纤资源直接将 IP 网络业务节点——路由器/交换机连接组网。通常利用业务接口提供的各种 IP 业务接口,将网络直接映射在光纤上,实现 IP 业务的传输连接。这是一种解决 IP 业务承载的初级方案。

(2) IP Over SDH:它为利用 SDH 网络成为 IP 业务的承载平台。在 SDH 系统中增加 IP 功能模块,将 IP 业务包封装进 SDH 的 VC12(虚容器(VC,Virtual Container))、VC3、VC4 等容器中,实现在 SDH 平台上传输 IP 业务,此方式为多业务承载平台技术。

(3) IP Over WDM:在 WDM 系统中采用 SDH 帧或者 GbE/10GbE 帧结构,将 IP 业务映射进 WDM 系统,通过 WDM 系统的波分复用技术,实现 IP 业务的超大带宽传输。这种技术提高了光纤资源带宽利用率,节省光纤资源,具有超大的系统传输容量、灵活的组网方式、灵活的业务调度能力、超长的传输距离、丰富的业务接口和完善的保护能力,一直被认为是解决 IP 业务承载最佳传输平台。

其他的 IP 承载技术还有 IP Over ATM、IP Over SONET 和 IP Over DWDM 等。

6. 网络传送技术

网络传送技术是指利用不同信道、传送方式、调制解调方式、复用方式、编解码等构成一个完整的传送系统,使信息得以可靠传送的技术。

信道分为有线信道和无线信道。有线信道可通过双绞线、同轴电缆和光缆建立;无线信道可进一步分为地波传播(如长波、超长波、长波和短波等)、天波传播(即经电离层反射传播,如短波)、视距传播(如超短波,微波)等。信道的传送方式有单工、半双工和全工 3 种。由于不同信道有各自适用的频率范围,信源的信号必须通过"调制"到给定的频率范围才能进行传送,故调制技术是传送技术的关键之一;调制技术主要有调幅、调频、调相和脉码调制几种。对给定的信道,使之能传送多个信源信息的技术称为"复用",复用旨在提高信道的有效性,是传送技术的另一关键。常见的复用技术有频分复用、时分复用、码分复用、波分复用等。传送的可靠性是传送技术的另一个要点,这主要涉及信道编码技术和最佳接收技术。

光纤传送和无线移动通信技术是未来一段时期内最重要的2种传送技术。光纤传送将以其高带宽和高可靠性成为未来信息高速公路的主干传送手段;移动通信则以其高度的灵活性,机动性将成为信息社会人们普遍采用的通信形式,进而通过与光纤通信,卫星通信的结合,实现真正"全球通"。

7. 认知无线电技术

认知无线电也被称为智能无线电。从广义上来说是指无线终端具备足够的智能或者认知能力,通过对周围无线环境的历史和当前状况进行检测、分析、学习、推理和规划,利用相应结果自适应地调整内部的通信机理、实时改变特定的无线操作参数(如功率、载波调制和编码等)等,来适应外部无线环境,自主寻找和使用空闲频谱;使用最适合的无线资源(包括频率、调制方式、发射功率等)完成无线传输。认知无线电能够帮助用户自动选择最好的、最廉价的服务进行无线传输,甚至能够根据现有的或者即将获得的无线资源延迟或主动发起传送。

认知无线电原理框图如图6-25所示,由图可看出,认知无线电设备对周围环境感知、探测、分析,这种探测和感知是全方位的,应对地形、气象等综合信息也有所了解。由此图也可得出,认知无线电是高智能设备,应包含一个智能收发器。有了足够的人工智能,它就能吸取过去的经验对实际情况进行响应,过去的经验包括对死区、干扰和使用模式等的了

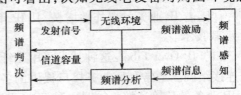

图6-25 认知无线电原理框图

解。它的学习能力是使它从概念走向应用的真正原因。

当认知无线电用户发现频谱空洞,使用已授权用户的频谱资源时,必须保证它的通信不会影响到已授权用户的通信,一旦该频段被主用户使用,认知无线电有2种应对方式:一是切换到其他空闲频段通信;二是继续使用该频段,改变发射频率或调制方案,避免对主用户的干扰。

认知无线电涉及的关键技术主要有干扰温度、频谱检测和动态频谱管理等。

8. 异构网络融合技术

异构性,指处理大量种类的传输、终端技术和应用的能力。所谓异构网络(Heterogeneous Network)是一种由不同制造商生产的计算机、网络设备和系统组成的、大部分情况下运行在不同的协议上支持不同的功能或应用的网络。该网络融合的目的主要是在一个通用的网络平台上实现各种信息快速、可靠、安全的交换与传输,即通过网络高质量地提供话音、数据、兼视频业务等各种各样的服务。

三网融合是指将电信网、计算机网和广播电视网进行合一。现阶段的所谓三网融合,主要是指高层业务应用的融合。其表现为技术上趋向一致,网络层上可以实现互联互通,形成无缝覆盖,业务层上互相渗透和交叉,应用层上趋向使用统一的IP协议,在经营上互

相竞争、互相合作,朝着向人类提供多样化、多媒体化、个性化服务的同一目标逐渐交汇在一起,行业管制和政策方面也逐渐趋向统一。

要走向三网融合,电信网还需要能够承载数据和电视业务。对于固定电话网络来说,主要是通过非对称数字用户环线(ADSL,Asymmetrical Digital Subscriber Line)/甚高速数字用户环线(VDSL,Very-high-bit-rate Digital Subscriber Loop)/光纤到户(FTTH,Fiber To The Home)接入来完成对数据业务的承载。对于移动通信网络来说,主要是通过无线应用协议(WAP,Wireless Application Protocol)等技术来实现对因特网业务的承载。WAP协议可以使移动用户接入因特网,而手机终端只需内置一个微型浏览器。

要走向三网融合,计算机网必须能够承载话音与电视业务。对于计算机网承载话音业务的技术,通常采用VoIP技术。VoIP又称IP电话,它首先通过对语音信号进行编码数字化并压缩处理成压缩帧,然后转换为IP数据包在IP网络上进行传输,从而达到在IP网络上进行语音通信的目的。对于利用计算机网络来传送电视节目来讲,可以在对电视节目数字化之后,通过IP协议直接承载在计算机网上。

要想走向三网融合,广播电视网还应能够承载数据与话音业务。从技术上分析,广播电视网已经由初期的共用天线系统朝着光缆/光纤混合同轴电缆(HFC,Hybrid Fiber Co-axial)的方向逐步过渡。HFC是一种新型的宽带网络,采用光纤到服务区,而在进入用户的"最后1km"采用同轴电缆,HFC的优点是频带宽、容量大、抗干扰性能好。广播电视网一般都是通过IP over DVB(Digital Video Broadcast)技术来提供因特网业务,在有线网络侧关键的节点中安装新的数字设备,在用户侧先用机顶盒(或分线器)将进到用户室内的电缆分为2个分支,一个接普通电视机,另一个通过电缆调制解调器接到电脑。这样,电视机同样能收看有线电视节目。

随着计算机和通信技术的发展,无线广域网、无线城域网、无线局域网、卫星通信网、蓝牙网络等多种无线网络系统正逐步代替传统有线网络成为因特网接入的最后一跳。在异构无线网络融合的系统框架中,WIMAX的发展代表了宽带接入技术的无线化,而3G和B3G的发展则是移动技术的宽带化,因此未来通信系统将是趋于统一的无线移动接入方式和开放互联的网络结构。3G与WIMAX在市场、技术和业务方面都存在很好的互补性,这是它们融合发展的基础。时分同步码分多址(TD-SCDMA,Time Division Synchronous Code Division Multiple Access)和WiMAX网络之间也有很强的互补性,两者技术互相融合和促进,推动TD-SCDMA由3G系统向Super3G以及未来的4G系统的演进,为用户提供更好的服务。

但是新出现的无线接入技术很难替代已有的接入技术,提供尽力而为服务的无线宽带网络WiMAX、WLAN、(WiFi)与提供电信级质量保障的2G、3G移动通信网络必将朝着全IP网络发展,宽带化、泛在化、协同化,逐步演化成为一个异构互联的融合网络成为未来宽带无线通信发展的主旋律。

6.3.5　物联网的应用技术

物联网的应用技术主要有海量信息智能处理和面向服务的体系架构(SOA,Service-Oriented Architecture),前者综合运用高性能计算、人工智能、数据库和模糊计算等技术,对收集的感知数据进行通用处理,重点涉及数据存储、云计算、数据挖掘、平台服务、信息呈现等;后者是一种松耦合的软件组件技术,它将应用程序的不同功能模块化,并通过标准化的接口和调用方式联系起来,实现快速可重用的系统开发和部署。SOA 可提高物联网架构的扩展性,提升应用开发效率,充分整合和复用信息资源。

1. 数据存储

数据存储就是根据不同的应用环境通过采取合理、安全、有效的方式将数据保存到某些介质上并能保证有效的访问。小到计算机系统中的几百 KB 的 ROM 芯片,大到上百 GB,甚至 TB 级的磁盘阵列系统都可以用来保存数据,又都可以称为存储。存储按照使用的方式和存储规模,又有移动存储设备(比如 U 盘、个人电脑存储国际协会(PCMCIA, PC Menory Card International Association)硬盘和外置 USB 移动硬盘)和非移动存储设备之分,如内置磁盘、磁盘阵列、磁带机、磁带库、光盘库等都是非移动存储设备。按照存储介质和存储技术划分,主要有磁盘、磁带和光盘等三大类。

目前有 4 种网络存储共享技术:

(1) 存储设备与服务器直接相连,又称为直接附加存储系统(DAS, Direct Attached Storage);

(2) 存储设备直接联入现有的 TCP/IP 的网络中,这种设备称为网络附加存储(NAS, Network Attached Storage);

(3) 将各种存储设备集中起来形成一个存储网络,通过光纤进行连接,以便数据的快速集中连接与管理,这样的网络称为 SAN;

(4) IP 存储网络结合了 NAS 和 SAN 两者的优点:一方面它采用 TCP/IP 作为网络协议,使得它具有 NAS 易于访问的特点,另一方面它又有独立专用的存储网络结构。网络存储有以下几项新技术正在得到发展,即基于 InfiniBand 的存储系统、直接访问文件系统、虚拟存储、智能存储、零拷贝。

2. 云计算(Cloud Computing)

云计算是网格计算、分布式计算、并行计算、效用计算、网络存储、虚拟化、负载均衡等传统计算机技术和网络技术发展融合的产物。它旨在通过网络把多个成本相对较低的计算实体整合成一个具有强大计算能力的完美系统,并借助软件即服务、平台即服务、基础设施即服务、成功的项目群管理等先进的商业模式,把这强大的计算能力分布到终端用户手中。

云计算的一个核心理念就是通过不断提高“云”的处理能力,进而减少用户终端的处理负担,最终使用户终端简化成一个单纯的输入输出设备,并能按需享受“云”的强大计算处理能力。云计算的基本原理是,使计算分布在大量的分布式计算机上,而非本地计算机或远程服务器中,企业数据中心的运行将与互联网更加类似,这使得企业能够将资源投入到用户需要的应用上,并根据需求访问计算机和存储系统。

3. 数据挖掘

数据挖掘汇聚了数据库、人工智能、机器学习、统计学、可视化技术、并行计算等不同学科和领域的知识。数据挖掘就是通过采用自动或半自动的手段,对数据进行一定的处理,从大量的、不完全的、有噪声的、模糊的、随机的实际应用数据中,发现和提取有意义的、隐含在其中的、人们事先不知道的但又是有效的、新颖的、潜在有用的、最终可被理解的信息和知识的过程。从另外一个方面来说,数据挖掘是从数据中自动地抽取模式、关联、变化、异常和有意义的结构。与数据挖掘相近的同义词有知识发现、知识提取、数据融合、数据/模式分析、数据考古学、数据捕捞和信息收获等。

数据挖掘的对象有：关系型数据库挖掘、面向对象数据库挖掘、空间数据库挖掘、时态数据库挖掘、文本数据源挖掘、多媒体数据库挖掘、异质数据库挖掘、遗产数据库挖掘、Web数据库挖掘等。

数据挖掘方法主要有分析和预测、粗糙集、模糊集、聚类分析、关联规则、决策树、人工神经网络、多媒体数据挖掘、数据可视化、遗传算法、近邻算法、连机分析处理和多层次数据概化归纳等。

4. 平台服务技术

一个理想的物联网应用体系架构，应当有一套共性能力平台，共同为各行各业提供通用的服务能力，如数据集中管理、通信管理、基本能力调用（如定位等）、业务流程定制、设备维护服务等。

M2M平台：它是提供对终端进行管理和监控，并为行业应用系统提供行业应用数据转发等功能的中间平台。平台将实现终端接入控制、终端监测控制、终端私有协议适配、行业应用系统接入、行业应用私有协议适配、行业应用数据转发、应用生成环境、应用运行环境、业务运营管理等功能。M2M平台是为机器对机器通信提供智能管道的运营平台，能够控制终端合理使用网络，监控终端流量和分布预警，提供辅助快速定位故障，提供方便的终端远程维护操作工具。

云服务平台：以云计算技术为基础，搭建物联网云服务平台，为各种不同的物联网应用提供统一的服务交付平台，提供海量的计算和存储资源，提供统一的数据存储格式和数据处理及分析手段，大大简化应用的交付过程，降低交付成本。随着云计算与物联网的融合，将会使物联网呈现出多样化的数据采集端、无处不在的传输网络、智能的后台处理。

5. 信息呈现

信息呈现是指在传递信息的界面介质上的信息排列和呈现，包括由文字、表格、图画（图形、图片和按钮等）构成的点、线、面和块面等，包含了版式、信息组、信息项及信息要素几个方面。信息呈现的界面可采用投影机、大屏幕电视、平板化电视、微型电视、高清晰度电视、电子黑板等。信息也可采用对话、动画、影视、网页和资料等丰富的形式加以呈现。

一种对象状态信息呈现的系统，其特征包括：①呈现业务平台，用于管理状态呈现信息的发布和订阅，同时管理用户策略信息；②内容服务器，用于保存与状态呈现信息相关联的对象以及状态信息内容文件；③生活导航业务平台，用于为用户提供信息源查找和订阅功能；④门户入口，用于供用户采用浏览器通过终端查找提供呈现信息的信息源。

6. 面向服务的体系架构

面向服务的体系架构SOA就是在分布式的环境中，将各种功能都以服务的形式提供给最终用户或者其他服务。SOA是一个组件模型，它将应用程序的不同功能单元——服务，通过服务间定义良好的接口和契约联系起来。SOA是包含运行环境、编程模型、架构风格和相关方法论等在内的一整套新的分布式软件系统构造方法和环境，涵盖服务的整个生命周期：建模——开发——整合——部署——运行——管理。SOA不是一种语言，也不是一种具体的实现技术、具体架构元素，更不是一种产品，而是一种软件系统架构。

SOA 的重点是服务建模和基于 SOA 的设计原则进行架构决策和设计。

　　SOA 架构的基本元素是服务，SOA 指定一组实体（服务提供者、服务消费者、服务注册表、服务条款、服务代理和服务契约），这些实体详细说明了如何提供和消费服务。一个"服务"定义了一个与业务功能或业务数据相关的接口，以及约束这个接口的契约，如服务质量要求、业务规则、安全性要求、法律法规的遵循、关键业绩指标等。接口和契约采用中立、基于标准的方式进行定义，它独立于实现服务的硬件平台、操作系统和编程语言。这使得构建在不同系统中的服务可以以一种统一的和通用的方式进行交互、相互理解。

　　SOA 的实现技术主要有 Web 服务、XML、SOAP、Web 服务描述语言（WSDL，Web Services Description Language）和统一描述、发现和集成（UDDI，Universal Description Discovery and Integration）规范等。

6.4　物联网标准化体系

　　物联网的大规模应用离不开标准体系的建立。标准化的实现是对技术研发的总结和提升；是整合物联网行业应用，保证产品的互操作性和全网互联互通的基础；是产业规模化发展的先决条件。下面从国际国内 2 个方面来介绍物联网标准的制定情况。

6.4.1　国际物联网标准的制定

　　目前，与物联网相关的国际标准化组织主要有 ISO、自动化国际学会（ISA，International-al Society of Automation）、EPCglobal、uID、IEEE、EnOcean、IETF、（美国）联邦通信委员会（FCC，Federal Communications Commission）、欧洲电工标准化委员会（CENELEC，European Committee for Electrotechnical Standardization）等。按照标准化组织进行分类，物联网标准的制定如表 6 - 2 所列。各组织工作重点各不相同，所制定标准庞杂且不统一。尽管标准的集成及互操作问题引起了一些组织、机构的重视，例如：GS1、ETSI 与 CEN 发起的 GRIFS 项目对 RFID 技术标准的互操作进行了研究，但问题远没有得到解决。

表 6 - 2　物联网各标准化组织的工作重点和主要标准

标准化组织	工 作 重 点	主 要 标 准
ISO	RFID 空中接口及协议、近距离耦合设备、智能卡、数据与编码、RTLS/RFID 设备一致性测试、RFID 设备性能、传感器等的标准化	ISO/IEC 18092、ISO/IEC14443、ISO/IEC15693、ISO/IEC21481、ISO/IEC 24753、IEC 61000、ISO/IEC 18000、ISO/IEC 18046、ISO/IEC 18047、ISO/IEC 24769、ISO/IEC 24770、ISO/DIS 26324
ISA	工业无线设备（如：传感器、执行器、无线手持设备等）的标准化	ISA 100
ITU	通讯基础框架、安防系统、标签一体化、异构网络融合、未来网络架构、移动多媒体、内容分发网络、Ad-Hoc 网络、身份信息管理与安全交换、个人识别信息保护等的标准化	ITU-T F. 771、ITU-T H. 621、ITU-T H. IRP
NFC	距离通信，包括数据交换格式、设备间 P2P 通信、移动 RFID 等的标准化	NFC Forum RTD-URI 1. 0、NFC Forum TS-Type-1-Tag 1. 0

标准化组织	工作重点	主要标准
EPCglobal	RFID 技术的标准化	EPCglobal DCI Standard、EPCglobal RM Standard v. 1. 0. 1、EPCglobal LLRP Version 1. 0. 1
IETF	物联网网络层标准，包括低速个域网、IPv6、资源标识、数据交换等的标准化	IETF 6LowPan RFC4919、IETF 6LowPan RFC4944、IETF RFC 2460、IETF RFC 3986、IETF RFC 3403
uID	编码体系(uCode)、信息服务器、标签分类、普适通信器、uCode 解析等的标准化	UID-CO000002-0. 00. 24、UID-00005-01. A0. 01、UID-00007-01. A0. 04、UID-CO000013-1. A0. 03
IEEE	智能传感器接口、短距离低功耗通信、无线网络、领域应用等的标准化	IEEE1451、IEEE802. 15、IEEE802. 11、IEEE P2030
W3C	因特网标准，包括资源标识、数据交换、网络协议等	RFC 2141、RFC 3305、RFC 2616、Extensible Markup Language 1. 1
EnOcean	智能大厦领域的监控、无线无源传感、能量收集等的标准化	EnOcean Equipment Profiles（EEP）V2. 0
3GPP	通信标准、移动因特网、M2M 无线网络优化	GPRS、EDGE、W-CDMA 标准
ETSI	物联网框架结构、电磁频率、物物通信等的标准化	ETSI EN 300 220、ETSI EN 300 330、ETSI EN 300 440、ETSI EN 302 208、ETSI 300 386
CENELEC	从电工标准角度，关注物联网与人类的关系及 RFID 电磁辐射对用户健康的影响	CLC EN 50364、CLC EN 50357
AIAG	IoT 汽车行业应用的标准化	AIAG B-11
IATA	IoT 航空运输业应用的标准化	IATA RP1740C
FCC	IoT 智能电表、数字电视、智能家庭等应用的标准化	FCC Part15

    按照物联网的层次结构，可将物联网标准分为物理设备标准（如 RFID 标准、IEEE1451）、网络标准（如 IEEE802. 15. 4）、公共服务及框架结构标准、中间件、领域应用标准（如 IEEE P2030）几类，如表 6 – 3 所列。在现有工作中，关于物联网安全及隐私保护的标准相对薄弱。尽管可以用到物联网中的公共的因特网安全标准已有不少，但满足物联网特有需求的标准（如针对 RFID 标签及智能卡安全的标准）却并不完善。目前 ISO/IEC 18000-6 对 RFID 标签的数据保护仅停留在部分数据加锁及简单的密码防护水平上。正在制定中的 ISO/IEC 29167 将增强 RFID 标签的安全性。目前，欧盟也正在开展 RFID 隐私数据的保护工作。

表 6 - 3　物联网标准分类

技　术　领　域		主　要　标　准
感知设备	智能卡	ISO/IEC 14443
	传感器	IEEE 1451. 7、ISO/IEC 18000-6、ISO/IEC 24753、ISO/IEC NP 15961-4
	设备接口	ISO/IEC 24791、EPCglobal DCI Standard、ISO/IEC/IEEE 21451、ISO/IEC/IEEE 21450、EPCglobal RM Standard v. 1. 0. 1、EPCglobal LLRP Version 1. 0. 1
	RFID 通信频率	ETSI EN 300 220、ETSI EN 300 330、ETSI EN 300 440、ETSI EN 301 489、ETSI 300 386
	RFID 空中接口	ISO/IEC 18000-(1,2,3,4,5,6,7)、EPCglobal HF Generation 2 Tag Protocol、EPCglobal Class 1 Generation 2 UHF Air Interface 等
	移动 RFID	ISO/IEC 21481、ISO/IEC 28361、ISO/IEC FCD 29143、NFC Forum RTD-URI 1. 0、NFC Forum TS-Type-1-Tag 1. 0
网　络		IEEE802. 15、IEEE802. 11、W3C RFC 2616、ETF 6LowPan RFC4919、IETF 6LowPan RFC4944、IETF RFC 2460、IETF RFC 2671、IETF RFC 3188、IETF RFC 4122、IETF RFC 4919、IETF RFC 4944
中间件	数据管理	ISO/IEC 24791-3
	数据编码/解码	ISO/IEC 15962、ISO/IEC 15961、EPCglobal ALE v1. 1
	数据表达	ISO/IEC 15459、ISO/IEC 15418、ISO/IEC 15434、EPCglobal EPC Tag Data Standard、ITU-T H. IDscheme、ISO/IEC 9834-9
	数据交换	EPCglobal Object Name Service Standard、W3C RFC 2141、W3C RFC 3305、W3C Extensible Markup Language 1. 1、ISO/DIS 26324、IETF RFC 3650、IETF RFC 3061、ITU-T H. IRP、EPC Information Services Standard v1. 0. 1
	设备管理	EPCglobal Discovery, Configuration and Initialisation (DCI) standard
	事件处理	EPCglobal Application Level Events
公共服务及框架	一致性与性能测试	ISO/IEC 18046、ISO/IEC 18047、ISO/IEC 24769、ISO/IEC 24770、EPCglobal UHF Class 1 Gen 2 等
	隐私保护	ISO/IEC FDIS 29160、Directive 2002/58/EC、ISO/IEC CD 29160
	网络与数据安全	ISO/IEC 29167、ISO/IEC 18000-6、ISO/IEC TR24729-4、ISO/IEC FCD 24791-6
	实时位置服务	ISO/IEC 24730、ISO/IEC 19762-5、ISO/IEC DTR 24770、ISO/IEC TR 24769
	辐射影响及用户健康	CLC EN 50364、CLC EN 50357、Directive 2004/40/EC、IEC 60601-1-2、IEC 62369
应用	供应连管理	ISO 10374、ISO 17363、ISO 17364、ISO 17365、ISO 17366、ISO 17367
	集装箱管理	ISO 10891、ISO 18185、ISO 10891
	汽车工业	AIAG B-11
	航空运输	IATA RP1740C、ATA Spec 2000
	图书管理	ISO 28560
	环保与废物处理	Directive 2002/96/EC WEEE、Directive 2002/95/EC RoHS、Directive 94/62/EC Packaging and Packaging Waste
	智能电网	IEEE P2030

6.4.2 国内标准化工作

国内目前主要标准工作组为中国物联网标准联合工作组。成立于 2010 年 6 月 8 日。联合工作组包含全国 11 个部委及下属的 19 个标准工作组。由工信部电子标签标准工作组、信息设备资源共享协同服务(闪联)标准工作组,以及全国信标委传感器网络标准工作组、全国工业过程测量和控制标准化技术委员会共同倡导、发起。

(1)工信部电子标签标准工作组。成立于 2005 年 10 月。下设 7 个专题组:总体组、标签与读写器组、频率与通信组、数据格式组、信息安全组、应用组和知识产权组。

(2)信息设备资源共享协同服务(闪联)标准工作组。成立于 2003 年。主要负责制定信息设备智能互联与资源共享(IGRS,Intelligent Grouping and Resource Sharing)协议,其 1.0 版本已于 2005 年 6 月被正式颁布为国家行业推荐性标准。此外,基于闪联标准的各项开发工具和测试认证工具也已基本完成,并在逐渐完善和更新中。

(3)全国信标委传感器网络标准工作组(WGSN,Working Group on Sensor Networks)。成立于 2009 年 9 月。目前开展 6 项标准制定工作,分别由标准体系与系统架构项目组、协同信息处理项目组、通信与信息交互项目组、标识项目组、安全项目组和接口项目组负责。2010 年第一次全体会议之后,又新成立了传感器网络网关标准项目组、无线频谱研究与测试研究项目组、传感器网络设备技术要求和测试规范研究项目组、机场围界传感器网络防入侵系统技术要求行业标准项目组、面向大型建筑节能监控的传感器网络系统技术要求行业标准项目组。

(4)中国通信标准化协会(CCSA,China Communication Standards Association)泛在网技术工作委员会 TC10。成立于 2010 年 2 月 2 日。先后启动了《无线泛在网络体系架构》、《无线传感器网络与电信网络相结合的网关设备技术要求》等标准的研究与制定。

(5)中国电信。运营商中,中国电信开发了 M2M 平台,该平台基于开放式架构设计,可在一定程度上解决标准化问题。

(6)中国移动。制定了无线机器管理协议(WMMP,Wireless Machine Management Protocol)(企业)标准,并在网上公开进行 M2M 的终端认证测试工作。

(7)工信部的家庭网络标准工作组。海尔集团任组长。

(8)工业过程测量和控制标准化技术委员会。

(9)全国智能建筑及居住区数字化标准化技术委员会。2009 年 6 月 6 日成立。2010 年智标委吸收妙购物联网中国有限公司(以下简称妙购)为智标委观察员。2008 年发明了全球第一家物联网妙购智能商店;2010 年取得动画嵌入式智能商店发明专利证书;2010 年 10 月制定全球第一个智能商店质量标准;2010 年 11 月妙购智能商店在"2010 中国创新设计红星奖"获奖。

(10)国家标准化管理委员会 EPC 和物联网工作组。2003 年 3 月成立。开展技术研究和标准化前期工作包括:液化石油气瓶电子标签应用研究和推广试点,机场票务及行李管理应用研究和试点应用,城市宠物管理电子标签应用研究等。

2010 年 4 月,我国向国际标准化组织 ISO/IEC JTC1 提交的《传感器网络信息处理服务和接口规范》通过立项。2010 年 9 月,我国发布了无线短程个域网(无线传感网)国家标准(CWPAN 标准:GB/T 15629.15—2010)。该标准为 780M 工作频段上的大规模应用制定了规范,为短程无线收发机芯片及低速无线网络传输协议的研发奠定了基础。

此外,我国的华为等企业及研究机构积极参与了 3GPP/ETSI M2M 标准及 IEEE 802.15.4e/4g 的工作。我国所递交的多项传感器网络技术标准草案已在 IEEE 802.15.4e、IEEE 802.15.4g 中被采用。中国国际海运集装箱集团参加了 ISO 17363、ISO 18185、ISO 10891 标准的制定工作。目前,我国已在"智能传感器网络协同信息处理支撑服务和接口"、"传感网系统架构"等国际标准的制定中起一定的主导作用。

6.5 物联网的应用

6.5.1 物联网的应用前景

物联网有广泛的应用,涉及物流、交通、电网、医疗、工业、农业、环保、安全、家居、建筑、消费、监测、护理、空间海洋探索、军事等许多方面。图 6-26 所示为物联网的应用场景。下面对一些重点应用领域的前景做简单介绍。

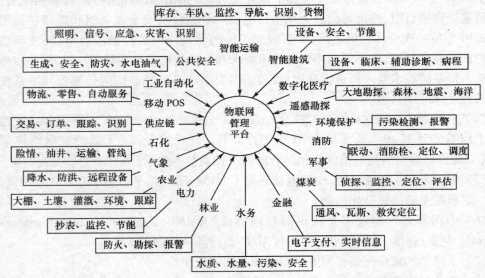

图 6-26 物联网应用的概貌图

1. 物联网在物流业中的应用前景

物流业是融合运输业、仓储业、货代业和信息业等的复合型服务产业。概括起来,目前相对成熟的应用主要在如下四大领域:

一是产品的智能可追溯的网络系统:如食品的可追溯系统、药品的可追溯系统等。粤港合作供港蔬菜智能追溯系统就是一个案例。通过安全的 RFID 标签,可实现对供港蔬菜进行溯源。实现了对供港蔬菜从种植、用药、采摘、检验、运输、加工到出口申报等各环节的全过程监管、自动化识别和判断,可快速、准确地确认供港蔬菜的来源和合法性,加快了查验速度和通关效率,提高了查验的准确性,实现快速通关。

二是物流过程的可视化智能管理网络系统:这是基于 GPS 卫星导航定位技术、RFID 技术、传感技术等多种技术,在物流过程中可实时实现车辆定位、运输物品监控,在线调度

202

与配送可视化与管理系统。

三是智能化的企业物流配送中心:这是基于传感、RFID、声、光、机、电、移动计算等各项先进技术,建立全自动化的物流配送中心,建立物流作业的智能控制、自动化操作的网络,实现物流与制造联动,实现商流、物流、信息流、资金流的全面协同。如无人搬运车进行物料搬运,自动化的输送分拣线上开展拣选作业、出入库由自动化的堆垛机自动完成,物流中心信息与制造业 ERP 系统无缝对接,整个物流作业系统与生产制造实现了自动化、智能化。

四是企业的智慧供应链:物联网不仅可对产品在供应链中的流通过程进行监督和信息共享,还可对产品在供应链各阶段的信息进行分析和预测。通过对产品当前所处阶段的信息进行预测,估计出未来的趋势或意外发生的概率,从而及时采取补救措施或预警。

2. 在智能家居方面的应用前景

智能家居是以住宅为平台,兼备建筑、网络通信、信息家电、设备自动化,集系统、结构、服务、管理为一体的高效、舒适、安全、便利和环保的居住环境。

物联网一方面实现对电器设备进行自动化监控,对能源进行优化管理与控制,如对电视、热水器和洗衣机等家电设备及其开关的控制,空调和音响的调节,灯光、温度、湿度控制及水、电、气三表自动计费和转账管理等。另一方面对数字设备、内部家用网络接入设备进行互联,如实施计算机、多媒体计算机、电视、摄/录像机、视频高密光盘(VCD, Video Compact Disk)/DVD 和数码相机等娱乐设备的联动。对外实现与因特网连接,实现远程监控、教育、医疗、存贷、购物等。在安全方面实现保安管理、远程报警(防盗、防火、防气)、紧急求助、出入口控制与门禁管理、可视对讲、紧急呼叫、自动记录和设/撤防联动等。

3. 在智能电网方面的应用前景

物联网可以全面应用于电力传输的整个系统,从电厂、大坝、变电站、高压输电线路直至用户终端实现全方位监控。还可用于大客户负荷管理、远程抄表、电能质量监测、线损管理、需求管理、识别、定位和跟踪,实现"电力流、信息流、业务流"的高度一体化融合。

2009 年,国家电网公司先后启动了智能用电信息采集系统、智能变电站、配网自动化、智能用电、智能调度、风光储、上海世博会等智能电网示范工程。

4. 在医疗护理领域的应用前景

物联网技术可以将医院管理、远程医疗、医疗保健、健康监护、电子健康档案、医学教育与培训连接成一个有机的整体。医院管理包括对门诊、住院、病房、费用、血库、药品、手术室、器材、疾病、检验、检查、咨询、事务、社区卫生、卫生监督的信息管理;远程医疗涉及远程诊断、远程会诊、远程手术、远程护理、远程医疗教学与培训;健康监护是指人身上可以安装不同的传感器,对人的健康参数进行测量、监护和控制,并且实时传送到相关的医疗保健中心,如果有异常,保健中心通过手机,提醒病人去医院检查身体。还可保障残障人员、老人儿童的安全,防止走失。

5. 在工业领域方面的应用前景

工业是物联网应用的重要领域。具有环境感知能力的各类终端,基于泛在技术的计算模式、移动通信等不断融入到工业生产的各个环节,可大幅提高制造效率,改善产品质量,降低产品成本和资源消耗,将传统工业提升到智能工业的新阶段。

物联网在工业领域的应用主要集中在以下几个方面:

制造业供应链管理:物联网应用于企业原材料采购、库存、销售等领域。

生产过程工艺优化:物联网技术的应用提高了生产线过程检测、实时参数采集、生产设备监控、材料消耗监测的能力和水平,从而优化了生产流程,使其过程的智能监控、智能控制、智能诊断、智能决策、智能维护水平不断提高。

产品设备监控管理:各种传感技术与制造技术融合,实现了对产品设备操作使用记录、设备故障诊断的远程监控。

环保监测及能源管理:物联网与环保设备的融合实现了对工业生产过程中产生的各种污染源及污染治理各环节关键指标的实时监控。在重点排污企业排污口安装无线传感设备,不仅可以实时监测企业排污数据,而且可以远程关闭排污口,防止突发性环境污染事故的发生。

工业安全生产管理:把感应器嵌入和装备到矿山设备、油气管道、矿工设备中,可以感知危险环境中工作人员、设备机器、周边环境等方面的安全状态信息,将现有分散、独立、单一的网络监管平台提升为系统、开放、多元的综合网络监管平台。

食品安全追溯体系:发挥物联网在货物追踪、识别、查询、信息等方面的作用,推进物联网技术在农业养殖、收购、屠宰、加工、运输、销售等各个环节的应用,实现对食品生产全过程关键信息的采集和管理,保障食品安全追溯,实现对问题产品的准确召回。

石化设备智能测控:将物联网技术推广应用到石油勘探、开采、运输、漏油监测与漏油定位等环节,建立油井生产智能远程测控系统,实现对石化生产设备的智能测控和管理。

煤矿安全生产管理:重点应用传感器、无线射频识别、移动通信等技术实现水、火、顶板、瓦斯等煤矿重大危险源的识别与监测,建设和完善安全监测网络系统。

工业排污实时监控:实现智能排污自动监控装置、水质数据监控装置、水质参数检测仪等设备的集成应用,对重点排污监控企业实行实时监测、自动报警,远程关闭排污口,防止突发性环境污染事故的发生。

精细加工:用于品质监测、过程调控、资源利用、精细储运、包装与产品增值。

6. 在生态监测方面的应用前景

物联网可用于泥石流监测、地震监测与预警、油与气管道安全检测、水文监测、生产现场监测、土壤监测、水质监测、大气监测、森林监测、森林观测和研究、火灾风险评估和野外救援等方面。还可用于路、桥、隧、涵、河流、河道和湖泊等的监测。使用无线传感技术应用于生态环境监测、生物种群研究和气象研究,如跟踪珍稀鸟类、动物和昆虫栖息。铺设大量节点随时监控生活环境,如大气、电磁辐射、噪声、降水和地质灾害检测等。

7. 在智能交通方面的应用前景

物联网应用大量传感器并与各种车辆保持联系,可监视每一辆汽车的运行状况,如制动质量、发动机调速时间等,并根据具体情况完成自动车距保持、潜在故障告警、最佳行车路线推荐等功能,使汽车可以保持在高效低耗的最佳运行状态。

物联网还可用于道路与周围环境的自动感知、智能交通管制、智能交通监测与调度管理、智能交通信号指挥、智能多种交通协同、智能交通灾害预警、智能停车引导与管理、人与车辆货物的跟踪、报警抢险与应急指挥、胎压监测、倒车影像、智能车辆管理(电子车牌、电子不停车收费系统等)等方面。电子车牌作为一种新兴无线射频自动识别技术,具有高速识别、防拆、防磁、加密、储存等特点,公安交通管理部门应用该技术,能精确、全面地获取交通信息,规范车辆使用和驾驶行为,抑制车辆乱占道、乱变道、超速等违法违规行为,并能有效打击肇事逃逸、克隆、涉案等违法车辆。电子不停车收费系统,是指车辆在通过收费站时,通过车载设备实现车辆识别、信息写入(入口)并自动从预先绑定的 IC 卡或银行账户上扣除相应资金(出口)。

极具前景的智能交通应用体现在以下方面:出行交通信息服务、行车路线诱导、道路交通控制、共乘和预约服务、公交线路管理与设计、电子付款服务、自动路测安全检查、危险品事故处理、出租车不规范运营监察、出租车调度、突发事件预测与应急、商业价值区域挖掘。

8. 在平安城市建设方面的应用前景

利用部署在大街小巷的全球眼监控探头,实现图像敏感性智能分析并与 110、119、112 等交互,实现探头与探头之间、探头与人、探头与报警系统之间的联动,从而构建和谐安全的城市生活环境。

9. 在军事方面的应用前景

物联网在在军事方面的应用主要包括:战场态势感知、目标定位、军事侦察、导弹预警、武器制导与控制、装备管理、军事测绘与观测、协同作战、战场评估、敌情侦察与监测、智能分析判断、行动过程控制、智能控制、生命体征动态监测、军事物流、精确作战保障等许多方面。

在后勤保障方面,物联网可实现武器装备从生产、分布与聚集位置、运行状态、完好率、使用、仓储、运输、销售、保养、损毁到维修、回收的全生命周期信息精细化管理。一是能够为部队获取在储、在运、在用物资信息提供方便灵活的解决方案,实现准确的地点、准确的时间向作战部队提供数量适当的装备与补给。同时,能够准确感知、实时掌握特殊物质运输和搬运方面的限制,预见性地作出决策,自主地协调、控制、组织和实施后勤行动。二是能最大限度地提供补给线的安全性,不仅可以确切掌握物资从工厂运送到前方散兵坑的全过程,而且还可以提供危险警报、给途中的车辆布置任务以及优化运输线路等。特别是可以实现后勤保障与作战行动一体化,使后勤指挥官随时甚至提前做出决策。三是有效避免重要物资的遗失。

物联网被许多军事专家称为"一个未探明储量的金矿",在武器装备平台等各个环节与要素设置标签读取装置,通过有线和无线网络将其连接起来,那么,每个国防要素及作战单元甚至整个国家军事力量都将处于全信息和全数字状态。将发射参数及飞行路线数据植入导弹发射平台,以此启动导弹的发射。物联网还可对武器装备实施全面、精确、有效、远程的监视、控制和联动;大到卫星、导弹、飞机、舰船、坦克、火炮等装备系统,小到单兵作战装备,从通信技侦系统到后勤保障系统,从军事学试验到军事装备工程,其应用遍及战争准备、战争实施的每一个环节。

6.5.2 我国物联网应用现状

我国物联网应用总体上处于发展初期,许多领域积极开展了物联网的应用探索与试点,但在应用水平上与发达国家仍有一定差距。目前已开展了一系列试点和示范项目,在电网、交通、物流、智能家居、节能环保、工业自动控制、医疗卫生、精细农牧业、金融服务业和公共安全等领域取得了初步进展。

工业领域,物联网已应用于供应链管理、生产过程工艺优化、设备监控管理以及能耗控制等各个环节。目前在钢铁、石化、汽车制造业也有一定应用,此外在矿井安全领域的应用也在试点当中。农业领域,物联网尚未形成规模应用,但在农作物灌溉、生产环境监测(收集温度、湿度、风力、大气、降雨量,有关土地的湿度、氮浓缩量和土壤 pH 值)以及农产品流通和追溯方面物联网技术已有试点应用。金融服务领域,在"金卡工程"、第二代身份证等政府项目推动下,我国已成为继美国、英国之后的全球第三大 RFID 应用市场,但应用水平相对较低。正在起步的电子不停车收费(ETC,Electronic Toll Collection)、电子 ID 以及移动支付等新型应用将带动金融服务领域的物联网应用朝着纵深方向发展。电网领域,2009 年国家电网公布了智能电网发展计划,智能变电站、配网自动化、智能用电、智能调度等示范工程先后启动。交通领域,物联网在铁路系统应用较早并取得一定成效,在城市交通、公路交通、水运领域的示范应用刚刚起步,其中视频监控应用最为广泛,智能车路控制、信息采集和融合等应用尚在发展中。物流领域,RFID、全球定位、无线传感等物联网关键技术在物流各个环节都有所应用,但受制于物流企业信息化和管理水平,与国外差距较大。医疗卫生领域,我国已经启动了血液管理、医疗废物电子监控、远程医疗等应用的试点工作,但尚处于起步阶段。节能环保领域,在生态环境监测方面进行了小规模试验示范,距离规模应用仍有待时日;公共安全领域,在平安城市、安全生产和重要设施防入侵方面进行了探索。民生领域,智能家居已经在一线重点城市有小范围应用,主要集中在家电控制、节能等方面。

第7章 射频识别技术

射频识别技术（RFID）作为一种新兴的自动识别技术，近年来在国内外已经得到了迅速发展和广泛的应用，正在逐步走向成熟。RFID是实现物联网物与物互联的基础和关键技术。它与互联网、移动通信等技术相结合，可以实行全球范围内物品的跟踪与信息的共享，从而给物体赋予智能，实现人与物体以及物体与物体的沟通与对话。为加强对该技术的理解，本章详细介绍了RFID技术的基本知识、工作原理、系统结构与组成，尤其对RFID的电子标签、读写器和中间件做较详细的论述。

7.1 射频识别技术的基本知识介绍

7.1.1 基本概念与技术特征

1. RFID的基本概念

RFID是无线电频率识别的简称，即通过无线电波进行识别，是一种非接触式的自动识别技术。RFID常称为感应式电子芯片、近接卡、感应卡、非接触卡、电子标签、电子条码等。它利用射频信号通过空间耦合（交变磁场或电磁场）实现无接触信息传递，并通过所传递的信息达到自动识别目标对象的目的；它能快速、实时和准确地输入、采集和处理信息，从而快速地进行物品追踪和数据交换；识别工作无需人工干预，可工作于各种恶劣环境；能够防水、防磁、耐高温，使用寿命长，标签上数据可以加密，存储信息可更改；RFID技术可识别高速运动物体，实现远程读取，通过自动的方式无误地获得关于产品、地点、时间、交易等方面的信息，操作快捷方便。

目前应用的RFID芯片尺寸最小可以达到1.6mm×1.2mm×02.5mm。RFID其主要核心部件是一个电子标签。电子标签包含电子芯片和天线，电子芯片用来存储物体的数据，天线用来收发无线电波。电子标签的天线通过无线电波将物体的数据发射到附近的RFID读写器，该读写器就会对接收到的数据进行收集和处理。电子标签通过相距几厘米到几米距离内传感器发射的无线电波，可以读取电子标签内储存的信息，识别电子标签代表的物品、人和器具的身份。由于标签的存储容量可以是2^{96}次方以上，因此，它彻底地抛弃了条形码的种种限制，使世界上的每一种商品都可以拥有独一无二的电子标签。并且，贴上这种电子标签之后的商品，从它在工厂的流水线上开始，到被摆上商场的货架，再到消费者购买后最终结账，甚至到电子标签最后被回收的整个过程都能够被追踪管理。所以RFID是物联网和家庭网络的核心技术。

RFID技术涉及信息、制造、材料等诸多高技术领域，涵盖无线通信、电磁传播、数据变换与编码、芯片设计与制造、天线设计与制造、标签封装、系统集成、信息安全等技术。

RFID是一种突破性的技术：第一，可以识别单个的非常具体的物体，而不是像条形码

207

那样只能识别一类物体;第二,其采用无线电射频,可以透过外部材料读取数据,而条形码必须靠激光来读取信息;第三,可以同时对多个物体进行识读,而条形码只能一个一个地读。此外,储存的信息量也非常大。

2. RFID 技术特征

具体地说,与其他接触式识别技术相比较,RFID 具有以下一些特点:

(1) 数据的读写功能:电子标签一旦进入读写器的识别范围,且可不需接触,读写器能够快速读写其中的信息,有效识别距离远,识别准确率高。RFID 卡内具有防碰撞的机制,可实现同时对多个移动目标(标签)进行识别,并可以将物流处理的状态写入标签。采用自带电池的有源电子标签,无需光源和外部电源就能进行工作。

(2) 容易小型化和多样化的形状:RFID 在读取上并不受尺寸大小与形状的限制,不需为了读取精确度而配合纸张的固定尺寸和印刷品质。电子标签可根据实际应用制作成各种形状,如卡状、环状、钮扣状、笔状、玻璃管状等。此外,RFID 电子标签更可往小型化发展,便于嵌入到不同的物品内。

(3) 耐环境性:纸张一受到脏污就会看不到,但 RFID 卡片(即标签)完全密封,因而具有良好的防水、防尘、防污损、防磁、防静电等性能,在黑暗或脏污的环境之中,也可以读取数据。RFID 工作温度可达 $-25℃ \sim +80℃$,因此电子标签成为温度和湿度变化大、肮脏、黑暗等恶劣环境下阅读的理想选择。

(4) 可重复使用:由于 RFID 为电子数据,可以反复地新增、修改、删除 RFID 卷标内储存的数据,因此可以回收标签重复使用。如被动式 RFID,不需要电池就可以使用,没有维护保养的需要。

(5) 穿透性:RFID 若被纸张、木材和塑料等非金属或非透明的材质包覆的话,也可以进行穿透性通信;还可穿透墙壁、路面、衣物、人等进行通信,不需要与电子标签载体直接接触。但是,若电子标签被石墨和金属挡住的话,低频和高频的电子标签能进行穿透性通信,超高频和微波的电子标签则不能进行这样的通信。射频信号对物体的穿透能力如图 7-1 所示。

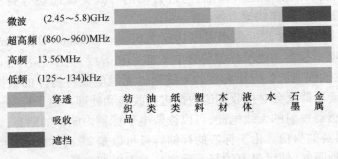

图 7-1 射频信号对物体的穿透能力示意图

(6) 数据的记忆容量大:1 维条形码的容量是 50 个字符,2 维条形码最大的容量可储存 2 个~3000 个字符,RFID 最大的容量则有数兆个字符。随着记忆载体的发展,数据容量也有不断扩大的趋势。未来物品所需携带的资料量会越来越大,对卷标所能扩充容量的需求也相应增加,对此 RFID 不会受到限制。

(7) 使用寿命长。电子标签的使用寿命可长达 10 年以上,读写 10 万次,无机械磨损、无机械故障。

（8）系统安全：电子标签都有独一无二的序列号，由于 RFID 承载的是电子式信息，可以为存储数据的读写设置密码保护，还可以通过特定加密运算加入防伪识别码，并有完善保密的通信协议，只有特定的识别设备才能分辨产品的真伪，使其内容不易被伪造及变造，因此安全性高。

（9）数据安全：能通过校验或循环冗余校验的方法来保证 RFID 中存储数据的准确性。

RFID 与其他自动识别技术相比有其突出的特点，表 7-1 列出几种常见的自动识别技术的比较。

表 7-1　常见的自动识别技术的比较

系统参数	条码	光学符号	生物识别	语音识别	图像识别	磁卡	智能卡	射频识别
信息载体	纸或物质表面	物质表面	—	—	—	磁条	EEPROM	EEPROM
信息量	小	小	大	大	大	较小	大	大
数据密度	小	小	高	高	高	很高	很高	很高
读写性能	只读	只读	只读	只读	只读	读/写	读/写	读/写
读取方式	CCD 或激光束扫描	光电转换	机器识读	机器识读	机器识读	电磁转换	电擦写	卫星通信
读取距离	近	很近	直接接触	很近	很近	接触	接触	远
识别速度	低	低	很低	很低	很低	低	低	很快
通信速度	低	低	较低	低	低	快	快	很快
方向位置影响	很小	很小	—	—	—	单向	单向	没有影响
使用寿命	一次性	较短	—	—	—	短	长	很长
人工识读性	受约束	简单	不可	不可	不可	不可	不可	不可
保密性	无	无	无	好	好	一般	好	好
智能化	无	无	—	—	—	无	有	有
环境适应性	不好	不好	—	—	不好	一般	一般	很好
光遮盖	全部失效	全部失效	可能	—	全部失效	—	—	没有影响
国家标准	有	无	无	无	无	有	有	有
成本	最低	一般	较高	较高	较高	低	较高	较高
多标签同时识别	不能	不能	不能	不能	不能	不能	不能	能

从表 7-1 可以看出，与其他技术相比，射频识别最突出的特点是可通过卫星通信读取数据，读取距离远，通信和识别速度很快，不受方向的影响，使用寿命很长，环境适应性很好，不受光遮盖影响、能同时识别多标签。

7.1.2　RFID 技术的产生、发展与展望

1. 射频识别发展历程

RFID 技术是无线电广播技术和雷达技术相结合的产物。雷达采用的是无线电波的反射和回射理论，而无线电广播技术是关于如何用无线电波发射、传播和接收语音、图像、数字和符号的技术。

雷达在第二次世界大战中的应用,极大地促进了雷达理论的发展,也为 RFID 的产生奠定了基础。RFID 的诞生源于战争的需要。1942 年,因为被德军占领的法国海岸线离英国只有 25 英里,英国空军为了识别返航的飞机是我机还是敌机,就在盟军的飞机上装备了一个无线电收发器。当控制塔上的探询器向返航的飞机发射一个询问信号,飞机上的收发器接收到这个信号后,回传一个信号给探询器,探询器根据接收到的回传信号来识别敌我机。这是有记录的第一个 RFID 敌我识别系统,也是 RFID 的第一次实际应用。这一技术至今还在商业和私人航空控制系统中使用。

RFID 技术的发展可按 10 年期划分如下:

(1) 1941—1950 年:雷达的改进和应用催生了 RFID 技术,为 RFID 的发展奠定了理论基础。1945 年,Leon Theremin 为俄罗斯政府发明了第一个基于 RFID 技术的间谍用装置。1948 年,Harry Stockman 发表的论文《用能量反射的方法进行通信》是 RFID 理论发展的里程碑。

(2) 1951—1960 年:早期 RFID 技术的探索阶段,主要处于实验室实验研究。在此期间, D. B. Harris 的《使用可模式化的被动反应器的无线电波传送系统》提出了信号模式化的理论和被动标签的概念。

(3) 1961—1970 年:RFID 技术的理论得到了发展,开始了一些应用尝试。在此期间出现了 RFID 技术的第一个商业应用系统——商品电子监视器。贵重商品被贴上了"一位"码的电子标签,并在商店门口装置一个探测器。当顾客携带被盗的商品经过门口的探测器时,探测器会自动报警。

(4) 1971—1980 年:RFID 技术与产品研发处于一个大发展时期,各种 RFID 技术测试得到加速,出现了一些最早的 RFID 应用。1977 年,美国的 RCA 公司运用 RFID 技术开发了"机动车电子牌照"。另外,RFID 在动物追踪,车辆追踪,监狱囚犯管理,公路自动收费以及工厂自动化方面得到了广泛应用。

(5) 1981—1990 年:RFID 技术及产品进入商业应用阶段,各种规模应用开始出现。在此期间,RFID 的应用包括汽车门遥控开关,停车场管理,社区和校园大门控制系统,等等。20 世纪 80 年代末,随着 RFID 应用的扩大,为了保证不同 RFID 设备和系统的相互兼容,人们开始认识到建立一个统一的 RFID 技术标准的重要性。

(6) 1991—2000 年:RFID 技术标准化问题日趋得到重视,RFID 产品得到广泛采用,RFID 产品逐渐成为人们生活中的一部分。1991 年,美国俄克拉荷马州出现了世界上第一个开放式公路自动收费系统。装有 RFID 标签的汽车在经过收费站时无需减速停车,按正常速度通过,固定在收费站的阅读机识别车辆后自动从账户上扣费。这个系统的好处是消除了因为减速停车造成的交通堵塞。RFID 公路自动收费系统在许多国家都得到了应用。1996 年 1 月韩国在汉城的 600 辆公共汽车上安装 RFID 系统用于电子月票,还计划将这套系统推广到铁路和其他城市。欧共体宣布 1997 年开始生产的新车型必须具有基于 RFID 技术的防盗系统。瑞士国家铁路局在瑞士的全部旅客列车上安装 RFID 自动识别系统,调度员可以实时的掌握火车运行情况。射频识别产品在全世界的销量 1993 年为 990 万套,1994 年为 2030 万套,1997 年就猛增到 9810 万套,销售额为 4.33 亿美元。RFID 产品在 1992—1999 年间在全世界的销售额的年平均增长率达 25.3%。

(7) 2001—2010 年:RFID 产品种类更加丰富,各种电子标签均得到发展,电子标签成本不断降低,规模应用行业扩大。在此期间共产生数千项关于 RFID 技术的专利,主要集中在欧洲和美国、日本等国家和地区。进入 21 世纪初,RFID 标准已经初步形成,第二代标准即将公布。2003 年 11 月 4 日,世界零售业巨头沃尔玛宣布,它将采用 RFID 技术追踪其供应链系统中的商品,并要求其前 100 大供应商从 2005 年 1 月起将所有发运到沃尔玛的货盘和外包装箱贴上 RFID 标签。一位分析师估计,沃尔玛百货完成建制后,节省成本预估每年可达 84 亿美元。沃尔玛的这一重大举动揭开了 RFID 在开放系统中运用的序幕。

日本的国土交通省和新东京国际机场在 2001 年 10 月起,开始试验 RFID 加附在行李箱的试验,新加坡樟宜国际机场、中国香港国际机场、美国旧金山和加拿大温哥华国际机场亦将陆续导入。

至今,RFID 技术的理论得到丰富和完善。单芯片电子标签、多电子标签识读、无线可读可写、无源电子标签的远距离识别、适应高速移动物体的射频识别技术与产品正在成为现实并走向应用。

2. 我国 RFID 的研发现状

1) 发展途径

我国发展 RFID 技术将通过共性及前瞻性技术研究、产业化关键技术攻关、应用关键技术的研发、标准和发展战略研究,以及服务体系建设等方面,形成中国 RFID 技术自主创新体系和完整产业链。从国情出发,以典型应用示范为引导,通过自主创新,建立以企业为主体,政、产、学、研、用相结合的自主发展模式;突破芯片设计制造、天线设计制造、封装技术装备、读写器设计制造、电子标签集成等产业化关键技术;通过集成创新,发展中间件及系统集成技术,建设公共信息服务体系和测试环境;通过参照国际标准与自主制定标准相结合的方式,建立与国际标准互联互通的技术标准体系。

2) 研发现状

2004 年 2 月,中国电子标签国家标准工作组成立。我国已掌握高频芯片的设计技术,并且成功地实现了产业化,同时超高频芯片也已经完成开发;我国低成本、高可靠性的标签制造装备和封装工艺正在研发中;已经推出了系列 RFID 读写器产品,小功率读写模块已达到国外同类水平,大功率读写模块和读写器 SoC 尚处于研发阶段;我国在 RFID 应用架构、公共服务体系、中间件、系统集成以及信息融合和测试工作等方面取得了初步成果,建立国家 RFID 测试中心已经被列入科技发展规划;我国已经将 RFID 技术应用于铁路车号识别、身份证和票证管理、动物标识、特种设备与危险品管理、公共交通以及生产过程管理等多个领域。

国内已有几家公司在引进国外的先进技术开发自己的 RFID 系统。目前,在锦山一条高速公路上已应用了非接触式射频卡自动收费。上海的公共汽车使用了电子月票。北京的机场高速公路上、深圳的皇岗口岸也使用了 RFID 系统。此外,中山市阳光制锁厂也已开发出了 RFID 锁等。

目前香港已有约 8 万辆汽车装上了电子标签,无需停车缴费。香港经营多年的八达通卡是由 RFID 芯片及读取机制造,其应用范围囊括停车场、便利商店、快餐店、电影院、自动贩卖机、游泳池、住宅、保全系统及校园通系统等,真正做到"一卡在手,四通八达"。

射频识别技术在我国被广泛应用于工业自动化、商业自动化、交通运输控制管理、高速公路自动收费系统、停车场管理系统、物品管理、流水线生产自动化、安全出入检查、仓储管理、动物管理、车辆防盗等方面。

3．RFID 技术发展趋势

RFID 技术显示出巨大的发展潜力与应用空间，被认为是 21 世纪的最有发展前途的信息技术之一。在未来的几年中，RFID 技术将继续保持高速发展的势头。电子标签、读写器、系统集成软件、公共服务体系、标准化等方面都将取得新的进展。随着关键技术的不断进步，RFID 产品的种类将越来越丰富，应用和衍生的增值服务也将越来越广泛。

RFID 芯片设计与制造技术的发展趋势是芯片功耗更低，作用距离更远，读写速度与可靠性更高，成本不断降低。芯片技术将与应用系统整体解决方案紧密结合。

RFID 标签封装技术将和印刷、造纸、包装等技术结合，导电油墨印制的低成本标签天线、低成本封装技术将促进 RFID 标签的大规模生产，并成为未来一段时间内决定产业发展速度的关键因素之一。

RFID 读写器设计与制造的发展趋势是读写器将向多功能、多接口、多制式，并向模块化、小型化、便携式、嵌入式方向发展。同时，多读写器协调与组网技术将成为未来发展方向之一。

RFID 技术与条码、生物识别等自动识别技术，以及与互联网、通信、传感网络等信息技术融合，构筑一个无所不在的网络环境。海量 RFID 信息处理、传输和安全对 RFID 的系统集成和应用技术提出了新的挑战。RFID 系统集成软件将向嵌入式、智能化、可重组方向发展，通过构建 RFID 公共服务体系，将使 RFID 信息资源的组织、管理和利用更为深入和广泛。

RFID 今后还需进一步提高读写距离、增大电子标签的存储容量、进一步缩短处理时间并降低标签成本。还需解决射频识别标签和读写器的兼容性问题、有关隐私权的问题、信号容易阻塞的问题。

7.1.3　RFID 的系统分类

RFID 系统可依据电子标签的工作频率、调制方式、供电形式、可读写性、工作方式和作用距离不同，对它进行不同的分类。

1．根据电子标签的工作频率分为——低频、高频、超高频和微波系统

无线电频段的划分如图 7-2 所示。通常 RFID 系统的读写器发送时所使用的频率被称为 RFID 系统的工作频率，基本上划分为 4 个范围：低频（30kHz～300kHz）、高频（3MHz～30MHz）、超高频（300MHz～968MHz）、微波（2.45GHz～5.8GHz）。对应着有代表性的工作频率分别为低频 125kHz、134.2kHz；高频 13.56MHz；超高频 433.92MHz；869.0MHz、915.0MHz；微波 2.45GHz 和 5.8GHz。电子标签的工作频率不仅决定着射频识别系统的工作原理和识别距离，而且还决定着电子标签和读写器实现的难易程度和识

图 7-2　RFID 系统常用频段的划分

别的成本,工作在不同频段和频点上的电子标签具有不同的特性,如表7-2所列。

表7-2 RFID的主要频段及其特性

系统特性	主要频段			
系统类别	低频	高频		超高频	微波
工作频率	125kHz～134kHz	13.56MHz	JM13.56MHz	850MHz～910MHz	2.45GHz、5.8GHz
读取距离	45cm	1m～3m	1m～3m	3m～9m	3m～15m
穿透能力	能穿透大部分物体	勉强能穿透金属和液体		穿透能力较弱	穿透能力最弱
读写速度	慢	中等	很快	快	很快
潮湿环境	无影响	无影响	无影响	影响较大	影响较大
方向性	无	无	无	部分	有
全球适用频率	是	是	是	部分(欧盟国家、美国)	部分(非欧盟国家)
现有ISO标准	11784/85,14223	18000-3.1/14443	18000-3/2 15693,A,B,C	EPC C0,C1,C2	18000-4
主要应用范围	进出管理、固定设备、天然气、洗衣店	图书馆、产品跟踪、货架、运输	空运、邮局、医药、烟草	货架、卡车、拖车跟踪	收费站、集装箱

2. 根据调制方式的不同分为——主动式系统、被动式系统和半主动式系统

(1)主动式系统。主动式与被动式主要区别在卡或标签上。主动式的射频卡用自身的射频能量主动地发送数据给读写器。在有障碍物的情况下,主动式射频卡发射的信号仅穿过障碍物1次,因此主要用于有障碍物的应用中,其作用距离远,最远可达30m。

(2)被动式系统。被动式的射频卡是使用调制散射方式发射数据,即它必须利用读写器的载波来调制自己的信号。而读写器可以确保只激活一定范围之内的射频卡,它适宜在门禁或交通的应用中使用。在有障碍物的情况下,用调制散射方式,读写器的能量必须来去穿过障碍物2次,因而不宜用于有障碍物的应用中。

(3)半主动式系统。在半主动式系统里,标签本身带有电池,只起到对标签内部数字电路供电的作用,但是标签并不通过自身能量主动发送数据,只有被读写器的能量场"激活"时,才通过反向散射调制方式传送自身的数据。

3. 根据供电形式的不同分为——有源式系统、无源式系统和半有源系统

(1)有源式系统。有源主要是指卡内有电池提供电源。这种系统作用距离较远,可达几十米甚至上百米,发射功率较低;但卡的体积较大、成本高、寿命有限,无法制成薄卡,而且不适合在恶劣环境下工作。

(2)无源式系统。无源是指卡内无电池,它是利用波束供电技术将接收到的射频能量转化为直流电源给卡内电路供电。这种系统作用距离短(一般是几十厘米),且需要有较大的读写器发射功率。但无源卡重量轻、体积小、成本低、寿命长,对工作环境要求不高,可以制成各种各样的薄卡或者挂扣卡。

(3)半有源系统。半有源电子标签带有电池,但是电池只起到对标签内部电路供电的作用,标签本身并不发射信号。电子标签未进入工作状态前,一直处于休眠状态,相当

于无源标签,标签内部电池能量消耗很少,因而电池可以维持几年,甚至可以长达 10 年。

4. 根据标签的可读写性分为——读写、一次写入多次读出和只读

（1）可读写（RW,Read/Write）卡的系统。RW 卡一般比较贵（比下面 2 种贵得多），如电话卡、信用卡等。一般情况下,改写数据所花费的时间远大于读取数据所花费的时间,其常规为改写所花费的时间为秒级,阅读花费的时间为毫钞级。

（2）一次写入多次读出（WORM,Write Once Read Many Times）卡的系统。WORM 卡是用户可以一次性写入的卡,写入后数据不能改变,但它比 RW 卡要便宜。

（3）只读（RO,Read Only）卡的系统。RO 卡存有一个唯一的号码,不能更改,但保证了安全性。这种卡最便宜。

5. 根据工作方式的不同可分为——全双工系统、半双工系统和时序系统

全双工表示电子标签与读写器之间可以在同一时刻互相传送信息;半双工表示电子标签与读写器之间可以双向传送信息,但在同一时刻只能向一个方向传送信息。在时序工作方式下,读写器辐射出的电磁场短时间周期性地断开,这些间隔被电子标签识别传来,并被用于从电子标签到读写器的数据传输。这 3 类系统的特征如表 7 - 3 所列。

表 7 - 3　按工作方式分类的 RFID 系统特征

系 统 特 征	系 统 分 类		
工作方式	全双工系统	半双工系统	时序系统
数据量	1 位系统	多位系统	
可否编程	可编程系统	不可编程系统	
数据载体	IC 系统	表面波系统	
运行情况	状态机系统	微处理器系统	
能量供应	有源系统	无源系统	
工作频率	低频系统	中高频系统	微波系统
数据传输	电感耦合系统	电磁反向散射耦合系统	
信息注入方式	集成电路固化式	现场有线改写式	现场无线改写式
读取信息手段	广播发射式系统	倍频式系统	反射调制式系统
作用距离	密耦合系统	遥耦合系统	远距离系统
系统特征	低档系统	中档系统	高档系统

6. 按作用距离的不同可分为——密耦合卡、近耦合卡、疏耦合卡和远距离卡

密耦合卡作用距离小于 1cm;近耦合卡作用距离小于 15cm;疏耦合卡作用距离约 1m;远距离卡作用距离从 1m ~ 10m,甚至更远。

另外,依据封装形式的不同可分为信用卡标签、线形标签、纸状标签、玻璃管标签、圆形标签及特殊用途的异形标签等。

7.1.4　RFID 关键技术简介

1. 共性基础及前瞻性技术

有较大发展潜力的共性技术和前瞻性技术主要有:用于标签芯片的超低功耗电路技术;可用于标签芯片的安全算法及其实现技术;超高频读写器核心模块;基于不同应用对

象的超高频和微波频段 RFID 标签天线;标签封装设备技术;RFID 与其他技术的集成与融合;RFID 系统检测、认证相关技术;基于 IPv6 网络技术的 RFID 信息服务体系;等等。

2. RFID 产业化关键技术

RFID 产业化关键技术包括芯片设计与制造技术、天线设计与制造技术、电子标签封装技术与装备、RFID 标签集成、读写器设计与制造技术等。

（1）芯片设计与制造技术。开发低成本、低功耗 RFID 芯片的设计与制造技术、适合标签芯片实现的新型存储技术、防冲突算法及电路实现技术、芯片安全技术、标签芯片与传感器的集成技术等。

（2）天线设计与制造技术。标签天线匹配技术、针对不同应用对象的 RFID 标签天线结构优化技术、多标签天线优化分布技术,片上天线技术、读写器智能波束扫描天线阵技术、RFID 标签天线设计仿真软件等。

（3）电子标签封装技术与装备。基于低温热压的封装工艺、精密机构设计优化、多物理量检测与控制、高速高精运动控制、装备故障自诊断与修复、在线检测技术等。

（4）RFID 标签集成。芯片与天线及所附着的特殊材料介质三者之间的匹配技术、标签的一致性和抗干扰性及安全可靠性技术等。

（5）读写器设计与制造技术。多读写器防冲突技术、抗干扰技术、低成本小型化读写器集成技术、超高频读写器模块、读写器安全认证技术等。

3. RFID 应用关键技术

（1）RFID 应用体系架构。RFID 应用系统中各种软硬件和数据的接口技术及服务功能,协调系统间各部分的关系,为供应商及用户提供系统集成指南。

（2）RFID 系统集成与数据管理。RFID 与无线通信、传感网络、信息安全、工业控制等的集成技术,RFID 应用系统中间件技术,海量 RFID 信息资源的组织、存储、管理、交换、分发、数据处理和跨平台计算技术。

（3）RFID 公共服务体系。由认证、注册、编码管理、多编码体系映射、编码解析、检索与跟踪等组成的服务体系,保证体系的有效性和安全性。

（4）RFID 检测技术与规范。主要包括面向不同行业应用的 RFID 标签及相关产品物理特性和性能一致性检测技术与规范、标签与读写器之间空中接口一致性检测技术与规范、系统解决方案综合性检测技术与规范等。

7.2 射频识别系统的结构与原理

RFID 系统以电子标签来标识某个物体,电子标签通过无线电波与读写器进行数据交换,读写器可将主机的读写命令传送到电子标签,再把电子标签返回的数据传送到主机,主机的数据交换与管理系统负责完成电子标签数据信息的存储、管理与控制。为了说明 RFID 的工作原理,首先从它的系统结构说起。

7.2.1 射频识别的系统结构

RFID 系统结构如图 7-3 所示,它包括电子标签、读写器、天线、计算机及网络管理系统。

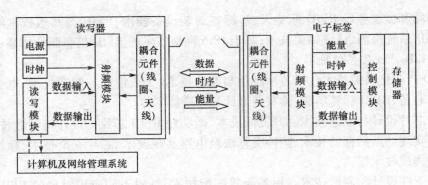

图 7 - 3　RFID 系统结构示意图

（1）电子标签（或称射频卡、应答器）：由射频模块、控制模块、天线和存储器组成。它存储着需要被识别物品的相关信息，通常被放置在需要识别的物品上。它所存储的信息通常可被读写器通过非接触方式读/写。电子标签中有存储器，可以存储永久性数据或非永久性数据。电子标签处于读写器天线所建立的电磁场时利用所吸收到的电磁场能量供电，并根据读写器发出的指令对存储器进行相应的实时读写操作。控制模块完成接收、译码及执行读写器命令，控制读写数据，负责数据安全等功能。

（2）读写器：读取或读/写电子标签信息的设备，主要任务是控制射频模块向标签发射读取信号，并接收标签的应答，对标签的对像标识信息进行解码，将对像标识信息及标签上其他相关信息传输到主机以供处理。

（3）天线：耦合元件，作为传输数据的发射、接收装置。因为 RFID 系统采用无线通信方式，因此读写器和电子标签都有无线收发模块及天线（或感应线圈）。

（4）计算机及网络管理系统：用于对数据进行管理，完成通信传输功能，根据逻辑运算判断该电子标签的合法性。以上过程都会自动完成。

7.2.2　RFID 标准体系结构

针对射频识别技术的广阔应用前景，研究目前我国已应用领域的现状，开展射频识别技术应用标准体系的研究，可以加快射频识别技术在各行业的应用，提高射频识别技术在我国的应用水平，促进物流、电子商务等技术的发展。

射频识别标准体系的基本结构如图 7 - 4 所示。

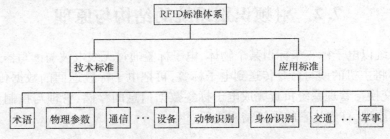

图 7 - 4　RFID 标准体系基本结构

射频识别技术标准的基本结构如图 7 - 5 所示。
射频识别应用标准的基本结构如图 7 - 6 所示。

216

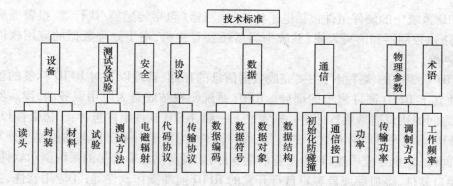

图 7 - 5　RFID 技术标准基本结构

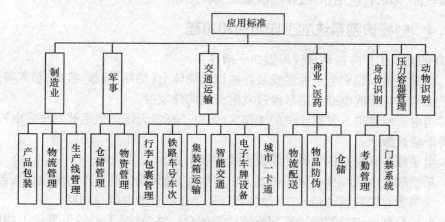

图 7 - 6　RFID 应用标准基本结构

7.2.3　射频识别系统的基本组成

在实际 RFID 解决方案中,不论是简单的 RFID 系统还是复杂的 RFID 系统都包含一些基本组件。组件分为硬件组件和软件组件。

从端到端的角度来看,一个 RFID 系统由电子标签、读写器天线、读写器、传感器/执行器/报警器、控制器、主机和软件系统、通信设施等部分组成。

若从功能实现的角度观察,可将 RFID 系统分成边沿系统和软件系统两大部分,如图 7 - 7 所示。这种观点同现代信息技术观点相吻合。边沿系统主要是完成信息感知,属于硬件组件部分;软件系统完成信息的处理和应用;通信设施负责整个 RFID 系统的信息传递。

图 7 - 7　射频识别系统基本组成

RFID 系统中的硬件组件包括电子标签、读写器(包括传感器/执行器/报警器和边沿接口电路)、控制器和读写天线;系统中当然还要有主机,用于处理数据的应用软件程序并连接网络。

RFID 系统中的软件组件主要完成数据信息的存储、管理以及对 RFID 标签的读写控制,是独立于 RFID 硬件之上的部分。RFID 系统归根结底是为应用服务的,读写器与应用系统之间的接口通常由软件组件来完成。一般,RFID 软件组件包含:①边沿接口系统,完成 RFID 系统硬件与软件之间的连接;②中间件,为实现所采集信息的传递与分发而开发的中间件;③企业应用接口,为企业前端软件,如设备供应商提供的系统演示软件、驱动软件、接口软件、集成商或者客户自行开发的 RFID 前端操作软件等;④应用软件,主要指企业后端软件,如后台应用软件、管理信息系统软件等。

7.2.4　射频识别系统的工作方法和流程

RFID 的基本工作方法和流程可做如下描述:

(1) 将无线射频识别电子标签安装在被识别物体上(粘贴、插放、挂佩、植入等)。

(2) 读写器将无线电载波信号经过发射天线向外发射。

(3) 当电子标签进入发射天线的工作区时,电子标签天线产生足够的感应电流,电子标签获得能量被激活。

(4) 电子标签将自身的代码经内置天线发射出去。

(5) 系统的接收天线接收电子标签发出的信号,经天线的调节器传输给读写器。

(6) 读写器对接收到的信号进行解调解码,送往后台的电脑控制器。

(7) 电脑控制器根据逻辑运算判断该标签的合法性,针对不同的设置做出相应的处理和控制,发出指令信号控制执行机构的动作。

(8) 执行机构按照电脑的指令动作。

(9) 通过计算机网络将各个监控点连接起来,构成总控制信息平台,根据不同的项目可以设计不同的软件来完成要达到的功能。

7.2.5　射频识别的耦合方式

电子标签与读写器之间通过耦合组件实现射频信号的空间(无接触)耦合,在耦合通道内,根据时序关系,实现能量的传递和数据的交换。发生在读写器和电子标签之间的射频信号的耦合类型有 2 种。

1. 电感耦合

这是一种变压器模型,通过空间高频交变磁场实现耦合,依据的是电磁感应定律,如图 7 - 8 所示。电感耦合方式一般适合于中、低频工作的近距离射频识别系统。识别作用距离小于 1m,典型作用距离为 10cm ~ 20cm。

1) 能量供应

读写器天线线圈激发磁场,其中一小部分磁力线穿过电子标签天线线圈,通过感应,在电子标签的天线线圈上产生电压 U,将其整流后作为微芯片的工作电源。

电容器 C_r 与读写器的天线线圈并联,电容器与天线线圈的电感一起,形成谐振频率与读写器发射频率相符的并联振荡回路,该回路的谐振使得读写器的天线线圈产生较大

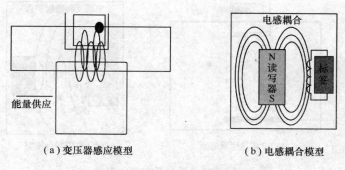

（a）变压器感应模型 （b）电感耦合模型

图 7 - 8　电感耦合方式的读写

的电流。如图 7 - 9 所示,电子标签的天线线圈和电容器 C_1 构成振荡回路,调谐到读写器的发射频率。通过该回路的谐振,电子标签线圈上的电压 U 达到最大值。这 2 个线圈的结构可以被解释为变压器(变压器的耦合)。

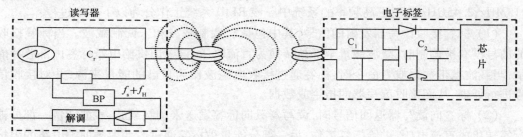

图 7 - 9　电磁耦合型 RFID 系统

2）数据传输

如果把谐振的电子标签放入读写器天线的交变磁场,那么,电子标签就可以从磁场获得能量。采用从供应读写器天线的电流在读写器内阻上的压降就可以测得这个附加的功耗。电子标签天线上负载电阻的接通与断开促使读写器天线上的电压发生变化,实现了用电子标签对天线电压进行振幅调制。而通过数据控制负载电压的接通和断开,这些数据就可以从标签传输到读写器了。

此外,由于读写器天线和电子标签天线之间的耦合很弱,因此读写器天线上表示有用信号的电压波动比读写器的输出电压小。在实践中,对 13.56MHz 的系统,天线电压(谐振时)只能得到约 10mV 的有用信号。因为检测这些小电压变化很不方便,所以可以采用天线电压振幅调制所产生的调制波边带。如果电子标签的附加负载电阻以很高的时钟频率接通或断开,那么,在读写器发送频率将产生两条谱线,此时该信号就容易检测了,这种调制也称为副载波调制。

2. 电磁反向散射耦合

这是一种雷达原理模型,发射出去的电磁波,碰到目标后反射,同时携带回目标信息,依据的是电磁波的空间传播规律,如图 7 - 10 所示。电磁反向散射耦合方式一般适合于高频、微波工作的远距离射频识别系统。识别作用距离大于 1m,典型作用距离为 3m ~ 10m。

1）反向散射调制

电磁波从天线向周围空间发射,到达目标的电磁波能量的一部分(自由空间衰减)被

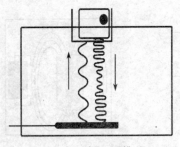

（a）雷达原理模型

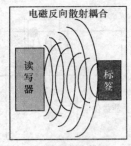

（b）电磁耦合模型

图 7-10 电磁反向散射耦合型的读写

目标吸收，另一部分以不同的强度散射到各个方向上去。反射能量的一部分最终会返回发射天线，称其为回波。在雷达技术中，用这种反射波测量目标的距离和方位。

在 RFID 系统中，利用电磁波反射完成从电子标签到读写器的数据传输，主要应用于 915MHz、2.45GHz 甚至更高频率的系统中。该 RFID 系统工作分为以下 2 个过程：

（1）标签接收读写器发射的信号，其中包括已调制载波和未调制载波。当标签接收的信号没有被调制时，载波能量全部被转换为直流电压，该电压供给电子标签内部芯片能量；当载波携带数据或者命令时，标签通过接收电磁波作为自己的能量来源，并对接收信号进行处理，从而接收读写器的指令或数据。

（2）标签向读写器返回信号时，读写器只向标签发送未调制载波，载波能量一部分被标签转化成直流电压，供给标签工作；另一部分能量被标签通过改变射频前端电路的阻抗调制并反射载波来向读写器传递信息。

2）反向散射调制的能量传输

电磁波从天线向周围空间发射，会遇到不同的目标。到达目标的电磁波能量一部分被目标吸收，另一部分以不同的强度散射到各个方向上去。反射能量的一部分最终返回发射天线。因此在有些应用中，标签采用完全无源方式会有一定困难。为解决标签器的供电问题，可在标签上安装附加电池。为防止电池不必要的消耗，标签平时处于低功耗模式，当标签进入读写器的作用范围时，标签由获得的射频功率激活，进入工作状态。

7.2.6 读写器的多标签识别和防冲突原理

由于无法预知读写范围内的电子标签的情况，因此从读写器到电子标签的数据传输只能采用广播形式，即读写器发送的信号被所有电子标签同时接收。此时，由于同一标准的电子标签采用的频率是一样的，因此如果多个电子标签同时发送数据（图 7-11）必然会导致读写器读到的数据面目全非，这就是所谓的冲突。

读写器→标签：类似于无线电广播，多个接收机（标签）同时接收同一个发射机（读写器）发出的信息。标签→读写器：称为多路存取，使得在读写器作用范围内多个标签的数据同时传送给读写器。

同时读取多个标签是 RFID 的优势所在，是其他识别技术做不到的，但这也是 RFID 技术的一个难点。为了实现这种功能，就必须能够防止冲突，否则会导致读取的错误。

充电后的电子标签有 3 种主要数字状态:准备(Ready,初始状态)、识别(标签期望读写器识别的状态)和数据交换(标签已被识别状态),如图 7 – 12 所示。

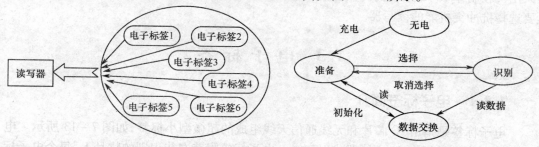

图 7 – 11　多个电子标签同时发送数据给读写器　　　　图 7 – 12　状态转换图

首先,标签进入读写器的射频场,从无电状态进入准备状态。读写器通过"组选择"和"取消选择"命令来选择工作范围内处于准备状态中所有或者部分的标签,来参与冲突判断过程。为解决冲突判断问题,标签内部有 2 个装置:一个 8 位的计数器;一个 0 或 1 的随机数发生器。标签进入识别状态的同时把它的内部计数器清"0"。它们中的一部分可以通过频射频识别系统读写器的"取消"命令重新回到准备状态,其他处在识别状态的标签进入冲突判断过程。被选中的标签开始进行下面循环:

(1) 所有处于识别状态并且内部计数器为 0 的标签将发送它们的目标用户标识符(UID, User IDentifier)。

(2) 如果多于 1 个的标签发送,读写器将发送失败命令。

(3) 所有收到失败命令且内部计数器不等于 0 的标签将其计数器加 1。收到失败命令且内部计数器等于 0 的标签(刚刚发送过应答的标签)将产生一个"1"或"0"的随机数,如果是"1",它将自己的计数器加 1;如果是"0",就保持计数器为 0 并且再次发送它们的 UID。

(4) 如果有 1 个以上的标签发送,将重复第(2)步操作。

(5) 如果所有标签都随机选择了"1",则读写器收不到任何应答,它将发送成功命令,所有标签的计数器减 1,然后计数器等于 0 的应答器开始发送,接着重复第(2)步操作。

(6) 如果只有 1 个标签发送并且它的 UID 被正确接收,读写器将发送包含 UID 的数据读命令,标签正确接收该条命令后将进入数据交换状态,接着将发送它的数据。读写器将发送成功命令,使处于识别状态的标签的计数器减 1。

(7) 如果只有 1 个标签的计数器等于 1 并且返回应答,则重复第(5)和第(6)步操作;如果有 1 个以上的标签返回应答,则重复第(2)步操作。

(8) 如果只有 1 个标签返回应答,并且它的 UID 没有被正确接收,读写器将发送一个重发命令。如果 UID 被正确接收,则重复第(5)步操作。如果 UID 被重复几次的接收(这个次数可以基于系统所希望的错误处理标准来设定),就假定有 1 个以上的标签在应答,重复第(2)步操作。

实现"防冲突"功能是 RFID 在物流领域中必不可少的条件。例如,在超市中,商品是装在购物车里面进行计价的,这时必须对多个商品同时计价,这就必须要求有"防冲突"

功能,不过具有这种性能的 RFID 系统的价格比不具有这种功能的系统的要昂贵。当个人用户在制作 RFID 系统的时候,如果没有必要进行多个电子标签同时识别时就没有必要选择抗冲突机能的读写器。

7.3　电子标签

7.3.1　电子标签简介

电子标签是指由 IC 芯片和无线通信天线组成的超微型小标签,如图 7 - 13 所示。电子标签又称为射频标签、应答器或射频卡。电子标签附着在待识别的物品上,每个电子标签具有唯一的电子编码,有约定格式的电子数据,是射频识别系统真正的数据载体。从技术角度来说,射频识别的核心是电子标签,读写器是根据电子标签的性能而设计的。在射频识别系统中,电子标签的价格远比读写器低,但电子标签的数量很大,应用场合多样,组成、外形和特点各不相同。射频识别技术以电子标签代替条码,对商品进行非接触自动识别,可以实现自动收集物品信息的功能。

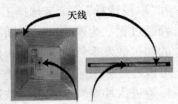

图 7 - 13　一个典型的电子标签示意图

1. 电子标签的特点

通常电子标签的芯片体积很小,厚度一般不超过 0.35mm,可印制在纸张、塑料、木材、玻璃、纺织品等包装材料上,也可以直接制作在商品标签上。总之,电子标签的特点有:

（1）电子标签具有一定的存储容量,可以存储被识别物体的相关信息。

（2）维持对识别物品的识别及相关信息的完整。

（3）电子标签具有确定的使用年限,使用期内不需要维修。

（4）在一定工作环境及技术条件下,能对电子标签的存储数据进行读取和写入操作。

（5）具有可编程操作,对于永久性数据不能进行修改。

（6）对于有源标签,通过读写器能够显示电池的工作状况。

2. 电子标签的技术参数

根据射频标签的技术特征,针对标签的技术参数有:标签激活的能量需求、标签信息的传输速率、标签信息的读写速度、标签的工作频率、标签信息的容量、标签的封装形式、标签的读写距离、标签的可靠性等。下面逐一介绍。

（1）标签激活的能量需求。是指激活标签芯片电路所需要的能量范围,这要求电子标签与读写器在一定的距离内,读写器能提供电子标签足够的射频场强。

（2）标签信息的传输速率。指的是标签向读写器反馈所携带的数据的传输速率及接收来自读写器的写入数据命令的速率。

（3）标签信息的读写速度。包含读出速度和写入速度 2 个方面,一般要求毫秒级。读出速度是指电子标签被读写器识读的速度,写入速度是指电子标签信息写入的速度。

（4）标签的工作频率。指的是标签工作时采用的频率,即低频、高频、超高频或微波等。

（5）标签信息的容量。指的是射频标签携带的可供写入数据的内存量，一般可以达到 1KB（1024 Byte）的数据量。

（6）标签的封装形式。主要取决于标签天线的形状，不同的天线可以封装成不同的标签形式，运用在不同场合，并且具有不同的识别性能。封装尺寸小的为毫米级，大的为分米级。

（7）标签的读写距离。是指标签与读写器的工作距离，标签的读写距离，近的为毫米级，远的可达 10m 以上。

（8）标签的可靠性。标签的可靠性与标签的工作环境、大小、材料、质量、标签与读写器的距离等相关。例如在传送带上时，当标签暴露在外并且是单个读取时，读取的准确度接近 100%；一次同时读取的标签越多，标签的移动速度越快，可靠性越低。

3. 各种不同类型的电子标签

为了满足不同的应用需求，电子标签的结构形式多种多样，有卡片形、环形、纽扣形、条形、盘形、钥匙扣形和手表型等独立的标签形式，也可能会将独立的标签和诸如汽车点火钥匙集成在一起进行制造。电子标签的外形会受到天线形式的影响，是否需要电池也会影响到电子标签的设计，电子标签可以封装成各种不同的形式，基本原则是电子标签越大识别距离越远，各种形式的电子标签如图 7-14 所示。

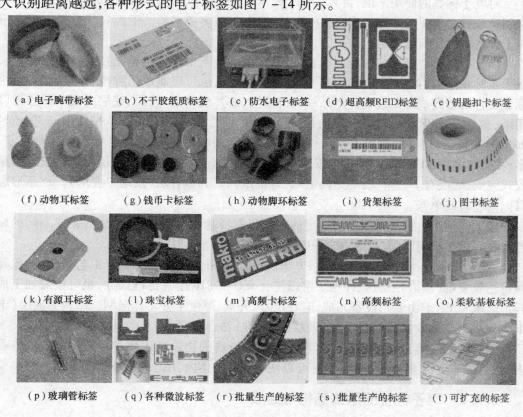

（a）电子腕带标签　（b）不干胶纸质标签　（c）防水电子标签　（d）超高频RFID标签　（e）钥匙扣卡标签

（f）动物耳标签　（g）钱币卡标签　（h）动物脚环标签　（i）货架标签　（j）图书标签

（k）有源耳标签　（l）珠宝标签　（m）高频卡标签　（n）高频标签　（o）柔软基板标签

（p）玻璃管标签　（q）各种微波标签　（r）批量生产的标签　（s）批量生产的标签　（t）可扩充的标签

图 7-14　各种形式的电子标签

4. 射频标签内存信息的写入方式

电子标签信息的写入方式大致可以分为以下 3 种类型：

223

（1）电子标签在出厂时，即已将完整的标签信息写入标签，使得每一个射频标签拥有一个唯一的标识 UID（如 64 位）。应用中，需再建立标签唯一 UID 与待识别物品的标识信息之间的对应关系（如车牌号）。只读标签信息的写入也有在应用之前，由专用的初始化设备将完整的标签信息写入。

（2）电子标签信息的写入采用有线接触方式实现，一般称这种标签信息写入装置为编程器。这种接触式的射频标签信息写入方式通常具有多次改写的能力。标签在完成信息注入后，通常需将写入口密闭起来，以满足应用中对其防潮、防水、防污等要求。

（3）电子标签在出厂后，允许用户通过专用设备以无接触的方式向电子标签中写入数据信息。这种专用写入功能通常与电子标签读取功能结合在一起形成电子标签读写器。具有无线写入功能的电子标签通常也具有其唯一的不可改写的 UID。应用中，可根据实际需要仅对其 UID 进行识读或仅对指定的电子标签内存单元（一次读写的最小单位）进行读写。

另外，还广泛存在着一次写入多次读出的电子标签。这类标签一般大量用在一次性使用的场合，如航空行李标签，特殊身份证件标签等。

5. 电子标签的制作及封装

对电子标签的使用来说，封装在整个成本中占据了一半以上的比重，因此封装是射频识别产业链中重要的一环。作为终极产品，形态材质多姿多彩。下面只从材料方面介绍电子标签的制作与封装。

（1）标签类。带自粘功能的标签，可以在生产线上由贴标机粘贴在箱、瓶等物品上，或手工粘在车窗（如出租车）上、证件（如学生证）上，也可以制成吊牌挂、系在物品上，用标签复合设备完成加工过程。产品结构由面层、芯片线路层、胶层、底层组成。面层可以用纸、聚丙烯（PP, Polypropylene）、聚对苯二甲酸乙二醇酯（PET, Polyethylene Terephthalate）作覆盖材料（印刷或不印刷）等多种材质作为产品的表面；芯片线路有多种尺寸、多种芯片、多种 EEPROM 容量，可按用户需求配置后定位在带胶面；胶层由双面胶式或涂胶式完成；底层有 2 种情况：一为离型纸（硅油纸）；二为覆合层（按用户要求）。成品形态可以为卷料或单张。

（2）注塑类。这种标签采用特定的工艺和塑料基材，将芯片和天线封装成不同的标签形式。可按应用不同，制成内含筹码、钥匙牌、手表等异形产品。

（3）卡片类。有 PVC 卡、纸卡、PP 卡。PVC 卡相似于传统的制卡工艺即印刷、配异频雷达收发机（镶嵌）、层压、冲切。可以符合 ISO – 7810 卡片标准尺寸，也可按需加工成异形。纸和 PP 卡由专用设备完成，它在尺寸、外形、厚度上并不作限制。结构为面层（卡纸类）、异频雷达收发机（镶嵌）层、底层（卡纸等）粘合而成。

（4）玻璃管类。这种标签将芯片和天线用特殊的物质植入到一定大小的玻璃容器内，封装成玻璃标签。玻璃电子标签可以注射到动物体内，用于动物的识别和跟踪。

7.3.2　电子标签的系统结构与组成

电子标签由天线、射频模拟前端、控制部分组成。图 7 – 15 所示为电子标签的系统结构框图。天线用于发射和接收电磁波；射频模拟前端主要是由包络检波电路、幅移键控（ASK, Amplitude Shift Keying）调制电路、稳压电路、时钟产生电路、偏置电路以及上电复

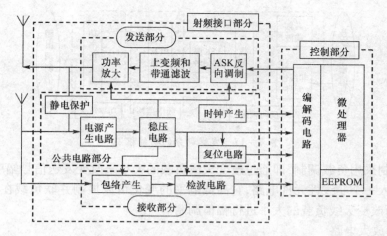

图 7-15 电子标签的功能结构图

位电路组成,用于获取能量并调制解调信号;控制部分含控制逻辑、CPU,用于控制相关协议、指令及处理功能;EEPROM 存储器用于存储标签的系统信息和数据,存储时间可以长达几十年,并且在没有供电的情况下,其数据信息不会丢失。

1. 接收部分

接收部分主要功能是将天线上接收到的 ASK 幅度调制信号进行解调,恢复出数字基带信号,再送到控制部分进行解码处理。接收部分主要由包络产生电路和检波电路组成。功能框图如图 7-16 所示。

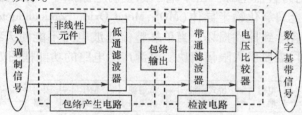

图 7-16 接收部分的功能框图

（1）包络产生电路。主要功能是对高频信号进行包络检波,把信号从频带搬移到基带,提取出 ASK 调制信号包络。包络产生电路主要由非线性元件和低通滤波器组成。

（2）检波电路。主要由带通滤波器和电压比较器组成。经过包络检波后,信号一般还会存在高频成分,所以还需进行带通滤波,把载波彻底滤除,使信号曲线变得"光滑",然后把滤波后的信号通过电压比较器,从而恢复原来的数字信号,这就是检波电路的功能。

2. 发送部分

发送部分的主要功能是将控制部分处理好的数字编码信号进行 ASK 幅度调制,进行放大后,送到天线端发给读写器。它主要由 ASK 调制电路和放大器组成,发送部分的功能结构如图 7-17 所示。

1）ASK 反向调制电路

对于电子标签,当它向读写设备回传信息时,其编解码电路将编码后的数据送到射频接口,由调制电路进行 ASK 调制。

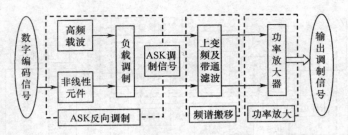

图 7-17　发送部分的功能框图

反向调制采用负载调制,即通过改变天线负载的大小来改变发送信号幅度的强弱,将数字信号接入一个非线性元件电路,它高低电平的变化可以控制并联负载在电路中接通或断开,从而改变天线负载的大小进行幅值调制。

2)功率放大电路

由于调制好的 ASK 信号功率较小,不能满足传输要求,所以要对其进行功率放大后再送到天线发射端发给读写器。

3.　公共电路部分

公共电路部分是图 7-15 中射频接口部分中除了发送和接收部分剩下的电路,包括电源产生电路和限幅电路、复位信号产生电路、时钟恢复电路等。

1)电源产生电路和限幅电路

由于天线两端从射频场中感应到的是一个交变的信号(交变电压源),故需要一个整流滤波电路将其转化为直流电源。由于电子标签内电路除了要求电源电压是直流源之外,还必须不能高过金属氧化物半导体(MOS,Metal Oxide Semiconductor)管、三极管等器件的击穿电压,否则会导致器件损坏。当单靠整流滤波电路不能使天线两端的电压变为符合要求的电压值时,需要引入限幅模块。电源产生电路的功能框图如图 7-18 所示。

图 7-18　电源产生电路的功能框图

2)复位信号产生电路

复位信号产生电路实现的功能分为 2 种:上电复位和下电复位。首先,要为电压设置一个参考值,这个值一般取可以使电路稳定工作的电压值,当电源电压升高时,若仍小于参考值,则复位信号仍然为低电平;若电源电压升高至大于参考值,则复位信号跳变为高。这就是上电复位信号。它为数字部分电路设置初始值,从而避免出现逻辑混乱。同时它还可以给整个系统一个稳定的时间,保证天线两端耦合到的能量已相对稳定。

当电源电压降低时,若大于参考值,则复位信号为高;若降低至小于参考值,则电源信号跳变为低,这就是下电复位信号。它是针对系统中可能出现的意外情况(操作时突然掉电)而采取的保护措施。

3)时钟恢复电路

电子标签内没有设置另外的振荡电路,片内时钟由磁场恢复产生。时钟发生电路由整形电路和分频器构成,如图 7-19 所示。首先把高频谐振信号通过电压比较器恢复产

图 7 – 19 时钟恢复电路的功能框图

生同频的时钟信号,然后把高频的时钟信号进行分频从而得到数字部分所需要的时钟信号。

4. 电子标签的状态转移关系

电子标签有以下 4 种状态,当情况发生变化就会从一种情况向另一种情况转移,状态转移关系如图 7 – 20 所示。

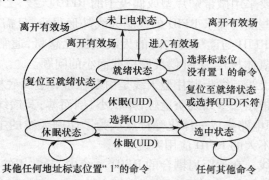

图 7 – 20 标签的状态转移图

(1)未上电状态:当电子标签不能从读写器处获得足够的能量来使它复位进入就绪状态时。

(2)就绪状态:电子标签从读写器处获得足够的能量使它提取足够的电源并复位后进入的状态,可以相应选择标志置"0"的请求。

(3)休眠状态:电子标签处于该状态时,除了询问标志置"1"的请求外,能够相应其他任何地址标志置"1"的请求。

(4)选中状态:处于该状态时,电子标签可以相应选择标志置"1"的请求、非地址模式的请求和使用地址模式并且唯一序列号相符的请求。

7.3.3 电子标签的天线

电子标签相当于一个无线收发信机,这个收发信机输出的射频信号,由电子标签天线以电磁波的形式辐射出去,这个收发信机接收的射频信号,也由这个电子标签天线接收下来,可以看出,天线是电子标签发射和接收无线信号的装置。

1. 电子标签天线的设计要求

根据射频识别系统工作方式、频率和应用领域的不同,电子标签的天线也有所不同,但对电子标签天线设计的基本要求相同。电子标签的设计要求如下:

(1)天线足够小,能够贴到需要的物品上。

(2)天线提供最大可能的信号给标签的芯片,并给标签提供能量。

(3)天线有全向或半球覆盖的方向性。

（4）天线的极化都能与读写器的询问信号相匹配。

（5）天线与相连的标签芯片阻抗匹配。

（6）非常便宜且具有鲁棒性。

因此，在选择天线的时候，必须考虑：①天线的类型和阻抗；②电子标签附着物的射频特性；③电子标签与读写器周围的金属物体和工作频率；④天线的小型化和微型化等因素。

2. 电子标签天线的类型

RFID 电子标签主要有线圈型、微带贴片型和偶极子型 3 种。工作距离小于 1m 的近距离 RFID 天线一般采用工艺简单、成本低的线圈型天线，工作在中、低频段。工作在 1m 以上远距离的系统需要采用微带贴片型或偶极子的 RFID 天线，工作在高频及微波频段。

（1）线圈型。某些应用要求 RFID 的线圈天线外形很小，且需要一定的工作距离，如动物识别。为了增大 RFID 与读写器之间的天线线圈互感量，通常在天线线圈内部插入具有高磁导率 μ 的铁氧体材料，来补偿线圈横截面小的问题。

（2）微带贴片型天线。微带贴片型天线是由贴在带有金属底板的介质基片上的辐射贴片导体构成的。微带贴片型天线质量轻，体积小，剖面薄，其馈线方式和极化制式的多样化及馈电网络、有源电路集成一体化等特点成为了印刷天线的主流。微带贴片型天线适用于通信方向变化不大的 RFID 应用系统中。

（3）偶极子型天线。在远距离耦合的 RFID 系统中，最常用的为偶极子型天线，如图 7-21 所示。信号从偶极子型天线中间的两个端点馈入，在偶极子的两臂上产生一定的电流分布，从而在天线周围空间激发起电磁场。偶极子天线分为 4 种类型，分别为半波偶极子天线、双线折叠偶极子天线、双偶极子天线和三线折叠偶极子天线。

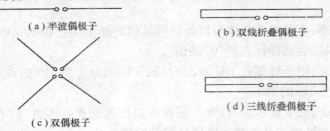

（a）半波偶极子　　　　　　　　（b）双线折叠偶极子

（c）双偶极子　　　　　　　　（d）三线折叠偶极子

图 7-21　4 种类型的偶极子型天线

近年来出现了嵌入式线圈天线、分型开槽环天线和低抛面圆极化电磁带隙天线等新型天线，为电子标签的小型化提供了技术保障。

7.3.4　电子标签的发展趋势

电子标签具有广阔的应用前景，体现以下发展趋势：

（1）作用距离更远：随着低功耗集成电路技术的发展，所需功耗可以降到 $5\mu W$ 甚至更低，使得无源系统的作用距离达到几十米以上。

（2）无线可读写性能更加完善：使其误码率和抗干扰性趋于可以接受的程度。

（3）适合高速移动物体识别：电子标签和读写器之间的通信速率会大大提高。

（4）快速多标签读写功能：采用适应大量物品识别环境下的系统通信协议，实现快速的多标签读/写功能。

（5）一致性能更好：随着加工工艺的提高,成品率和一致性将得到提高。

（6）强场下的自保功能更加完善：强的能量场中,电子标签接收到的电磁能量很强,产生高电压,为此需要加强自保功能,保护电子标签芯片不受损害。

（7）智能型更强、更为完善的加密：会出现更多的带有传感器功能的标签,保护数据未经授权而获取。

（8）无源标签、半无源标签技术更趋成熟。

（9）带有其他附属功能的标签：附加蜂鸣器或光指示。

（10）具有杀死功能的电子标签：到达寿命或需要终止应用时标签自行销毁。

（11）新的生产工艺：新的天线印刷技术来降低电子标签的生成成本。

（12）体积更小：目前日立公司设计开发的带有内置天线的芯片厚度为约 0.1mm。

（13）成本更低。

7.4　读　写　器

读写器是负责读取和写入电子标签信息的设备,可以是单独的个体,也可以嵌入到其他系统中。读写器有时又称为询问器、读卡器、阅读器、通信器、读出装置、湿度器和读头等。读写器通过其天线与电子标签进行无线通信,可以实现对标签识别码和内存数据的读出和写入操作。读写器又可以与计算机网络进行连接,计算机网络可以完成数据信息的存储、管理和控制,从这个意义上说,读写器也是电子标签与计算机网络的连接通道。读写器是一种数据采集设备,其基本作用就是作为数据交换的一环,将前端电子标签所包含的信息,传递给后端的计算机网络。

7.4.1　读写器简介

1. 读写器的基本功能

读写器的主要功能特征如下：

（1）电子标签与读写器之间的通信。读写器以射频方式向电子标签传输能量,对电子标签完成基本操作,基本操作主要包括连接电子标签、读取标签号、选择卡片,对电子标签初始化、读取或写入电子标签内存的信息、使电子标签功能失效、锁定卡片数据等。

（2）读写器与计算机网络之间的通信。读写器将读取到的电子标签信息传递给计算机网络,计算机网络对读写器进行控制和信息交换,完成特定的应用任务。

（3）读写器的识别能力。读写器不仅能识别静止的单个电子标签,而且能同时识别多个移动的电子标签。在识别范围内,读写器可以完成多个电子标签信息的同时存取,具备读取多个电子标签信息的防碰撞能力。读写器能够在一定技术指标下,对移动的电子标签进行读取,能够提示、校验和显示读写过程中的错误信息。

（4）读写器对有源电子标签的管理。对有源电子标签,读写器能够读出电子标签电池的相关信息,如总电量、剩余电量等。

（5）读写器的适应性。读写器兼容最通用的通信协议,单一的读写器能够与多种电子标签进行通信。读写器在现有的网络结构中非常容易安装,并能够被远程维护。

（6）应用软件的控制作用。读写器的所有行为可以由应用软件来控制，应用软件作为主动方对读写器发出读写指令，读写器作为从动方对读写指令进行响应。

2. 读写器的技术参数

常用的读写器技术参数如下：

（1）工作频率。读写器的工作频率要与电子标签的工作频率保持一致。

（2）输出功率。读写器的输出功率不仅要满足应用的需要，还要符合国家和地区对无线发射功率的许可，以满足人类健康的需要。

（3）输出接口。读写器的接口主要有 RS-232、RS-485、USB、WiFi、GSM 和 3G 等。

（4）读写器形式。读写器有多种形式，包括固定式读写器、手持式读写器、工业读写器和 OEM 读写器等。选择时还需要考虑天线与读写器模块分离与否。

（5）工作方式。工作方式包括全双工、半双工和时序方式 3 种。

（6）读写器优先与电子标签优先。读写器优先是指读写器首先向电子标签发射射频能量和命令，电子标签只有在被激活且接收到读写器的命令后，才对读写器的命令做出反应。电子标签优先是指对于无源电子标签，读写器只发送等幅度、不带信息的射频能量，电子标签被激活后，反向散射电子标签数据信息。

3. 读写器的工作方式

读写器主要有 2 种工作方式，一种是读写器先发言，另一种是电子标签先发言，这是读写器的防冲突协议方式。

一般状态下，电子标签处于"等待"或称为"休眠"的工作状态。当电子标签进入读写器的作用范围时，检测到一定特征的射频信号，便从"休眠"状态转到"接收"状态，接收读写器发出的命令，进行相应的处理，并将结果返回给读写器。这类只有接收到读写器特殊命令才发送数据的电子标签被称为读写器先发言方式；与此相反，进入读写器的能量场即主动发送自身系列号的电子标签被称为电子标签先发言方式。这 2 种协议相比，电子标签先发言方式的电子标签具有识别速度快等特点，适用于需要高速应用的场合；另外，它在噪声环境中更稳健，在处理电子标签数量动态变化的场合也更为实用。因此，更适于工业环境的跟踪和追踪应用。

4. 读写器的分类

根据应用的不同，各种读写器在结构及制造形式上也是千差万别的。大致可以将读写器划分为以下几类：小型读写器、手持型读写器、面板型读写器、隧道型读写器、出入通道型读写器和大型通道型读写器。

根据天线与读写器模块的分离与否，可以细分为固定式读写器、便携式读写器、一体式读写器和模块式读写器。固定式读写器是指天线、读写器和主控机分离，读写器和天线可以分别固定安装，主控机一般在其他地方安装。便携式读写器是指天线、读写器和主控机集成在一起，读写器只有一个天线接口。一体式读写器是指天线和读写器集成在一个机壳内固定安装，而主控机一般在其他地方安装或安置，一体式读写器与主控机可有多种接口。模块式读写器指读写器一般作为系统设备集成的一个单元，读写器与主控机的接口与应用无关。

7.4.2 读写器的系统结构

读写器的系统结构包括射频模块、控制处理模块和天线 3 部分。有时读写器的天线是一个独立的部分,不包含在读写器中。读写器的基本组成如图 7-22 所示。

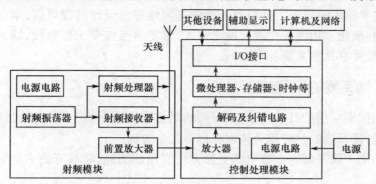

图 7-22　读写器的系统结构

1. 射频模块

射频模块可以分为发射通道和接收通道 2 部分,射频模块的主要作用是对射频信号进行处理。射频模块可以完成如下功能:

（1）由射频振荡器产生射频能量,射频能量的一部分用于读写器,另一部分通过天线发送给电子标签,激活无源电子标签并为其提供能量。

（2）将发往电子标签的信号调制到读写器载频信号上,形成已调制的发射信号,经读写器天线发射出去。

（3）将电子标签返回到读写器的回波信号解调,提取出电子标签发送的信号,并将电子标签信号放大。

2. 控制处理模块

控制处理模块一般由放大器、解码及纠错电路、微处理器、时钟电路、标准接口以及电源组成。它可以接收射频模块传输的信号,解码后获得标签内信息,或将要写入标签的信息编码后传递给射频模块,完成写标签操作。还可以通过标准接口将标签内容和其他的信息传给计算机,并通过编程实现以下多种功能:

（1）对读写器和电子标签的身份进行验证。

（2）控制读写器与电子标签之间的通信过程。

（3）对读写器与电子标签之间传送的数据进行加密和解密。

（4）与应用系统软件进行通信,执行从应用系统软件发来的动作指令。

（5）执行防碰撞算法,实现多标签同时识别。

（6）对键盘、显示设备等其他外部设备的控制。

3. 天线

天线处于读写器的最前端,是读写器的重要组成部分。读写器天线发射的电磁场强度和方向性,决定了电子标签的作用距离和感应强度,读写器天线的阻抗和带宽等电参数,会影响读写器与天线的匹配程度,因此读写器天线对射频识别系统有重要影响。

（1）天线的类型。与电子标签的天线不同,读写器天线一般没有尺寸要求,可以选择的种类较多。读写器天线的主要类型有对称阵子天线、微带贴片天线、线圈天线、阵列天线、螺旋天线和八木天线等,有些天线尺寸较大,需要在读写器之外独立安装。

231

（2）天线的参数。读写器天线的参数主要有方向系数、方向图、半功率波瓣宽度、增益、极化、带宽和输入阻抗等。读写器天线的方向性根据设计可强可弱，增益一般在几到十几分贝之间，极化采用线极化或圆极化方式，带宽覆盖整个工作频段，输入阻抗常选择 50Ω 或 75Ω，尺寸在几厘米到几米之间。

7.4.3 读写器的发展趋势

随着射频识别应用的日益普及，读写器的结构和性能不断更新，价格也不断降低。从技术角度来说，读写器的发展趋势体现在以下几个方面：

（1）多功能。读写器将集成更多更加方便实用的功能，将具有更多的智能性和数据处理能力。

（2）兼容性。希望读写器可以多频段兼容、多制式兼容，实现读写器对不同标准的电子标签兼容读写，对不同频段的电子标签兼容读写。

（3）小型化、便携式和嵌入式。读写器体积将不断缩小，软硬件采用嵌入式以后，将使得携带更加方便，更易于与其他系统进行连接。

（4）接口多样化。读写器要与计算机通信网络连接，因此希望读写器的接口多样化。

（5）采用新技术。采用多个线天线构成的阵列天线和形成相位控制的智能天线，以实现多输入多输出；采用新的防碰撞算法，使多标签读写更有效、更快捷，防碰撞能力更强；采用多读写器模式，使读写器的配置、控制、认证更加协调和科学。

（6）模块化和标准化。随着读写器射频模块和基带信号处理模块的标准化和模块化日益完善和丰富，读写器的设计将更简单，功能将更完善。

7.5 射频识别的中间件

7.5.1 射频识别中间件概述

1. 中间件的定义

中间件是介于应用系统和系统软件之间的一类系统软件或服务程序，它和操作系统软件、数据库软件构成计算机软件的基础，属于可复用软件的范畴。中间件是位于客户机、服务器的操作系统和网络软件之上，处于用户应用程序之下且具有标准接口和协议的软件产品，并且起着承上启下的作用，对其上层的应用软件提供支持和帮助。它使用系统软件提供的基础服务（功能），衔接网络上应用系统的各个部分或不同的应用，以达到资源共享、功能共享的目的。

中间件一方面能够实现分布系统内资源的高度集成，为应用软件搭建一个虚拟的运行环境；另一方面，中间件的使用屏蔽了底层操作系统的复杂性。中间件提供良好的连接、交互和通信机制；提供事务管理与安全机制；提供网络、硬件以及操作系统、编程语言的透明性。它使开发人员能够面对一个简单而统一的开发环境，将注意力集中在业务逻辑处理的设计或开发上，减少了系统维护和运行管理的工作量，可以无缝集成不同时期、不同操作系统上开发出的应用软件。

中间件不仅要实现应用系统的互连，还要提供一个具体的多层结构的应用开发和运行平台,屏蔽操作系统、网络协议和平台等差异。实际应用中,通常要把一组中间件集成在一起,构成一个平台来实现中间件的功能。

2. 中间件的特点和优势

中间件具有以下的一些特点:满足大量应用的需要;运行于多种硬件和操作系统平台,支持分布式计算,提供跨网络、硬件和操作系统平台的透明性的应用或服务的交互功能;支持标准的协议;支持标准的接口。

中间件有以下十大优势:①缩短应用的开发周期;②节约应用的开发成本;③减少系统初期的建设成本;④降低应用开发的失败率;⑤保护已有的投资;⑥简化应用集成;⑦减少维护费用;⑧提高应用的开发质量;⑨保证技术进步的连续性;⑩增强应用的生命力。

3. 中间件的分类

根据中间件在系统中所起的作用和采用的技术不同,可将中间件分为:

(1)数据访问中间件:是为了建立数据应用资源互操作的一种模式,对异构环境下的数据库或文件系统实现联接的一种中间件。

(2)远程过程调用中间件:通过远程过程调用机制,程序员编写客户方的应用,需要时可以调用位于远端服务器上的过程。

(3)面向消息中间件:利用高效可靠的消息传递机制进行平台无关的数据交流,并基于数据通信进行分布式系统的集成和通信,实现应用程序之间的协同的一种软件平台。

(4)面向事务处理中间件:是在分布、异构环境下保证交易和数据完整性的一种环境平台。它给程序员提供了一个事务处理的 API。

(5)面向对象中间件:是在分布、异构的网络计算环境中,可以将各种分布对象有机地结合在一起,完成系统的快速集成,实现对象重用的一种软件。

(6)网络中间件:是网管、接入、网络测试、虚拟社区和虚拟缓冲等方面的软件。

(7)屏幕转换中间件:是实现客户机图形用户接口与已有的字符接口方式的服务器应用程序之间的互操作的接口软件。

4. RFID 中间件的概念

RFID 中间件(Middleware)处于读写器与后台网络的中间,扮演 RFID 硬件和应用程序之间的中介角色,是 RFID 硬件和应用之间的通用服务,这些服务具有标准的程序接口和协议,能实现网络与 RFID 读写器的无缝连接。这是一种面向消息的中间件,信息以消息的形式,从一个程序传送到另一个或多个程序。信息可以以异步的方式传送,传送者不必等待回应。这种中间件包含的功能不仅是传递信息,还必须包括解译数据、安全性、数据广播、错误恢复、定位网络资源、找出符合成本的路径、消息与要求的优先次序以及延伸的除错工具等服务。

RFID 中间件屏蔽了 RFID 设备的多样性和复杂性,能够为后台业务系统提供强大的支撑,从而驱动更广泛、更丰富的 RFID 应用。它解决了应用系统与硬件接口连接的问题,可以实现数据的正确读取,并有效地将数据传送到后端网络,即使 RFID 标签数据增加、数据库软件由其他软件取代、读写器种类增加时,应用端也不需要修改就能处理数据。

使用中间件主要有 3 个目的:①隔离应用层与设备接口;②处理读写器与传感器捕获的原始数据;③提供应用层接口用于管理读写器、查询 RFID 观测数据。

RFID 中间件的技术重点研究的内容包括并发访问技术、目录服务及定位技术、数据及设备监控技术、远程数据访问、安全和集成技术、进程及会话管理技术等。

5. RFID 中间件的功能与特征

RFID 中间件在实际应用中完成数据的处理、传递和对读写器的管理等功能;用来监测 RFID 设备及其工作状态,管理和处理电子标签和读写器之间的数据流以及提供 RFID 设备和主机的接口;另外还实施对标签数据的读写、数据的过滤和聚集、RFID 数据的分发以及数据安全等功能。

RFID 中间件具有以下特征:

(1) 独立的架构。RFID 中间件独立且介于 RFID 读写器与后端应用程序之间,并且能够与多个 RFID 读写器以及多个后端应用程序连接,以减轻架构与维护的复杂性。

(2) 数据流处理。RFID 中间件具有数据的搜集、过滤、整合与传递等特性,以便将正确的对象信息传到企业后端的应用系统。RFID 中间件采用存储再转送的功能来提供顺序的消息流,具有数据流管理的能力。

(3) 过程流。可提供顺序的信息流,具有数据流设计与管理的能力。

(4) 支持多种编码标准。国际组织已经制定了多种 RFID 中间件编码标准。

(5) 状态监控。可监控连接到系统中的 RFID 读写器的状态,并自动向应用系统汇报。

(6) 安全功能。通过安全模块可完成网络防火墙功能,保证数据的安全性和完整性。

7.5.2 RFID 中间件系统框架

中间件系统结构如图 7-23 所示,包括读写器接口、处理模块、应用程序接口和网络访问接口 4 部分。读写器接口负责前端和相关硬件的沟通接口;处理模块包括系统与数据标准处理模块;应用程序接口负责后端与其他应用软件的沟通接口及使用者自定义的功能模块;网络访问接口提供与互联网的连接。

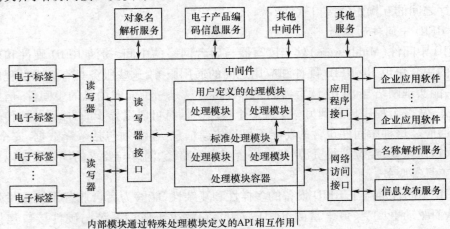

图 7-23 中间件系统结构框架

中间件的结构说明如下:

(1) 读写器接口。读写器接口采用相应的通信协议,提供读写器硬件与中间件的接口;负责读写器和适配器与后端软件之间的通信接口,并能支持多种读写器和适配器;能

234

够接受远程命令,控制读写器和适配器。

（2）处理模块。该容器由多个程序模块构成,分为标准处理模块和用户定义的处理模块2部分,标准处理模块由标准化组织定义,用户定义的处理模块由用户自行定义。处理模块容器具有数据的搜集、过滤、整合与传递等功能;在系统管辖下,能够观察所有读写器的状态;提供处理模块向系统注册的机制;提供 EPC 编码和非 EPC 转换的功能;提供管理对象器的功能,如新增、删除、停用、群组等;提供过滤不同读写器接收内容的功能,进行数据处理。

（3）应用程序接口。此接口提供处理模块容器与应用程序之间的接口,连接企业内部现有数据库或 EPC 相关数据库,使外部应用系统可透过此中间件取得相关 EPC/非EPC 信息。

（4）网络访问接口。此接口用来构建网络名称解析服务和信息发布服务的通道。

7.5.3　RFID 中间件及其产品

RFID 中间件供应商包括 IBM、Oracle、微软、Sybase、BEA、Sun 等公司。目前主要从事 RFID 中间件研究的企业及其产品有:

1. IBM 的 RFID 中间件

IBM RFID 中间件是一套基于 Java 并遵循 J2EE 企业架构开发的一套开放式 RFID 中间件产品,可以帮助企业简化实施 RFID 项目的步骤,能满足企业处理海量数据的要求。基于高度标准化的开发方式,IBM 的 RFID 中间件产品可以与企业信息管理系统无缝连接,处理来自读写器的数据,提取应用程序关心的事件和数据,有效缩短企业的项目实施周期,降低了 RFID 项目的实施出错率和企业实施成本。目前,IBM RFID 中间件已成功应用于许多企业的商品供应链之中,还成功地嵌入到 Intermec 的 IF5 RFID 读写器中,提供一整套 RFID 企业或供应链解决方案。

2. Oracle 的 RFID 中间件

Oracle RFID 中间件是甲骨文公司开发的一套基于 Java 遵循 J2EE 企业架构的中间件产品。它依托 Oracle 数据库,充分发挥 Oracle 数据库的数据处理优势,满足企业对海量 RFID 数据存储和分析处理的要求。Oracle RFID 中间件除最基本的数据处理功能之外,还向用户提供了智能化的手工配置界面。实施 RFID 项目的企业可根据业务的实际需求,手工设定 RFID 读写器的数据扫描周期、相同数据的过滤周期,并指定 RFID 中间件将电子数据导入指定的服务数据库;用户还可以利用 Oracle 提供的各种数据库工具对 RFID 中间件导入的数据进行各种数据指标分析,并做出准确的预测。

Oracle 公司的 Oracle Sensor Edge Serverfuze 负责连接传感器和基础构架的其他部分,以便降低传感器导向信息系统的成本,尤其可协助管理传感器、过滤传感器资料与本地传感器事件处理,安全、可靠地将事件信息发送到中央核心应用软件与数据库中。它提供了传感器数据采集、传感器数据过滤、传感器数据发送、传感器服务器管理、装置管理等主要功能。

3. Microsoft 的 RFID 中间件

与其他软件厂商运行的 Java 平台不同,Microsoft 中间件产品以 SQL 数据库和 Windows 操作系统为依托,主要运行于微软的 Windows 系列操作平台。微软还准备将 RFID

中间件产品集成为 Windows 平台的一部分,并专门为 RFID 中间件产品的数据传输进行系统级的网络优化。典型的产品有 BizTalk RFID。

4. Sybase 的 RFID 中间件

Sybase 中间件包括 Edge ware 软件套件、RFID 业务流程、集成和监控工具。该工具采用基于网络的程序界面,将 RFID 数据所需要的业务流程映射到现有企业的系统中。客户可以建立独有的规则,并根据这些规则监控实时事件流和 RFID 中间件取得的信息数据。

该中间件为开发商提供全套 RFID 阅读器的性能,外加动态支持新一代标签如 Gen2、简化的通用输出/输入管理,及在阅读器密布的场合对阅读器进行同步管理。RFID Any-where 是一种软件平台,其特点是可以提供可扩充的应用环境,用户可以自行开发和管理各种分散的 RFID 解决方案。

5. BEA 公司的 WebLogic 系列

BEA WebLogic RFID 产品是一个端到端、基于标准的 RFID 基础架构平台,能自动运行具有 RFID 功能的业务流程。RFID 基础架构技术与面向服务架构驱动的平台结合,使企业可利用网络边缘和数据中心资产,并在所有层次上获得扩展性能。BEA 公司的 RFID 解决方案由以下 4 个部分组成:①BEA WebLogic RFID Edition;②BEA WebLogic En-terprise Platform;③BEA RFID 解决方案工具箱;④为开发、配置和部署该解决方案提供帮助的咨询服务。

以上这些 RFID 中间件产品已经过实验室、企业多次实地测试,其稳定性、先进性、海量数据的处理能力也比较完善,得到了许多用户的认同。

第8章　云计算技术与模式

云计算(Cloud Computing)不但体现了新兴技术的组合和创新,更代表着业务和商业模式的拓展,是继计算机、因特网之后信息技术发展的最新趋势。它将改变我们的生活、工作、娱乐和学习的方式,为人们开启一扇通往无限可能性的大门。云计算已成为最受关注的 IT 技术之一,人们非"云"不谈,掀起阵阵"云团"。一说到云计算,可能大家都会一头雾水,存在许多疑问。为此本章将对云计算的概念、要点、理论、技术、方法、发展、模式、架构、平台和应用等方面逐一做以介绍。

8.1　云计算基本知识简介

8.1.1　云计算概念的由来

"云计算"的概念起源于大规模分布式计算技术,是网格计算、并行计算、分布式计算、网络存储和负载均衡等传统计算机技术和网络技术发展融合的产物,是虚拟化、效用计算、软件即服务(SaaS,Software as a Service)、平台即服务(PaaS,Platform as a Service)、基础设施即服务(IaaS,Infrastructure as a Service)和成功的项目群管理等概念混合演进并跃升的结果。比如,Web 技术出现时,就具备了云计算的应用特征有了统一界面的雏形。随着服务器应用平台上的虚拟化技术的成熟和 Web 统一界面的推出,虚拟化和 Web 走向结合,使得云计算可以在一个整合的架构上统一实现。

应该说,云概念这个术语的诞生和使用纯属偶然。在因特网技术发展的早期阶段,技术人员都习惯性地将因特网画成一朵"云"来代表,因为这样一来,人们可以简化网络内部的技术细节和复杂机制来方便讨论新技术。随着因特网技术的飞速发展,于是采用云计算来代表和体现新型的网络计算特征和技术趋势就变得非常自然。因此,云计算这一术语很容易就在业界流行起来,成为近年来 IT 界的主旋律。

计算机的应用大体经历了 4 种主要模式:①1960 年至今天为"大型机—终端"模式;②1980 年至今天为"客户机—服务器"模式;③2000 年至今天为"服务器聚集"模式;④2007 年至今天为"网格计算"和"云计算"模式。

早在 20 世纪 60 年代麦卡锡(John McCarthy)就提出了把计算能力作为一种像水和电一样的公用事业提供给用户。云计算的第一个里程碑是,1999 年 Salesforce. com 提出的通过一个网站向企业提供企业级的应用的概念。另一个重要进展是 2002 年亚马逊(Amazon)提供一组包括存储空间,计算能力甚至人力智能等资源服务的 Web Service。Web Service 允许小企业和私人租用亚马逊的计算机来运行他们自己的应用。2005 年亚马逊又提出了弹性计算云(Elastic Compute Cloud),也称亚马逊 EC2,并取得了商业上的成功。云计算被它的吹捧者视为"革命性的计算模型",因为它使得超级计算能力通过因特网自由流通成为了可能。企业与个人用户无需再投入昂贵的硬件购置成本,只需要通过因特网来购买租赁计算力,"把你的计算机当做接入口,一切都交给因特网吧"。

云计算中的"计算"是一个简单而明确的概念。"计算"系指计算应用,在产业和市场中,可以指一切 IT 应用。随着网络技术的融合,一切信息、通信和视频应用也都整合在统一的平台之上。由此推而广之,云计算中的"计算"可以泛指一切 ICT 的融合应用。所以,云计算术语的关键特征并不在于"计算",而在于"云"。

之所以称为"云",是因为它在某些方面具有现实中云的特征:云一般都较大;云的规模可以动态伸缩,它的边界是模糊的;云在空中飘忽不定,你无法也无需确定它的具体位置,但它确实存在于某处;云在空中,每个人都能看到,雨水能落到每个人头上。

2006 年谷歌推出了"Google 101 计划",并正式提出"云"的概念和理论。随后亚马逊、微软、惠普、雅虎、英特尔、IBM 等公司都宣布了自己的"云计划"。云安全、云存储、内部云、外部云、公共云、私有云、个人云、城市云、行业云、社区云、电子商务云、科教云、混合云等众多与"云"挂钩的词汇层出不穷……一堆让人眼花缭乱的概念在不断冲击人们的神经。那么到底什么是云计算技术呢?

8.1.2 云计算的基本概念

云计算借用了量子物理中的"电子云"(Electron Cloud)思想,强调说明计算的弥漫性、无所不在的分布性和社会性等。

云计算是以虚拟化技术为基础,以网络为载体的进行协同工作的超级分布式计算模式,是把存储于个人电脑、移动电话、其他设备上的大量信息、处理器资源和计算任务集中分布在数不清的电脑和服务器构成的电脑云和资源池上,使各种应用系统能够以安全、快速、便捷、免费或按需租用以及无人干预的方式获取和释放计算和处理能力、存储空间和各种软件服务。用户通过电脑、笔记本、手机等工具就可将庞大的计算处理程序自动分拆成无数个较小的子程序,再交由这庞大的网络系统经搜索、计算分析之后将处理结果回传给用户。

狭义的云计算是指提供资源的网络被称为"云"。"云"中的资源在使用者看来是可以无限扩展的,并且可以随时获取,按需使用,随时扩展,按使用付费。这种特性经常被称为像打开电灯用电,打开水龙头用水一样使用 IT 基础设施,好比是从古老的单台发电机模式转向了电厂集中供电的模式,而无需考虑是电从哪里来,水是哪家水厂的。它意味着计算能力也可以作为一种商品流行流通,就像煤气、水电一样,取用方便,费用低廉。最大的不同在于,它是通过因特网进行传输的。

广义的云计算是指"云"是一些可以自我维护和管理的虚拟计算资源,通常为一些大型服务器集群,包括计算服务器、存储服务器、宽带资源等。云计算将所有的计算资源集中起来,并由软件实现自动管理,无需人为参与。这使得超级计算能力通过因特网自由流通成为可能,无需再投入极高的硬件购置成本,而只需通过因特网购买计算能力,把你的计算机当做接入口,一切都交给因特网。应用提供者无需为繁琐的细节而烦恼,能够更加专注于自己的业务,有利于创新和降低成本。

云计算的一个核心理念就是通过不断提高"云"的处理能力,进而减少用户终端的处理负担,最终使用户终端简化成一个单纯的输入输出设备,从"购买产品"到"购买服务"

238

转变,并能按需享受"云"的强大计算处理能力。

从硬件上看云计算:①云计算能根据需求提供似乎是无限的计算资源,云计算终端用户无需再为计算能力准备计划或预算;②云计算用户可以根据需要,逐步追加硬件资源,而不需要预先给出承诺;③云计算为用户提供短期使用资源的灵活性(例如:按小时购买处理器或按天购买存储)。当不再需要这些资源的时候,用户可以方便地释放这些资源。

从用户角度看云计算:①"云"的基本含义是"资源在因特网中";②云计算是为多个企业和普通用户提供因特网中的资源,便于用户虚拟拥有和按需使用云端资源服务;③用户不需要了解云内部的细节,也不必具有云内部的专业知识或直接控制基础设施;④云端服务,资源由因特网中的云计算第三方提供,用户享受价值与能力,但并不物理拥有;⑤虚拟拥有,用户具有一定的资源自主控制权;⑥按需使用,用户按实际需求灵活扩展与收缩资源量;⑦方便,用户能以快速、低门槛方式获取资源服务。

从云计算后台看:云计算实现资源的集中化、规模化。能够实现对各类异构软硬件基础资源的兼容,如电网支持水电厂、火电厂、风电厂、核电厂等异构电厂并网;还能够实现资源的动态流转,如西电东送,西气东输、南水北调等。支持异构资源和实现资源的动态流转,可以更好地利用资源,降低基础资源供应商的成本。

将来的云计算,你需要多少计算能力,就给你多少,不必考虑这些计算机在哪个国家、哪个城市、是谁在操作。就好像面对大海,你不需要了解这些海水从哪里流进来,也不需要担心海水会干,可以想用多少就有多少。这就是云计算的威力。

在不久的将来,有电的地方都能计算,有计算的地方都有智能,有智能的地方都能上网,个人和企业都将由此迎来新的发展机遇。

8.1.3　云计算的优越特性

云计算具有显著的特性和无与伦比的优越性,具体表现在以下几个方面:

(1) 基于网络。云计算是从互联网演变而来,云计算本质通过网络将计算力进行集中,并且通过网络进行服务,如果没有网络,计算力集中规模、服务的种类和可获得性就会受到极大的限制,如集群计算虽然也是基于网络的计算模式,但是不能提供基于网络的服务,还不能称之为云计算。

(2) 超大规模。云计算支持用户在任何有互联网的地方、使用任何上网终端获取应用服务。用户所请求的资源来自于规模巨大的云平台。Google 云计算已经拥有 100 多万台服务器,Amazon、IBM、微软、Yahoo 等的"云"均拥有几十万台服务器。企业私有云一般拥有数百上千台服务器。

(3) 虚拟化。现有的云计算平台的最大特点是利用软件来实现硬件资源的虚拟化管理、调度及应用。通过虚拟平台用户使用网络资源、计算资源、数据库资源、硬件资源、存储资源等,与在自己的本地计算机上使用的感觉是一样的,相当于是在操作自己的计算机。云计算支持用户在任何时间、任意地点、使用各种终端获取应用服务。所请求的资源来自"云",而不是固定的有形的实体。用户无需了解也不用担心应用运行的具体位置,只需要 1 台笔记本或者 1 个手机,就可以通过网络服务来实现我们需要的一切,甚至包括超级计算这样的任务。

(4) 数据安全可靠。云计算提供了最可靠、最安全的数据存储中心,使用了数据多副本容错;数据在云端,不怕丢失,不必备份,可在任意点恢复,用户不用再担心病毒入侵等麻烦。很多人觉得数据只有保存在自己看得见、摸得着的电脑里才最安全,其实不然。电脑可能会因为自己不小心而被损坏,或者被病毒攻击,导致硬盘上的数据无法恢复,而有机会接触电脑的不法之徒则可能利用各种机会窃取数据。反之,当文档和照片传递到云服务器与设备上时,就再也不用担心数据的丢失或损坏。因为在"云"的另一端,有全世界最专业的团队来帮助管理信息,有全世界最先进的数据中心来帮助保存数据。同时,严格的权限管理策略可以帮助人们放心地与指定的人共享数据。这样,不用花钱就可以享受到最好、最安全的服务,甚至比在银行里存钱还方便。

(5)通用性好。云计算不针对特定的应用,在"云"的支撑下可以构造出千变万化的应用,同一个"云"可以同时支撑不同的应用运行。

(6)高可扩展性。云技术使用户可以随时随地根据应用的需求动态地增减 IT 资源,将服务器实时加入到现有服务器群中。"云"的规模可以动态扩展,以满足特定时期、特定应用及用户规模增长的需要。

(7)按需服务。"云"是一个庞大的资源池,可按需购买;云就像自来水、电和煤气等公用事业那样根据用户的使用量计费,无需任何软硬件和设施等方面的前期投入。

(8)极其廉价。由于"云"的特殊容错措施可以采用极其廉价的节点来构成云,"云"的自动化集中式管理使大量企业无需负担日益高昂的数据中心管理成本,"云"的通用性使资源的利用率较之传统系统大幅提升,因此用户可以充分享受"云"的低成本优势,经常只要花费几百美元、几天时间就能完成以前需要数万美元、数月时间才能完成的任务。

(9)节能环保。云计算技术能将许许多多分散在低利用率服务器上的工作负载整合到云中来,提升资源的使用效率,其电源使用效率比普通的数据中心要出色很多,并且还能将云建设在水电厂等洁净资源旁边,这样既能进一步节省能源方面的开支,又能保护环境。

(10)使用简单方便。云计算对用户端的设备要求最低,使用起来也最方便。用户只要有 1 台可以上网的电脑,有 1 个喜欢的浏览器,就可尽情享受云计算带来的无限乐趣。在浏览器中直接编辑存储在"云"的另一端的文档,可以随时与朋友分享信息,再也不用担心软件是否是最新版本,再也不用为软件或文档染上病毒而发愁。因为在"云"的另一端,有专业的 IT 人员帮助维护硬件,帮助安装和升级软件,帮助防范病毒和各类网络攻击,帮助做以前在个人电脑上所做的一切。

(11)轻松共享数据。云计算可以轻松实现不同设备间的数据与应用共享。在云计算的网络应用模式中,数据只有 1 份,保存在"云"的另一端,用户所有电子设备只需要连接因特网,就可以同时访问和使用同一份数据。

(12)无限多的可能。云计算为我们使用网络提供了几乎无限多的可能。为存储和管理数据提供了几乎无限多的空间,也为完成各类应用提供了几乎无限强大的计算能力。个人电脑或其他电子设备不可能提供无限量的存储空间和计算能力,但在"云"的另一端,由数千台、数万台甚至更多服务器组成的庞大的集群却可以轻易地做到这一点。个人和单个设备的能力是有限的,但云计算的潜力却几乎是无限的。

(13)支持异构。包括异构的硬件软件资源。云计算可以构建在不同的基础平台之上,即可以有效兼容各种不同种类的硬件和软件基础资源。硬件基础资源,主要包括网络环境下的三大类设备,即计算(服务器)、存储(存储设备)和网络(交换机、路由器等设备);软件基础资源则包括单机操作系统、中间件、数据库等。

(14) 支持资源动态伸缩和流转,具有高的可靠性。添加、删除、修改云计算环境的任一资源节点(计算节点、存储节点和网络节点),或任一资源节点产生异常,都不会导致云环境中的各类业务的中断,也不会导致用户数据的丢失。云计算会启动一个程序或节点,即自动处理失败节点;另外,云计算平台会启动资源调度机制,在用户完全不知情的情况下,资源可以流转到其他物理资源上继续运行。如在系统业务整体升高情况下,可以启动闲置资源,纳入系统中,提高整个云平台的承载能力。而在整个系统业务负载低的情况下,则可以将业务集中起来,而将其他闲置的资源转入节能模式,从而在提高部分资源利用率的情况下,达到其他资源绿色、低碳的应用效果。

(15) 支持异构多业务体系。在云计算平台上,可以同时运行多个不同类型的业务。异构,表示该业务不是同一的,不是已有的或事先定义好的,而应该是用户可以自己创建并定义的服务。这也是云计算与网格计算的一个重要差异。

(16) 潜在的危险性。云计算服务除了提供计算服务外,还必然提供了存储服务。但是云计算服务当前垄断在私人机构(企业)手中,而他们仅仅能够提供商业信用。对于政府机构、商业机构(特别像银行这样持有敏感数据的商业机构)对于选择云计算服务应保持足够的警惕。一旦商业用户大规模使用私人机构提供的云计算服务,无论其技术优势有多强,都不可避免地让这些私人机构以"数据(信息)"的重要性挟制整个社会。对于信息社会而言,"信息"是至关重要的。另一方面,云计算中的数据对于数据所有者以外的其他用户云计算用户是保密的,但是对于提供云计算的商业机构而言确实毫无秘密可言。这就像常人不能监听别人的电话,但是在电讯公司内部,他们可以随时监听任何电话。所有这些潜在的危险,是商业机构和政府机构选择云计算服务、特别是国外机构提供的云计算服务时,不得不考虑的一个重要的前提。

8.1.4 云计算的分类

1. 按云计算系统的部署方式或存在实体分类

按云系统的部署方式或存在实体可分为四大类:私有云、社区云、公有云和混合云。

1) 私有云(Private Cloud)

私有云或者内云,是指仅仅利用了部分云计算特征的方式,通常是在内部托管部署,云基础设施被某本企业或单一社团组织内部拥有或租用,为内部提供云服务,不对公众开放,可以坐落在本地或(防火墙外的)异地,并且本单位 IT 人员能对其数据、安全性和服务质量进行有效地控制。私有云的规模可能仅仅包括数百或数千个节点,其主要通过专用网络连接到使用该私有云的组织机构。由于所有的应用程序和服务器是公司内部共享的,多租户的概念很难体现在这样的云中。

私有云服务质量非常稳定,不会受到远程网络偶然发生异常的影响,且一般都构筑在防火墙内,可以提供更多的安全和私密等专属性的保证;另外,私有云充分利用现有硬件资源、支持定制和遗留应用,不影响现有 IT 管理的流程。与传统的企业数据中心相比,私有云可以支持动态灵活的基础设施,降低 IT 架构的复杂度,使各种 IT 资源得以整合和标准化;并且可以通过自动化部署提供策略驱动的服务水平管理,使 IT 资源能够更加容易地满足业务需求的变化。由于私有云的服务提供对象是针对企业或社团内部,私有云上的服务可以更少地受到在公共云中必须考虑的诸多限制,比如带宽、安全和法规遵从性等。

私有云提供的服务类型也可以是多样化的。私有云不仅可以提供 IT 基础设施的服务,而且也支持应用程序和中间件运行环境等云服务,比如企业内部的 MIS 云服务。中国的"中化云计算"就是典型的支持服务访问点(SAP, Service Access Point)服务的私有云。

私有云也有其不足之处,主要是成本开支高。因为建立私有云需要很高的初始成本,特别是如果需要购买大厂家的解决方案时更是如此;其次,由于需要在企业内部维护一支专业的云计算团队,所以其持续运营成本也同样偏高。

在将来很长一段时间内,私有云将成为大中型企业最认可的云模式,而且将极大地增强企业内部的 IT 能力,并使整个 IT 服务围绕着业务展开,从而更好地为业务服务。

2)社区云(Community Cloud)

社区云或称机构云,专为一系列互不相连的、严格界定的机构而设立。云基础设施被一些组织共享,为某个特定群体提供支持,并为一个有共同关注点的社区或大机构服务(例如,任务、安全要求、政策和准则等),社区云可以被该社区拥有和租用,并且可以部署在本地(客户端)或远程(防火墙外的异地或多地)。它们可以由这些组织自行管理,也可以由第三方进行管理。由于共同费用的用户数比公有云少,这种选择往往比公有云贵,但隐私度安全性和政策遵从都比公有云高。

3)公有云(Public Cloud)

公有云也称外部云,是现在最主流也就是最受欢迎的云计算模式。它是一种对公众开放的云服务,能支持数目庞大的请求,而且因为规模的优势,其成本偏低。其云基础设施被一个提供云计算服务的运营组织所拥有、所运行,该组织将云计算服务销售给一般大众或广大的中小企业群体。服务提供商采用细粒度、自服务的方式在因特网上通过网络应用程序或者 Web 服务动态地为最终用户提供各种各样的 IT 资源。

云供应商负责从应用程序、软件运行环境到物理基础设施等 IT 资源的安全、管理、部署和维护。在使用 IT 资源时,用户只需为其所使用的资源付费,无需任何前期投入,所以非常经济;用户不清楚与其共享和使用资源的还有其他哪些用户,整个平台是如何实现的,甚至无法控制实际的物理设施,所以云服务提供商能保证其所提供的资源具备安全和可靠等非功能性需求。

公有云主要有 3 种构建方法。其一是独自构建:云供应商利用自身优秀的工程师团队和开源的软件资源,购买大量零部件来构建服务器、操作系统,乃至整个云计算中心。其二是联合构建:云供应商在构建的时候,在部分软硬件上选择商业产品,而其他方面则会选择自建。其三是购买商业解决方案。

公有云在许多方面都有其优越性,下面是其中的 4 个方面。①规模大:聚集来自于整个社会并且规模庞大的工作负载。②价格低廉:完全是按需使用的,不用前期投入。③灵活:容量几乎是无限的,能非常快地满足用户需求。④功能全面:支持多种主流的操作系统和成千上万个应用。不足之处是缺乏信任,不支持遗留环境。

公有云与私有云的比较如表 8-1 所列。

242

表8-1　公有云与私有云的比较

功能与特性 / 云类型	执行托管位置	网络连接	规模化的方向	最大规模/节点	共享	定价	财务中心
私有云	内部部署	连接到专用网络	应用扩展型	100~1000	单一租户	按容量定价	成本中心
公有云	外部部署	基于因特网的业务交互	用户扩展型	10000	多租户	效用定价	收入利润中心

由于公有云在规模和功能等方面的优势,它会受到绝大多数用户的欢迎。从长期而言,公有云将像公共电厂那样毋庸置疑成为云计算的最主流,甚至是唯一的模式,因为在规模、价格和功能等方面的潜力实在太大了。但是在短期之内,因为在信任和遗留等方面的不足,将降低公有云对企业的吸引力,特别是大型企业。

4) 混合云(Hybrid Cloud)

混合云的云基础设施是由2种或以上的云(私有云、社区云或公有云)组成,用户可以通过一种可控的方式部分拥有,部分与他人共享。每种云仍然保持独立实体,但用标准的或专有的技术将它们组合起来做一定权衡,具有数据和应用程序的可移植性。企业可以利用公共云的成本优势,将非关键的应用部分运行在公共云上;同时将安全性要求更高,关键性更强的主要应用通过内部的私有云提供服务。

混合云的构建方式有2种:其一是外包企业的数据中心;其二是购买私有云服务。通过使用混合云,企业可以享受接近私有云的私密性和接近公有云的成本,并且能快速接入大量位于公有云的计算能力,以备不时之需。不足之处是:现在可供选择的混合云产品较少,而且在私密性方面不如私有云好,在成本方面也不如公有云低,并且操作起来较复杂。

2. 按云计算软硬件所提供的服务的分类

根据软硬件所提供的服务,可将云计算分为 SaaS、PaaS、IaaS。亚马逊的弹性计算云(EC2,Elastic Compute Cloud)是基础设施即服务的典型例子。谷歌应用引擎一般被认为是一个平台即服务的例子。而 Salesforce. com 代表了最知名的软件即服务的例子。

8.2　云计算的研究现状与发展趋势分析

8.2.1　云计算的发展历程和出现的主要事件

1. 计算模式的发展历程

纵观计算模式的演变历史,基本上可以总结为:集中—分散—集中。在早期,受限于技术条件与成本因素,只能有少数的企业能够拥有计算能力,此时的计算模式显然只能以集中为主。在后来,随着计算机小型化与低成本化,计算也走向分散。到如今,计算又有走向集中的趋势。图8-1是一个计算模式的发展图。

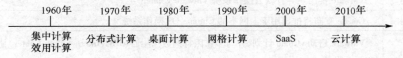

图8-1　计算模式发展过程

2. 云计算在发展过程中的标志性事件

自云计算产生以来,在国际上的标志性事件如表8-2所列。

表8-2　国际上云计算的标志性事件

日　期	国际上的标志性事件
1959年6月	Christopher Strachey发表虚拟化论文,虚拟化是今天云计算基础架构的基石
2005年	Amazon宣布Amazon Web Services云计算平台
2006年3月	Amazon相继推出在线存储服务S3和EC2等云服务
2007年3月	戴尔成立数据中心解决方案部门,先后为全球5大云计算平台中的3个(Windows Azure、Facebook和Ask.com)提供云基础架构
2007年11月	IBM发布业界首个云计算商业解决方案"蓝云"(Blue Cloud)计划
2008年1月	Salesforce.com推出了世界上第一个PaaS产品——Force.com平台
2008年2月	EMC中国研发集团云架构和服务部正式成立,该部门结合云基础架构部、Mozy和Pi两家公司共同形成EMC云战略体系
2008年4月	Google App Engine发布,它允许开发人员编写Python应用程序,然后把应用构建在Google的基础架构上。Google会提供多达500MB的存储空间和一定的免费额度
2008年6月	Gartner发布报告,认为云计算代表了今后计算的方向
2008年6月	EMC公司中国研发中心启动"道里"可信基础架构联合研究项目
2008年6月	IBM宣布成立IBM大中华区云计算中心,该中心将帮助大中华地区的客户设计和部署自己的云计算设施和应用
2008年7月	HP、英特尔和Yahoo联合创建云计算试验台Open Cirrus
2008年8月	美国专利商标局网站信息显示,戴尔正在申请"云计算"商标,此举旨在加强对这一未来可能重塑技术架构的术语的控制。戴尔在申请文件中称,云计算是"在数据中心和巨型规模的计算环境中,为他人提供计算机硬件定制制造"
2008年9月	Google公司推出Google Chrome浏览器,使浏览器彻底进入云计算时代
2008年9月	Oracle和Amazon合作,使用户可在Amazon的云中部署Oracle软件,并在云中对Oracle数据库进行备份
2008年9月	思杰公布云计算战略,并发布新的思杰云计算中心产品系列
2008年10月	在洛杉矶举行的微软PDC2008大会上,微软首席软件架构师Ray Ozzie宣布了微软的云计算战略,并发布了云计算平台Windows Azure
2008年11月	Amazon、Google和FlexiScale的云服务相继发生宕机故障,引发业界对云计算安全的讨论
2008年12月	Gartner披露十大数据中心突破性技术,虚拟化和云计算上榜
2009年2月	思科先后发布统一计算系统(UCS,Uniform Computing System)、云计算服务平台,并与EMC、VMware建立虚拟计算环境(VCE,Virtual Computing Environment)联盟
2009年4月	VMware推出业界首款云操作系统VMware vSphere 4
2009年7月	Google宣布将推出用于上网本的Chrome OS操作系统
2009年9月	VMware启动vCloud计划,并与多家因特网数据中心(IDC,Internet Data Center)协作一起构建全新云服务
2009年11月	中国移动云计算平台"大云"计划启动

日　期	国际上的标志性事件
2010 年 1 月	HP 和微软联合提供完整的云计算解决方案
2010 年 1 月	IBM 与松下达成迄今为止全球最大的云计算合同
2010 年 1 月	微软正式发布 Microsoft Azure 云平台服务
2010 年 4 月	英特尔在 IDF 上提出互联计算，计划用 x86 架构统一嵌入式、物联网和云计算领域
2010 年 4 月	戴尔推出源于 DCS 部门设计的 PowerEdge C 系列云计算服务器及相关服务
2010 年 4 月	微软 CEO 鲍尔默宣布其 90% 员工将从事云计算及其相关工作
2010 年 5 月	在 2010 年的 I/O 大会上，Google 正式对外发布商业版的 Google App Engine，并提供名为 Google Storage 的云存储服务和 SQL 数据库服务
2010 年 5 月	EMC 在其年度大会上发布 VPLEX，一款多功能的云存储引擎，能将处于不同数据中心的多个远程存储节点整合成一个逻辑资源池
2010 年 6 月	VMware 发布了其最新版的企业级系统虚拟化软件 VMware vSphere 4.1，并且新增了很多有利于云计算的特性
2010 年 8 月	在 VMworld 2010 大会上，VMware 正式对外发布用于构建企业内部私有云的 vCloud Director、vFabric 云应用平台和 VMware 数据中心服务，还推出了 3 款 vShield 系列虚拟化安全产品
2010 年 9 月	Amazon 对旗下的 EC2 服务进行了一定的降价

在我国，云计算的兴起基本与国外保持一致。表 8 – 3 是一些国内云计算的标志性事件。

表 8 – 3　国内云计算的标志性事件

日　期	国内的标志性事件
2008 年 2 月	IBM 宣布在中国无锡太湖新城科教产业园为中国的软件公司建立第一个云计算中心
2008 年 6 月	IBM 在北京 IBM 中国创新中心成立了第二家中国的云计算中心——IBM 大中华区云计算中心
2008 年 11 月	中国电子学会云计算专家委员会成立
2008 年 11 月	广东电子工业研究院与东莞松山湖科技产业园管委会签约，广东电子工业研究院将在东莞松山湖投资 2 亿元建立云计算平台
2009 年 1 月	阿里软件在江苏南京建立首个"电子商务云计算中心"
2009 年 4 月	IBM 建立香港首个云计算实验室
2009 年 5 月	中国电子学会举办首届中国云计算大会
2009 年 7 月	中化企业云计算平台作为中国首个企业云计算平台诞生
2009 年 8 月	杭州市政府与微软中国公司签署了为期 3 年的战略合作备忘录，微软将在杭州建立美国本土以外的首个"云计算"中心，以开发新的应用程序和商业模型
2009 年 9 月	阿里巴巴宣布成立一家专门从事云计算业务的新公司——"阿里云"
2009 年 9 月	IBM 与东营市政府签署合作协议，IBM 将为东营市提供全球领先的云计算产品，帮助其建立黄河三角洲云计算中心
2009 年 9 月	上海电信与 EMC 合作，面向个人用户推出首款网络信息数据银行——"E 云"服务
2009 年 11 月	中国移动云计算平台"大云"计划启动

日　期	国内的标志性事件
2009 年 11 月	全国首家云计算产业协会在深圳成立
2009 年 12 月	中国云计算技术与产业联盟在京成立,40 多家企业一起共同倡议成立中国云计算技术与产业联盟
2009 年 12 月	北京工业大学宣布建立高性能计算云计算中心
2010 年 4 月	中国首个多系统、多用户的云计算应用网络平台——鸿蒙国际网在北京正式亮相
2010 年 5 月	第二届中国云计算大会在北京召开,中国移动正式对外发布其大云 1.0 版,并展示其在 Hadoop 这个开源项目中所获得的成绩
2010 年 5 月	中国电信正式启动星云计划,目前已在 4 个城市开展云计算现场试验
2010 年 8 月	上海公布云计算发展战略,计划培育 10 家年收入超亿元的龙头企业和 10 个云计算示范平台,极力打造亚太地区的云计算中心
2011 年 4 月	深圳云计算国际联合实验室揭牌
2011 年 4 月	在新成立的远程数据中心里,成千上万台电脑和服务器连接成一片电脑"云",用户可以体验每秒超 10 万亿次的运算能力
2011 年 5 月	山东省云计算产业联盟在山东省计算中心成立
2011 年 7 月	由"天河一号"所在的国家超算天津中心、惠普、腾讯等 35 家高新科技企业组成的云计算产业联盟,在天津滨海新区成立
2011 年 8 月	中国电信正式对外发布天翼云计算战略、品牌及解决方案,计划于 2012 年正式推出云主机、云存储等系列天翼云计算产品

8.2.2　国内外云计算标准化进展

云计算相关技术规范和标准成为当前国际组织及各大企业的关注热点。国际标准化组织以及多个国际协会组织自 2008 年以来纷纷启动了云计算相关标准化工作。我国相关标准化组织也启动了云计算的标准研究及规划工作。

1. 国际云计算标准化进展

表 8-4 所列为近年来国外部分标准组织云计算的工作目标和涉及的主要成员。各主要国际标准化机构乃至国家标准机构处于起步阶段,标准制定时间多数集中在 2008 年、2009 年。云标准大多处于草案规划阶段,有的目前只停留在筹建云计算标准工作组阶段。

表 8-4　国外部分标准组织云计算标准工作概览

序号	标准化组织	工作目标	主要成员
1	国际标准化组织/国际电工委员会第一联合技术委员会/软件工程分技术委员会（ISO/IEC JTC1/SC7）	2009 年 5 月成立了"云计算中 IT 治理研究组",以研究分析市场对于 IT 治理中的云计算标准需求,并提出 JTC1/SC7 内的云计算标准目标及内容	新西兰(召集人)、中国(联合召集人)、印度(联合召集人)、西班牙、法国、爱尔兰、国际 IT 服务管理联盟

序号	标准化组织	工作目标	主要成员
2	国际标准化组织/国际电工委员会第一联合技术委员会/分布式应用平台与服务分技术委员会（ISO/IEC JTC1/SC38）	2009年10月成立了"云计算研究组"，以研究分析市场对于云计算标准的需求，与云计算相关的其他标准化组织或协会沟通，并确立 JTC1 内的云计算标准内容	韩国（召集人）、中国（秘书）、德国、瑞典、芬兰及其他有兴趣的国家成员体；ISO 内的其他有兴趣的标准化组织及云计算协会
3	国际电信联盟 ITU-T	成立了"云计算专项工作组"，旨在达成一个"全球性生态系统"，确保各个系统之间安全地交换信息。工作组将评估当前的各项标准，将来会推出新的标准；另外也成立了分布式服务网络研究组等相关组织	相关成员及 3GPP、IETF 等组织
4	分布式管理任务组（DMTF, Distributed Management Task Force）	2009年，成立 DMTF 开放式云标准孵化器（OCSI, Open Cloud Standards Incubator），着手制定开放式云计算管理标准。其他工作还有：开放式虚拟化格式（OVF, Open Virtualization Format），云可互操作性白皮书，DMTF 和 CSA 共同制定云安全标准	AMD、CISCO、CITRIX、EMC、HP、IBM、Intel、Microsoft、Novell、Redhat、Sun、VMWare、Savvis 等
5	云安全联盟（CSA, Cloud Security Alliance）	促进最佳实践以提供在云计算内的安全保证，并提供基于使用云计算的教育来帮助保护其他形式的计算	eBay, ING, Qualys, PGP, zScaler 等
6	欧洲电信标准研究所（ETSI）	其网格技术委员会正在更新其工作范围以包括云计算这一新出现的商业趋势，重点关注电信及 IT 相关的基础设施即服务	涉及电信行政管理机构、国家标准化组织、网络运营商、设备制造商、专用网业务提供者、用户研究机构等
7	美国国家标准技术研究所（NIST, National Institute of Standards and Technology）	NIST 正在制定云计算的定义，NIST 的科学家通过产业和政府一起来制定这些云计算的定义。NIST 将主要为美国联邦政府服务，主要聚焦云构架，安全和部署策略	美国 NIST 相关成员
8	全国网络存储工业协会（SNIA, Storage Network Industry Association）	SNIA 云存储技术工作组于2010年1月发布了云数据管理接口（CDMI, Cloud Data Management Interface）草案1.0版本，其中包括了 SNIA 云存储的参考模型以及基于这个参考模型的 CDMI 参考模型。SNIA 希望为云存储和云管理提供相应的应用程序接口并向 ANSI 和 ISO 提交这些标准	ActiFio, Bycast, Inc., Calsoft, Inc. Cisco, The CloudStor Group at the San Diego Supercomputer Center, EMC, GoGrid 等
9	对象管理组织（OMG）	云的互操作及云的可移植性	对象管理组织（OMG, Object Management Group）相关成员

序号	标准化组织	工作目标	主要成员
10	开放网格论坛（OGF，Open Grid Forum）	开发管理云计算基础设施的 API，创建能与 IaaS 进行交互的实际可用的解决方案	Microsoft，Sun，Oracle，Fujitsu，Hitachi，IBM，Intel，HP，AT&T，eBay 等
11	开放云计算联盟（OCC，Open Cloud Consortium）	开发云计算基准和支撑云计算的参考实现；管理开放云测试平台；改善跨地域的异构数据中心的云存储和计算性能，使得不同实体一起无缝操作	Cisco，MIT 林肯实验室，Yahoo，各个大学（包括芝加哥的伊利诺斯州大学）
12	结构化信息标准促进组织（OASIS，Organization for the Advancement of Structured Information Standards）	OASIS 认为云计算是 SOA 和网络管理模型的自然延伸，致力于基于现存标准 Web-Services、SOA 等相关标准建设云模型及轮廓相关的标准，OASIS 最近成立云技术委员会 IDCloudTC，该技术委员会定位于云计算中的识别管理安全	OASIS 相关成员
13	开放群组（TOG，The Open Group）	最近刚成立云计算工作组，以确保在开放的标准下高效安全的使用企业级架构与 SOA 的云计算	TOG 相关成员
14	云计算互操作论坛（CCIF，Cloud Computing Interoperability Forum）	建立一个共同商定的框架/术语，使得云平台之间能在一个统一的工作区内交流信息，从而使得云计算技术和相关服务能应用于更广泛的行业	Cisco，Intel，Thomson Reuters，Orange，Sun，IBM，RSA 等
15	开放云计算宣言（Open Cloud Manifesto）	研究在同样应用场景下 2 种或多种云平台进行信息交换的框架，同时为云计算的标准化进行最新趋势的研究、提供参考架构的最佳实践等。 该组织主要是负责收集用户和云计算提供方对于云计算技术的需求并发起相关的讨论，为其他标准化组织提供参考。该组织协会将会继续发起类似的讨论。目前发布了《云计算案例白皮书》V3.0	目前已有 300 多家单位参与
16	美国电气及电子工程师学会（IEEE）	与云安全联盟开展了云计算安全相关标准研究	IEEE 标准协会相关成员

通过对国际标准化组织和联盟目前所规划的标准方向，可以看出目前各机构对云计算标准关注的侧重点不同，诸如：云安全、云存储、云互操作、云 IaaS 接口等方面。云计算方面的安全和互操作问题是多数标准化组织重点关注的内容（表 8-5）。

表 8-5　国外主要云计算标准组织的领域分析

研究关注点	国际标准组织	研究关注点	国际标准组织
安全	ITU、IEEE、NIST、CSA、OASIS、TOG	网络存储	OGF、SNIA
互操作	ITU、IEEE、CSA、TOG、DMTF、OCC	网络资源管理	SNIA、DMTF
概念及架构	IEEE、ITU、NIST、IETF、SNIA	服务质量及 SLA	ITU
应用场景	NIST、ARTS	试验平台	OCC
业务需求	ITU、ISO	身份管理	OASIS
商业模式	ISO、TOG		

2. 我国云计算标准化进展

我国的云计算标准化工作自 2008 年底开始,与国际进展类似,均处于起步阶段,国内很多产学研用单位对云计算相关标准化工作极为关注。我国当前的标准工作主要是对国际标准组织云计算标准的梳理,对国内云计算商业应用调研,并基于此规划开展我国急需的云计算标准体系的制定(表 8-6)。

表 8-6　国内开展云计算的标准化工作情况

序号	标准化组织	工作目标	主要成员	标准提案
1	全国信息技术标准化技术委员会 SOA 标准工作组	开展云计算标准研究以及相关 SOA、中间件、虚拟化等技术标准的制定	SOA 标准工作组的成员,包括 CESI、复旦大学、中创中间件、长风联盟、IBM、大唐软件、东方通、浪潮、北邮、宝信软件、上海软件行业协会、世纪互联等	《云计算标准研究报告》(征求意见稿)
2	全国信息技术标准化技术委员会 IT 服务标准工作组	开展云计算标准的研究及相关运营、管理标准的研究和制定	IT 服务标准工作组成员	《中国信息技术服务标准(ITSS)白皮书》、《信息技术服务 云计算服务 第 1 部分,通用要求》(草案)
3	中国云计算技术与产业联盟	推动并参与云计算国际、国家或行业标准制定	由中国电子学会发起,中国移动、中国电信、中国联通、联想集团、华为、中兴通讯(南京)业务研究院、IBM、微软、英特尔等 40 家企业及协会	《云计算白皮书》

我国也在积极参与和推动国际云计算标准化相关工作。在今年 SC38 第二次年会上,我国提交的《云计算潜在标准化需求分析》提案得到了 SC38/SGCC 其他国家的认可,相关内容纳入后续研究组报告中。另外,我国还向 JTC1/SC32 提交了互操作性元模型框架,这是数据管理的基础。

我国云计算标准化工作思路:一是建立"政府主导、企业为主、产学研用联合"的工作机制;二是做好标准化需求分析,做好顶层设计;三是按照"急用先行、成熟先上"原则,开展标准制定。

我国拟构建的云计算标准体系建议从基础标准、关键技术及产品标准、测评标准、服务标准和安全标准 5 个方面展开。

（1）基础标准方面：主要对云计算一些基础共性的标准进行制定，包括云计算术语、云计算基本参考模型、云计算标准化指南等。

（2）关键技术及产品标准方面：主要针对云计算中用户最为关心的资源按需供应、数据锁定、分布式海量数据管理、浏览交互等问题，以构建互连互通、高效稳定的云计算环境为目标，对资源层、数据层和应用层等多个层面进行规范。目的在于解决数据层、资源层的互操作性问题。同时还要针对 2011 年专项课题的研究内容。

（3）测评方面：包括产品测试评价规范和绿色数据中心测试评价规范 2 部分。绿色数据中心测试评价规范主要从能源效率指标、IT 设备的能效比、IT 设备的工作温度和湿度范围、机房基础设施的利用率指标等显性测试能耗指标及一些隐性测试能耗指标来评价云数据中心建设。产品测试评价规范主要配合技术标准开展相关云计算产品的测试评价。

（4）服务运营管理方面：重点通过标准化解决云计算服务提供商应具备的条件和能力以及在面向用户提供云计算服务的过程中服务的计量计费、服务审计的问题，最后，为了保障能够提供高质量的服务，需要解决各类云计算平台、数据中心的运维服务问题，以及服务质量评价和服务等级划分等问题。

（5）安全标准方面：重点关注数据的存储安全和传输安全、跨云的身份鉴别、访问控制、安全审计等方面，主要包括云服务安全框架、数据安全指南、云服务安全等级规范、跨云的联合安全等方面的标准。

我国下一步标准化主要是建立云计算标准化工作机制和标准体系；支撑国家布局，开展关键标准研制和标准验证与应用；针对重大专项未来发展，开展新一代搜索引擎、新型网络操作系统、智能海量数据等相关的关键云计算技术标准研究工作。

8.2.3　云计算发展趋势分析

云计算已经成为信息产业新一轮竞争点。不仅诸多国际 IT 巨头已相继布局云计算，一些发达国家也开始制定雄心勃勃的云计算发展规划。

2011 年 2 月，美国发布《联邦云计算战略》，宣布将 2012 年的 800 亿美元联邦 IT 预算中的 25% 投入到云计算领域。

欧盟专家小组在 2010 年初建议欧盟及其成员国为云计算研究与技术开发提供激励，促进云计算应用。

韩国政府则决定，在 2014 年之前向"云计算"领域投入巨资，将韩国企业在全球"云计算"市场中的占有率提高至 10% 。

我国政府在"十二五"规划纲要及《国务院关于加快培育和发展战略性新兴产业的决定》，均把云计算作为新一代信息技术产业的重要部分。

根据 IDC 的预测，全球云计算的市场规模将从 2008 年的 160 亿美元增加到 2012 年的 420 亿美元，占总投入比例也将由 4.2% 上升到 8.5% 。此外，根据预测，2012 年云计算的投入将占 IT 年度投入增长的 25% ，而到 2013 年则会占 30% 以上。著名的市场研究公司 Gartner 预计，到 2012 年，在全球财富 1000 强企业中，80% 会通过不同方式使用云计算服务。美国调研公司 ForresterResearch 最新研究称，2011 年全球云计算市场规模达到 407 亿美元，而 2020 年将增至 2410 亿美元。

一项调查显示,69%的美国因特网用户已经使用过至少1种云计算服务,而使用过2种服务的美国人则占40%。另一项调查显示,在企业市场,接近一半(47%)的企业信息主管已经开始或正在考虑应用云计算。

据《中国云计算产业发展白皮书》预计,2012年中国云计算市场规模可达到606.78亿元。微软CEO史蒂夫·鲍尔默判断,"云计算是未来10年最重要的技术变革"。云计算技术这一新的模式将会给传统的IT产业带来一场巨大的变革,云计算正在成为一种发展趋势。

云计算的发展趋势体现在以下方面:

(1)目前云计算技术总体趋势向开放、互通、融合(安全)、公共计算网方向发展。云计算对大规模的协同计算技术提出了新的要求,通过云计算基础平台将多个业务融合起来,实现虚拟机的互操作、资源的统一调度和更加开放的标准。

(2)构建地域分布的大规模基础设施和新型的云计算应用程序。为了给用户提供更加丰富的体验,实现更多更好数据和计算的自动迁移,要为全部数据创建全球单一的名字空间,解决在耦合被广域网分割的数据副本时所遇到的一致性问题。

(3)资源更加集中。把硬件、软件、平台、应用、服务等一切资源都集成起来,同时提供非常简单的云接口,让用户方便的使用云资源。

(4)应用更趋合理。对于云计算技术的应用,不仅需要利用其促进通信网络技术和业务平台、支撑系统的升级换代,更需要应用其构建提供综合信息服务运营基础设施及支撑能力。

(5)私有云"套餐"持续升温。这样的"私有云套餐"可以帮助企业用户实现"一站式"快速搭建云计算架构,甚至连私有云的使用培训都打包在解决方案之内,这些都可以降低企业用户部署云计算的难度,从而促进云计算走进企业内部。

(6)国内应用引擎继续发展。随着云计算等技术概念的落地,越来越多的应用开发将围绕着应用引擎展开。它让开发者无需投入硬件及运营平台,就可以轻松构建和托管网络应用程序,共享庞大的用户资源及运营模式。

(7)开源虚拟资源管理平台需求看涨。对虚拟基础架构进行管理,实现自动化资源分配回收管理,管理监控等是很值得研究的。随着云计算的进一步发展,开源的虚拟资源管理平台的需求将会有增无减。

(8)云服务提供商将会整合更多创新性的服务。我们将会看到更多的公司根据低价、可扩展基础设施推出大量新服务。当然,这些服务是否会拥有其期待的用户数,就要看服务是否匹配用户的需求及其性价比了。

(9)互操作性和可移植性在提高。云计算时代,用户有必要将互操作性和可移植性重新提到一个新的高度,即"一次编写,随处运行"。

(10)运维管理面临挑战。运营将会遇到3个挑战:第1个挑战是程序的重新设计;第2个挑战是管理动态应用拓扑;第3个挑战是控制公司希望运行的应用规模,因为公司将运行的应用将出现爆炸式增长。

(11)安全性任重道远。云计算时代,用户对云计算的安全性提出了更高的要求,特别是一些数据安全要求比较高的企业。云服务提供商需要提供因为云计算而对用户业务性能造成影响的更详细的服务级别协议(SLA, Service Level Agreement)和经济补偿措施。

8.3　云计算的体系结构

要想知道云计算到底是什么,就得看看这云里边到底包括什么成分以及采用何种体系结构。通常一个软硬件应用系统的体系结构包含从不同角度察看系统所得到的不同视图。我们同样采用这种方式来刻画云计算系统。云内部的成分及其组织方式也将影响到云系统的功能和使用。

8.3.1　云计算机体系

云计算机体系是由多组机群系统和一个类似网络操作系统的用户体验所构成,对于用户操作的响应完全是由云端多组不同用处的机群所处理,而依托浏览器所呈现的网络操作系统只为用户提供一个亲切且丰富的用户体验。下面,我们将从传统计算机体系到云计算机体系做一个比较来进行介绍。

1945 年 6 月 30 日,冯·诺依曼(von Neumann)确立了现代计算机的基本结构,提出计算机应具有 5 个基本组成成分:运算器、控制器、存储器、输入设备和输出设备,描述了这 5 大部分的功能和相互关系,并提出"采用二进制"和"存储程序"这 2 个重要的基本思想。迄今为止,大部分计算机仍基本上遵循冯·诺依曼结构,如图 8 – 2 所示。

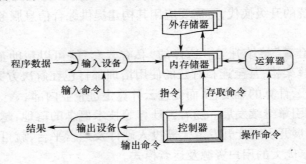

图 8-2　冯·诺依曼体系

云计算机,即云脑,它是基于传统计算机的设计思想和云计算理念而生的一个新的体系结构。在云计算机中具有 6 个组成成分:主服务控制机群、存储节点机群、应用节点机群、计算节点机群、输入设备和输出设备,如图 8 – 3 所示。

(1) 主服务控制机群对应于传统计算机体系结构中的控制器部分。它是由一组或多组主引导服务机群和多组分类控制机群所组成的机群系统。主要负责接收用户应用请求、验证用户合法性,并根据应用请求类型进行应用分类和负载均衡。

(2) 存储节点机群和应用节点机群相当于传统计算机体系结构中的存储器部分,但又有所区别。存储节点机群是由庞大的磁盘阵列系统或多组拥有海量存储能力的机群系统所组成的存储系统,它的责任是处理用户数据资源的存取工作,并不关心用户对这些数据要如何应用,也不会处理存取数据资源和后台安全策略管理以外的任何操作。这里同时提出了一个新的概念——云盘,所谓云盘就是由云端主服务控制机群为云脑用户所分配的、建立在存储节点机群上的存储空间,它虽不是用户本地硬盘,但却完全由用户进行应用和管理,操作机理与本地硬盘一致。应用节点机群则是由一组或多组拥有不同业务

252

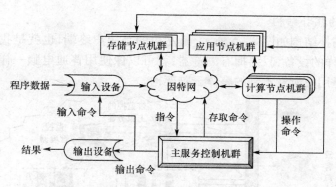

图 8-3　云计算机通用体系

处理逻辑的机群系统所组成的应用系统,它负责存储应用程序和处理各种逻辑复杂的用户应用。这 2 个节点机群是完全按照主服务控制机群的任务控制流程运行的,其本身不能拥有系统流程控制权。

（3）计算节点机群提供类似运算器的功能。对于计算节点机群,它是由多组架构完善的云计算机群所组成,其主要工作是处理超大运算量要求的计算,并不提供小计算量服务。因为机群运算会在多级交互以及计算分配与组装上花费不少时间,所以小计算量运算如在计算节点机群进行处理不但开销大,而且很有可能效率远不如单机运算,可以说得不偿失。这些小计算量运算服务只需在应用节点机群或计算节点机群的某台机器中完成即可。

（4）输入设备、输出设备和当今的个人计算机是没有实质性变化的,毕竟我们还需要依托显示器和键盘、鼠标等人机交互设备才能实现用户体验。

通过这样的体系结构,便可构建出一个云计算机。它将可避免传统计算机所带来的问题,用户只需要交付少量的维护费用,就可以 24h 不间断地使用自己的云脑,完全不用担心计算机维修等一系列问题,这一切都将由云脑提供商的专业团队为您解决。在计算速度上将会让普通用户得到比超级计算机还高的运算能力,在存储容量上永远不会有瓶颈,在应用程序上总可以使用自己想用的程序而不担心到哪里去买、是否正版、安装是不是很难、会不会由于某些问题导致程序不兼容等烦心的问题,当然用户要想享受这些便利是需要付一些费用的。

8.3.2　云计算的组成和拓扑结构

1. 云的组成

云计算系统由许多云计算服务提供商共同组成。从计算机软硬件角度来说,云计算系统是由各类计算机、存储设备、通信设备,以及在这些硬件设备上运行的软件系统构成的。

图 8-4 只是一个极其简化的示意图,表明云系统内部的组成。但是仅从这张图还是看不出云能做什么以及如何做到的。在云计算的环境中,数据大多驻留在因特网某个位置的服务器上,而应用程序则运行于云服务器和用户浏览器上。

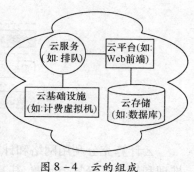

图 8-4　云的组成

253

2. 云计算的拓扑结构

云计算的拓扑结构如图 8-5 所示,最左边的是用户终端,也就是我们所说的云客户端,不论是什么样的设备,只要拥有浏览器,就可以像使用普通电脑一样的使用云脑。在因特网的右边是用户所看不到的整体云脑架构。

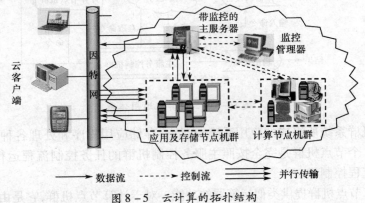

图 8-5　云计算的拓扑结构

在主服务控制机群的地方加入了监控管理服务器,有助于简化系统的复杂度,方便开发。在负载均衡时,只需取出监控管理服务器对各节点的状态监控信息,便可进行应用或存储策略分配。

将应用节点机群和存储节点机群合并为一个应用及存储节点机群有 2 个好处:一是可节省成本和减少硬件资源的浪费;二是整个系统架构在局域网中,并且访问量不大,网络带宽还不会成为系统的瓶颈,这样可以提高网络负载,更容易暴露系统问题,易于测试。

8.3.3　云计算的逻辑架构和系统结构

云计算的主要思路是对网络资源虚拟化构成资源池,进行统一调度和管理。按这个思路,云计算平台可分为 4 个逻辑层次,如图 8-6 所示。最上层是服务层,提供账户管理、服务目录、部署服务和用户报告等;第 3 层是管理层,提供资源管理和负载均衡;第 2 层是虚拟化层,提供硬件虚拟化和应用虚拟化;最底层是包括服务器、网络和存储等在内的资源层。

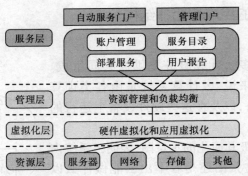

图 8-6　云计算平台逻辑层次

云计算充分利用网络和计算机技术实现资源的共享和服务,解决云进化、云控制、云推理和软计算等复杂问题,其基础架构可以用云计算系统结构来描述。

254

云计算平台是一个强大的"云"网络,连接了大量并发的网络计算和服务,可利用虚拟化技术扩展每一个服务器的能力,将各自的资源通过云计算平台结合起来,提供超级计算和存储能力。通用的云计算系统结构如图8-7所示。

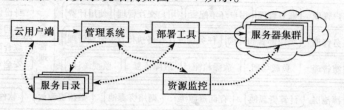

图8-7 云计算系统结构

(1)云用户端:提供云用户请求服务的交互界面,也是用户使用云的入口,用户通过Web浏览器可以注册、登录及定制服务、配置和管理用户。

(2)服务目录:云用户在取得相应权限(付费或其他限制)后可以选择或定制的服务列表,也可以对已有服务进行退订的操作,在云用户端界面生成相应的图标或列表,并以此形式展示相关的服务。

(3)管理系统和部署工具:提供管理和服务,能管理云用户,能对用户授权、认证、登录进行管理,并可以管理可用计算资源和服务,接收用户发送的请求,根据用户请求并转发到相应的程序,调度资源智能地部署资源和应用,动态地部署、配置和回收资源。

(4)资源监控:监控和计量云系统资源的使用情况,以便做出迅速反应,完成节点同步配置、负载均衡配置和资源监控,确保资源能顺利分配给合适的用户。

(5)服务器集群:虚拟的或物理的服务器,由管理系统管理,负责高并发量的用户请求处理、大运算量计算处理、用户Web应用服务,云数据存储时采用相应数据切割算法,且利用并行方式上传和下载大容量数据。

用户可通过云用户端从列表中选择所需的服务,其请求通过管理系统调度相应的资源,并通过部署工具分发请求、配置Web应用。

8.3.4 云计算的技术体系结构

云计算的技术体系结构主要从系统属性和设计思想角度来说明云,是对软硬件资源在云计算技术中所充当角色的说明。按图8-6所示逻辑层次,可用如图8-8所示技术体系结构来构建云计算平台。云计算技术体系结构分为4层:物理资源层、资源池层、管理中间件层和SOA构建层。

(1)物理资源:主要指能支持计算机正常运行的一些硬件设备及技术,可以是价格低廉的PC,也可以是价格昂贵的服务器及磁盘阵列等设备,可以通过现有网络技术和并行技术、分布式技术将分散的计算机组成一个能提供超强功能的集群用于计算和存储等云计算操作。在云计算时代,本地计算机可能不再像传统计算机那样需要空间足够的硬盘、大功率的处理器和大容量的内存,只需要一些必要的硬件设备如网络设备和基本的输入输出设备等。

(2)资源池:指一些可以实现一定操作具有一定功能,将大量相同类型的资源构成同构或接近同构的资源池,如计算资源池、数据资源池等。构建资源池更多是物理资源的集

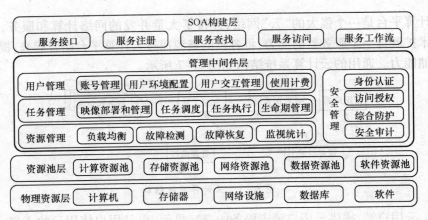

图 8 - 8 云计算的技术体系结构框图

成和管理工作,例如,研究生在标准集装箱的空间如何装下 2000 个服务器,解决散热和故障节点替换的问题并降低能耗。

(3) 管理中间件:在云计算技术中,中间件位于服务和服务器集群之间,负责资源管理、任务管理、用户管理和安全管理等工作。对标识、认证、授权、目录、安全性等服务进行标准化和操作,为应用提供统一的标准化程序接口和协议,隐藏底层硬件、操作系统和网络的异构性,统一管理网络资源。其资源管理负责均衡地使用云资源节点,检测节点的故障并试图恢复或屏蔽之,并对资源的使用情况进行监视统计。任务管理器负责执行用户提交的任务,包括完成用户任务的部署和管理、任务调度、任务执行、任务生命期管理等。用户管理是实现云计算商业模式的一个必不可少的环节,包括提供用户交换接口、管理和识别用户身份、创建用户程序的执行环境、对用户的使用进行计费等。安全管理保障云计算设施的整体安全,包括身份认证、访问授权、综合防护和安全审计等。

(4) SOA 构建:统一规定了在云计算时代使用计算机的各种规范、云计算服务的各种标准等,用户端与云端交互操作的入口,可以完成用户或服务注册,对服务的定制和使用等。

8.3.5 云计算的服务层次结构

在云计算技术体系的支撑下,云计算可以包括以下几个层次的服务:基础架构即服务(IaaS)、平台即服务(PaaS)和软件即服务(SaaS)。不同的云层,提供不同的云服务,其服务层次架构如图 8 - 9 所示。下面对这 3 层的云服务进行逐一详细说明。

1. 基础架构即服务

IaaS 位于云计算 3 层服务的最底端,提供的是基本的计算和存储能力。以计算能力的提供为例,其提供的基本单元就是服务器,包含 CPU、内存、存储、操作系统及一些软件。为了让用户能够定制自己的服务器,需要借助服务器模板技术,即将一定的服务器配置与操作系统和软件进行绑定,并提供定制的功能。服务的供应是一个关键点,它的好坏直接影响到用户的使用效率及 IaaS 系统运行和维护的成本。自动化是一个核心技术,它使得用户对资源使用的请求可以以自行服务的方式完成,无须服务提供者的介入。一个稳定而强大的自动化管理方案可以将服务的边际成本降低为 0,从而保证云计算的规模

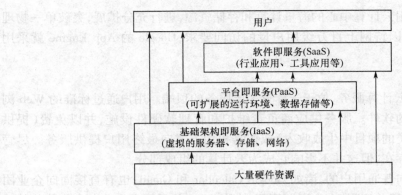

图 8－9　云计算的服务层次结构

化效应得以体现。在自动化的基础上,资源的动态调度得以成为现实。资源动态调度的目的是满足服务水平的要求。比如根据服务器的 CPU 利用率,IaaS 平台自动决定为用户增加新的服务器或存储空间,从而满足事先跟用户订立的服务水平条款。在这里,资源动态调度技术的智能性和可靠性十分关键。此外,虚拟化技术是另外一个关键的技术,它通过物理资源共享来极大提高资源利用率,降低 IaaS 平台成本与用户使用成本;而且,虚拟化技术的动态迁移功能能够带来服务可用性的大幅度提高,这一点对许多用户极具吸引力。具体的例子包括:IBM 为无锡软件园建立的云计算中心以及亚马逊的 EC2。

2. 平台即服务

PaaS 位于云计算 3 层服务的最中间。通常也称为"云计算操作系统"。它提供给终端用户基于因特网的应用开发环境,包括应用编程接口和运行平台等,并且支持应用从创建到运行整个生命周期所需的各种软硬件资源和工具。通常按照用户或登录情况计费。在 PaaS 层面,服务提供商提供的是经过封装的 IT 能力,或者说是一些逻辑的资源,比如数据库、文件系统和应用运行环境等。

通常又可将 PaaS 细分为开发组件即服务和软件平台即服务。前者指的是提供一个开发平台和 API 组件,给开发人员更大的弹性,依不同需求定制化。一般面向的是应用软件开发商或独立开发者,这些应用软件开发商或独立开发者们在 PaaS 厂商提供的在线开发平台上进行开发,从而推出自己的 SaaS 产品或应用。后者指的是提供一个基于云计算模式的软件平台运行环境。让应用软件开发商或独立开发者能够根据负载情况动态提供运行资源,并提供一些支撑应用程序运行的中间件支持。PaaS 平台的典型产品主要有 IBM 的 Rational 开发者云,Saleforce 公司的 Force. com 和 Google 的 Google App Engine 等。

这个层面涉及 2 个核心技术。第 1 个核心技术是基于云的软件开发、测试及运行技术。PaaS 服务主要面向软件开发者,如何让开发者通过网络在云计算环境中编写并运行程序,在以前是一个难题。如今,在网络带宽逐步提高的前提下,2 种技术的出现解决了这个难题。一个是在线开发工具。开发者可通过浏览器、远程控制台(控制台中运行开发工具)等技术直接在远程开发应用,无须在本地安装开发工具。另一个是本地开发工具和云计算的集成技术,即通过本地开发工具将开发好的应用直接部署到云计算环境中去,同时能够进行远程调试。第 2 个核心技术是大规模分布式应用运行环境。它指的是利用大量服务器构建的可扩展的应用中间件、数据库及文件系统。这种应用运行环境可

257

以使应用得以充分利用云计算中心的海量计算和存储资源,进行充分扩展,突破单一物理硬件的资源瓶颈,满足因特网上百万级用户量的访问要求,Google 的 App Engine 就采用了这样的技术。

3. 软件即服务

SaaS 是最常见的云计算服务,位于云计算 3 层服务的顶端。用户通过标准的 Web 浏览器来使用因特网上的软件。服务供应商负责维护和管理软硬件设施,并以免费(提供商可以从网络广告之类的项目中生成收入)或按需租用方式向最终用户提供服务。尽管这个概念之前就已经存在,但这并不影响它成为云计算的组成部分。

这类服务既有面向普通用户的,诸如 Google Calendar 和 Gmail;也有直接面向企业团体的,用以帮助处理工资单流程、人力资源管理、协作、客户关系管理和业务合作伙伴关系管理等。这些产品的常见示例包括:IBM LotusLive,Salesforce. com 和 Sugar CRM 等。这些 SaaS 提供的应用程序减少了客户安装和维护软件的时间和技能等代价,并且可以通过按使用付费的方式来减少软件许可证费用的支出。

在 SaaS 层面,服务提供商提供的是消费者应用或行业应用,直接面向最终消费者和各种企业用户。这一层面主要涉及如下技术:Web 2.0,多租户和虚拟化。Web 2.0 中的 AJAX 等技术的发展使得 Web 应用的易用性越来越高,它把一些桌面应用中的用户体验带给了 Web 用户,从而让人们容易接受从桌面应用到 Web 应用的转变。多租户是指一种软件架构,在这种架构下,软件的单个实例可以服务于多个客户组织(租户),客户之间共享一套硬件和软件架构。它可以大大降低每个客户的资源消耗,降低客户成本。虚拟化也是 SaaS 层的一项重要技术,与多租户技术不同,它可以支持多个客户共享硬件基础架构,但不共享软件架构,这与 IaaS 中的虚拟化是相同的。

以上的 3 层,每层都有相应的技术支持提供该层的服务,具有云计算的特征,比如弹性伸缩和自动部署等。每层云服务可以独立成云,也可以基于下面层次的云提供的服务。每种云可以直接提供给最终用户使用,也可以只用来支撑上层的服务。

8.3.6　云计算中的网络层次结构

云计算的基础架构主要包含计算(服务器)、网络和存储。对于网络,从云计算整个生态环境上来说,可以分为 3 个层面,数据中心网络、跨数据中心网络以及泛在的云接入网络,如图 8 - 10 所示。云计算网络通过各层的操作系统软件(OSS, Operating System Software)对这 3 个层面进行资源管理。

数据中心网络包括连接主机、存储和 4 到 7 层服务器(如防火墙、负载均衡、应用服务器、入侵检测系统(IDS, Intrusion Detection System)/信息保护系统(IPS, Information Protection System)等)的数据中心局域网,以及边缘虚拟网络,即主机虚拟化之后,虚拟机之间的多虚拟网络交换网络,包括分布式虚拟交换机、虚拟桥接和 I/O 虚拟化等。跨数据中心网络用于数据中心间的网络连接,实现数据中心间的数据备份、数据迁移、多数据中心间的资源优化以及多数据中心混合业务提供等。泛在的云接入网络用于数据中心与终端用户互联,为公众用户或企业用户提供云服务。

从网络虚拟化的角度,可以分为纵向网络分割和横向网络整合 2 种场景。纵向网络分割,即 1: N 的网络虚拟化,例如 VLAN、MPLS、虚拟专用网(VPN, Virtual Private Network)

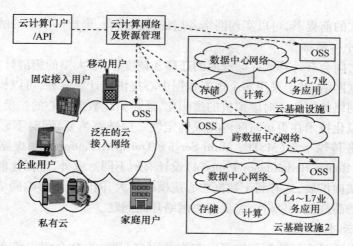

图 8-10 云计算中网络层次结构

技术,主要用于隔离用户流量,提高安全性,以及用户通过自定义控制策略实现个性化的控制,便于增值业务出租。横向网络虚拟化整合,即 $N:1$ 网络虚拟化,是通过路由器集群技术和交换机堆叠技术将多台物理机合并成一台虚拟机。实现跨设备链路聚合,简化网络拓扑结构,便于管理维护和配置,消除"网络环路",增强网络的可靠性,提高链路利用率。

1. 数据中心网络

数据中心是整个云计算的核心,随着云计算的发展,传统的数据中心逐渐转向虚拟化数据中心(VDC,Virtual Data Center)。VDC 是利用虚拟化技术将物理资源抽象整合,增强服务能力;通过动态资源分配和调度,提高资源利用率和服务可靠性;通过提供自动化的服务开通能力,降低运维成本;通过有效的安全机制和可靠性机制,满足公众客户和企业客户的安全需求。由于云计算技术的使用,使得传统的数据中心网络不能满足虚拟数据中心网络高速、扁平、虚拟化的要求。

首先,目前传统的数据中心由于多种技术和业务之间的孤立性,使得数据中心网络结构复杂,存在相对独立的 3 张网,包括数据网、存储网和高性能计算网,和多个对外 IO 接口:数据中心的前端访问接口通常采用以太网进行互联而成,构成高速的数据网络;数据中心后端的存储则多采用 NAS、光纤通道(FC,Fibre Channel) SAN 等接口;服务器的并行计算和高性能计算则需要低延迟接口和架构,如 infiniband 接口。以上这些问题,导致了服务器之间存在操作系统和上层软件异构、接口与数据格式不统一。

其次,数据中心内网络传输效率低。由于云计算技术的使用,使得虚拟数据中心中业务的集中度、服务的客户数量远超过传统的数据中心,因此对网络的高带宽、低拥塞提出更高的要求。一方面,传统数据中心中大量使用的 L2 层网络产生的拥塞和丢包,需要 L3 层以上协议来保证重传,效率低;另一方面,二层以太网网络采用生成树协议来保持数据包在互联的交换机回路中传递,也会产生大量冗余。

因此在使用云计算后,数据中心的网络需要解决数据中心内部的数据同步传送的大流量、备份大流量、虚拟机迁移大流量问题。同时,还需要采用统一的交换网络减少布线、维护工作量和扩容成本。引入虚拟化技术之后,在不改变传统数据中心网络设计的物理

259

拓扑和布线方式的前提下,可以实现网络各层的横向整合,形成一个统一的交换架构。

2. 跨数据中心网络

数据中心之间会有计算或存储资源的迁移和调度,对于大型的集群计算,可以构建大范围的二层互联网络,对于采用多个虚拟数据中心提供云计算服务,可以构建路由网络连接。采用二层网络的好处是对虚拟机的透明化,通过简化数据中心的二层互联设计,就可以利用网络虚拟化技术在更短时间内完成确定性二层链路恢复,同时不影响 L3 链路,这与传统的多业务传输平台(MSTP, Multi-Service Transport Platform)+ 虚路由器冗余协议(VRRP, Virtual Router Redundancy Protocol)设计有所不同。此外,虚拟化能够在跨数据中心网络各层间横向扩展,这有利于数据中心规模的扩大,同时又不影响网络管理拓扑。但为了保证网络的高性能、可靠性,需要解决网络环路问题。

3. 泛在的云接入网络

云计算中心通过广域数据传输平台与终端用户互联,为公众用户或企业内部用户提供云服务。由于使用云服务的终端用户数量大、分布广泛、接入方式多种多样,因此承载云计算的数据传输网络需要具备以下特性。

(1)高可用性。在云计算中,终端的复杂性将会更加精简,对设备要求降到最低,如瘦终端、哑终端等,因此泛在的云接入网络要为终端用户提供更可靠、更安全的数据存储中心保证。

(2)无缝接入。泛在的云接入网络必须能够兼容多种终端、多种接入方式,使得更多的用户使用云计算服务,最大限度扩展云计算服务的提供范围,使得用户可以通过“任何终端、任何位置、任何方式”获取云计算服务。

(3)可扩展性。随着云计算的开展,泛在的云接入网络必须具备可扩展性,能够方便的接入新的云计算中心、新的用户终端,并可以快速提供服务。

(4)高安全性。利用虚拟化技术在物理网络上划分出多个逻辑独立的子网络,网络之间有一定的隔离性、独立性,各客户的信息完全隔离,让使用云计算服务的用户尽可能的安全使用网络。

8.3.7 云计算服务交易市场系统模型

企业采用云计算来改善其服务的可伸缩性以解决突发事件的资源需求,但当前云服务商的专用接口和贫乏的资源定价策略限制了客户在多个服务商之间的迁移。云计算要走向成熟,服务必须遵循标准的接口,这样服务就可以被商品化,从而为建立支持服务交易市场的基础设施铺平了道路。在云计算市场中,服务消费者希望在费用最小化的同时满足 QoS,而服务提供商则希望投资回报最大化的同时保持客户,这就需要研究资源价值的表示、转换、强化等相关的机制、工具和技术。基于现实市场交易的云计算服务市场系统模型如图 8-11 所示。

其中,市场目录方便参与者定位供应商或消费者已获得供需信息,拍卖商定期更新从市场参与者收到的买入价和卖出价,银行系统保证参与方达成一致的金融交易能够顺利进行。

中间商的作用与现实世界的市场中一致,他们在供应商和消费者之间起着中介者的作用,即从供应商处购买计算(服务)能力,然后转租给消费者。消费者、中间商和供应商

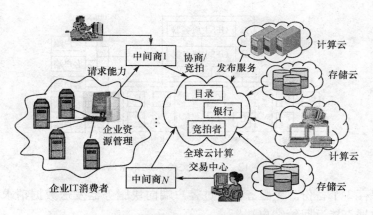

图 8-11 进行服务交易的全球云交易和市场基础设施

之间受制于 SLA,SLA 规定了经各方同意的所提供服务的量化细节以及违背时的罚则。这样的市场机制能够在不同的云之间架起桥梁,允许消费者通过事先签订 SLA 或当场购买能力来选择能满足其需求的供应商。供应商的定价机制能够根据市场状况、用户需求以及当前的资源利用率水平等为资源进行定价。供应商的采纳控制机制可以选择采用拍卖或通过中间商进行协商,协商过程最终达成 SLA 或放弃。中间商通过差价获利,因而中间商可以选择客户以及供应商。而消费者的需求则包括截至日期、结果的准确性、运行时间以及有限的预算等。对于企业消费者而言,可以把其有限的 IT 资源部署到云上。这样企业计算就可以采用这些资源作保障,也可以租用其他供应商的资源作为应用扩展。

将计算资源纳入效用市场机制的想法由来已久。许多研究项目涉及基于虚拟机(VM,Virtual Machine)的按时间片进行资源分配的交易机制,上面介绍的资源中间商则可以实现和资源供应商进行协商的能力。墨尔本大学的云计算实验室在原来开发企业网格的基础上实现了一个面向市场的云平台 Aneka,它是一个基于网络的面向服务资源管理平台,实现了云计算模式的许多特性。

8.3.8 主要云计算平台及其体系结构

目前,Amazon、Google、IBM、Microsoft、Sun 等公司提出的云计算基础设施或云计算平台,虽然比较商业化,但对于研究云计算却是比较有参考价值的。当然,针对目前商业云计算解决方案存在的种种问题,开源组织和学术界也纷纷提出了许多云计算系统或平台方案。

1. Google 的云计算基础设施

Google 的云计算基础设施是在最初为搜索应用提供服务基础上逐步扩展的,主要由 Google 文件系统(GFS,Google File System)、大规模分布式数据库 BigTable、程序设计模式 MapReduce、分布式锁机制 Chubby 等几个相互独立又紧密结合的系统组成。GFS 是一个分布式文件系统,能够处理大规模的分布式数据,图 8-12 所示为 GFS 的体系结构。系统中每个 GFS 集群由一个主服务器(Master)和多个块服务器(Chunk Server)组成,被多个客户端(Client)访问。主服务器负责管理元数据,存储文件和块的名空间、文件到块之间的映射关系以及每一个块副本的存储位置;块服务器存储块数据,文件被分割成为固定尺寸(64MB)的块,块服务器把块作为 Linux 文件保存在本地硬盘上。为了保证可靠性,每

261

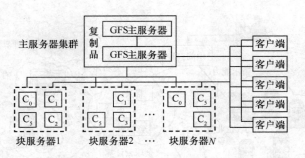

图 8-12　Google 文件系统体系结构

个块被默认保存 3 个备份。主服务器通过客户端向块服务器发送数据请求,而块服务器则将取得的数据直接返回给客户端。

2. IBM"蓝云"计算平台

IBM 的"蓝云"(Blue Cloud)计算平台是由一个数据中心、IBM Tivoli 监控软件、IBM DB2 数据库、IBM Tivoli 部署管理软件、IBM WebSphere 应用服务器,以及开源虚拟化软件和一些开源信息处理软件共同组成,如图 8-13 所示。"蓝云"采用了 Xen、PowerVM 虚拟技术和 Hadoop 技术,以期帮助客户构建云计算环境。"蓝云"软件平台的特点主要体现在虚拟机以及所采用的大规模数据处理软件 Hadoop。该体系结构图侧重于云计算平台的核心后端,未涉及用户界面。由于该架构是完全基于 IBM 公司的产品设计的,所以也可以理解为"蓝云"产品架构。

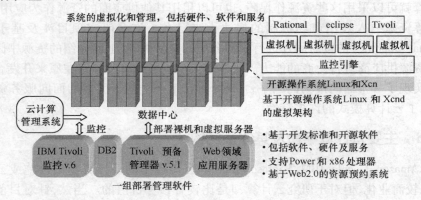

图 8-13　IBM"蓝云"体系结构

3. Sun 的云基础设施

Sun 提出的云基础设施体系结构包括服务、应用程序、中间件、操作系统、虚拟服务器、物理服务器等 6 个层次,如图 8-14 所示,形象地体现了其提出的"云计算可描述在从硬件到应用程序的任何传统层级提供的服务"的观点。

4. 微软的 Azure 云平台

微软的 Azure 云平台包括 4 个层次,如图 8-15 所示。底层是微软全球基础服务系统(GFS,Global Foundation Services),由遍布全球的第四代数据中心构成;云基础设施服务层以 Windows Azure 操作系统为核心,主要从事虚拟化计算资源管理和智能化任务分配;Windows Azure 之上是一个应用服务平台,它发挥着构件的作用,为用户提供一系列的

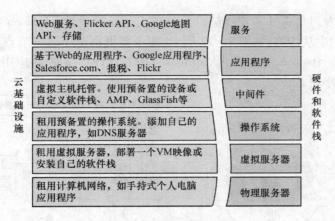

图 8-14　Sun 的云计算平台

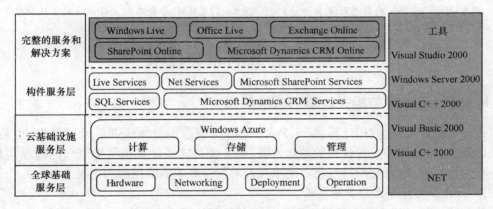

图 8-15　微软的 Windows Azure 云平台架构

服务,如 Live 服务、NET 服务、SQL 服务等;再往上是微软提供给开发者的 API、数据结构和程序库,最上层是微软为客户提供的服务,如 Windows Live、Office Live、Exchange Online 等。

5. Amazon 的弹性计算云

Amazon 是最早提供云计算服务的公司之一,该公司的 EC2 平台建立在公司内部的大规模计算机、服务器集群上。平台为用户提供网络界面操作在"云端"运行的各个虚拟机实例。用户只需为自己所使用的计算平台实例付费,运行结束后计费也随之结束。

弹性计算云用户使用客户端通过 SOAP Over HTTP 协议与 Amazon 弹性计算云内部的实例进行交互,如图 8-16 所示。弹性计算云平台为用户或者开发人员提供了一个虚拟的集群环境,在用户具有充分灵活性的同时,也减轻了云计算平台拥有者(Amazon 公司)的管理负担。弹性计算云中的每一个实例代表一个运行中的虚拟机。用户对自己的虚拟机具有完整的访问权限,包括针对此虚拟机操作系统的管理员权限。虚拟机的收费也是根据虚拟机的能力进行费用计算的,实际上,用户租用的是虚拟的计算能力。

6. 开源云计算平台

Hadoop 由于得到 Yahoo 和 Amazon 等公司的直接参与和支持,已成为目前应用最广、最成熟的云计算开源项目。Hadoop 本来是 Apache Lucene 的一个子项目,是从 Nutch 项目中分离出来的专门负责分布式存储以及分布式运算的项目。Hadoop 实现了一种分布式文件系统,采用主从构架,如图 8-17 所示,每个集群由 1 个名字节点、多个数据节点、多个客户端组成。Hadoop 还实现了 MapReduce 分布式计算模型,将应用程序的工作分解成很多小的工作小块。

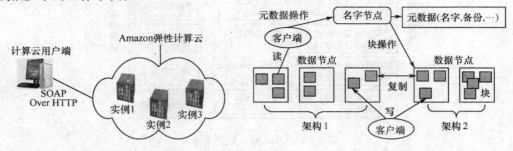

图 8-16　Amazon 的弹性计算云　　　　图 8-17　Hadoop 分布式文件系统的主从构架

8.4　云计算的相关技术

8.4.1　云计算与相关计算形式的关系

云计算是虚拟化、效用计算、IaaS、PaaS、SaaS 等概念混合演进并跃升的结果,也是分布式计算、网格计算和并行计算的最新发展,或者说是这些计算机科学概念的商业实现。区分相关计算形式间的差异性,将有助于我们对云计算本质的理解和把握。

1. 云计算与分布式计算的关系

分布式计算是指在一个松散或严格约束条件下使用一个分布式系统处理任务。这个系统包含多个处理器单元或存储单元、多个并发的过程、多个程序。一个程序被分成多个部分,同时在通过网络连接起来的许多计算机上运行。这些计算机互相协作,共同完成一个目标或者计算任务,最后把计算结果综合起来得到最终的结果。

分布式计算类似于并行计算,但并行计算通常用于指一个程序的多个部分同时运行于某台计算机上的多个处理器上。所以,分布式计算通常必须处理异构环境、多样化的网络连接、不可预知的网络或计算机错误。

很显然,云计算属于分布式计算的范畴,是以提供对外服务为导向的分布式计算形式。云计算把应用和系统建立在大规模的廉价服务器集群之上,通过基础设施与上层应用程序的协同构建以达到最大效率利用硬件资源的目的,以及通过软件的方法容忍多个节点的错误,达到了分布式计算系统可扩展性和可靠性 2 个方面的目标。

2. 云计算与网格计算的关系

网格是一个集成的计算与资源环境和基础设施,它把地理上广泛分布的高速互联网、高性能计算机、传感器、远程设备、存储资源、网络资源、软件资源、信息资源等连成一个逻辑整体,然后像一台超级计算机一样为用户提供一体化的信息应用服务,达到计算、数据、存储、信息和知识资源的共享、互通与互用,消除资源孤岛,以较低成本获得高性能。网格形式多种多样,如计算网格、信息网格、数据网格、科学网格、存取网格、服务网格、知识网格等。

264

网格计算是高性能的协同计算,它将部分处于不同地域的自愿参加的计算机组织起来,统一调度,利用闲散的计算资源,组成一台虚拟的超级计算机,形成超级计算能力,以此解决复杂的科学计算问题。其内容涉及到资源的网格化、协调性以及融合性。通过网格计算的1个虚拟平台,可以根据需要重新分配计算机资源,能够可靠、一致和代价较低地使用高层计算能力。网格计算又是以元数据、构件框架、智能体、网格公共信息协议和网格计算协议为主要突破点对网格计算进行的研究。

比较一下网格计算和云计算,很难说云计算和网格计算有什么本质的区别,它们的目标都是以因特网为中心,提供安全、快速、便捷的数据存储和网络计算服务。

但从目前一些成熟的云计算实例来看,两者又有很大的差异。相形之下,网格计算更强调资源共享,强调将工作量转移到远程的可用计算资源上。任何人都可以作为请求者使用其他节点的资源,任何人都需要贡献一定资源给其他节点。而云计算则强调专有,任何人都可以获取自己的专有资源,这些资源是由少数团体提供的,用户不需要贡献自己的资源。网格计算完成特定的任务,云计算则完成多样化服务。此外,云计算更强调其运行的商业模式,即用多少付多少费用。表现为需求驱动、用户主导、按需服务、即用即付、用完即散。

网格计算是一个由多机构组成的虚拟组织,多个机构的不同服务器构成一个虚拟组织,为用户提供一个强大的计算资源;而云计算主要运用虚拟机(虚拟服务器)进行聚合而形成的同质服务,更强调在某个机构内部的分布式计算资源的共享。在网格环境下无法将庞大的计算处理程序分拆成无数个较小的子程序在多个机构提供的资源之间进行处理,而在云计算环境下由于确保了用户运行环境所需的资源,将用户提交的一个处理程序分解成较小的子程序在不同的资源上进行处理就成为可能。在商业模式、作业调度、资源分配方式、是否提供服务及其形式等方面,两者差异还是比较明显的。

网格与云计算的一些关键特性的比较如表8-7所列。

表8-7 网格计算与云计算的关键特性比较

特 性	网 格 计 算	云 计 算
资源节点	高性能计算机	服务器/PC
计算类型	紧耦合问题、并行计算为主	松耦合问题、群体计算为主
应用类型	科学界以科学计算为主	商业社会以数据处理为主
目标	共享高性能计算力和数据资源,实现资源共享和协同工作	提供通用的计算平台和存储空间,提供各种软件服务
任务类型	完成一次性特定任务:要完成的任务是预先设定的	完成持久性多样化任务:提供计算、存储等资源,用户利用云计算按需聚合、柔性重组,获取持久、个性化服务
规模(台)	1000	100～1000
点操作系统	主要是 Unix	虚拟机上运行多个操作系统
网络/速度	通常因特网,高时延低带宽	专用高端网络,低时延高带宽
交互方式	确定的交互:按规定要求和程序输入/输出,人不主动参与	人机交互、群体智能:大众参与的计算,包括不确定性、软计算、相互沟通交流
安全/隐私	基于公钥/私钥的用户帐户的认证和映射,有限的隐私支持	每个用户/应用程序都配有一个虚拟机,高级别的安全/隐私保障,支持文件级访问控制列表

特 性	网 格 计 算	云 计 算
用户管理	分散,基于虚拟组织	集中,也可以委托第三方
资源管理	分布	集中/分布
分配/调度	非集中	集中/非集中
标准/互操作	某些开放网格论坛标准	Web 服务(SOAP、REST)
能力	可变,但是很高	按需供给
失效管理(自愈合)	有限(通常重启任务/应用程序)	很好支持失效转移和内容复制,VM 可以很容易实现从一个节点迁移到另一个节点
服务定价	主要是内部定价	效用定价机制,大客户可以有折扣
互联	有限	有潜力,第三方解决方案供应商可以把不同云的服务进行松耦合
应用驱动	科学、高吞吐、协作计算应用	动态供给的、传统的,以及 Web 应用,内容分发
构建第三方增值服务	有限,主要面向科学计算	有潜力,通过动态供给计算、存储、应用服务来创建新服务,并作为独立的或组合云服务提供给用户

3. 云计算与并行计算的关系

简单而言,并行计算就是在并行计算机上所做的计算,它与常说的高性能计算、超级计算是同义词,因为任何高性能计算和超级计算总离不开并行技术。并行计算是在串行计算的基础上演变而来,它努力仿真自然世界中,一个序列中含有众多同时发生的、复杂且相关事件的事务状态。近年来,随着硬件技术和新型应用的不断发展,并行计算也有了若干新的发展,如多核体系结构、云计算、个人高性能计算机等。所以,云计算是并行计算的一种形式,也属于高性能计算、超级计算的形式之一。作为并行计算的最新发展计算模式,云计算意味着对于服务器端的并行计算要求的增强,因为数以万计用户的应用都是通过因特网在云端来实现的,它在带来用户工作方式和商业模式的根本性改变的同时,也对大规模并行计算的技术提出了新的要求。

4. 云计算与效用计算的关系

效用计算是一种基于计算资源使用量付费的商业模式,用户从计算资源供应商获取和使用计算资源并基于实际使用的资源付费。在效用计算中,计算资源被看作一种计量服务,就像更传统的水、电、煤气等公共设施一样。传统企业数据中心的资源利用率普遍在 20% 左右,这主要是因为超额部署——购买比平均所需资源更多的硬件以便处理峰值负载。效用计算允许用户只为他们所需要用到并且已经用到的那部分资源付费。云计算以服务的形式提供计算、存储、应用资源的思想与效用计算非常类似。两者的区别不在于这些思想背后的目标,而在于组合到一起且使这些思想成为现实的现有技术。云计算是以虚拟化技术为基础的,提供最大限度的灵活性和可伸缩性。云计算服务提供商可以轻松地扩展虚拟环境,以通过提供者的虚拟基础设施提供更大的带宽或计算资源。效用计算通常需要类似云计算基础设施的支持,但并不是一定需要。同样,在云计算之上可以提供效用计算,也可以不采用效用计算。

5. 云计算与面向服务的架构的关系

面向服务的架构 SOA 将企业信息技术领域分为无关联的和松散耦合的功能单元,并将这些功能单元称为服务。相对于过去的单一应用程序而言,这些服务实施了单一的行为,可能被许多不同的业务应用所使用。

然后通过有序地、有选择地或反复地使用这些服务模块,从而协同实现一个特定的业务目标。这种方式的最大优点之一就是能最大限度地重复使用这些功能模块,从而减少建设新应用程序或修改现有程序所花的时间。

在这一点上,云计算和 SOA 之间有着高度的一致性。采用 SOA 的企业能够更好地利用云计算的作用。云计算也能进一步驱动对 SOA 的关注。

但是,这两者仍然是彼此独立的概念。思考它们之间关系的最好方法是把面向服务架构看成一种架构,自然而然地是不依赖于任何一种技术本身而存在的。云计算可以是实施 SOA 设计的一种方式。

8.4.2 云计算的核心技术

云计算系统运用了许多技术,其中以编程模型、数据管理技术、数据存储技术、虚拟化技术、云计算平台管理技术最为关键。

1. 编程模型

为了使用户能更轻松地享受云计算带来的服务,云计算上的编程模型必须十分简单和透明。MapReduce 是 Google 开发的 Java、Python、C + + 编程模型,它是一种简化的分布式编程模型和高效的任务调度模型,用于大规模数据集(大于 1TB)的并行运算。严格的编程模型使云计算环境下的编程十分简单。MapReduce 模式的思想是将要执行的问题分解成 Map(映射)和 Reduce(化简)的方式,先通过 Map 程序将数据切割成不相关的区块,分配(调度)给大量计算机处理,达到分布式运算的效果,再通过 Reduce 程序将结果汇总输出。

云计算大部分采用 MapReduce 的编程模式,或者是基于 MapReduce 的思想开发的编程工具。同时 MapReduce 也是一种高效的任务调度模型。MapReduce 编程模式仅适用于编写任务内部松耦合、能够高度并行化的程序。如何改进该编程模式,使程序员能够轻松地编写紧耦合的程序,运行时能高效地调度和执行任务,是 MapReduce 编程模型未来的发展方向。MapReduce 是一种处理和产生大规模数据集的编程模型,程序员在 Map 函数中指定对各分块数据的处理过程,在 Reduce 函数中指定如何对分块数据处理的中间结果进行归约。用户只需要指定 Map 和 Reduce 函数来编写分布式的并行程序。当在集群上运行 MapReduce 程序时,程序员不需要关心如何将输入的数据分块、分配和调度,同时系统还将处理集群内节点失败以及节点间通信的管理等。图 8 - 18 所示为一个 MapReduce 程序的具体执行过程。

从图 8 - 18 可以看出,执行一个 MapReduce 程序需要 5 个步骤:输入文件、将文件分配给多个工作机并行地执行、本地写入中间文件、多个简化工作机同时运行、输出最终结果。本地写中间文件在减少了对网络带宽的压力的同时减少了写中间文件的时间耗费。执行 Reduce 时,根据从 Master 获得的中间文件位置信息,Reduce 使用远程过程调用,从中间文件所在节点读取所需的数据。MapReduce 模型具有很强的容错性,当工作机节点出现错误时,只需要将该工作机节点屏蔽在系统外等待修复,并将该工作机上执行的程序迁移到其他工作机上重新执行,同时将该迁移信息通过 Master 发送给需要该节点处理结

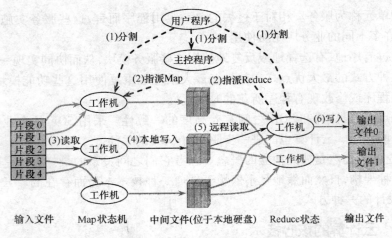

图 8 - 18 MapReduce 程序的具体执行过程

果的节点。MapReduce 使用检查点的方式来处理 Master 出错失败的问题,当 Master 出现错误时,可以根据最近的一个检查点重新选择一个节点作为 Master 并由此检查点位置继续运行。

MapReduce 作为一种较为流行的云计算编程模型,在云计算系统中应用广泛。但是基于它的开发工具 Hadoop 并不完善。特别是其调度算法过于简单,判断需要进行推测执行的任务的算法造成过多任务需要推测执行,降低了整个系统的性能。改进 MapReduce 的开发工具,包括任务调度器、底层数据存储系统、输入数据切分、监控"云"系统等方面是将来一段时间的主要发展方向。另外,将 MapReduce 的思想运用在云计算以外的其他方面也是一个流行的研究方向。

2. 海量数据分布存储技术

云计算系统由大量服务器组成,同时为大量用户服务,因此云计算系统采用分布式存储的方式存储数据,用冗余存储的方式保证数据的可靠性,即为同一份数据存储多个副本。

云计算系统中广泛使用的数据存储系统是 Google 的 GFS 和 Hadoop 团队开发的 GFS 的开源实现 Hadoop 分布式文件系统(HDFS,Hadoop Distributed File System)。GFS 用于大型的、分布式的、对大量数据进行访问的应用。GFS 的设计思想不同于传统的文件系统,是针对大规模数据处理和 Google 应用特性而设计的。它运行于廉价的普通硬件上,但可以提供容错功能。它可以给大量的用户提供总体性能较高的服务。GFS 和普通的分布式文件系统的区别如表 8 - 8 所列。

表 8 - 8 GFS 与传统分布式文件系统的区别

文 件 系 统	组件失败管理	文件大小	数据写方式	数据流和控制流
GFS	不作为异常处理	少量大文件	在文件末尾附加数据	数据流和控制流分开
传统分布式文件系统	作为异常处理	大量小文件	修改现存数据	数据流和控制流结合

一个 GFS 集群由一个主服务器和大量的块服务器构成,并被许多客户访问。主服务器存储文件系统所有的元数据,包括名字空间、访问控制信息、从文件到块的映射以及块的当前位置等。它也控制系统范围的活动,如块租约管理,孤儿块的垃圾收集,块服务器

268

间的块迁移。主服务器定期通过 HeartBeat 消息与每一个块服务器通信,给块服务器传递指令并收集它的状态。GFS 中的文件被切分为 64MB 的块并以冗余存储,每份数据在系统中保存 3 个以上备份。客户与主服务器的交换只限于对元数据的操作,所有数据方面的通信都直接和块服务器联系,这大大提高了系统的效率,防止主服务器负载过重。

客户端不通过主服务器读取数据,避免了大量读操作使主服务器成为系统瓶颈。客户端从主服务器获取目标数据块的位置信息后,直接和块服务器交互进行读操作。GFS 的写操作将写操作控制信号和数据流分开,如图 8-19 所示。

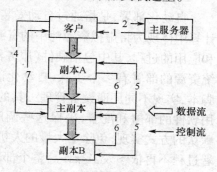

图 8-19   写控制信号和写数据流

即客户端在获取主服务器的写授权后,将数据传输给所有的数据副本,在所有的数据副本都收到修改的数据后,客户端才发出写请求控制信号。在所有的数据副本更新完数据后,由主副本向客户端发出写操作完成控制信号。当然,云计算的数据存储技术并不仅仅只是 GFS,其他 IT 厂商包括微软、Hadoop 开发团队也在开发相应的数据管理工具。其本质上是一种分布式的数据存储技术,以及与之相关的虚拟化技术,对上层屏蔽具体的物理存储器的位置、信息等。快速的数据定位、数据安全性、数据可靠性以及底层设备内存储数据量的均衡等方面都需要继续研究完善。

3. 海量数据管理技术

云计算需要对分布的、海量的数据进行处理、分析,因此,数据管理技术必需能够高效地管理大量的数据。云计算系统中的数据管理技术主要是 Google 的大表格(BT, Big-Table)数据管理技术和 Hadoop 团队开发的开源数据管理模块 HBase。

BT 是建立在 GFS、Scheduler、Lock Service 和 MapReduce 之上的一个大型的分布式数据库,与传统的关系数据库不同,它把所有数据都作为对象来处理,形成一个巨大的表格,用来分布存储大规模结构化数据。

云计算的特点是对海量的数据存储、读取后进行大量的分析,数据的读操作频率远大于数据的更新频率,云中的数据管理是一种读优化的数据管理。因此,云系统的数据管理往往采用数据库领域中列存储的数据管理模式,将表按列划分后存储。

云计算的数据管理技术中最著名的是谷歌提出的 BT 数据管理技术。BT 是一种为了管理结构化数据而设计的分布式存储系统,这些数据可以扩展到非常大的规模,例如在数千台商用服务器上达到 PB(Peta Bytes)规模的数据。

BT 对数据读操作进行优化,其中的数据项按照行关键字的字典序排列,每行动态地划分到记录板中。每个节点管理大约 100 个记录板。时间戳是一个 64 位的整数,表示数据的不同版本。列族是若干列的集合,BT 中的存取权限控制在列族的粒度进行。

BT 在执行时需要 3 个主要的组件:链接到每个客户端的库、一个主服务器、多个记录板服务器。主服务器用于分配记录板到记录板服务器以及负载平衡、垃圾回收等。记录板服务器用于直接管理一组记录板,处理读写请求等。

4. 云计算平台管理技术

云计算资源规模庞大,服务器数量众多并分布在不同的地点,同时运行着数百种应用,如何有效地管理这些服务器,保证整个系统提供不间断的服务是巨大的挑战。云计算系统的平台管理技术能够使大量的服务器协同工作,方便地进行业务部署和开通,快速发现和恢复系统故障,通过自动化、智能化的手段实现大规模系统的可靠运营。

5. 自动化部署

自动化部署,是指通过自动安装和部署,将计算资源从原始状态变为可用状态。在云计算中体现为将虚拟资源池中的资源进行划分、安装和部署成可以为用户提供各种服务和应用的过程,其中包括硬件(服务器)、软件(用户需要的软件和配置)、网络和存储。系统资源的部署有多个步骤,自动化部署通过调用脚本,实现不同厂商设备管理工具的自动配置、应用软件的部署和配置,确保这些调用过程可以以默认的方式实现,免除了大量的人机交互,使得部署过程不再依赖人工操作。整个部署过程基于工作流来实现,如图 8 - 20 所示。

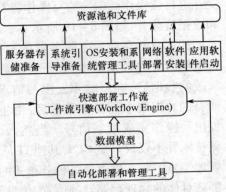

图 8 - 20 自动化部署方案构架

其中,工作流引擎和数据模型是在自动化部署管理工具中涉及的功能模块,通过将具体的软硬件甚至逻辑概念定义在数据模型中,管理工具可以标识并在工作流中调度这些资源,实现分类管理。工作流引擎是调用和触发工作流实现部署自动化的核心机制,自动将不同种类的脚本流程整合在一个集中、可重复使用的工作流数据库中。这些工作流可以自动完成原来需要手工完成的服务器、操作系统、中间件、应用程序、存储器和网络设备的配置任务。

6. 资源监控

云计算通常具有大量服务器,并且资源是动态变化的,需要及时、准确、动态的资源信息。资源监控可以为“云”对资源的动态部署提供依据,并有效监控资源的使用情况和负载情况。资源监控是实现“云”资源管理的一个重要环节,它可提供对系统资源的实时监控,并为其他子系统提供系统性能信息,以便更好地完成系统资源的分配。云计算通过一个监视服务器监控和管理计算资源池中的所有资源,并通过在云中的各个服务器上部署代理程序,配置并监视各资源服务器,定期将资源使用信息数据传送至数据仓库,监视服务器数据仓库中“云”资源的使用情况,对数据进行分析及跟踪资源的可用性,为排除故障和均衡资源提供信息。

7. 云存储

云存储是在云计算概念上延伸和发展出来的一个新的概念,是指通过集群应用、网格技术或分布式文件系统等功能,将网络中大量各种不同类型的存储设备通过应用软件集合起来协同工作,共同对外提供数据存储和业务访问功能的一个系统。云存储的核心是应用软件与存储设备相结合,通过应用软件来实现存储设备向存储服务的转变。

云存储结构模型由存储层、基础管理层、应用接口层和访问层 4 层组成,如图 8 - 21 所示。

存储层由存储设备和统一存储设备管理系统构成。存储设备可以是 FC 存储设备、NAS 和因特网小型计算机系统接口(ISCSI,Internet SCSI)等 IP 存储设备,也可以是小型

270

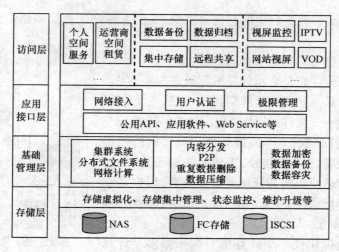

图 8-21　云存储的结构模型

计算机系统接口(SCSI,Small Computer System Interface)或服务器附加存储(SAS,Server Attached Storage)等 DAS 存储设备。数量庞大的云存储设备分布在不同地域,彼此之间通过广域网、因特网或者 FC 连接。各存储设备上都安装有统一的存储设备管理系统,可以实现存储设备的逻辑虚拟化管理、集中管理、多链路冗余管理以及硬件设备的状态监控和维护升级等。

基础管理层是云存储最核心的部分,实现云存储中多个存储设备之间的协同工作。应用接口层通过集群系统、分布式文件系统和网格计算等技术,实现云存储中多个存储设备之间的协同工作,使多个存储设备可以对外提供同一种服务,并提供更大、更强、更好的数据访问性能。

应用接口层可由用户开发不同的应用服务接口,提供不同的应用服务。任何一个授权用户通过网络接入、用户认证和权限管理接口的方式来登录云存储系统,都可以享受云存储服务。

访问层提供的服务包括:个人空间租赁服务、运营商空间租赁服务、数据远程容灾和远程备份、视频监控应用平台、IPTV 和视频点播(VOD,Video On Demand)应用平台、网络硬盘引用平台、远程数据备份应用平台等。

传统的存储系统利用紧耦合对称架构,这种架构的设计旨在解决高性能计算问题,目前其正在向外扩展成为云存储从而满足快速呈现的市场需求。下一代架构已经采用了松弛耦合非对称架构,集中元数据和控制操作。它不是通过执行某个策略来使每个节点知道每个行动所执行的操作,而是利用一个数据路径之外的中央元数据控制服务器。

8.4.3　虚拟化技术

1. 基本概念

云计算中的关键技术就是虚拟化(Virtualization),可以说是虚拟化为我们带来了"云",同时也是云计算区别于传统计算模式的重要特点。虚拟机是一种可以完全模拟硬件执行的特殊软件,它运行在完全隔离的环境中,所以可以将操作系统运行其中,这样做可以对运行环境进行有效的保存。采用虚拟化可以将应用程序的整个执行环境以打包的形式转到云计算平台中的其他节点处,实现了各种计算及存储资源充分整合和高效利用。

虚拟化为某些对象创造了虚拟(相对于真实)版本,比如操作系统、计算机系统、存储设备和网络资源等。它是表示计算机资源的抽象方法。

虚拟化技术是一种调配计算资源的方法,它将应用系统的不同层面——硬件、软件、数据、网络存储等——隔离起来,从而打破数据中心、服务器、存储、网络数据和应用的物理设备之间的划分,实现架构动态化,并达到集中管理和动态使用物理资源及虚拟资源,以提高系统结构的弹性和灵活性,降低成本、改进服务、减少管理风险等目标,如图8-22所示。

图8-22 虚拟化技术

计算机的虚拟化使单个计算机看起来像多个计算机或完全不同的计算机。随着IT架构的复杂化和企业利用计算机需求的急剧增加,虚拟化技术发展到了使多台计算机看起来像一台计算机以实现统一管理、调配和监控。现在,整个IT环境已逐步向云计算时代迈进,虚拟化技术也从最初的侧重于整合数据中心内的资源发展到可以跨越IT架构实现包括资源、网络、应用和桌面在内的全系统虚拟化,进而提高灵活性。

2. 虚拟化技术的分类

虚拟化技术已经成为一个庞大的技术家族,其技术形式种类繁多。一般来说,将服务器虚拟化、硬件虚拟化、CPU虚拟化相提并论。下面按照不同属性,对虚拟化做一个分类。以实现层次来划分,可分为网络虚拟化、硬件虚拟化、操作系统虚拟化、应用程序虚拟化;以被应用的领域来划分,可分为服务器虚拟化、存储虚拟化、应用虚拟化、平台虚拟化、桌面虚拟化。

1)从实现层次来划分

(1)基于网络的虚拟化:网络虚拟化的概念包括VLAN和VPN。VLAN将网络划分成网段,以实现流量分类和网络隔离。VLAN可以在云服务提供商与企业、云服务商与用户以及云服务商之间创造一个安全的连接。这样使得应用能够运行在安全的模式下,并且使得这些云服务能够作为专用网络的扩展来处理业务。

(2)基于硬件的虚拟化:硬件虚拟化就是用软件来虚拟一台标准计算机的硬件配置,如CPU、内存、硬盘、声卡、显卡、光驱等,成为一台虚拟的裸机,然后就可以在上面安装操作系统了。其代表产品为VMware、微软的Virtual PC、开源免费的VirtualBox等。使用时,先在操作系统里安装一个硬件虚拟化软件,用其虚拟出一台计算机,再安装系统,做到系统里运行系统,并可虚拟出多台计算机,安装多个相同或不同的系统。为虚拟机分配的硬件资源要占用实际硬件的资源,对性能损耗也较大。因为是在系统里安装虚拟化软件,再在虚拟的计算机上装系统,所以就有原系统和虚拟化软件两层消耗,为了提高性能,出现了另外一种硬件虚拟化形式:直接在裸机上安装虚拟化软件,然后安装多个系统,并同时运行。跳过原系统这一环节,性能大大提高,这种虚拟化又叫做准虚拟化。

(3)基于操作系统的虚拟化:操作系统虚拟化就是以一个系统为母体,克隆出多个系

272

统。它比硬件虚拟化要灵活方便,因为只需在系统里装一个虚拟化软件,就能以原系统为样本很快克隆出系统,克隆出的系统与原系统除一些 ID 标识外,其余都一样。

(4) 基于应用程序的虚拟化:前 2 种虚拟化技术大多应用于企业、服务器和一些 IT 专业工作领域。随着虚拟化技术的发展,逐渐从企业往个人、往大众应用的趋势发展,便出现了应用程序虚拟化技术,简称应用虚拟化,它是近年虚拟化的新贵和热门领域。前 2 种虚拟化的目的是虚拟完整的真实的操作系统。应用虚拟化的目的也是虚拟操作系统,但只是为保证应用程序的正常运行虚拟系统的某些关键部分,如注册表、C 盘环境等,所以较为轻量、小巧。

① 一个软件被打包后,通过局域网很方便地分发到企业的几千台计算机上去,不用安装,直接使用,大大降低了企业的 IT 成本。

② 应用虚拟化技术应用到个人领域,可以实现很多非绿色软件的移动使用,如 CAD、3ds Max、Office 等;可以免去重装软件的烦恼,不怕系统重装,很有绿色软件的优点,但又在应用范围和体验上超越绿色软件。

③ 使用方法大体为:先安装虚拟化软件,此时已经搭建了一个虚拟化环境,然后接收来自网络的应用软件或安装应用软件到虚拟化环境里,最后使用应用软件。

2) 从被应用的领域来划分

(1) 服务器虚拟化。服务器虚拟化技术可以将 1 个物理服务器虚拟成若干个服务器使用,如图 8-23 所示。服务器虚拟化是 IaaS 的基础。服务器虚拟化需要具备以下功能和技术。

① 多实例:在 1 个物理服务器上可以运行多个虚拟服务器。

② 隔离性:在多实例的服务器虚拟化中,一个虚拟机与其他虚拟机完全隔离,以保证良好的可靠性及安全性。

③ CPU 虚拟化:把物理 CPU 抽象成虚拟 CPU,无论何时 1 个物理 CPU 只能运行 1 个虚拟 CPU 的指令。而多个虚拟机同时提供服务将会大大提高物理 CPU 的利用率。

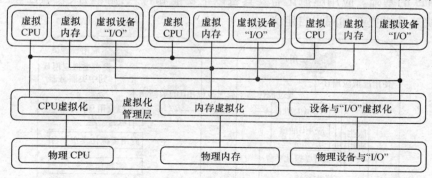

图 8-23 服务器虚拟化

④ 内存虚拟化:统一管理物理内存,将其包装成多个虚拟的物理内存分别供给若干个虚拟机使用,使得每个虚拟机拥有各自独立的内存空间,互不干扰。

⑤ 设备与 I/O 虚拟化:统一管理物理机的真实设备,将其包装成多个虚拟设备给若干个虚拟机使用,响应每个虚拟机的设备访问请求和 I/O 请求。

⑥ 无知觉故障恢复:运用虚拟机之间的快速热迁移技术,可以使一个故障虚拟机上

273

的用户在没有明显感觉的情况下迅速转移到另一个新开的正常虚拟机上。

⑦ 负载均衡：利用调度和分配技术，平衡各个虚拟机和物理机之间的利用率。

⑧ 统一管理：由多个物理服务器支持的多个虚拟机的动态实时生成、启动、停止、迁移、调度、负荷、监控等应当有一个方便易用的统一管理界面。

⑨ 快速部署：整个系统要有一套快速部署机制，对多个虚拟机及上面的不同操作系统和应用进行高效部署、更新和升级。

（2）存储虚拟化。存储虚拟化的方式是将整个云系统的存储资源进行统一整合管理，为用户提供一个统一的存储空间，如图 8 - 24 所示。存储虚拟化具有以下功能和特点：集中存储、分布式扩展、绿色环保、虚拟本地硬盘、安全认证、数据加密、层级管理等。

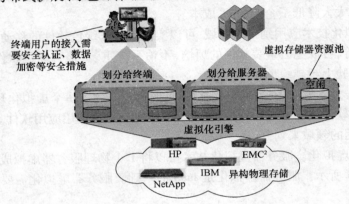

图 8 - 24　存储虚拟化

（3）应用虚拟化。应用虚拟化是把应用对底层系统和硬件的依赖抽象出来，从而解除应用与操作系统和硬件的耦合关系。应用程序运行在本地应用虚拟化环境中时，这个环境为应用程序屏蔽了底层可能与其他应用产生冲突的内容，如图 8 - 25 所示。应用虚拟化是 SaaS 的基础。应用虚拟化需要具备以下功能和特点：解耦合、共享性、虚拟环境、兼容性、快速升级更新和用户自定义。

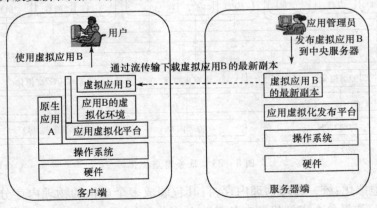

图 8 - 25　应用虚拟化

（4）平台虚拟化。平台虚拟化是集成各种开发资源虚拟出的一个面向开发人员的统一接口，软件开发人员可以方便地在这个虚拟平台中开发各种应用并嵌入到云计算系统

274

中,使其成为新的云服务供用户使用,如图8-26所示。平台虚拟化具备以下功能和特点:通用接口、内容审核、测试环境、服务计费、排名打分、升级更新、管理监控等。

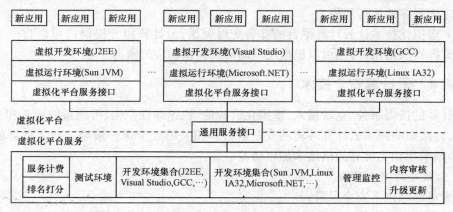

图8-26 平台虚拟化

(5)桌面虚拟化。桌面虚拟化将用户的桌面环境与其使用的终端设备解耦。服务器上存放的是每个用户的完整桌面环境。用户可以使用具有足够处理和显示功能的不同终端设备通过网络访问该桌面环境,如图8-27所示。桌面虚拟化具有如下功能和接入标准:集中管理维护、使用连续性、故障恢复、用户自定义等。

本质上讲云计算带来的是虚拟化服务。从虚拟化到云计算的过程,实现了跨系统的资源动态调度,将大量的计算资源组成IT资源池,用于动态创建高度虚拟化的资源供用户使用,从而最终实现应用、数据和IT资源以服务的方式通过网络提供给用户,以前所未有的速度和更加弹性的模式完成任务。

图8-27 桌面虚拟化

3. 虚拟化带来的好处

云计算使用虚拟化技术可以得到以下好处:

(1)通过虚拟化技术可实现软件应用与底层硬件相隔离,它包括将单个资源划分成多个虚拟资源的裂分模式,也包括将多个资源整合成一个虚拟资源的聚合模式。通过虚拟化可以用与访问抽象前资源一致的方法访问抽象后的资源,可以为一组类似资源提供一个通用的抽象接口集,从而隐藏属性和操作之间的差异,并允许通过一种通用的方式来查看和维护资源。

(2)使用虚拟化技术可以将计算机硬件设备进行逻辑上的扩大,大大简化了软件的多次配置过程。比如:可以通过虚拟化技术将一个CPU模拟成多个并行的CPU。

(3)虚拟化技术使得云计算动态找到计算所需要的资源,然后将其定位到合适的物理平台之上,在整个过程中,运行在虚拟机中的程序不需要退出。

(4)虚拟化将所有闲置计算资源的计算节点整合到同一个物理节点之上,而且在整个系统中应用程序的运行是相互独立的,不会互相影响,使得位于云中的物理主机的资源利用率大大提高,这样能够节约维持多个物理节点所需要的成本。

（5）虚拟机的动态迁移,有利于系统的性能做到负载平衡。而且迁移的虚拟机中拥有整个应用程序的运行环境。

（6）虚拟化技术让云计算平台的部署变得灵活,云计算服务提供商可以将一个虚拟机作为资源提供给用户,也可以根据用户的需要提供相应的资源。

8.4.4　云计算安全技术

云计算的按需服务、宽带接入、虚拟化资源池、快速弹性架构、可测量的服务和多租户等特点,直接影响到了云计算环境的安全运行和相关的安全保护策略。对云计算的安全风险,必须采用切实可靠的措施来加以防范。

1. 云服务的安全风险

云服务面临以下安全风险:

（1）托管安全风险。云服务"把自家宝贵财富委托给他人处置",用户所担心的安全风险显然要比以前信息在自家处理的情形扩大了许多。

（2）数据安全风险。用户数据在云系统后端的隐私性、完整性、访问控制、可恢复性。

（3）转包安全风险。如果某一云服务商的信息处理能力有限,它可能会对服务进行转包。这种转包可能会导致新的 IT 风险、法律问题和规范性问题等云计算所特有的问题。

（4）地域安全风险。在不同的国家和地区,企业或个人的信息需要符合该国家或地区规定的隐私法规。但在云计算环境下,用户可能根本无法知道其数据存储位置。

（5）消耗安全风险。分布式拒绝服务攻击现在会变成分布式有弹性可扩展的消耗付费资源的风险。

2. 云计算安全防范技术

为提高云计算系统的安全性和保密性,应从可靠性、可用性、保密性、完整性、不可抵赖性等方面加强防范。

1）可靠性

可靠性是指系统能够安全可靠运行的一种特性,即系统在接收、处理、储存和使用信息的过程中,当受到自然和人为危害时所受到的影响。下面从环境、设备、介质 3 个方面来研究如何提高云计算系统的可靠性。

（1）环境可靠性措施。在设计云系统时,机房要避开各种高危(地震、磁场、闪电、火灾等)区域,当系统遭到危害时,应具备相应的预报、告警、自动排除危害机制,系统不仅要有完善的容错措施和单点故障修复措施,还要有大量的支撑设备(不间断电源系统(UPS,Uninterruptable Power System)、备用服务器等),为防止电磁泄漏,系统内部设备应采用屏蔽、抗干扰等技术。

（2）设备可靠性措施。为提高云系统设备的可靠性,应运用电源、静电保护技术,防病毒、防电磁、防短路/断路技术等,设备的操作人员应受到相应的教育、培养、训练和管理,并要有合理的人机互通机制,这样可很大程度上避免设备非正常工作并提高设备的效率和寿命。

（3）介质可靠性措施。在考虑云系统的传输介质时,应尽量使用光纤,也可采用美国电话系统开发的加压电缆,它密封于塑料中,置于地下并在线的两端加压,具有带报警的监视器来测试压力,可防止断路/短路和并联窃听等。

2)可用性

可用性指授权个体可访问并使用其有权使用的信息的特性。为保证系统对可用性的需求,云计算系统应引入以下机制:

(1)标识与认证。标识与认证是进行身份识别的重要技术,标识指用户表明身份以确保用户在系统中的可识别性和唯一性。认证指系统对用户身份真实性进行鉴别。传统的认证技术有安全口令 S/k、令牌口令、数字签名、单点登录认证,资源认证等,我们可使用 Kerberos、分布式计算环境(DCE,Distributed Computing Environment)和 Secure shell 等目前比较成熟的分布式安全技术。

(2)访问控制。访问控制分为自主访问控制和强制访问控制,其特点是系统能够将权限授予系统人员和用户,限制或拒绝非授权的访问。在云系统中,我们可参考 Bell-laPadula模型和 Biba 模型来设计适用于云系统的访问机制。

(3)数据流控制。为防止数据流量过度集中而引起网络阻塞,云计算系统要能够分析服务器的负荷程度,并根据负荷程度对用户的请求进行正确的引导,控制机制应从结构控制、位移寄存器控制、变量控制等方面来解决数据流问题,并能自动选择那些稳定可靠的网络,在服务器之间实现负载均衡。

(4)审计。审计是支持系统安全运行的重要工具,它可准确反映系统运行中与安全相关的事件。在云计算系统中,安全审计要能够在检测到侵害事件时自动响应,记录事件的情况并确定审计的级别。日志审计内容应包括时间、事件类型、事件主体和事件结果等重要通信数据和行为。为了便于对大量日志进行有效审计,日志审计系统要具有自己专用的日志格式,审计管理员要定时对日志进行分析。为了有效表示不同日志信息的重要程度,日志审计系统应按照一定的规则进行排序,比如按照时间、事件的敏感程度等。

3)保密性

保密性要求信息不被泄漏给非授权的用户、实体。为保证云计算系统中数据的安全,首先要加强对相关人员的管理;其次,利用密码技术对数据进行处理是保证云系统中数据安全最简单、有效的方法,常见的密码技术有分组密码系统、数据加密标准(DES,Data Encryption Standard)、公钥密码系统 RSA(由 Rivest、Shamir 和 Adleman 这 3 人提出的)、椭圆曲线密码系统(ECC,Elliptic Curve Cryptosystem)和背包公钥密码系统等;此外,云系统设施要能够防侦收、防辐射,并要利用限制、隔离、掩蔽、控制等物理措施保护数据不被泄漏。可以使用防火墙技术、网络地址转换(NAT, Network Address Translation)技术、安全套接层(SSL,Secure Socket Layer)、点到点隧道协议(PPTP,Point-to-Point Tunneling Protocol)或VPN 等不同的方式来对云系统中传输的信息进行保护。建立"私有云"是人们针对保密性问题所提出的一个解决方法。私有云是居于用户防火墙内的一种更加安全稳定的云计算环境,用户拥有云计算环境的自主权。透明加密技术可以帮助用户强制执行安全策略,保证存储在云里的数据只能是以密文的形式存在,用户自主控制数据安全性,不再被动依赖服务提供商的安全保障措施。

4)完整性

完整性指系统内信息在传输过程中不被偶然或蓄意地删除、修改、伪造、乱序、重放、插入等造成破坏和丢失的特性。保护数据完整性的两种技术是预防与恢复。为保证存储、传输、处理数据的完整性,可采用分级储存、密码校验、纠错编码(奇偶校验)、协议、镜像、公证等方法。在设计云系统时,由于其复杂性,目前可采用的主要技术有两阶段提交技术和复制服务器技术。

5)不可抵赖性

不可抵赖性也称作不可否认性,指在信息交互过程中,明确厂商及用户的真实同一性,任何人都不能否认或抵赖曾经完成的操作和承诺。由于云计算制度的不完善,云提供厂商和用户之间可能会在非技术层面产生各种纠纷,对此,云计算系统可以增加可信任的第三方机构来办理和协调提供商和用户之间的业务,并可利用信息源证据/递交接收证据来防止发送方/接收方事后否认已发送/接收的信息。

6)可控性

可控性指系统对其数据应具有控制能力。在云计算系统中,可以建立从节点到主干的树状控制体系,使系统可以对数据传播的内容、速率、范围、方式等进行有效控制,这样可以增加系统的扩展、有效性和自动容错能力,有效控制数据的传播,并降低数据系统出现故障时的修复难度。

云计算的安全问题是制约云计算应用和发展的核心问题之一,对云系统中信息的发送和接收者、过程及内容进行严格的认证、控制及审计,结合防火墙、病毒检测等,能对数据的安全提供有效的保障。同时通过对数据流的检测、引导,可大大提高系统的效率并有效防止黑客攻击。此外,国家也应出台相关方面的法律、法规,以便让安全云系统的设计有法可依。

第9章 新型传感器与无线传感器网络

传感器是人类五官的延长,感知能力的延伸,是摄取信息的关键器件,是新技术革命和信息社会的重要技术基础。它与通信技术和计算机技术构成了下一代网络的三大支柱。随着科学技术的进步,传感器技术正向着集成化、微型化、智能化、网络化的方向发展。研究表明,只有网络化和智能化的传感器技术才能适应各种控制系统对自动化水平、对象复杂性以及环境适应性越来越高的要求,从而出现无线传感器网络(WSN,Wireless Sensor Network)技术和相应的应用。本章就从传感器和 WSN 两个方面展开讨论和介绍。

9.1 传感器的技术基础

在下一代因特网中,传感器处于研究对象与检测系统的接口位置,是感知、获取与检测信息的窗口,提供赖以进行决策和处理所必须的原始数据。本节重点介绍传感器的定义、组成、指标、选择原则和发展趋势。

9.1.1 传感器简介

作为信息采集系统的前端单元,传感器的作用越来越重要。那么,何谓传感器呢?

1. 传感器的概念

传感器就是能感知外界信息并能按一定规律将这些信息转换成与之对应的有用输出信号的元器件或装置,有时也叫变换器、换能器或探测器。简单地说,传感器是将外界信号转换为电信号的装置。具体地说,传感器是一种检测装置,能够感受诸如位移、速度、力、温度、湿度、流量、声强、温度、光、声、化学成分等非电学量,并能把它们按照一定的规律转换为电压、电流等电学量,或转换为电路的通断,以满足信息的传输、处理、存储、显示、记录和控制等要求。它是实现自动检测和自动控制的首要环节。

常将传感器的功能与人类 5 大感觉器官相比:光敏传感器→视觉;声敏传感器→听觉;气敏传感器→嗅觉;化学传感器→味觉;压敏、温敏、流体传感器→触觉。

与当代的传感器相比,人类的感觉能力好得多,但也有一些传感器比人的感觉功能优越,如人类没有能力感知紫外或红外线辐射、电磁场、无色无味的气体等。

传感器的技术特点表现在内容范围广且离散;知识密集程度高、边缘学科色彩极浓;技术复杂、工艺要求高;功能优、性能好;品种繁多、应用广泛。

2. 传感器的组成

传感器的组成如图 9 - 1 所示。其中几大模块的说明如下:

(1)敏感元件:能直接感受与检出被测对象的非电量并按一定规律转换成与被测量有确定关系的其他量的元件。

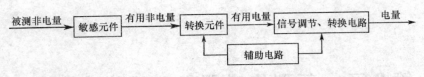

图 9 - 1 传感器组成框图

（2）转换元件（变换器）：能将敏感元件感受到的非电量直接转换成电量的器件。

（3）信号调节与转换电路：把转换元件输出的电信号变换成为便于记录、显示、处理和控制的有用电信号的电路，又称"信号调理电路"或"测量电路"。常用的电路有电桥、放大器、振荡器、阻抗变换器、脉冲调宽电路等。

（4）辅助电路通常包括电源等。

3. 传感器的参数指标及选择原则

传感器的参数指标可用表 9 - 1 来描述。

表 9 - 1 传感器的参数指标

基本参数指标	环境参数指标	可靠性指标	其他指标
①量程指标：量程范围、过载能力等。 ②灵敏度指标：灵敏度、满量程输出、分辨力、输入输出阻抗等。 ③精度方面的指标：精度（误差）、重复性、线性、回差、灵敏度误差、阈值、稳定性、漂移、静态总误差等。 ④动态性能指标：固有频率、阻尼系数、频响范围、频率特性、时间常数、上升和响应时间、过冲量、衰减率、稳态误差、临界速度、临界频率等	①温度指标：工作温度范围、温度误差、温度漂移、灵敏度温度系数、热滞后等。 ②抗冲振指标：各向冲振容许频率、振幅值、加速度、冲振引起的误差等。 ③抗潮湿、抗介质腐蚀、抗电磁场干扰能力等	工作寿命、平均无故障时间、保险期、疲劳性能、绝缘电阻、耐压、反抗飞弧性能等	①使用方面：供电方式（直流、交流、频率、波形等）、电压幅度与稳定度、功耗、各项分布参数等。 ②结构方面：外形尺寸、重量、外壳、材质、结构特点等。 ③安装连接方面：安装方式、馈线、电缆等

传感器选用原则主要考虑其灵敏度、响应特性、线性范围、稳定性、精确度、测量方式6 个方面的问题，同时还应尽可能兼顾结构简单、体积小、重量轻、价格便宜、易于维修、易于更换等条件。

4. 传感器的发展趋势

"头脑发达，感觉迟钝"反映了目前传感器的发展现状。人们正在开发各种各样的先进传感器。

1）将采用序列高新技术设计开发新型传感器

首先 MEMS 技术、纳米技术将高速发展，成为新一代微传感器、微系统的核心技术。其次发现与利用新效用，如物理现象、化学反应和生物效用，可开发新一代传感器，成功的例子有高温超导磁性传感器、免疫传感器、生物传感器和神经芯片传感器等。再次是加速开发新型敏感材料，微电子、光电子、生物化学、信息处理等各种学科各种新技术互相渗透和综合利用，可望研制出一批先进传感器，如用高分子聚合物薄膜制成温度传感器，利用光导纤维能制成压力、流量、温度、位移等多种传感器。最后，空间技术、海洋开发、环境保护、地震预测、检测技术、细胞生物学、遗传工程、光合作用、医学和微加工技术的发展，必然要求研制出性能更高的传感器。

280

2）发展微型化与微功耗的传感器

用微机械加工技术,如光刻、腐蚀、淀积、键合和封装等工艺可制造出各种微传感器乃至多功能的敏感元件阵列。目前形成的产品主要有微型压力传感器和微型加速度传感器等,它们的体积只有传统传感器的几十分之一乃至几百分之一,质量从千克级下降到几十克乃至几克。

3）传感器的集成化和多功能化

传感器的集成化包括2方面的含义:其一是将传感器与其后级的放大电路、运算电路、温度补偿电路等制成一个组件,实现一体化;其二是将同一类传感器集成在同一芯片上构成二维阵列式传感器,或称面型固态图像传感器。传感器的多功能化是指研制的传感器能感知与转换2种以上的不同物理量。

4）传感器的智能化

利用人工神经网络、人工智能技术和信息处理技术(如传感器的信息融合技术、模糊理论等)使传感器具有更高的智能,具有分析、判断、自适应、自学习、自诊断、自调节、自补偿、自校准和自存储等的功能。

5）传感器的数字化

具有输出数字信号便于电脑处理的传感器就是数字传感器。图9-2为数字传感器的结构框图。模拟传感器产生的信号经过放大、转换、线性化及量纲处理后变成纯粹的数字信号。

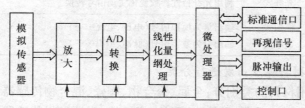

图9-2　数字化传感器的结构框图

6）传感器的网络化

传感器的网络化是指利用网络协议,使现场测控数据就近接入网络,并与网络上有通信能力的节点直接进行通信,实现数据的实时发布和共享。从而使传感器进一步向无线网络、广域空间、高速网络方向扩展。

7）发展先进的高性能传感器

传感器正在向高精度、高可靠性、快速响应、高灵敏度、高稳定性、高互换性、高分辨率、高信噪比、高效节能……方向发展。

9.1.2　传感器的分类

传感器的品种很多,原理各异,检测对象门类繁多,因此其分类方法甚繁。人们通常是根据需要,站在不同的角度,为突出某一侧面来分类的。

1. 5类分类法

5类分类法如表9-2所列,表中还对这些分类进行了说明。

2. 按照其用途分类

按照其用途,传感器可分类为:压力敏和力敏、位置、液面、能耗、速度、热敏、光敏、声敏、加速度、射线辐射、角度、振动、温度、流量、距离、湿敏、磁敏、色敏、味敏、气敏、真空度、生物等传感器。

表 9 - 2   5 类分类法及其说明

分 类 法	类 型	说 明
按基本效应分类	物理型	采用物理效应进行转换:如力、热、光、电、磁、声、气、速度、流量等效应
	化学型	采用化学效应进行转换:如化学吸附、电化学反应等效应
	生物型	采用生物效应进行转换:基于酶、抗体和激素等分子识别功能
按构成原理分类	结构型	以转换元件结构参数变化实现信号转换
	物性型	以转换元件物理特性变化实现信号转换
按能量关系分类	能量转换型	传感器输出量直接由被测量能量转换而来
	能量控制型	传感器输出量能量由外部能源提供,但受输入量控制
按工作原理分	电阻式	利用电阻参数变化实现信号转换
	电容式	利用电容参数变化实现信号转换
	电感式	利用电感参数变化实现信号转换
	压电式	利用压电效应实现信号转换
	磁电式	利用电磁感应原理实现信号转换
	热电式	利用热电效应实现信号转换
	光电式	利用光电效应实现信号转换
	光纤式	利用光纤特性参数变化实现信号转换
按输出量分类	模拟式	输出量为模拟信号(电压、电流……)
	数字式	输出量为数字信号(脉冲、编码……)

3. 从所应用的材料观点出发进行分类

(1)按照其所用材料的类别分:金属、聚合物、陶瓷、混合物传感器。

(2)按材料的物理性质分:导体、绝缘体、半导体、磁性材料传感器。

(3)按材料的晶体结构分:单晶、多晶、非晶材料传感器。

4. 按照其制造工艺分类

按照其制造工艺,可以将传感器区分为:集成、薄膜、厚膜和陶瓷传感器。

(1)集成传感器是用标准的生产硅基半导体集成电路的工艺技术制造的。通常还将用于初步处理被测信号的部分电路也集成在同一芯片上。

(2)薄膜传感器则是通过沉积在介质衬底(基板)上的相应敏感材料的薄膜形成的。使用混合工艺时,同样可将部分电路制造在此基板上。

(3)厚膜传感器是利用相应材料的浆料,涂覆在陶瓷基片上制成的,基片通常是 Al2O3 制成的,然后进行热处理,使厚膜成形。

(4)陶瓷传感器采用标准的陶瓷工艺或其某种变种工艺(溶胶 - 凝胶等)生产。

5. 按被测量来分类

按被测量来分类,传感器可按照表 9 - 3 来分类。

6. 按新型传感器分类

按新型传感器分类:可分为激光与红外传感器、生物传感器、光纤传感器、智能传感器、模糊传感器、微传感器、网络传感器、核辐射传感器、超声波传感器等。

表9-3　按被测量来分类

被测量类别	被　测　量
热工量	温度、热量、比热;压力、压差、真空度;流量、流速、风速
机械量	位移(线位移、角位移),尺寸、形状;力、力矩、应力;重量、质量;转速、线速度;振动幅度、频率、加速度、噪声
物性和成分量	气体化学成分、液体化学成分;酸碱度(pH 值)、盐度、浓度、粘度;密度、比重
状态量	颜色、透明度、磨损量、材料内部裂缝或缺陷、气体泄漏、表面质量

9.2　新型传感器

9.2.1　红外线传感器

1. 红外辐射

红外辐射俗称红外线,它是属于不可见光谱范畴,电磁波波谱图如图9-3所示。任何物体,只要其温度高于绝对零度就有红外线向周围空间辐射。红外线是位于可见光中红光以外的光线,故称红外线。其波长范围大致在 $0.76\mu m \sim 1000\mu m$ 的频谱范围之内。一般将红外辐射分成 4 个区域,即近红外区($0.76\mu m \sim 3\mu m$)、中红外区($3\mu m \sim 6\mu m$)、远红外区($6\mu m \sim 15\mu m$)和极远红外区($15\mu m$ 以上)。这里的远近指红外辐射在电磁波谱中与可见光的距离。

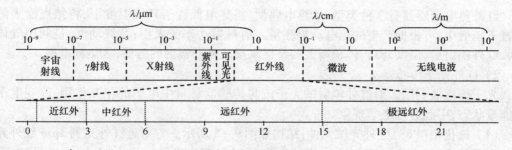

图9-3　电磁波波谱图

红外辐射的物理本质是热辐射。物体的温度越高,辐射出的红外线越多,能量就越强。研究发现,太阳光谱各种单色光的热效应从紫色到红色是逐渐增大的,且最大热效应出现在红外辐射的频率范围内,因此人们又将红外辐射称为热辐射。

红外线具有反射、折射、散射、干涉、吸收等性质。红外传感器是将红外波段的红外辐射能量的变化转换成电量变化作为信号输出的一种光敏传感器件。红外线传感器测量时不与被测物体直接接触,不存在摩擦,有敏捷度高、响应快等长处。

红外线传感器包括光学系统、检测元件和转换电路。光学系统按结构不同可分为透射式和反射式 2 类。检测元件按工作原理可分为热敏检测元件和光电检测元件。热敏元件应用最多的是热敏电阻。热敏电阻受到红外线辐射时温度升高,电阻发生变化,通过转换电路变成电信号输出。光电检测元件常用的是光敏元件,通常由硫化铅、硒化铅、砷化铟、砷化锑、碲镉汞三元合金、锗及硅掺杂等材料制成。

2. 红外传感器的结构与原理

红外检测是通过接收物体发出的红外线（红外辐射），将其热像显示在荧光屏上，从而准确判断物体表面的温度分布情况，具有准确、实时、快速等优点。任何物体由于其自身分子的运动，不停地向外辐射红外热能，从而在物体表面形成一定的温度场，俗称热像。

红外探测器是红外传感器的核心，它分为热电型和光子型两类。

1) 红外热传感器

热传感器是利用红外辐射的热效应，其敏感元件吸收辐射能后引起温度升高，使有关参数发生相应变化，测量这种变化便可确定传感器所吸收的红外辐射。它主要由外壳滤光片、锆钛酸铅（PZT，Lead Zirconate Titanate）热电元件，结型场效应管（FET，Field-Effect Transistor）、电阻、二极管等组成。其中滤光片设置在红外线通过的窗口处。图9-4(a)是红外热电传感器的结构图；图9-4(b)是它的内部电路；图9-4(c)是它的外形。

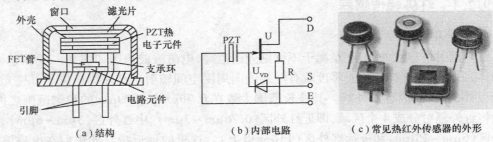

（a）结构　　　　　　　　　（b）内部电路　　　　　（c）常见热红外传感器的外形

图9-4　红外热电传感器结构图

红外热电传感器有3种类型：①热电偶型，将热电偶置于环境温度下，将结点涂上黑层置于辐射中，可根据产生的热电动势测量入射辐射功率的大小；②气动型，是利用气体吸收红外辐射后，温度升高、体积增大的特性来反映红外辐射的强弱；③热释电型。

2) 红外光子传感器

光子传感器利用入射红外辐射的光子流与传感器材料中电子的相互作用，改变电子的能量状态，引起各种电学现象。

（1）硫化铅（PbS）红外光敏元件：结构如图9-5所示。它对近红外光到3μm红外光有较高灵敏度，可在室温下工作。当红外光照射在PbS光敏元件上时，因光电导效应，PbS光敏元件的阻值发生变化。电阻的变化引起PbS光敏元件两电极间电压的变化。

（2）ZnSb红外光敏元件：结构如图9-6所示。

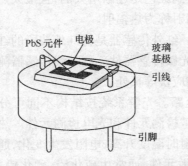

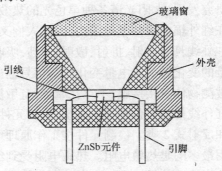

图9-5　PbS红外光敏元件的结构图　　　　图9-6　ZnSb红外光敏元件的结构图

它把杂质 Zn 等用扩散法渗入 N 型半导体中形成 P 层构成 PN 结,再引出引线制成的。当红外光照射在 ZnSb 元件的 PN 结上时,因光生伏特效应,在 ZnSb 光敏元件两端产生电动势,此电动势的大小与光照强度成比例。

ZnSb 红外光敏元件灵敏度高于 PbS 红外光敏元件,能在室温下和低温下工作。

热传感器与光子传感器比较:①热传感器对各种波长都响应,光子传感器只对一段波长区间有响应;②热传感器不需冷却,光子传感器多数需冷却;③热传感器响应时间比光子传感器长;④热传感器性能与器件尺寸、形状、工艺等有关,光子传感器容易规格化。

3. 红外传感器的应用

用红外传感器来实现某些非电量的测量,比用可见光作媒介的检测方法有许多优点,它不受周围可见光的影响,可昼夜进行测量;由于待测对象自身辐射红外线,因此不需要光源;大气对某些波长范围内的红外线吸收甚少,适用于遥感、遥测。

1)红外传感器用以监视和检测

(1)监视:由于红外线是看不见的,因此可以在需要的地方设置红外光和红外探测器,一旦有人越过,马上遮挡光束,传感器立即发出报警信号,实现自动监视。其应用原理如图 9-7 所示。主动式需要红外辐射源,距离越远,所需功率越大。被动式根据目标和背景的不同辐射强度来探测有关温度信息,被动式红外成像称为热像装置(热像仪)。

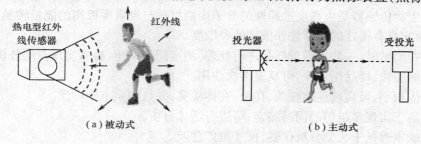

图 9-7 人体检知的方法

(2)检测:在家里有许多电线接头,年长日久,造成接触不良,引起发热发烫,不仅损失能源,也容易发生事故。若采用接触测温是很不方便的,而采用红外探测器,在地面上就可以测得接头处的温度的高低,既省力,又可不停电检测。

2)红外测温

红外测温仪是利用热辐射体在红外波段的辐射通量来测量温度的。当物体的温度低于 1000℃时,它向外辐射的是红外光,可用红外传感器来检测温度。图 9-8 是红外测温仪方框图。图中透镜用来聚焦红外线;滤光片只允许某波段的红外线通过;步进电机带动调制盘转动,将被测的红外辐射调制成交变的信号;红外传感器将红外辐射变换为电信号输出。测温仪包括前置放大,选频放大,同步检波,温度补偿,发射率调节,线性化等电路。

3)红外无损探伤

当 2 块金属板焊接在一起,要检测焊接是否良好,可将某一面均匀加热,当温度升高时就向另一面传去。若焊接良好,内部无缺陷,则在另一面用红外探测器测得的温度是均匀的,若某处温度异常,说明内部有缺陷。

红外传感器可作为入侵警报器和移动侦测器,可用来制作辐射温度计、红外测温仪、红外热像仪。还可用于自动照明控制和自动门控制。

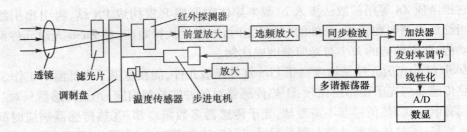

图 9 - 8   红外测温仪方框图

9.2.2   生物传感器

1. 生物传感器(Biosensor)的定义与特点

生物传感器是将固定化的生物成分(酶、抗原、抗体、激素)或生物体本身(细胞、微生物、动植物组织等)作为敏感元件,与适当的能量转换器结合而成的器件。敏感元件产生与待测化学量或生物量(或浓度)相关的化学或物理信号(原始信号),然后由能量转换器转换成易于测量的电信号(次级信号)。

生物传感器与传统的检测手段相比有如下特点:

(1)生物传感器是由高度选择性的分子识别材料与灵敏度极高的能量转换器结合而成的,因而它具有很好的选择性和极高的灵敏度。

(2)在测试时,一般不需对样品进行处理,测定简便迅速,容易实现自动分析。

(3)响应快、样品用量少,可反复多次使用。

(4)体积小,可实现连续在线、在位、在体检测,并且测定范围广泛。

(5)易于实现多组份的同时测定,可进行活体分析。

(6)成本远低于大型分析仪器,便于推广普及。

(7)准确度高,一般相对误差可达到1%以内。

生物传感器的工作条件是比较苛刻的。首先,生物敏感物质只有在最佳的 pH 范围才有最大的活性,因此换能器的特性必须与之匹配。其次,除了少数酶能短时间承受高于100℃高温外,绝大多数生物敏感物质的工作条件局限于15℃~40℃的狭窄温度范围内。另外,许多生物敏感物质只能在短期内保持活性,为了延长生物传感器的寿命,往往需要特殊的条件,例如在温度为4℃的条件下储存。

2. 生物传感器的分类

生物传感器的分类方法很多,通常情况下生物传感器大致分为以下几种:

(1)若按生物敏感材料的类别来划分,生物传感器可分为酶传感器、微生物传感器、免疫传感器、组织传感器、基因传感器、细胞及细胞器传感器等。

(2)按能量转换器来划分,生物传感器可分为电化学生物传感器、热生物传感器、光学生物传感器、半导体生物传感器和声学生物传感器。

(3)根据传感器输出信号的产生方式,可分为生物亲合型生物传感器、代谢型或催化型生物传感器。

图 9 - 9 清楚地反映了生物传感器的结构和分类。

上述的各种名称都是类别的名称,每一类又都包含许多种具体的生物传感器。

286

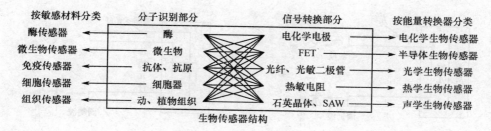

图9-9 生物传感器的结构分类

（1）例如，仅酶电极一类，根据所用酶的不同就有几十种，如葡萄糖电极、尿素电极、尿酸电极、胆固醇电极、乳酸电极、丙酮酸电极等。

（2）就是葡萄糖电极也并非只有1种，有用pH电极或碘离子电极作为转换器的电位型葡萄糖电极，有用氧电极或过氧化氢电极作为转换器的电流型葡萄糖电极等。

3. 生物传感器的工作原理

生物传感器的工作原理如图9-10所示。它主要由两大部分构成：一是生物功能物质的分子识别部分；二是变换部分。先是将待测物质经扩散作用进入固定生物膜敏感层，经分子识别而发生生物学作用，产生的信息如光、热、音等被相应的信号转换器变为可定量和处理的电信号，再经二次仪表放大并输出，以电极测定其电流值或电压值，从而换算出被测物质的量或浓度。

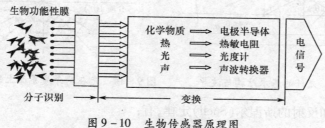

图9-10 生物传感器原理图

4. 生物传感器的应用

生物传感器主要应用于食物发酵；微生物细胞总数的测定；原材料及代谢产物的测定，如可用于原材料如糖蜜、乙酸等的测定，代谢产物如头孢霉素、谷氨酸、甲酸、甲烷、醇类、青霉素、乳酸等的测定；监测水体被有机物污染状况；可用于各种污染物的测定如氨、亚硝酸盐、硫化物、磷酸盐、致癌物质与致变物质、重金属离子、酚类化合物、表面活性剂等物质的浓度；用于测量各种形式的糖类、草酸、水杨酸、乙酸、乳酸、乳糖、尿酸、尿素、抗生素、胆固醇、胆碱、卵磷脂、肌酸酐、谷氨酸、氨基酸等。也可用于临床医学、化学工业、军事及军事医学等领域。

9.2.3 光纤传感器

1. 光纤传感器分类

光纤传感器一般分为两大类：一类是功能型传感器（图9-11）；另一类是非功能型传感器（图9-12）。前者利用光纤本身的特性，把光纤作为敏感元件，所以又称传感型光纤传感器；后者利用其他敏感元件感受被测量的变化，光纤仅作为光的传输介质，用以传输来自远处或难以接近场所的光信号，因此，也称传光型光纤传感器。

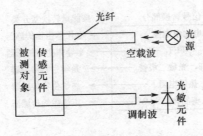

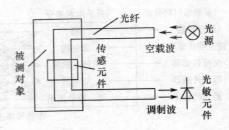

图 9-11 功能型光纤传感示意图　　　　　图 9-12 非功能型光纤传感示意图

2. 光纤导光原理

光纤是用光透射率高的电介质(如石英、玻璃、塑料等)构成的光通路。光纤的结构如图 9-13 所示,它由折射率 n_1 较大(光密介质)的纤芯,和折射率 n_2 较小(光疏介质)的包层构成的双层同心圆柱结构。

光的全反射现象是研究光纤传光原理的基础。根据几何光学原理,当光线以较小的入射角 θ_1 由光密介质 1 射向光疏介质 2(即 $n_1 > n_2$)时(图 9-14),则一部分入射光将以折射角 θ_2 折射入介质 2,其余部分仍以 θ_1 反射回介质 1。

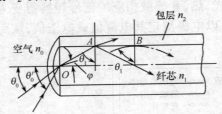

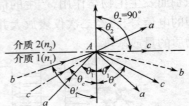

图 9-13 光纤的基本结构与波导　　　图 9-14 光在两介质界面上的折射和反射

依据光折射和反射的斯涅尔(Snell)定律,有:

$$n_1 \sin\theta_1 = n_2 \sin\theta_2$$

当 θ_1 角逐渐增大,直至 $\theta_1 = \theta_c$ 时,透射入介质 2 的折射光也逐渐折向界面,直至沿界面传播($\theta_2 = 90°$)。对应于 $\theta_2 = 90°$ 时的入射角 θ_1 称为临界角 θ_c,这时有下面的关系式

$$\sin\theta_c = n_2/n_1$$

由图 9-13 和图 9-14 可见,当 $\theta_1 > \theta_c$ 时,光线不再折射入介质 2,而在介质(纤芯)内产生连续向前的全反射,直至由终端面射出。这就是光纤传光的工作基础。

同理,由图 9-13 和 Snell 定律可导出光线由折射率为 n_0 的外界介质(空气 $n_0 = 1$)射入纤芯时实现全反射的临界角(始端最大入射角)为

$$\sin\theta_c = \frac{1}{n_0}\sqrt{n_1^2 - n_2^2} = \text{NA}$$

式中:NA 定义为"数值孔径"。它是衡量光纤集光性能的主要参数。它表示:无论光源发射功率多大,只有 $2\theta_c$ 张角内的光,才能被光纤接收、传播(全反射);NA 愈大,光纤的集光能力愈强。产品光纤通常不给出折射率,而只给出 NA。石英光纤的 NA 为 0.2~0.4。

3. 光纤传感器的应用

1）反射式光纤位移传感器

光纤位移测量原理如图9－15所示。光源经一束多股光纤将光信号传送至端部,并照射到被测物体上。另一束光纤接收反射的光信号,并通过光纤传送到光敏元件上,两束光纤在被测物体附近汇合。被测物体与光纤间距离变化,反射到接收光纤上光通量发生变化。再通过光电传感器检测出距离的变化。

反射式光纤位移传感器一般是将发射和接收光纤捆绑组合在一起,组合的形式有不同,如半分式、共轴式、混合式,混合式灵敏度高,半分式测量范围大。

由于光纤有一定的数值孔径,当光纤探头端紧贴被测物体时,发射光纤中的光信号不能反射到接收光纤中,接收光敏元件无光电信号。

当被测物体逐渐远离光纤时,距离 d 增大,发射光纤照亮被测物体的表面积 B1 越来越大,接收光纤照亮的区域 B2 越来越大。

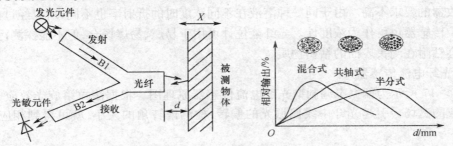

图 9－15　反射式光纤位移传感器

当整个接收光纤被照亮时,输出达到最大,相对位移输出曲线达到光峰值。

被测体继续远离时,光强开始减弱,部分光线被反射,输出光信号减弱,曲线下降进入"后坡区"。

前坡区——输出信号的强度增加快,这一区域位移输出曲线有较好的线性关系,可进行小位移测量,如微米级测量。

后坡区——信号随探头和被测体之间的距离增加而减弱,该区域可用于距离较远,而灵敏度、线性度要求不高的测量。

光峰区——信号有最大值,值的大小决定被测表面的状态,光峰区域可用于表面状态测量,如工件的粗糙度或光滑度。

2）光纤液位传感器

图 9－16 所示为基于全内反射原理研制的液位传感器。它由 LED 光源、光电二极管、多模光纤等组成。它的结构特点是,在光纤测头端有一个圆锥体反射器。当测头置于空气中,没有接触液面时,光线在圆锥体内发生全内反射而返回到光电二极管。当测头接触液面时,由于液体折射率与空气不同,全内反射被破坏,将有部分光线透入液体内,使返回到光电二极管的光强变弱;返回光强是液体折射率的线性函数。返回光强发生突变时,表明测头已接触到液位。

图（a）主要是由一个 Y 型光纤、全反射锥体、LED 光源及光电二极管等组成。

图（b）是一种 U 型结构。当测头浸入到液体内时,无包层的光纤光波导的数值孔径

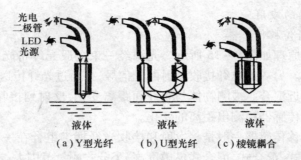

图 9 - 16　光纤液位传感器

增加,液体起到了包层的作用,接收光强与液体的折射率和测头弯曲的形状有关。为了避免杂光干扰,光源采用交流调制。

图(c)结构中,2 根多模光纤由棱镜耦合在一起,它的光调制深度最强,而且对光源和光电接收器的要求不高。由于同一种溶液在不同浓度时的折射率也不同,所以经过标定,这种液位传感器也可作为浓度计。光纤液位计可用于易燃、易爆场合,但不能探测污浊液体以及会粘附在测头表面的粘稠物质。

3)光纤电流传感器

图 9 - 17 所示为偏振态调制型光纤电流传感器原理图。根据法拉第旋光效应,由电流所形成的磁场会引起光纤中线偏振光的偏转;检测偏转角的大小,就可得到相应的电流值。

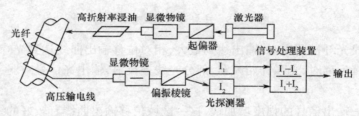

图 9 - 17　偏振态调制型光纤电流传感器

4)光纤温度传感器

工作原理如图 9 - 18 所示:利用半导体材料的能量隙随温度几乎成线性变化。敏感元件是一个半导体光吸收器,光纤用来传输信号。当光源的光以恒定的强度经光纤达到半导体薄片时,透过薄片的光强受温度的调制,透过光由光纤传送到探测器。温度 T 升高,半导体能带宽度 E_g 下降,材料吸收光波长向长波移动,半导体薄片透过的光强度变化。

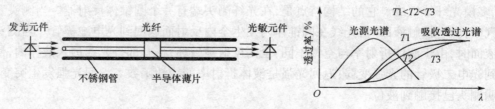

图 9 - 18　光纤温度传感器

5）光纤角速度传感器（光纤陀螺）

光纤角速度传感器又名光纤陀螺；其理论测量精度远高于机械和激光陀螺仪。它以塞格纳克效应为其物理基础。

光纤传感器是与常规传感器相比，有很多优点：

（1）抗电磁干扰能力强。不怕电磁场干扰，光波易于屏蔽，外界光很难进入光纤。

（2）光纤直径只有几微米到几百微米。而且光纤柔软性好，可深入到机器内部或人体弯曲的内脏等常规传感器不宜到达的部位进行检测。

（3）光纤集传感与信号传输于一体，利用它很容易构成分布式传感测量。

光纤传感器发展极快，被测量遍及位移、速度、加速度、液位、应变、力、流量、振动、水声、温度、电流、电压、磁场和化学物质等。

9.2.4　智能传感器

智能传感技术是涉及微机械电子技术、计算机技术、信号处理技术、传感技术与人工智能技术等多种学科的综合密集型技术，它能实现传统传感器所不能完成的功能。智能传感器是 21 世纪最具代表性的高新科技成果之一。

1. 智能传感器的概念

智能传感器是一种带有微处理器和信号处理器的具有信息检测与处理、信息记忆与分析、逻辑思维与判断、量程自动转换、漂移、非线性和频率响应等自动补偿，对环境影响量表现出自适应、自学习及超限报警、故障自诊断等功能的传感器。

与传统传感器相比，智能传感器将传感器检测信息的功能与微处理器的信息处理功能有机地结合在一起，充分利用微处理器进行数据分析和处理，对内部工作过程进行调节和控制，弥补了传统传感器性能的不足，使采集的数据质量得以提高。

2. 智能传感器的功能与特点

智能传感器的功能概括起来主要有以下 9 个：

（1）自补偿能力。通过软件对传感器的线性、非线性、噪声、温度漂移、时间漂移、响应时间、交叉感应以及缓慢漂移等进行自动补偿，提高了测量准确度。

（2）自校准功能。不仅能自动检测各种被测参数，还能在接通电源或在工作中进行自检、自动调零、自动调平衡、自动校准，某些智能传感器还具有自标定功能。

（3）自诊断功能。接通电源后，可对传感器进行实时自行诊断测试和巡回检测，检查传感器各部分是否正常，并可诊断发生故障的部件，还可实现越限自动报警。

（4）自调整功能。可根据待测物理量的数值大小及变化情况自动选择检测量程和测量方式，提高了检测适用性。

（5）具有组态功能。在智能传感器系统中可设置多种模块化的硬件和软件，可通过微处理器发出指令，改变硬件模块和软件模块的组合状态，完成不同测量功能。

（6）逻辑判断、数值处理功能。可以根据智能传感器内部的程序，对检测数据进行分析、判断、统计、决策、自动处理，剔除异常值等。

（7）双向通信功能。微处理器和基本传感器之间构成闭环，微处理机不但接收、处理传感器的数据，还可将信息反馈至传感器，对测量过程进行调节和控制。

（8）信息存储和记忆功能。可进行检测数据的随时存取，加快了信息的处理速度。

（9）数字量输出功能。输出数字信号,可方便的和计算机或接口总线相连。

3．智能传感器的组成与结构

智能传感器主要由传感器、微处理器及相关电路组成,其结构如图9－19所示。

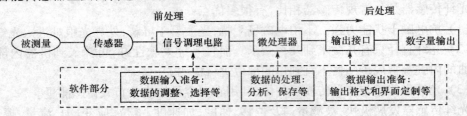

图9－19　智能传感器基本结构框图

4．智能传感器实现途径

目前,智能传感器的实现是沿着3条途径进行的。

1）非集成化实现

非集成化智能传感器是将传统的经典传感器(采用非集成化工艺制作的传感器,仅具有获取信号的功能)、信号调理电路、带数字总线接口的微处理器组合为一个整体而构成的智能传感器系统。其框图如图9－20所示。它附加一块带数字总线接口的微处理器插板组装而成,并配备能进行通信、控制、自校正、自补偿、自诊断等智能化软件,从而实现智能传感器功能。

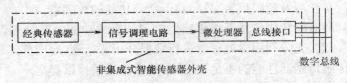

图9－20　非集成式智能传感器框图

2）集成化实现

这种智能传感器系统是采用微机械加工技术和大规模集成电路工艺技术,利用硅作为基本材料来制作敏感元件、信号调理电路,以及微处理器单元,并把它们集成在一块芯片上构成的。集成化主要有3个方面的含义:一是将多个功能完全相同的敏感单元集成在同一个芯片上,用来测量被测量的空间分布信息;二是对多个结构相同、功能相近的敏感单元进行集成;三是指对不同类型的传感器进行集成。

3）混合实现

要在一块芯片上实现智能传感器系统存在着许多棘手的难题。根据需要与可能,可将系统各个集成化环节(如敏感单元、信号调理电路、微处理器单元、数字总线接口)以不同的组合方式集成在几块芯片上,并装在一个外壳里。

5．智能传感器技术新发展

这里介绍近年智能传感器其中2个研究热点——嵌入式智能传感器和阵列式智能传感器。

1）嵌入式智能传感器

嵌入式智能传感器一般是指应用了嵌入式系统技术、智能理论和传感器技术,具备网络传输功能,并且集成了多样化外围功能的新型传感器系统。

　　嵌入式智能传感器的结构如图 9 - 21 所示。嵌入式系统由智能模块、人机交互模块和网络接口模块组成。智能模块通常由集成在嵌入式系统中的知识库、推理引擎、知识获取程序和综合数据库 4 部分组成。

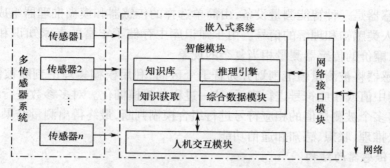

图 9 - 21　嵌入式智能传感器结构

　　2）阵列式智能传感器

　　阵列式智能传感器即为将多个传感器排布成若干行列的阵列结构,并行提取检测对象相关特征信息并进行处理的新型传感器系统。阵列中的每个传感器都能测量来自空间不同位置的输入信号并能提供给使用者以空间信息。

　　总体结构如图 9 - 22 所示,它由 3 个层次组成:第 1 层次为传感器组的阵列实现集成,称为多传感器阵列;第 2 层次是将多传感器阵列和预处理模块阵列集成在一起,称为多传感器集成阵列;第 3 层次是将多传感器阵列、预处理模块阵列和处理器全部集成在一起时,称为阵列式智能传感器。

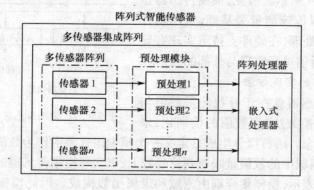

图 9 - 22　阵列式智能传感器总体结构

　　智能传感器正在向高精度、高可靠性、宽温度范围、微型化、微功耗、无源化、智能化、数字化和网络化方向发展。

9.2.5　模糊传感器

　　在现实生活中,某些信息难以用数值符号来描述,很多数值化的测量结果不易理解。模糊传感器的出现,不仅拓宽了经典测量学科,而且使测量科学向人类的自然语言理解方面迈出了重要的一步。模糊传感器就是在经典传感器数值测量的基础上,经过模糊推理与知识集成,以模拟人类自然语言符号描述的形式输出测量结果的智能器件。模糊传感器的"智能"之处在于:它可以模拟人类感知的全过程,核心在于知识性,知识的最大特点在于其模糊性。信息的符号表示与符号信息系统是研究模糊传感器的基石。

模糊传感器是一种智能测量设备,由简单选择的传感器和模糊推理器组成,将被测量转换为适于人类感知和理解的信号。由于知识库中存储了丰富的专家知识和经验,它可以通过简单、廉价的传感器测量相当复杂的现象。

模糊传感器将被测量值范围划分为若干个区间,利用模糊集理论判断被测量值的区间,并用区间中值或相应符号进行表示,这一过程称为模糊化。对多参数进行综合评价测试时,需要将多个被测量值的相应符号进行组合模糊判断,最终得出测量结果。模糊传感器具有学习、推理、联想、感知和通信功能。

1. 模糊传感器的结构

模糊传感器的简化结构如图9-23所示。可见,它主要由传统的数值测量单元和数值-符号转换单元组成。其核心部分就是数值-符号转换单元。但在数值-符号转换单元中进行的数值模糊化转换为符号的工作必须在专家的指导下进行。

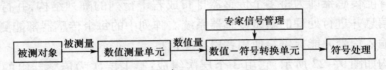

图9-23 模糊传感器结构示意图

与模糊传感器逻辑功能相对应,一种典型的物理结构如图9-24所示。可见,模糊传感器是以计算机为核心,以传统测量为基础,采用软件实现符号的生成和处理,在硬件支持下实现有导师学习功能,通过通信单元实现与外部的通信。

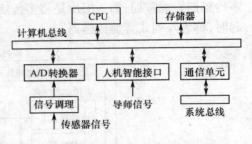

图9-24 模糊传感器的基本物理结构

2. 模糊传感器的实现方法

要实现模糊传感器就在于寻找测量数值与模糊语言之间的变换方法,即数值的模糊化,来生成相应的语言概念。语言概念生成是定义一个模糊语言映射作为数值域到语言域的模糊关系,从而将数值域中的数值量映射到符号域上,以实现模糊传感器的功能。这里的语言值用模糊集合来表示,模糊集合则由论域和隶属函数构成。因此模糊语言映射就是要求取相应语言概念所对应数值域上的模糊隶属函数。概念生成是实现模糊传感器的关键。目前有很多方法可以实现模糊传感器的功能。

3. 模糊传感器的应用

目前,模糊传感器已被广泛应用,而且已进入平常百姓家,如模糊控制洗衣机中布量检测、水位检测、水的浑浊度检测,电饭煲中的水、饭量检测,模糊手机充电器等。另外,模糊距离传感器、模糊温度传感器、模糊色彩传感器等也是国外专家们研制的成果。另外,模糊传感器也应用到了神经网络、模式识别等体系中。

9.3 网络传感器

9.3.1 网络传感器的概念和结构模型

1. 基本概念

网络传感器与一般传感器不同,在硬件上增加了网络接口,使传感器成为网络上的一个节点。各种现场信号均可通过网络传感器在网上实时发布和共享,任何网络授权用户均可通过浏览器进行实时浏览,并可在网络上的任意位置根据实际情况对传感器进行在线控制、编程和组态等。

网络传感器的核心是使传感器本身实现网络通信协议,可以通过软硬件方式使传感器网络化。软件方式是指将网络协议嵌入到传感器系统的 ROM 中;硬件方式是指采用具有网络协议的网络芯片直接用作网络接口。

网络传感器可实现各传感器之间、传感器与执行器之间、传感器与系统之间的数据交换及资源共享,在更换传感器时无须进行标定和校准,可做到"即插即用"。

网络传感器具有智能传感器的全部特点,如自补偿、自校准、自诊断、数值处理、双向通信、信息储存、数字量输出等功能;而且,它还在自身内部嵌入了通信协议,从而使其具有强大的通信能力。

2. 网络传感器结构

网络化传感器采用的基本技术原理是:将传感器的微弱电信号放大后,经模拟/数字(A/D)变换器转换为数字信号,送入 CPU,依靠灵活和丰富的软件对输入数据进行数字滤波、误差补偿、工程量提取等,并能进行各种功能组态,随每个智能传感器配置一个数字通信模块,以标准通信协议将所需数据传输至监测节点并实现传感器、执行器之间信息的对等交换。网络化传感器的内部结构示意图如图 9-25 所示。

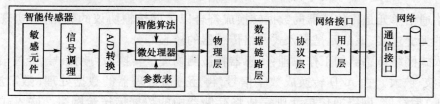

图 9-25 网络化传感器内部结构

设计网络化传感器的目标是采用标准的网络协议,同时采用模块化结构将传感器和网络技术有机地结合起来,敏感元件输出的模拟信号经 A/D 转换及数据处理后,由网络处理装置根据程序的设定和网络协议将其封装成数据帧,通过网络接口传输到网络上。反过来,网络处理器又能接收网络上其他节点传给自己的数据和命令,进行重组并实现对本节点的操作。这样,传感器将成为测控网中的一个独立节点。

9.3.2 嵌入式网络传感器

1. 嵌入式网络传感器概述

嵌入式网络传感器的核心就是集嵌入式技术、传感器技术、网络通信技术为一体,将传感器作为网络的一个独立的网络节点可以直接与计算机网络进行通信。网络传感器均可通过浏览器实时观测传感器的测量数据，以及在线实行远程监控，不受地理和空间的限制。

嵌入式网络传感器是在智能传感器的基础上发展起来的具有因特网功能的新型传感器，采用标准的 TCP/IP 网络通信协议，将传感器技术与网络技术相结合，敏感元件输出的模拟信号经过数/模转换及数据处理后，由网络处理装置根据程序的设定和网络协议将其封装成数据帧，通过网络接口传输到网络。同样，网络处理器也能接收网络其他节点传过来的数据和控制命令，实现对该网络传感器的远程控制，从而使得网络传感器能够成为测控网中的一个独立节点。

2. 嵌入式网络传感器的原理结构及特点

嵌入式网络传感器主要由 3 部分组成：敏感单元、数据采集及处理单元和网络通信单元。其原理结构如图 9－26 所示。嵌入式网络传感器是在智能传感器的基础上增加了网络功能。

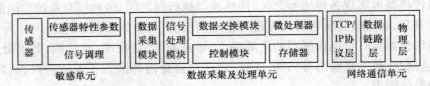

图 9－26　嵌入式网络传感器原理结构图

敏感单元由敏感元件和信号调理电路组成，敏感元件将被测物理信号转换成可用信号，信号调理电路则完成模拟滤波、放大等信号处理功能。数据采集及处理单元是智能传感器的核心部分，包括数据采集模块、信号处理模块、数据交换模块和控制模块、微处理器及存储器等，主要完成信号数据的采集，信号处理（如数字滤波、非线性补偿、自诊断等）等。

网络通信单元是将传感器的数据转换成符合以太网传输协议的数据流，实现传感器与网络的无缝连接，该单元是嵌入式网络传感器的核心部分。

嵌入式网络传感器的工作原理：传感器将被测物理量转换为可用信号，经过信号处理（模拟滤波、放大），由 A/D 转换成数字信号，再经过微处理器的数据处理（数字滤波、非线性校正）后存储，网络通信单元则完成将存储器中的数据传送给网络。嵌入式网络传感器的内部存储器存储传感器的物理特性，如校准参数、计算方法等，以实现数据处理、补偿以及非线性校正。

嵌入式网络传感器具有如下特点：

（1）不同的应用系统采用不同的传感器，以满足客户的不同需求。

（2）采用最流行的 TCP/IP 网络通信协议，利用因特网传输数据，与外界进行信息交换、资源共享。

（3）嵌入式网络传感器组成的网络和计算机网络直接通信，能利用浏览器在线浏览远端嵌入式网络传感器参数，并对其工作状态、工作方式的管理和设置。

（4）实现网络化的信息管理与集成，现场级实现 TCP/IP，使测控网和企业内部网相统一，实现资源共享，便于企业统一管理。

296

（5）嵌入式网络传感器通过微处理器使传感器本身实现数据采集、处理的智能化和数据传输的网络化。

3．嵌入式网络传感器的硬件结构

网络传感器采用 DALLAS 的 DS80C400 高速网络微处理器作为嵌入式网络传感器的核心，外加用于网络连接的以太网物理层器件、网络隔离变压器，构成一个基于 DS80C400 的嵌入式网络传感器网络硬件接口，总体结构如图 9－27 所示。

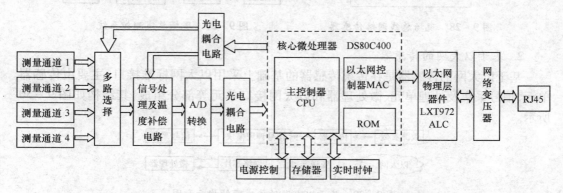

图 9－27　基于 DS80C400 嵌入式网络传感器的总体结构图

采用 DS80C400 高速网络微处理器作为核心外加多路选择器、信号处理温度补偿电路、A/D 转换、存储单元等外围设备构成的基于 DS80C400 的嵌入式网络传感器，采用多通道测量，可以极大满足用户的应用需求，测量方法也有多种选择包括热电阻、热电偶测量，热电阻采用两线制、三线制和四线制接线方式，热电偶冷端补偿采用数字温度传感器直接测量冷端的实时温度补偿方法，用户可以根据自己的需要任意选择，由此增加了网络传感器的灵活性。为实现不同的测量方法，将不同的算法存储在不同的存储区内以便微处理器按照不同的入口地址调用。

9.3.3　基于现场总线、以太网和 TCP/IP 的网络传感器

1．现场总线网络传感器

传感器技术与现场总线技术的有机结合，可使网络传感器成为集传感器和变送器功能于一体的并按现场总线协议传送信号的检测装置。现场总线在控制现场建立一条高可靠性的数据通信线路，以此实现各传感器之间及传感器与主控机之间的数据通信。将传感器赋予现场总线式通信功能之后主控系统以现场总线为纽带，把单个传感器作为一个独立的网络节点，传感器自带的数据处理功能可以有效减轻主计算机的工作负担及降低对网络带宽的要求。

经过传感器预处理的数据通过现场总线汇集到主机上，进行更高级的处理（如系统优化、管理等），使系统由面到点，再由点到面，对被控对象进行分析判断，提高了系统的可靠性和容错能力。这样就把各个传感器连接成了互相沟通信息，共同完成控制任务的网络系统与控制系统，更好地体现现场总线控制系统中的"信息集中，控制分散"的功能，提高了信号传输的准确性、实时性和快速性。图 9－28 为现场总线式传感器结构简图，图 9－29 为基于现场总线式的分布式控制系统结构。

图9-28 现场总线网络传感器

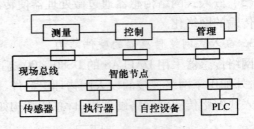

图9-29 现场总线测控系统

2. 基于以太网的传感器

基于以太网的传感器是在传统传感器的基础上采用以太网标准接口,主要由传感器单元、信号采集及处理单元、微处理器和以太网接口单元等部分组成,其结构如图9-30所示。

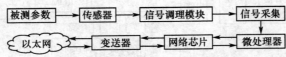

图9-30 基于以太网的传感器结构示意图

其工作原理是通过将被测参量转换为电信号,并经过电信号调理和 A/D 采集转换为数字信号,再经过微处理器的数据处理,包括零位漂移、温度漂移的补偿、滤波及校准后,进行数据包的封装,最后通过以太网接口模块完成与计算机网络的数据交换。

3. 基于 TCP/IP 的网络传感器

基于 TCP/IP 的网络传感器是把 TCP/IP 协议引入到传感器中,使分布于生产现场的传感器实现网络化和内联网/因特网化,通过将传感器直接与网络通信线缆连接,构成一个综合信息采集、传输、处理和应用的网络化测控系统,如图9-31所示。

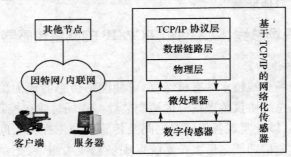

图9-31 基于 TCP/IP 的网络传感器及其组成的测控系统

充分利用遍布全球的因特网设施,不仅能降低组建测控系统的费用,还能实现传感器和信息的共享;现场传感器将所测得的被测对象信息通过网络传输给异地的工作站或服务器分析处理,提高了贵重和复杂设备的利用率。在因特网上进行数据采集和测试,可以远程监测控制过程和实验数据,不必亲临现场,既节约了人力物力,而且实时性好。网络传感器使测控跨越了空间和时间的界限,与传统仪器和测控系统相比,这是一个质的飞跃。

9.3.4 无线网络传感器

无线接入方式在很多场合都得到应用以取代有线接入方式。无线网络传感器是一种集传感器、控制器、计算能力、通信能力于一身的嵌入式设备。它们跟外界物理环境交互，将收集到的信息通过传感器网络传送给其他的计算设备。

无线网络传感器一般集成一个低功耗的微控制器以及若干存储器、无线电/光通信装置、传感器等组件，通过传感器、动臂机构以及通信装置和它们所处的外界物理环境交互。一般说来，单个传感器的功能是非常有限的，但是当它们被大量地分布到物理环境中，并组织成一个传感器网络，再配置以性能良好的系统软件平台，就可以完成强大的实时跟踪、环境监测、状态监测等功能。

无线网络传感器易于部署，范围容易扩展，容错能力强，移动性好，势必成为传感器发展的一个重要方向。下面简单介绍2种常用的无线网络传感器系统，即蓝牙传感器系统和 Zigbee 传感器系统。

1. 蓝牙传感器系统

蓝牙无线传感器系统主要包括两大模块：传感器模块和蓝牙无线模块。前者主要用于进行现场信号的采集，将现场信号的模拟量转化为数字量，并完成数字量的变换和存储。后者运行蓝牙无线通信协议，使得传感器设备满足蓝牙无线通信协议规范，并将现场数据通过无线的方式传送到其他蓝牙设备中。两模块之间的任务调度、相互通信以及同上位机通信的流程由控制程序控制完成。控制程序包含一种调度机制，并通过消息传递的方式完成模块间的数据传递以及同其他蓝牙设备的通信，从而完成整个蓝牙无线系统的功能。

蓝牙无线传感器硬件结构如图9-32所示。其中基带单元和射频单元构成了蓝牙无线传感器的无线发射部件，负责执行信道分配、链路创建、控制数据分组等功能，并将数据转换成无线信号通过天线发射出去。

此外，蓝牙无线传感器还包括了一些外部通信接口组件，如串行设备接口、可编程输入/输出接口、通用异步收发接口、内部集成电路总线接口等。这些通信组件接口连接到微控制器的系统总线接口，分别用于完成程序下载、状态指示、用户操作、程序调试，以及模块间通信等功能。

蓝牙无线传感器的内部软件结构如图9-33所示，最底层是应用程序接口，由相关的函数库、硬件接口程序组成，构成了整个系统软件框架的基础。应用程序接口的上层是任务调度模块和蓝牙协议栈。前者用于系统各任务的创建、执行和通信，后者执行蓝牙无线通信的底层协议。任务调度模块是用户程序的基础，而蓝牙协议栈则保证了蓝牙无线传感器符号蓝牙无线通信规范的要求。

国外有不少公司已推出了基于蓝牙技术的硬件和软件开发平台，如爱立信的蓝牙开发系统 EBDK、AD 公司的快速开发系统 QSDKe，利用开发系统可方便、快速地开发出基于蓝牙协议的无线发送和接收的模块。

2. Zigbee 传感器系统

Zigbee 是一种新兴的短距离、低复杂度、低速率、低功耗、低成本的双向无线网络通信技术。利用 Zigbee 技术组成的 Zigbee 无线传感器系统结构简单、体积小、性价比高、放置

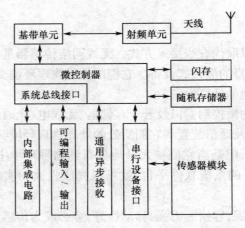
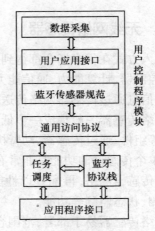

图9-32 蓝牙无线传感器硬件结构示意图　　图9-33 蓝牙无线传感器软件结构

灵活、扩展简便、成本低、功耗低、安全可靠。Zigbee 传感器系统由智能变送器接口模块(STIM,Smart Transducer Interface Module)、传感器独立接口(TII,Transducer Independent Interface)和网络应用处理器(NCAP,Networked Capable Application Processor)3 部分组成,基本结构示意图如图 9 – 34 所示。

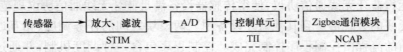

图 9 – 34　Zigbee 无线传感器系统基本结构示意图

STIM 部分包括传感器、放大滤波电路、A/D 转换;TII 部分主要由控制单元组成,控制单元负责链路管理与控制,执行基带通信协议和相关的处理过程,另外通过网络控制器连接各种网络;NCAP 主要是通信模块,负责数据的无线收发,主要包括模拟接收器/模拟发射器和数字接收器 2 部分,前者提供数据通信的空中接口,后者主要提供链路的物理信道和数据分组。

基于 Zigbee 无线传感器可以实现 Zigbee 无线传感器网络,其基本结构示意图如图 9 –35所示。此方案的实现相当于在 IEEE1451.2 的结构模型上用无线接口取代了有线的 TII 接口,通过在 STIM 和 NCAP 中嵌入了 Zigbee 模块,采用 Zigbee 协议实现了 STIM 和

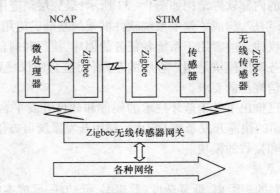

图 9 – 35　Zigbee 无线传感器网络基本结构示意图

NCAP 之间的无线数据传输。

9.3.5 IEEE 1451 标准所规划的网络传感器

1. IEEE 1451 标准总体架构

IEEE 1451 标准主要由 1451.0、1451.1、1451.2、P1451.3、P1451.4、P1451.5、和 P1451.6 组成,IEEE1451 标准协议簇体系结构如图 9 - 36 所示。

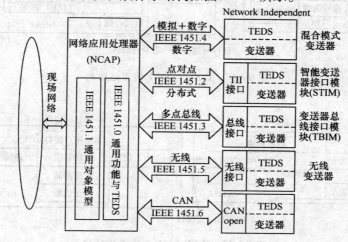

图 9 - 36　IEEE 1451 标准协议簇体系结构

IEEE 1451.0 是智能变送器接口标准;IEEE 1451.1 为 NCAP 模型;IEEE 1451.2 为变送器与微处理器通信协议和传感器电子数据表格(TEDS, Transducer Electronic Data Sheet)格式,采用 TII 与 STIM 连接,采用总线接口与变送器总线接口模块(TBIM, Transducer Bus Interface Module)连接;IEEE 1451.3 为多点分布式系统数字通信与 TEDS 格式;IEEE 1451.4 为混合模式通信协议与 TEDS 格式;IEEE 1451.5 为无线通信协议与 TEDS 格式;IEEE 1451.6 为 CAN open 协议变送器网络接口;IEEE 1451.7 为带 RFID 的换能器和系统接口。

2. IEEE 1451.1 标准的传感器

IEEE 1451.1 是应用现有的各种网络技术,开发出从智能传感器到网络的标准连接方法,而对使用何种网络协议和网络收发器没有限制。通过定义网络化智能传感器组件的一个公共对象模型以及这些组件之间的接口标准来制定出标准化连接方法。IEEE 1451.1 的实施结构如图 9 - 37 所示。

3. IEEE 1451.2 标准的传感器

IEEE 1451.2 标准规定了一个连接传感器到微处理器的数字接口 TII,描述了 TEDS 及其数据格式,定义了一系列的读写逻辑等。一个 STIM 由传感器/执行器(组)、信号调理与变换、逻辑接口和 TEDS 组成。每个 STIM 可以拥有多达 255 个传感器或执行器通道,而每个通道所对应的物理量各不相同。IEEE 1451.2 的实施结构如图 9 - 38 所示。

标准中仅定义了接口逻辑和 TEDS 的格式,其他部分由各传感器制造商自主实现。标准提供了一个连接 STIM 和 NCAP 的 10 线的标准接口 TII,使传感器制造商可以把一个传感器应用到多种网络和应用中。

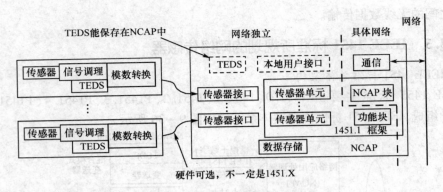

图 9 – 37　IEEE 1451.1 的实施结构

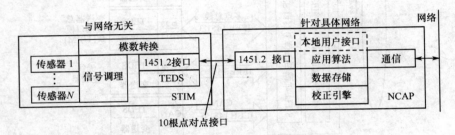

图 9 – 38　IEEE 1451.2 的实施结构

IEEE 1451.2 标准共规定了 8 种不同的数据表格,分别是总体 TEDS、通道 TEDS、标定 TEDS、总体识别 TEDS、通道识别 TEDS、标定识别 TEDS、终端用户应用特定的 TEDS 和扩展 TEDS。通过使用 TEDS,使传感器模型具有"即插即用"兼容性,大大简化由传感器或执行器到微处理器,以及网络的连接,从而构成各种网络控制系统。

4. IEEE 1451.3 标准的传感器

IEEE 1451.3 标准定义了一个标准的物理接口,以多点设置的方式连接多个分散的传感器。在某些情况下,不可能把 NCAP 嵌入在传感器中。IEEE 1451.3 标准以一种"小总线"方式实现 TBIM,这种小总线因足够小且便宜可以轻易地嵌入到传感器中,从而允许通过一个简单的控制逻辑接口进行大量的数据转换。IEEE 1451.3 的实施结构如图 9 – 39所示。

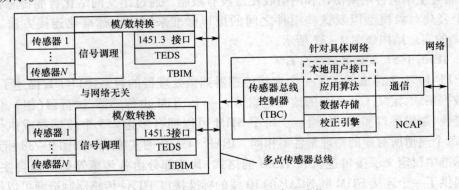

图 9 – 39　IEEE 1451.3 的实施结构

5. IEEE 1451.4 标准的传感器

IEEE 1451.4 定义了一个允许模拟量传感器以数字信号模式(或混合模式)通信的标准,使传感器能进行自识别和自设置。其构成是传感器 TEDS + 混合模式接口。

IEEE P1451.4 定义一个混合模式传感器接口标准,建立一个标准允许模拟输出的混合模式的传感器与 IEEE 1451 兼容的对象进行数字通信。每一个 IEEE P1451.4 兼容的混合模式传感器将至少由一个传感器、TEDS 和控制与传输数据进入不同的已存在的模拟接口的接口逻辑组成。IEEE P1451.4 的实施结构如图 9 – 40 所示。

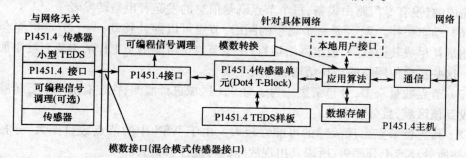

图 9 – 40   IEEE 1451.4 的实施结构

9.4   无线传感器网络概述

9.4.1   无线传感器网络概念特点与技术要求

1. 基本概念

WSN 是由大量廉价的同构或异构,静止或移动,具有无线通信和计算能力的微型传感器,部署在无人值守的监控或监测区域内,能够根据监测目标或对象自主完成给定任务,并将准确的信息传送到远程用户,以自组织和多跳的方式构成的智能监测网络系统。1 个传感器网络节点可以感知网络分布区域内的多个对象,1 个对象也可以被多个传感节点网络所感知。

WSN 是一种特殊的 Ad – hoc,综合了传感器技术、网络通信技术、无线传输技术、嵌入式技术、分布式信息处理技术、微电子制造技术和软件编程技术等方面,能够协作实时监测、感知和采集网络分布区域内的各种环境或监测对象的信息,并对其进行处理,获得详尽而准确的信息,传送到需要这些信息的用户。监测到的信息主要有温度、湿度、流量、转速、高度、速度、大小、方向、噪声、光强、频率、电磁频谱等众多人们感兴趣的物理现象。

2. WSN 的特点

与常见的无线网络相比,WSN 具有以下特点:

(1)硬件资源有限。节点由于受价格、体积和功耗的限制,其计算能力、程序空间和内存空间比普通的计算机功能要弱很多。

(2)电源容量有限。网络节点由电池供电,电池容量一般不是很大,且不能给电池充电或更换电池,一旦电池能量用完,这个节点也就失去了作用(死亡)。

（3）无中心。WSN 中没有严格的控制中心,所有节点地位平等,是一种对等式网络。节点可随时加入或离开网络,任何节点故障不影响整个网络的运行。

（4）快速部署和自组织。传感器节点一旦被抛撒即以自组织方式构成网络,无需依赖于任何预设的设施,节点通过分层协议和分布式算法协调各自的行为,节点开机后就可快速、自动地组成一个独立的网络。

（5）多跳路由。网络中节点通信距离一般在几百米范围内,节点只能与它的邻居直接通信。若与远处节点通信,则要通过中间节点进行路由。WSN 中的多跳路由是由普通节点完成的,没有专门路由设备,每个节点既是信息的发起者也是转发者。

（6）动态拓扑。WSN 是一个动态的网络,节点可以随处移动;一个节点可能会因为电池能量耗尽或其他故障,退出网络运行;一个节点也可能由于工作的需要而被添加到网络中。这些都会使网络的拓扑结构随时发生变化。

（7）节点数量众多,分布密集。为了对一个区域进行监测,往往有成千上万传感器节点空投到该区域,且分布密集。

（8）传感器节点出现故障的可能性较大。由于 WSN 中的节点数目庞大,分布密度高,往往所处环境十分恶劣,所以其出现故障的可能性会很大。

（9）传感器节点主要采用广播方式通信。采用广播方式,以加快信息传播的范围和速度,并可以节省电力。

（10）以数据为中心。在 WSN 中人们只关心某个区域的某个观测指标值,而不会去关心具体某个节点的观测数据,这就是 WSN 以数据为中心的特点。

（11）地址号码不一定是全球唯一。由于 WSN 中的节点数目极大,有些传感器可能不能回收,所以不可能为每个节点分配一个像 IP 地址那样的全球唯一的标识。

（12）网络的自动管理和高度协作性:数据处理由节点自身完成,只有与其他节点相关的信息才在链路中传送。节点不是预先计划的,位置也不是预先确定的。为了在网络中监视目标对象,配置冗余节点是必要的,节点之间通过互相通信、协作和共享数据来获得较全面的数据。

3. 无线传感器网络的生成

图 9-41 中的 4 张图描述的是传感器网络的生成过程。第 1 步,传感器节点进行随机地撒放,包括人工、机械、空投等方法;第 2 步是撒放后的传感器节点进入到自检启动的唤醒状态,每个传感器节点会发出信号监控并记录周围传感器节点的工作情况;第 3 步是这些传感器节点会根据监控到的周围传感器节点的情况,采用一定的组网算法,从而形成按一定规律结合成的网络;第 4 步

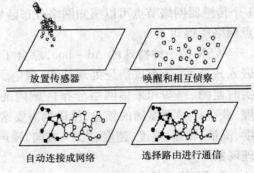

图 9-41 传感器网络的生成过程

是组成网络的传感器节点根据一定的路由算法选择合适的路径进行数据通信。

4. 传感器网络的标准

2000 年 12 月 IEEE 成立了 IEEE 802.15.4 工作组,致力于定义一种供廉价的固定、便携或移动设备使用的极低复杂度、成本和功耗的低速率无线连接技术。传感器网络是

304

802. 15. 4 标准的主要市场对象。将传感器和 802. 15. 4 设备组合,进行数据收集、处理和分析,就可以决定是否需要或何时需要用户操作。

IEEE 802. 15. 4、Zigbee 以及 IEEE 1451 等相关标准的发布,加速了 WSN 的发展。IEEE 802. 15. 4 是为了满足低功耗、低成本的无线网络要求而专门开发的低速率的 WAN 标准。它具有复杂度低、成本极少、功耗很小的特点,能在低成本设备(固定的、便携的或可移动的)之间进行低速率传输。IEEE 802. 15. 4 的特征决定了其适合传感器网络使用。IEEE 802. 15. 4 网络能力强(可对多达 254 个网络设备进行动态设备寻址)、适应性好、可靠性高。

5. 无线传感器网络的性能评价

下面讨论几个评价 WSN 性能的指标,并做进一步地模型化和量化。

(1) 能源有效性。WSN 网络在有限的能源条件下能够处理的请求数量。

(2) 生命周期。是指从网络启动到不能提供需要的信息为止所持续的时间。

(3) 时间延迟。是指发端发送一数据包,到收端成功接收此数据包的时间间隔。

(4) 感知精度。是指观察者接收到的感知信息的精度。传感器的精度、时间延迟、能量消耗、信息处理方法、网络通信协议等都对感知精度有所影响。

(5) 可扩展性。表现在传感器数量、网络覆盖区域、生命周期、时间延迟、感知精度等方面的可扩展极限,以适应网络大小、网络拓扑结构、网络节点密度、节点移动和退出的变化。

(6) 容错性。传感器网络的软、硬件必须具有很强的容错性、高强壮性。

(7) 信道利用率。信道利用率反映了网络通信中信道带宽如何被使用,系统需要尽可能地容纳更多的用户通信。

(8) 吞吐量。吞吐量是在一给定的时间内,发送端成功发送给接收端的数据量。

(9) 公平性。公平性反映出网络中各节点、用户、应用、平等的共享信道的能力。

9.4.2 无线传感器网络的主要研究内容与应用领域

1. 主要研究内容

WSN 的研究明显不同于现有的网络体系,突出表现在:①WSN 受到严格的能量限制;②传感器节点绝大多数是静态的;③传感器节点布局的随意性;④WSN 的设计是针对特定目的,应用领域有限。WSN 的研究内容可分为节点层面和网络层面 2 部分,其中带 * 号的为关键性问题或技术。

1) 节点层面的主要研究内容

(1) 传感器技术:研究多功能和适应恶劣环境的传感器、传感器的微型化等。

(2) 电源技术 * :研究体积小、容量大的高性能电源。

(3) 芯片技术:研究体积小、功耗低、功能强的 CPU、存储器及无线通信芯片等。

(4) 无线通信技术 * :研究适合于 WSN 的编码、多址访问等技术。

(5) 嵌入式操作系统 * :研究实时性强、代码量少、配置灵活的嵌入式操作系统以及相关的应用开发支撑环境。

(6) 低能耗编译技术:研究有利于节能的程序编译技术。

(7) 节点的综合集成技术等。

2）网络层面的主要研究内容

（1）低能耗 MAC 协议＊：研究适合 WSN 的 MAC 协议，并支持节点的休眠操作。

（2）低能耗路由技术＊：研究针对 WSN 流量分布特点和任务要求的路由技术，从延长网络生存时间等方面优化网络路由。

（3）协同定位技术＊：研究在有路标（Land-mark）和无路标情况下，利用声波测距等手段实现传感器节点的分布协同定位，以获得节点的绝对或相对位置。

（4）时钟同步技术：研究低能耗、分布式的机制，使传感器节点的时钟达到同步。

（5）网络覆盖和网络规划＊：研究如何部署传感器网络，在满足网络连通条件下，使用尽量小的代价实现被监测区域的长时间无缝覆盖；研究有效的覆盖控制技术，设置并让冗余节点能交替工作，从而达到延长网络生存时间的目的。

（6）拓扑控制技术＊：研究通过功率控制使得网络拓扑满足一定的性质，如连通性、稀疏性等，从而减少无线信号冲突、降低无线传输能耗、延长网络生存时间。

（7）数据融合技术＊：根据特定的应用需求，研究数据的缓存和融合策略、多传感器多数据类型环境下的数据融合方法等。

（8）移动性管理：研究并解决 WSN 中节点移动带来的系列问题，如位置跟踪等。

（9）网络安全技术：研究 WSN 物理层的抗干扰通信、网络层的加密、传输层的认证技术等，以保证网络的可用性与数据的完整性、保密性及不可否认性。

（10）网络测试和配置管理工具等。

2. 主要应用领域

WSN 应用领域与普通通信网络有着显著的区别，主要包括以下几个方面：

（1）军事应用。主要包括：识别并跟踪兵力、装备和物资；监视冲突区的状态；定位攻击目标；评估战场损失；侦察和探测核、生物和化学攻击等。WSN 的特性非常适合于军事侦察，可以用于侦察敌方兵力的部署、兵力的运动；侦察战场的核、生、化环境；侦察战斗区域的地形地貌特征和天气变化等。例如美国军方提出的"灵巧传感器网络"可提供实时准确的战场信息，包括通过有人和无人驾驶车辆、无人驾驶飞机、空中、海上及卫星中得到的高分辨率的数字地图、3 维地形特征、多重频谱图形等信息，为交战网络提供如开火、装甲车行动以及爆炸等触发传感器的真实事件的高级信息。

（2）智能交通。WSN 通过在道路两侧安放传感器节点，构造 WSN 来获取交通信息，从而实现交通控制、交通诱导、紧急车辆优先、停车场信息提供、不停车收费、事故避免等智能交通的特色功能。从而可建立实时、准确、全面、高效的综合交通运输管理系统。

（3）医疗保健。WSN 与家庭护理、远程医疗的结合，主要应用包括远程健康管理、重症病人或老龄人看护、生活支持设备、病理数据实时采集与管理、紧急救护等。在一些有发病隐患的病人身上安装特殊用途的传感器节点，如心率、血压等监测设备，医生就可以在远端随时了解被监护病人的病情，进行及时处理和救护。由于 WSN 节点重量轻、体积小，因此可以利用 WSN 长期收集人体的生理数据。

（4）工业监控。在工业上，WSN 主要用于对大型设备的监控，以掌握设备的运行情况或者设备所处环境的情况，避免一些重大的安全隐患。

（5）安全防范。WSN 主要用于防不正当入侵、防盗检测、危险物检测以及工业上的防范控制等。

306

（6）设施监控。WSN 可以对桥梁、楼宇、水道、电气、煤气等基础设施进行在线监控，实时反映重要设施的状况。利用传感器对基础设施的损坏和劣化程度进行实时监控。在灾难发生时，利用传感器进行基础设施的安全诊断来确保使用的安全。

（7）生态环境。WSN 在生态环境领域的主要应用包括：环境监测、地球观测、废弃物跟踪、能量需求的最佳化、监视动物行踪及生存环境等。环境传感器网络可监测环境变化，如大气、沙漠、平原、海洋表面和山脉等，研究环境变化对农作物的影响，检测农作物中害虫情况等。

（8）紧急和临时场合。在发生了地震、水灾、强热带风暴或遭受其他灾难打击后，固定的通信网络设施可能被全部摧毁或无法正常工作，对于抢险救灾来说，这时就需要WSN 这种不依赖任何固定网络设施、能快速布设的自组织网络技术。边远或偏僻野外地区、植被不能破坏的自然保护区，无法采用固定或预设的网络设施进行通信，也可以采用WSN 来进行信号采集与处理，发布避难指令和警告，完成一定的通信和搜救任务。

（9）农业食品。WSN 在农业上的应用主要是在农业生产过程中对农作物生长环境的实时监测上，进而调整生长环境以适应农作物的生长。如在生产现场，把握土壤成分的分布、日照度、湿度，判断施肥期和收获期；对异常现象进行分析，据此把握病虫害防治和农药的喷洒时机。

（10）居住环境监控：通过 WSN 可以监控我们的生活环境，为我们提供更加舒适、健康、方便和人性化的智能的居家环境。

（11）空间探索：探索外部星球一直是人类梦寐以求的理想，借助于航天器散布的WSN 节点可实现对星球表面长时间的监测。

WSN 应用领域非常广泛，但 WSN 一般不作为一个单独的系统运行，而市场又无处不在。WSN 的产业链已经基本成型，出现了一批组件供应商、软件授权商、系统集成商和解决方案提供商，他们正在推动 WSN 产业从研发阶段向市场阶段转移。

9.5 无线传感器网络体系结构与协议

9.5.1 无线传感器网络体系结构

1. 网络结构

1）基本结构

大量传感器节点随机部署在监测区域内部或附近，能够通过自组织方式构成网络。传感器节点监测的数据沿着其他传感器节点逐跳地进行传输，在传输过程中监测数据可能被多个节点处理，经过多跳后路由到汇聚节点，最后通过因特网、卫星或移动通信网络。用户通过监控中心对传感器网络进行配置和管理，发布监测任务以及收集监测数据。WSN 典型的简单结构如图 9-42 所示。传感器网络系统通常包括传感器节点、汇聚节点和监控中心。

传感器节点通常是一个微型的嵌入式系统，具有传感功能。它的处理能力、存储能力和通信能力相对较弱，通过携带能量有限的电池供电。每个传感器节点既是信息包的发起者，也是信息包的转发者，兼顾传统网络节点的终端和路由器双重功能，除了进行本地

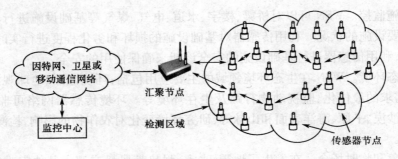

图 9 - 42　WSN 的简单结构

信息收集和数据处理外,还要对其他节点转发来的数据进行存储、管理和融合等处理,同时与其他节点协作完成一些特定任务。

　　汇聚节点的处理能力、存储能力和通信能力相对较强,它连接传感器网络和外部网络,实现两种协议栈之间的通信协议转换,同时发布监控中心的监测任务,并把收集到的数据转发到外部网络上。汇聚节点既可以是一个具有增强功能的传感器节点,有足够的能量供给和更多的内存与计算资源,也可以是没有监测功能仅带有无线通信接口的特殊网关设备。

　　用户通过监控中心对传感器网络进行配置和管理,发布监测任务以及收集监测数据。在有的情况下,传感器网络还可以采用有线或无线中继扩大信号的覆盖范围,改善网络拓扑结构,如图 9 - 43 所示。

　　2）传感器节点的结构

　　节点由于受到体积、价格和电源供给等因素的限制,通信距离较短,只能与自己通信范围内的邻居交换数据。要访问通信范围以外的节点,必须使用多跳路由。为了保证网络内大多数节点都可以与汇聚节点建立无线链路,节点的分布要相当的密集。

　　如图 9 - 44 所示,传感器网络节点的基本组成包括如下 4 个基本单元:传感单元(由传感器和模数转换功能模块组成)、处理单元(包括 CPU、存储器、嵌入式操作系统等)、通信单元(由无线通信模块组成)以及电源。传感器硬件部分与物理环境进行交互,将测量结果转化为传感器中的电信号,并将其传给一个物理实体;处理单元处理传感器硬件的信号并获取传感器硬件与物理环境的测度标准,存储器包含由处理器控制的软件和测量历史。根据具体应用需求,还可能会有定位系统以确定传感节点的位置,有移动单元使得传

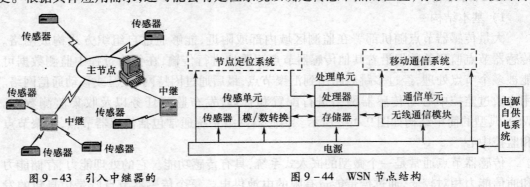

图 9 - 43　引入中继器的
　　　　　　传感器网络

图 9 - 44　WSN 节点结构

308

感器可以在待监测地域中移动。节点采用电池供电,一旦电源耗尽,节点就失去了工作能力。为了最大限度的节约电源,在硬件设计方面,要尽量采用低功耗器件,在没有通信任务的时候,切断射频部分电源;在软件设计方面,各层通信协议都应该以节能为中心,必要时可以牺牲其他的一些网络性能指标,以获得更高的电源效率。另外还需要在传感器节点的设计上采用一些特殊的防护措施。

2. 传感器网络的层次结构

传感器网络体系结构由分层的网络通信协议、传感器网络管理以及应用支撑技术 3 部分组成。分层的网络通信协议结构可以划分为物理层、链路层、网络层、传输层、应用层;传感器网络管理技术可以划分为能量管理、拓扑管理、QoS 网络管理、网络安全和移动性管理,主要是对传感器节点自身的管理以及用户对传感器网络的管理;在分层协议和网络管理技术的基础上,支持了传感器网络的应用支撑技术。其结构图如图 9-45 所示。

(1)物理层。涉及 WSN 采用的传输媒体、选择的频段、调制方式、发送和接收技术。目前,WSN 采用的传输媒体主要包括无线电、红外线和光波等。在频率选择方面,一般选用工业、科学和医疗(ISM,Industrial Scientific Medical)频段。

(2)数据链路层。负责拓扑生成以及数据流的多路复用、数据帧检测、媒体接入和差错控制。数据链路层保证了传感器网络内点到点和点到多点的连接。

(3)网络层。负责路由发现、生成、选择和维护。基于节能的路由有若干种,如最大有效功率路由算法,最小能量路由算法和基于最小跳数路由。

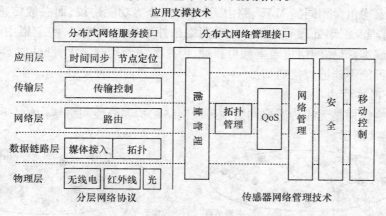

图 9-45   无线传感器网络层次结构示意图

(4)传输层。按照传感器网络的需求产生数据流,并负责数据流的传输控制,使得 WSN 访问接入因特网或其他外部网络。

(5)应用层。由各种传感器网络应用软件系统构成,为用户开发各种传感器网络应用软件提供有效的软件开发环境和软件工具。其内容包括节点部署、动态管理、信息处理和数据同步等。

9.5.2   无线传感器网络的拓扑结构

无线传感器网络的拓扑结构是组织无线传感器节点的组网技术,有多种形态和组网方式。按照其组网形态和方式来看,有集中式、分布式和混合式。集中式结构类似移动通信的蜂窝结构,集中管理;分布式结构,类似 Ad-Hoc 网络结构,可自组织网络接入连接,分布管理;混合式结构包括集中式和分布式结构的组合。无线传感器网络的网状式结构,类似 Mesh 网络结构,网状分布连接和管理。若按节点功能及结构层次来看,无线传感器网络通常可分为平面网络结构、分级网络结构、混合网络结构,以及 Mesh 网络结构。下面根据节点功能及结构层次分别加以介绍。

1. 平面网络结构

平面网络结构如图 9-46 所示,所有节点为对等结构,也就是说每个节点均包含相同的 MAC、路由、管理和安全等协议。这种网络拓扑结构简单,易维护,具有较好的健壮性,事实上就是一种 Ad-Hoc 网络结构形式。由于没有中心管理节点,故采用自组织协同算法形成网络,其组网算法比较复杂。

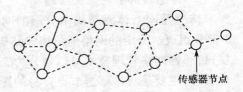

图 9-46 无线传感器平面网络结构

2. 分级网络结构(也称层次网络结构)

分级网络结构是无线传感器网络中平面网络结构的一种扩展拓扑结构,如图 9-47 所示,网络分为上层和下层 2 个部分:上层为中心骨干节点;下层为一般传感器节点。通常网络可能存在一个或多个骨干节点,骨干节点之间或一般传感器节点之间采用的是平面网络结构。具有汇聚功能的骨干节点和一般传感器节点之间采用的是分级网络结构。每个骨干节点均包含相同的 MAC、路由、管理和安全等功能协议,而一般传感器节点可能没有路由、管理及汇聚处理等功能。这种网络拓扑结构扩展性好,便于集中管理,可以降低系统建设成本,提高网络覆盖率和可靠性,但是集中管理开销大,硬件成本高,一般传感器节点之间可能不能够直接通信。

3. 混合网络结构

混合网络结构是无线传感器网络中平面网络结构和分级网络结构的一种混合拓扑结构,如图 9-48 所示。

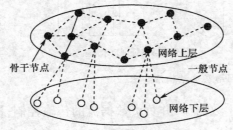

图 9-47 无线传感器网络分级网络结构

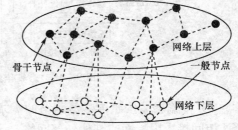

图 9-48 无线传感器网络混合网络结构

网络骨干节点之间及一般传感器节点之间都采用平面网络结构,而网络骨干节点和一般传感器节点之间采用分级网络结构。这种网络拓扑结构和分级网络结构不同的是一般传感器节点之间可以直接通信,可不需要通过汇聚骨干节点来转发数据。这种结构同分级网络结构相比较,支持的功能更加强大,但所需硬件成本更高。

4. Mesh 网络结构

Mesh 网络结构是一种新型的无线传感器网络结构,较前面的传统无线网络拓扑结构

310

具有一些结构和技术上的不同。从结构来看,Mesh 网络是规则分布的网络,不同于完全连接的网络结构,如图 9-49 所示。通常只允许和节点最近的邻居通信,如图 9-50 所示。网络内部的节点一般都是相同的,因此 Mesh 网络也称为对等网。

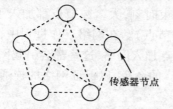
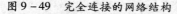

图 9-49 完全连接的网络结构

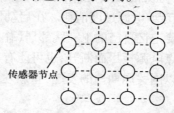

图 9-50 Mesh 网络结构

由于通常 Mesh 网络结构节点之间存在多条路由路径,网络对于单点或单个链路故障具有较强的容错能力和鲁棒性。Mesh 网络结构最大的优点就是尽管所有节点都是对等的地位,且具有相同的计算和通信传输功能,但某个节点可被指定为簇首节点,而且可执行额外的功能。一旦簇首节点失效,另外一个节点可以立刻补充并接管原簇首那些额外执行的功能。

一个 $n \times m$ 的 2 维 Mesh 网络结构的无线传感器网络拥有 nm 条连接链路,每个源节点到目的节点都有多条连接路径。对于完全连接的分布式网络的路由表随着节点数增加而成指数增加。通过限制允许通信的邻居节点数目和通信路径,可以获得一个具有多项式复杂度的再生流拓扑结构,基于这种结构的流线型协议本质上就是分级的网络结构。如图 9-51 所示,采用分级网络结构技术可使 Mesh 网络路由设计要简单得多,由于一些数据处理可以在每个分级的层次里面完成,因而比较适合于无线传感器网络的分布式信号处理和决策。

在无线传感器网络实际应用中,通常根据应用需求来灵活地选择合适的网络拓扑结构。

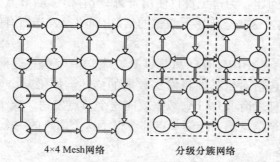

4×4 Mesh网络　　　　分级分簇网络

图 9-51 采用分级网络结构技术的 Mesh 结构

9.5.3 无线传感器网络传输协议

1. 路由协议

WSN 路由协议按最终形成的拓扑结构,可划分为平面路由协议和分级路由协议。

1) 平面路由协议

平面路由协议主要有 SAR、基于最小代价场的路由协议、SPIN。

（1）连续分配路由协议（SAR，Sequential Assignment Routing）。

SAR 算法产生很多的树，每个树的根节点是汇聚节点（或网关）的一跳邻居。在算法的启动阶段，树从根节点延伸，不断吸收新的节点加入。在树延伸的过程中，避免那些 QoS 不好的节点、电源过度消耗。在启动阶段结束时刻，大多数节点都加入了某个树，这些节点只需要记忆自己的上一跳邻居（作为中继节点）。在网络工作过程中，一些树可能由于中间节点电源耗尽而断开，也可能有新的节点加入网络，这些都会引起网络拓扑结构的变化。所以网关周期性的发起"重新建立路径"的命令，以保证网络的连通性和最优的服务质量。

（2）基于最小代价场的路由协议。

① 这种协议的每个节点只需要维持自己到接收器的最小代价（最优路径、跳数、消耗的能量或延时等），就可以实现信息包的最小代价路由。

② 最小代价场的建立过程如下：起初，所有的节点都将自己的代价设为无穷大。网关广播一个代价为 0 的广告信息，其他节点接收到此信息后，若信息中的代价小于节点自己的代价，则使用这个新代价作为自己的代价，并将新代价广播出去；若信息中的代价比自己的估计代价大，则丢弃该信息。这样最终每个节点都获得了自己距离网关的最小代价。

③ 代价场建立起来，信息包就可以沿着最小代价路径向网关发送。当信息发出时，它带有源节点的最小代价，信息中也有从源节点到当前节点所消耗的代价，一个邻居节点接收到信息，只有信息包已经消耗的代价和自己的代价之和等于源节点代价的时候，才转发这个信息。用这种方法，节点不需维持任何的路径信息，就可实现信息的最短路径发送。

（3）通过协商的传感器协议（SPIN，Sensor Protocols for Information via Negotiation）。

① SPIN 是以数据为中心的自适应路由协议，通过协商机制和资源调整来解决泛洪算法中的内爆和重叠问题。为避免盲目使用资源，所有传感器节点必须监控各自的能量变化情况。SPIN 通过发送描述传感器数据的信息，而不是发送所有的数据（例如图像）来节省能量。

② SPIN 有 3 种信息，ADV、REQ 和 DATA，在发送一个信息之前，传感器节点广播一个 ADV 信息，信息中包括对自己即将发送数据的描述。如果某个邻居对这个信息感兴趣，它就发送 REQ 消息来请求 DATA，数据就向这个节点发送。这个过程一直重复下去，直到网络中所有对这个信息感兴趣的节点都获得了这个信息的一个拷贝。

2）分级路由协议

分级路由协议主要有 LEACH 和 TEEN。

（1）低能量自适应分群（LEACH，Low Energy Adaptive Clustering Hierarchy）。

LEACH 是以群为基础的路由协议，自选择的群头节点从它所在群中的所有传感器节点收集数据，将这些数据进行初步处理后向网关发送。LEACH 以"轮"为工作时间单位，每一轮分为 2 个阶段：启动阶段和稳定阶段。在启动阶段，主要是传送控制信息，建立节点群，并不发送传感数据。为提高电源效率，稳定阶段比启动阶段有着更长的持续时间。

在每一轮的启动阶段，传感器节点在 0 和 1 之间选择一个随机数来决定是否成为群头。如果选择的随机数小于 $T(n)$，该节点就是一个群头，$T(n)$ 的计算如下：

312

$$T(n) = \begin{cases} \dfrac{P}{1 - P \times [\, r \bmod (1/P)\,]} & (n \in G) \\ 0 & (\text{其他}) \end{cases}$$

式中:P 是群头节点占总节点数的百分比,对于不同的网络,P 的最佳取值也不同;r 是当前轮;G 是前面 $1/P$ 轮中没有被选择作为群头的节点集。采用这样的计算公式,可以保证每个节点都可以在连续 $1/P$ 轮中的某一轮中成为群头。

群头节点产生后,向网络中所有的节点宣布它们是新的群头节点,未被选择作为群头的传感器节点接收到这样的广播信息,根据预先设定的参数,例如信噪比、接收信号强度等来决定自己加入哪个群。节点选择加入某个群,并向该群头节点发出信息;群头节点根据群内节点的信息,产生一个时分多路访问(TDMA, Time Diveision Multiple Access)方案,为每个节点分配一个通信时隙,只有在属于自己的时隙内,节点才可以向群头节点发送数据。

在稳定阶段,传感器节点以固定的速度采集数据,并向群头节点发送,群头在向网关发送数据之前,首先要对这些信息进行一定程度的融合。稳定阶段经过一定的时间后,网络重新进入启动阶段,进行下一轮的群头选择。

(2)门限敏感的传感器网络节能协议(TEEN,Threshold sensitive Energy Efficient sensor Network protocol)。

TEEN 与上面介绍的 LEACH 算法相似,但是传感器节点的数据不是以固定的速度发送的。只有当传感器检测的信息超过了设定的门限,才向群头节点发送数据。

TEEN 使用 LEACH 的群形成策略,但是在数据发送方面做了修改。TEEN 使用 2 个用户自定义的参数硬门限(Ht)和软门限(St)以决定当前传感的信息是否需要发送。当检测的值超过了硬门槛,它被立刻发送出去;如果当前检测的值与上一次之差超过了软门限,则节点传送最新采集的数据,并将它设定为新的硬门限。通过调节软门限值的大小,可以在监测精度和系统能耗之间取得合理的平衡。采用这样的方法,可以监视一些突发事件和热点地区,减小网络内信息包数量。

2. MAC 协议

WSN 的 MAC 协议,大致分为 2 类:①基于竞争冲突的协议;②基于时隙的协议。

1)基于竞争冲突的协议

此类协议要解决的问题是,减少由于竞争冲突、空闲侦听导致的能源损耗。

(1)低功耗前导载波周期侦听协议——LPL。

这种机制能使节点的无线收发装置有规律的处于“工作”、“待命”状态,而不丢失发送给该节点的数据。此机制工作在物理层,在每个无线数据包的前面附加了一个前导载波,其主要作用是通知接收节点,将有数据发送过来,使其调整电路准备接收数据。主要思想是将接收节点消耗在空闲侦听上的能源转移到发送数据节点消耗在发送前导载波能源上去。这就使接收节点能周期性的开启无线收发装置,侦听是否有发送过来的数据,检测是否有前导载波,若接收节点检测到前导载波,它将会一直侦听信道直到数据被正确的接收。如果节点没有检测到前导载波,节点的无线装置将被置于待命状态直到下一个前导载波检测周期到来,如图 9 – 52 所示。

(2)IEEE802.15.4 的 MAC 协议。

IEEE 802.15.4 定义了单一的 MAC 层和多样的物理层(图 9 – 53)。MAC 层以上协议由 Zigbee 协议套件组成,包括高层应用规范、应用会聚层、网络层组成。

IEEE 802.15.4 标准工作于 2.4GHz ISM 频段的 16 个信道,915MHz 频段的 10 个信道以及 868MHz 频段的 1 个信道。2.4GHz 频段提供的数据传输率为 250kb/s,适用于较高的数据吞吐量、低延时或低作业周期的场合;868MHz/915MHz 频段提供的数据传输率为 20kb/s/40kb/s,用较低的速率换取较高的灵敏度和较大的覆盖面积。该标准采用 CS-MA/CA 信道接入技术以及 2 种寻址方式——短 16 位和 64 位寻址。

此 MAC 协议包括以下功能:设备间无线链路的建立、维护和结束;确认模式的帧传送与接收;信道访问控制、帧校验、预留时隙管理和广播信息管理。

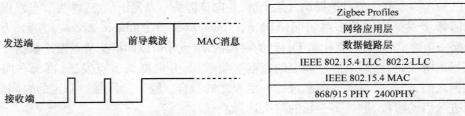

图 9 - 52　低功耗前导字段周期侦听　　　图 9 - 53　IEEE 802.15.4 协议架构

2)基于时隙的协议

传感器—媒体访问控制(S-MAC,Sensor-MAC)和定时—媒体访问控制(T-MAC,Timing-MAC)等协议都是从经典的竞争冲突协议的 MAC 协议演变而来,这类协议通过使用一个工作时隙,使节点处于一个工作循环周期中,从而减少节点消耗在空闲监听上的能源。在每个时隙的开始时所有节点被唤醒,任何一个节点需要发送数据都要通过竞争抢占共享信道,这种同步机制增加了信道中发生竞争冲突的可能性,S-MAC,T-MAC 协议通过发送请求(RTS,Request To Send)/发送清除(CTS,Clear To Send)握手机制来减少冲突。S-MAC 和 T-MAC 不同之处在于,各自使节点从激活状态转变到睡眠状态的方法不同。

(1) S-MAC 协议。

S-MAC 协议中提出了一种使所有节点工作在一个共同"时隙结构"的"虚拟簇"的机制。为了实现"虚拟簇",每个节点在每个时隙开始时广播同步数据包,接收到同步数据包的节点允许新的节点加入到网络中,按需要调整漂移的时钟。原则上整个网络工作在同一"时隙结构",但由于移动性和时隙调度机制,在一个网络中可包含许多"虚拟簇"。

一个 S-MAC 时隙由同步时段、活动时段、睡眠时段组成,如图 9 - 54 所示,在睡眠时段可将其无线发送装置关闭,此时段较长(500ms ~ 1s),活动时段固定在 300ms。S-MAC 中时隙的长度可适当调整,S-MAC 协议减少了空闲侦听所消耗的能源,采用了冲突避免机制,使节点避免了不必要的窃听,而且 S-MAC 协议还具有消息分析的功能,在传送分段消息时能减少网络的协议控制消耗。S-MAC 协议的不足之处在于:节点的工作循环周期在 S-MAC 协议开始工作时就已确定下来,不能根据网络中的业务量的变化来进行调整。

图 9 - 54　S-MAC 时隙结构

（2）T-MAC 协议。

T-MAC 协议沿用了 S-MAC 协议中的"虚拟簇"的方法，使各节点同步工作，多设置了一个自适应的工作循环周期。相比 S-MAC，T-MAC 能够自适应网络中业务量的波动。T-MAC 使用了固定长度的工作时隙（615ms），并使用定时溢出机制动态地控制节点处于"活动"状态的时间长度。在设定的时间内，若节点在共享信道上没有检测到发送来的数据和冲突，然后节点转入"睡眠"状态；反之开始通信。节点在通信结束后，重新开启定时功能。

（3）轻量级 MAC（LMAC，Lightweight MAC）协议。

LMAC 协议通过在时间上把信道分成许多时隙，形成一个固定长度的帧结构，一个时隙包含一个业务控制时段和固定长度的数据时段。每个节点控制一个时隙，当一个节点需要发送一个数据包时，它会一直等待，直到属于自己的时隙到来。在时隙的控制时段内，节点首先广播消息头，消息头包含消息的目的地和消息长度，之后马上发送数据。监听到消息头的节点若发现自己不是此消息的接收者，会将自己的无线发送装置关闭。与其他的 MAC 协议相比，接收端正确接收一个消息后，不需要向发送端回送证实消息。LMAC 协议将可靠性问题留给高层协议来处理。它通过让节点选择一个在两跳范围内的无重用的时隙来调度"帧结构"。控制部分包含了详细的描述时隙占用信息的比特组，欲加入网络的新节点先侦听整个帧结构，通过或操作时隙占用比特组，新加入的节点能够计算出哪些时隙是空闲的，并在其中随机选择一个时隙，与其他新加入的节点竞争占用该时隙。

3）几种协议的比较

表 9-4 对 6 种协议做了综合比较。通过比较各种 MAC 协议，没有一种协议明显强于其他协议，但随着 WSN MAC 协议研究的不断深入，一些新的 MAC 协议会不断提出，这些协议会在能源有效性和网络灵活性之间做出新的选择。MAC 协议进一步的研究方向包括交叉层的优化路由协议、数据聚集协议、提高网络应对节点故障的能力和增强网络的健壮性。

表 9-4　6 种 MAC 协议的综合比较

比较参数	802.15.4 无信标网络	802.15.4 有信标网络	LPL	S-MAC	T-MAC	LMAC
能量有效性	不好	好	较好	好	较好	较好
可扩展性	好	不好	好	较好	较好	不好
信道利用率	好	较好	较好	不好	较好	好
延迟	好	较好	较好	较好	不好	好
吞吐量	好	较好	不好	较好	好	较好

9.6　无线传感器网络应用支撑技术

9.6.1　时间同步

由于传感器网络的特点，以及能量、价格和体积等多方面的约束，使得现有的时间同步机制不适用于传感器网络。

设计传感器网络的时间同步机制考虑的几个方面：

（1）扩展性——要能够适应网络范围或节点密度的变化。

（2）稳定性——能在拓扑结构动态变化中保持时间同步的连续性和精度的稳定。

（3）鲁棒性——良好的适应环境的动态变化。

（4）收敛性——要求建立同步的时间要短。

（5）能量感知——网络通信和计算负载应该可预知。

目前关于 WSN 时间同步技术已经有了一些进展,主要有 TPSN、LTS、FTSP 等。

（1）传感器网络定时同步协议（TPSN, Timing Sync Protocol for Sensor Network）。TPSN 算法分 2 个阶段进行:首先是层次发现,即形成分层的网络体系结构;然后是同步阶段,先是根节点与其下层节点的成对同步,直到最后网络中的所有节点都与根节点同步。该算法的高明之处就是把时间戳的处理放在 MAC 层进行,通过一个应用程序接口把 MAC 层与应用层连接起来,从而减少了发送时间、接入时间、处理时间等的不确定性对时间同步精度的影响。但是如果网络的根节点失效或者网络中的某个节点失效,则就会影响网络的时间同步,有可能导致整个网络无法同步。

（2）轻量级时间同步（LTS, Lightweight Time Synchronization）算法。LTS 算法是一种网络级的时间同步算法,是通过牺牲一定精度来减少能量开销的同步算法。该算法的思想是构造一个包括所有节点的具有较低深度的生成树,然后沿着树的边来进行两两同步。LTS 主要提出了 2 种思想:一种是对那些实际上需要同步的节点按需进行操作,一种是主动对所有节点进行同步。2 种思想都是假定存在有一个或多个主节点,这些主节点被带外同步到一个参考时间上。

（3）泛洪时间同步协议（FTSP, Flooding Time Synchronization Protocol）。FTSP 假定网络中的节点都有唯一 ID 的情况下,选取具有最低 ID 的节点作为 Leader 节点,作为一个参考时间源来提供服务。采用了发送单个广播消息的思想。具体实现如下:在完成同步字节的发送后,给时间包加盖时间戳,完成包的发送。接收节点记录同步字节到达的时间,并计算位偏移。在收到完整消息后,计算位偏移产生的延迟。然后利用接收节点与发送节点的时间偏移量来调整本地时间与发送节点的同步。

（4）3 种同步算法的比较。如表 9-5 所列,给出了上述 3 种同步算法的简单比较。可以看出它们都是网络级的时间同步,并且都采用了两两同步的思想。其中 TPSN 算法与 FTSP 算法不但通过了仿真,而且在 TinyOS 上进行了实现,其精度分别为 16.9μs 和 21.8μs。

表 9-5 3 种同步协议的简单比较

同步协议	TPSN	FTSP	LTS
假定的主节点数	1 个	1 个	1 个或多个
消息传递方式	广播	广播	单播
通信方式	双向	单向	双向
主节点的选定	指定一个节点	ID 号最小	生成数的根部
时钟漂移处理	时延包分解	线性回归	Resynchronization
MAC 访问	是	是	否
网络体系结构	Flooding 策略（树型）	树型	最小生成树
同步范围	Network-wide	Network-wide	Network-wide

9.6.2　节点定位

确定事件发生的位置或采集数据的节点位置是传感器网络最基本的功能之一。WSN 的节点定位主要涉及到报告事件发生的地点、目标跟踪、协助路由和协助网络管理。WSN 中包含大量传感器节点，通常节点的放置采用随机撒布放置方式，如果依靠人工标定来确定每个节点的位置，其工作量巨大，难以完成。另一种可直接获得节点位置的方法是为每个节点配备 GPS，但由于节点数目众多，考虑到价格、体积、功耗等因素的限制，通常不采取这种方案。一种较合理的方法是为部分节点事先标定好准确位置或为它们配备定位系统，这些节点通常称为锚节点。所有节点定位算法都假设 WSN 节点分布在一个 2 维空间中，且一部分节点的位置是已知的(锚节点)。目前节点定位的研究热点集中于如何利用这些锚节点提供的位置信息与节点间的协作，来计算非锚节点的位置。

节点定位的方法主要有基于距离的方法和非基于距离的方法。

1. 基于距离的方法

(1) 测量信号到达时间。已知信号的传播速度，根据传播时间来计算距离，得到的结果精度高，但要求节点保持精确时间同步，对节点硬件和功耗提出了较高要求。

(2) 测量不同信号到达时间差。由两节点同时发送信号，待定位节点根据两信号的到达时间差来计算距离。这种技术对硬件的要求较高，但是测距误差小。此方法发送信号易受干扰，不适合于大规模的传感器网络。

(3) 测量待测节点的角度。得到待测节点跟 2 个锚节点之间的夹角和 2 个锚节点之间的距离，这样就可以得到待测节点的坐标，如图 9-55 所示。在 WSN 中，相控阵雷达根据接受信号的到达时间的差异和天线本身的几何特性可测定出 2 个节点间的夹角。

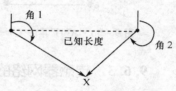

图 9-55　角度定位法示意图

(4) 测量节点的信号强度。利用信号在传递过程中的衰减特性进行距离估计。已知发射节点的发射信号强度，接收节点根据收到的信号强度，计算出信号的传播损耗，基于理论和经验的信号衰减模型将传输损耗转化为距离。该方法符合低功率、低成本的要求，但信号强度易受环境的影响。

(5) 测量节点是否在发射信号的接收范围。使用已知发射功率的信号，或者使用定向天线改变发射信号方向来检测接收节点是否在信号覆盖区域内，通过覆盖区域的重叠面积计算来确定节点的位置范围。

2. 非基于距离的算法

获得了检测量后，利用如下方法得到节点的定位。

(1) 三边(多边)计算法：已知平面上(空间上)三(多)点的位置 A、B、C，以及 D 点到 A、B、C 的距离，利用几何方法可求出 D 点的坐标。

(2) 三角(多角)计算法：已知平面上(空间上)三(多)点的位置 A、B、C，以及 D 点为角顶点，角边的端点为 A、B、C 的角度，可求出 D 点的坐标。

(3) 极大似然估计法：已知很多节点 D 的相邻节点坐标以及它们到节点 D 的距离或方位，使用最小均方差估计方法得到节点 D 的坐标。

一种近似三角形中的点(APIT，Approximate Point In Triangle)算法实现如下：位置待确定的节点监听自己附近锚节点的信号,根据这些信号,APIT 算法可以把临近这个节点的区域划分为一个个互相重叠的三角形区域。这些三角形的顶点是此节点能监听到的那部分锚节点。而对于每个三角形,只可能有 2 种状态:包含节点或者不包含节点。当检验完所有的三角形后,就可以把节点的位置限定在包含节点的几个三角形的相交区域内。而利用所有可监听到的锚节点的信息,这个相交区域可以变的很小,这样这个相交区域的重心被认为是这个节点的坐标。如图 9 - 56 所示,阴影部分区域是所有被节点 S 监听到的包含 S 的三角形的相交区域,而它的重心则被认为是节点 S 的位置。其中的 A、B、C、D、E 是被 S 监听到的锚节点。

基于上述说明,一个节点必须有能力判定锚节点构成的三角形是否包含它。如图 9 - 57 所示,APIT 采用一种变通的方法:考察 M 的相邻节点跟 A、B、C 的距离。如果存在一个节点,它跟 A、B、C 的距离和 M 的距离相比同时增大或者缩小,算法认为节点 M 落在三角形 ABC 外部,反之,如果不存在这样的节点,算法认为节点 M 落在三角形 ABC 内部。

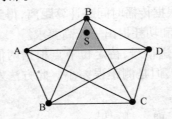

图 9 - 56　APIT 算法定位示意图

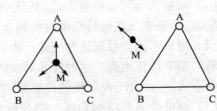

图 9 - 57　APIT 算法中节点的 2 种状态

9.6.3　传感器网络的电源节能技术

如何在不影响功能的前提下,尽可能节约 WSN 的电池能量成为 WSN 软硬件设计中的核心问题。

能耗主要来源于处理、感应和无线传输 3 个操作。处理的能量消耗主要是由于微处理器执行指令的能量消耗;传感的能量消耗主要包括前端处理、数/模转换等操作,其能量消耗视传感器种类不同而有所不同。低能耗传感器有温度、光强、加速度传感器等;中等能耗传感器如声学、磁场传感器等;高能耗传感器包括图像、视频传感器等;无线传输能耗主要来源于无线模块在收发数据及空闲侦听时的能耗。

由于现有无线传感器网络的传感器主要以低能耗和中等能耗为主,因此现有的节能技术主要包括关于数据处理与数据传输的节能技术 2 个方面,如图 9 - 58 所示。

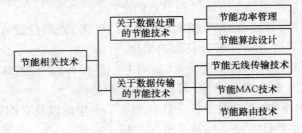

图 9 - 58　节能技术分类

1. 关于数据处理的节能技术

1）节能功率管理

（1）休眠机制。主要思想是，当节点周围没有感兴趣的事件发生时，计算与通信单元处于空闲状态，把这些组件关掉或调到更低能耗的状态，即休眠状态。

现有的无线收发器也支持休眠，而且可以通过唤醒装置唤醒休眠中的节点，从而实现在全负载周期运行时的低能耗。无线收发器有 4 种操作模式：发送、接收、空闲和休眠。表 9-6 给出了一种无线收发器的能耗情况，除了休眠状态外，其他 3 种状态的能耗都很大，空闲状态的能耗接近于接收状态，所以如果传感器节点不再收发数据时，最好把无线收发器关掉或进入休眠状态以降低能耗。

表 9-6   无线收发器的操作模式与能耗

无线收发器状态	发送	接收	空闲	睡眠
能耗/mW	14.88	12.50	12.36	0.016

（2）动态电压调度。对于大多数传感器节点来说，并不需要节点的微处理器在所有时刻都保持峰值性能。根据 CMOS 电路设计的理论，微处理器执行单条指令所消耗的能量 E_{op} 与工作电压 V 的平方成正比，即 $E_{op} \propto V^2$。动态改变微处理器的工作电压和频率，使得刚好满足当时的运行需求，从而在性能和功耗之间取得平稳。在操作系统中进行动态电源管理和动态电压调整，在实时调度算法中进行某种程度的预测，对能耗进行主动式的管理，对计算任务及早执行，然后在算法正常结束前提前中止，这样就能在对数据精度影响不大的情况下节约能耗。

2）节能算法设计

（1）能量可扩展 DSP 算法。基本思想是将传统 DSP 算法的执行操作按影响结果的显著程度进行排序，将对结果影响大的操作先执行，这样就可以在能耗与结果精确程度之间寻求一个平衡。

（2）分布式数字处理器算法。其基本思想是将 1 个算法分解为多个子算法，然后让不同的节点来执行不同的子算法，将结果进行汇总并处理得到总的结果。这样的话，可以使每个节点的执行负载比较均衡，因此每个节点都可以利用该算法的空间来节省能耗。此外还要寻求分解带来的能量节省与通信的能量开销之间的平衡。

2. 有关数据传输的节能技术

这种节能技术主要有无线传输的节能技术、网络路由的节能技术，以及 MAC 的节能技术。节能无线传输技术是在路由确定后，解决如何传输数据以最小化能耗的问题；节能MAC 技术主要解决的问题是如何构造一个能量最优化的拓扑及如何调度各节点的睡眠以节能；节能路由技术则是在拓扑构造好以后，解决如何根据采集参数确定最优数据传输路由的问题。

1）节能无线传输技术

无线传输是节点能耗的主要来源。除了发送自身感知的数据之外，每个无线传感器节点又都是路由器，需要为其他节点转发报文。无线传感器节点接收的大部分报文（大概有 65% ）需要转发给其他节点。不管其最终目的地是哪里，每个接收到的报文都会经过相同的处理步骤到达计算子系统并得到处理，导致不必要的能耗开销。利用智能无线收发系统,需要转发的报文可以直接在通信子系统标识和转发,甚至在计算子系统处于睡眠状态时也能正常工作。

调制模式的选择决定了无线链路在总体能耗与灵敏度、延迟等方面的平衡。调制级别直接影响功率放大器的能耗,根据实际需求动态改变调制级别是节约能耗的有效手段。由于无线收发电路的启动开销较大,因而每次发送报文的长度越大越好,这样可以将启动开销平摊到更多的数据上,但将数据积累到一定长度再发送对信息交换的延迟有影响,需要在两者之间进行平衡。

负责错误检测和纠正的链路层影响报文的发送次数,从而影响系统功耗,特别是对于与网关节点等远距离通信而言。对给定的误码率,错误控制机制可以减少发送报文消耗的能量,但相应的增加了发送者和接收者的处理能耗。好的错误控制模式可以降低报文重传次数,从而节约收发两端的能耗。

2)节能路由技术

此技术是要在源和目的地之间找到一条节能的多跳路由。节能路由是在普通的路由协议基础上,考虑相关的能耗因素,引入新的与电源消耗有关的衡量指标,实现能耗的节约。

最简单的节能路由协议是寻找一条能耗最低的路由,通过它传送数据。但这样未必能延长网络的生存时间,因为某些处于关键位置的节点可能被过度使用而导致电源过早耗尽。为避免这种情况,最大最小路由使得节点的剩余电量尽可能多,而路由耗能尽可能小。可定义一个电源开销函数,尽量将2种方法结合起来。

在无线网络通信中,能量消耗 E 与通信距离 d 存在关系: $E = kd^n$,其中 k 为常量, $2 \leqslant n \leqslant 4$ 。由于无线传感器网络的节点体积小,发送端和接收端都贴近地面,干扰较大,障碍物较多,所以 n 通常接近于4,即通信能耗与距离的4次方成正比。可见随着通信距离的增加,能耗急剧增加。通常为了降低能耗,应尽量减小单跳通信距离。简单地说,多个短距离跳的数据传输比一个长跳的传输能耗会低些。因此,在传感器网络中要减少单跳通信距离,尽量使用多跳短距离的无线通信方式。

3)节能 MAC 技术

对于无线传感器网络,MAC 协议的能量浪费主要来源于下面几个方面:

(1)由于数据包冲突造成的能量浪费。如多个节点向同一个节点传输数据造成数据包碰撞,重传从而造成能量浪费。

(2)由于不必要侦听造成能量浪费,比如一个节点侦听到不是自己的数据包所造成的能量浪费。

(3)无线模块长期处于空闲状态所造成能量浪费。节点处于空闲状态的能耗可以和接收状态及发送状态的能耗比拟,如果节点无线模块长期处于空闲状态就会造成大量能量浪费。

(4)由于收发节点没有协调好所造成的不必要数据发送。比如当发送端发送数据时,接收端处于睡眠状态,此时发送的数据会造成能量的浪费。

好的 MAC 协议应该具备的特点有:节省能量消耗,延长网络生命;具有可扩展性,即协议的设计应该具有分布式的特点以适用于大规模环境;具有自适应能力,能适应于网络规模、节点密度及拓扑等的动态变化,能够有效处理节点死亡或新节点加入带来的问题。

320

第10章 下一代因特网的接入技术

因特网的发展有 2 个因素,即因特网主干网速度和接入网速度。目前对于主干网来讲,各种宽带组网技术日益成熟和完善,网络的主干已经为承载各种宽带业务做好了准备。但是位于外网与内网之间的接入网发展相对滞后,接入网技术成为制约通信发展的瓶颈。为了给用户提供端到端的宽带连接,接入网的宽带化、数字化是前提和基础。下面就下一代因特网中经常要用到的接入网技术和新的进展做详细介绍。

10.1 接入网概述

网络接入技术发生在连接网络与用户的最后一段路程,网络的接入部分是目前最有希望大幅提高网络性能的环节。如何将远程的计算机或计算机网络以合适的性能价格比接入因特网已是当前发展和研究的焦点。

10.1.1 接入网的概念与结构

接入网(AN,Access Network)主要用来完成用户接入核心网(骨干网)的任务。ITU-T G.902 标准中定义接入网由业务节点接口(SNI,Service Node Interface)和用户网络接口(UNI,User Network Interface)之间一系列传送实体(诸如线路设施和传输设施)构成,为供给电信业务而提供所需传送承载能力的实施系统,它可以包括复用、交叉连接和传输设备,可经由管理接口(Q3)配置和管理,可以被看作与业务和应用无关的传送网。它的范围和结构如图 10 − 1 所示。可见通信网由电信管理网、核心网、接入网和用户驻地网(CPN,Customer Premises Network)组成。接入网就是 SNI、UNI 和 Q3 之间的一系列传送实体(如线路设施、传送设施和接口)。

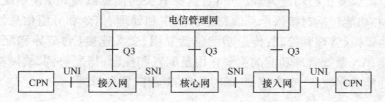

图 10 − 1 核心网和用户接入网示意图

因特网接入网分为馈线段、配线段和引入线 3 个部分。其中:馈线系统为传统电缆和光缆;配线系统也可能是电缆或光缆,长度一般为几百米;而引入线通常为几米到几十米,多采用铜线。其物理参考模型如图 10 − 2 所示。图中的交换机(SW,Switch)与远端交换模块(RSU,Remote Switch Unit)构成业务节点(SN,Service Node),RSU 和远端(RT,Remote Terminal)设备可根据需要确定是否设置。灵活点(FP,Flexible Point)和分配点(DP,

Distribution Point)大致对应传统用户网中的交接箱和分线箱。可根据实际情况做不同程度的简化,最简单的一种就是用户与端局直接相连。

图 10-2 中 SN 是提供业务的实体,是一种可以接入各种交换型和/或永久连接型电信业务的网元。而 SNI 即是 AN 与 SN 之间的接口,可提供规定业务的 SN 有本地交换机、租用线业务节点或特定配置情况下的点播电视和广播电视业务节点等。

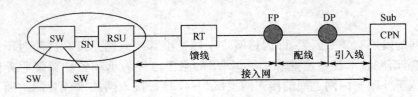

图 10-2　接入网的物理参考模型

接入网的功能结构是以 ITU-T 建议 G. 803 的分层模型为基础的,利用分层模型可将接入网的传送网划分为电路层(CL,Circuit Layer)、传输通道层(TP,Transmission Pathlayer)和传输媒质层(TM,Transmission Medialayer),其中 TM 层又可以进一步划分为段层和物理媒质层。CL 网络是面向公用交换业务的,按照提供业务的不同可以区分不同的 CL 网络。TP 网络为上面的电路层网络节点(如交换机)提供透明的通道(即电路群)。TM 网络与传输媒质(光缆或无线)有关。三层之间相互独立,相邻层之间符合客户/服务者关系。CL 上面是接入承载处理功能(AF,Access Bearer Processing Function)。再考虑层管理和系统管理功能后,整个接入网的通用协议参考模型可以用图 10-3 来描述。该图描述了各个层面及其相互关系。

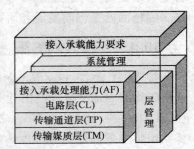

图 10-3　接入网的通用
协议参考模型

接入网的主要功能有 5 种,即用户口功能、业务口功能、核心功能、传送功能和 AN 系统管理功能。图 10-4 所示为一个 AN 功能结构的示例,展示了各种功能组是如何互连的。用户口功能的主要作用是将特定的 UNI 要求与核心功能和管理功能相适配;业务口功能的主要作用是将特定 SNI 规定的要求与公用承载通路相适配以便核心功能处理,也负责选择有关的信息以便在 AN 系统管理功能中进行处理;核心功能包括对接入承载通路进行集中和处理、信令和分组信息复用、传送承载通路的电路模拟、管理和控制;传送功能包括复用、交叉连接(含疏导和配置)、管理和物理媒质功能;AN 系统管理功能的主要作用是配置和控制、指配协调、故障检测和指示、用户信息和性能数据收集、安全控制、即时管理和操作、资源管理。

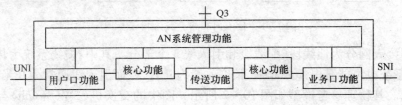

图 10-4　接入网的功能结构

322

10.1.2　接入技术与标准简介

接入外网或因特网的技术可划分为：有线接入技术和无线接入技术。其中：有线接入技术包括铜线接入、以太网接入、电力线接入、光纤接入、光纤混合同轴电缆接入；无线接入技术包括移动无线接入、无线个域网接入、无线局域网接入、无线城域网接入、无线广域网接入，具体如表 10-1 所列。其中铜线接入主要是为拥有固定市话网络的运营商所采用，如中国电信和中国联通等；HFC 主要是广电部门在采用；随着我国 3G 牌照的发放和 4G 技术的成熟，移动无线接入前景十分看好；光纤到户作为有线接入的有力竞争方式正在起步、发展之中；电力线等接入方式在国内的应用规模还十分有限。

表 10-1　接入技术与相关标准

接入方式	技术与标准	所用技术	相关标准
有线接入	铜线接入	ADSL/VDSL/EVDSL/HDSL/SHDSL/SDSL/ RADSL/ IDSL/ MDSL	ITU-T　G. 992.1/2/3/4/5　及　ITU-T G. 993.1 等
		Home PNA	ITU-T G. 9954
	以太网接入	LAN	IEEE 802. 3 - 2005 等
	电力线接入	PLC	HomePlug 联盟 HomePlugBPL
	光纤接入	EPON	IEEE 802. 3ah
		GPON	ITU-T G. 984
	光纤混合同轴电缆接入	HFC	IEEE 802. 14、MCNS 等
无线接入	移动无线接入	3G 等	ITU-T G. 1701/11/21 等
	无线个域网接入	蓝牙	IEEE802. 15. 1
		IrDA	IrDA 1. 0/1. 1、IrPHY、IrLAP、IrLMP
		HomeRF	SWAP、IEEE 802. 11 + DECT
		UWB	IEEE802. 15. 3a
		ZigBee	IEEE802. 15. 4、ZigBee
	无线局域网接入	GSM、CDMA、MMDS、LMDS、VSAT、DBS、WiFi	IEEE　802. 11a/b/g/n/e/i/f/h、Hiper-LAN 等
	无线城域网接入	IEEE 802. 16 和 HiperAccess	IEEE 802. 16a/c/e/f/g/2/2a/ REVd 等
	无线广域网接入	Mobile-Fi、WCDMA、CDMA2000、TD-SC-DMA 和 4G	IEEE 802. 20 等

10.2　基于铜线的接入技术

虽然铜线的传输带宽有限，但由于电话网非常普及，如何充分利用这部分宝贵资源，是中、近期接入网宽带化的重要任务。PSTN 接入技术主要包括 xDSL 和 Home PNA 两个方面。

10.2.1 xDSL 技术

xDSL 是数字用户线(DSL,Digital Subscriber Line)的统称,是以铜电话线为传输介质的点对点传输技术。DSL 技术被认为是解决"最后 1 英里"问题的最佳选择之一。其最大的优势在于利用现有的电话网络架构,为用户提供更高的传输速度。

1. 非对称数字用户线 ADSL

在普通电话双绞线上,ADSL 的典型上行速率为 16kb/s ~ 640kb/s,下行速率为 1.544Mb/s ~ 8.192Mb/s,传输距离为 3km ~ 6km。ADSL 将一条双绞线上用户频谱分为 3 个频段,① 0 ~ 4kHz 频段,传送话音基带信号实现电话业务;②20kHz ~ 200kHz 频段,传送上行或下行的低速数据(144kb/s ~ 576kb/s);③250kHz ~ 1000kHz 频段,传送下行高速数据(速率可达 8Mb/s)。有关 ADSL 的标准有 ANSI 的 T1E1.4、ITU-T 的 G.922.1 和 G.992.2。

ADSL 的关键在于高速信道的调制技术,目前采用 3 种调制技术:正交幅度调制(QAM,Quadrature Amplitude Modulation)、无载波幅度 - 相位调制(CAP,Carrierless Amplitude-Phase modulation)、离散多频调制(DMT,Discrete Multitone)。CAP 与 QAM 基本相同,是无载波的 QAM,而 DMT 则可提供更高的工作速率。DMT 是一种多载波调制方法,它将电话网中的双绞线的可用频带分为 256 个子信道,每个子信道带宽为 4kHz,它可根据各子信道的性能来动态分配各信道的数据速率。

ADSL 是利用数字编码技术从现有的铜制电话线上获取最大数据传输容量,同时又不干扰在同一条线路上进行的常规话音服务。ADSL 设备的连接如图 10 - 5 所示。ADSL 的基本原理是使用电话话音以外的频率来传输数据,使用户在浏览因特网的同时可以打电话或发传真,而且不会影响通话的质量和网络下载速度。ADSL 技术有利于充分利用铜缆资源,保护已有投资,能够在正常开通现有话音业务的同时提供宽带业务。

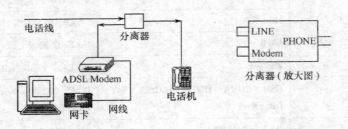

图 10 - 5 ADSL 设备连接示意图

2. 高速数字用户线(HDSL,High data rate Digital Subscriber Line)

HDSL 利用 2 条双绞线进行数字资料的传输,不过上下传速度对称。在一条双绞线的状况下,HDSL 速率可达 784kb/s ~ 1040kb/s,如果以 2 条双绞线传输,则可将速率提高到 T1(1.544Mb/s)或 E1(2.048Mb/s)的水准。它采用高速自适应数字滤波技术和先进的信号处理器,进行线路均衡,消除线路串音,实现回波抑制,不需要再生中继器,适合所有非加感用户环路,设计、安装和维护方便、简捷。HDSL 采用的编码类型为 2B1Q 码或 CAP 码,可以利用现有电话线缆用户线中 2 对或 3 对双绞线来提供全双工的 T1/E1 信号传输,对普通 0.4mm ~ 0.6mm 线径的用户线路来讲,传输距离可达 3km ~ 6km,比传统的脉冲编码调制(PCM,Pulse Code Modulation)要长 1 倍以上。如果线径更粗些,传输距离可接近 10km。

HDSL 的相关标准有 ANSI 的 T1E1.4、ETSI 的 DTR/TM-3017 及 ITU-T 的 G.991.1 等。

3. 甚高速数字用户线(VDSL)

VDSL 是 ADSL 的快速版本。它采用频分复用方式,将窄带话音、ISDN 以及 VDSL 的上、下行信号放在不同的频段传输。VDSL 采用 CAP、DMT 和离散子播多音调制(DWMT,Discrete Wavelet Multi-Tone)等编码方式,仍旧在 1 对铜质双绞线上实现信号传输,其下行速率可达 13Mb/s ~ 55Mb/s,上行速率可达 1.5Mb/s ~ 19Mb/s,传输距离为 300m ~ 1500m。不过,VDSL 技术的传输速率依赖于传输线的长度,所以,上述的数据是相对而言的。

4. 对称数字用户线(SDSL,Symmetric Digital Subscriber Line)

SDSL 是对称的 DSL 技术,是 HDSL 的一个分支,与 HDSL 的区别在于只使用 1 对铜双绞线在上、下行方向上实现 E1/T1 传输速率。它采用 2B1Q 线路编码,上行与下行速率相同,传输速率由几百千比特每秒到 2Mb/s,传输距离可达 3km 左右。

5. 速率自适应数字用户线(RADSL,Rate Adaptive Digital Subscriber Line)

RADSL 是速率可调的 ADSL,能够自动地、动态地根据所要求的线路质量调整自己的速率,支持同步和非同步传输方式,支持同时传输数据和话音,支持的下行速率最高可以达到 7Mb/s,上行速率最高可达到 1.5Mb/s,为远距离用户提供质量可靠的数据网络接入手段。RADSL 是在 ADSL 基础上发展起来的新一代接入技术,其传输距离可达 5.5km 左右。

6. 单线 HDSL(SHDSL,Single-line HDSL)

SHDSL 是 HDSL 单线版本的升级技术,也就是说可以节省 1 对双绞线(也可以使用 2 对双绞线),传输速率更快,传输距离更远,因此安装更为方便。SHDSL 采用 PAM16 编码,能提供上下行同为 2.3Mb/s 的带宽,最长传输距离可达 7km,满足商务用户的特殊需求。更具市场价值的是,SHDSL 设备与 ADSL 设备的兼容性可以使得不同的设备在同一平台提供不同的服务,减少了运营商在现有 ADSL 系统上增加的设备投资和安装成本。

7. ISDN 数字用户线(IDSL,ISDN DSL)

ISDN 是 DSL 和 ISDN 技术结合的产物,使用与 ISDN 设备相同的 2B1Q 数字编码技术,并且提供 144kb/s 的带宽,最长距离可达 5km。IDSL 与 ISDN 不同之处在于,IDSL 不支持模拟电话,其信号绕过了拥塞的电话网,而使用数据网。另外,使用 IDSL 也没有 ISDN 的呼叫建立连续的时延。IDSL 主要应用场合有远程通信和远程办公室连接。

8. 多速率数字用户线(MDSL,Multi-rate Digital Subscriber Line)

MDSL 是一种类似 SDSL 的多速率对称传输技术,它可以在一对铜质双绞线上支持从 128kb/s 到 2.3Mb/s 的速率。在 0.4mm 线径上最远可以提供 9.4km 的传输距离,用户可以根据距离和实际需求选择不同的速率。

除上述几种比较[常见的]xDSL 目前还存在其他一些数字用户线技术,如超高速数字用户线(UDSL, [ ]SL)、消费数字用户线(CDSL,Consumer DSL)、以太数字用户线(EDSL,[ ])主要性能列于表 10-2。

表 10 - 2 xDSL 的主要性能

接入技术	调制技术	下行速率	上行速率	传输距离(实际距离取决于线路质量)/km	基带模拟话音	双绞线对数	是否对称传输
IDSL	2B1Q	56、64、128、144kb/s	56、64、128、144kb/s	最长 5	无	1	是
HDSL	2B1Q	2Mb/s	2Mb/s	最长 3.5	无	2	是
SHDSL	PAM16	2.3Mb/s	2.3Mb/s	最长 7	无	1 或 2	是
SDSL	2B1Q	最高 2Mb/s	最高 2Mb/s	最长 3.5	无	1	是
MDSL	2B1Q	2.3Mb/s	2.3Mb/s	最长 9.4	无	1	是
ADSL(全速率)	DMT	最高 8Mb/s	最高 800kb/s	最长 3.5	有	1	否
ADSL(全速率)	CAP	最高 8Mb/s	最高 800kb/s	最长 3.5	有	1	否
ADSL(G. lite)	DMT	最高 1.5Mb/s	最高 800kb/s	最长 4.5	有	1	否
RADSL	CAP、DMT	最高 7Mb/s	最高 1.5Mb/s	最长 5.5	有	1	否
VDSL	CAP、DMT	最高 55Mb/s	最高 19Mb/s	最长 1.5	有	1	否

近年来,xDSL 技术仍在不断向着高速率、远距离和多样化的趋势发展。其中 VDSL 与 ADSL2 + 或 ADSL2 ++ 是高速率 xDSL 技术的主要代表。ADSL2/ADSL2 + 都属于第二代的 ADSL 技术。在远距离方面,ADSL2 在物理层技术上做了改进,ADSL2 和 ADSL2 + 将是未来 ADSL 市场的主流技术。ADSL2/ADSL2 + 与第一代 ADSL 相比,增强了传输能力,拓展了应用范围,提高了线路诊断能力,优化了节能特性,互通性得到进一步改善。

10.2.2 HomePNA 接入技术与规范

1. HomePNA 接入技术简介

家庭电话线网络联盟(HomePNA,Home Phoneline Networking Alliance)接入实际上就是在普通电话线上实现局域网连接的应用。如果说 xDSL 技术是解决最后 1 英里的接入问题,那么,HomePNA 接入就是解决最后几百米的网络连接。1998 年 6 月,由 AT&T、TUT、IBM、AMD、3COM 等 11 家公司共同发起成立了面向家庭的 Home PNA,目的是为了提供一个统一、标准的使用电话线路组建局域网的规范。2001 年 4 月 9 日,ITU 正式宣布 HomePNA 接入为家庭电话线网络的世界标准。

HomePNA 提供了一个统一的、标准的使用电话线路组建局域网的规范,完全继承了以太网技术,它严格遵守了 IEEE 802.3 CSMA/CD(载波侦测多路访问/冲突检测)技术规范,这就意味着 HomePNA 接入是一种以普通电话线为传输媒介的以太网。这一特点也使得 HomePNA 接入可以直接使用目前业已非常成熟的基于以太网的软件、应用程序和硬件产品。另外,HomePNA 接入的上行速率和下行速率是一样的,这与 ADSL 的非对称传输有所不同。

HomePNA 规范有 1.0/1.1 版本、2.0 版本和 3.0 版本 3 个。HomePNA 1.0 版本于 1998 年下半年发布,该规范是在通用电话线上传输速率为 1Mb/s,允许 25 台 PC、外设和其他网络设备联网,最大传输距离为 150m。HomePN▓▓▓▓▓▓ 1999 年下半年发布,其速率为 10 Mb/s,最大传输距离为 300m,可连▓▓▓▓▓▓▓▓▓台,并增加了服务质量控制机制。新一代的 HomePNA 3.0 规范兼▓▓▓▓▓▓据传输速率达 128Mb/s,

326

传输距离也更远。HomePNA1.0 与 HomePNA2.0 不足之处在于它们在异步存取时会产生近端串音的现象,因此限制了通信的距离。而 HomePNA3.0 加入同步 MAC 选项,允许多个用户存取时上传与下载可同步进行,克服了近端串音的问题。HomePNA3.0 支持家庭内部实时数据的分发,同时具有 QoS 保证、低成本和高性能的优点。从目前来看,HomePNA 3.0 的最高速率已经可以达到 240Mb/s。HomePNA 3.1 增加了多带操作的能力,支持更高的网络吞吐量,使其在同轴电缆和电话在线支持 320Mb/s 的数据传输,从而可以支持更高速率的多媒体应用,如 IPTV 等。

HomePNA 的主要应用是共享因特网访问、共享数据和应用程序以及共享外设(如打印机、调制解调器、数字照相机、存储设备等)。HomePNA 接入属专线式接入,用户上网无需拨号,开机即在线;HomePNA 利用现有电话线,无需重新布线即可快捷组网,实现宽带接入;HomePNA 接入的单线成本较低,ADSL 平均每个端口价格大约是 HomePNA 的 3 倍。

2. HomePNA 接入的技术要点

(1) HomePNA 1.0 标准的频率范围。该技术采取频分复用(FDM,Frequency Division Mutiplexing)的方法,在一条电话线上同时传送声音和数据业务。一条电话线被划分为 3 个不同的通道,如图 10 -6 所示。图中 20Hz ~ 3.4kHz 频段传输标准话音信号;25kHz ~ 1.1MHz 频段传输 xDSL 信号,如 ADSL,用于 1km ~ 3km 因特网接入;5.5MHz ~ 9.5MHz 频段传输 HomePNA 信号,用于最后 300mInternet 接入和组网。HomePNA 接入带通滤波器使得小于 5.5MHz 的频率衰耗急剧增大,从而保证 HomePNA 接入信号绝对不干扰低频的 xDSL 信号和传统话音信号。

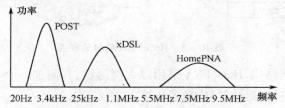

图 10 -6　HomePNA 频率范围

(2) HomPNA 1.0 帧格式。HomePNA 在帧格式上借用了 Ethernet 802.3 格式,但对前导码和帧同步序列做了重新定义,以实现模拟线路上的冲突检测,图 10 -7 是 HomPNA 1.0 帧格式图。

HomePNA 数据帧实际上是经过封装的以太网帧。它与标准的以太网数据帧相比较,去掉了标准的以太网数据帧前面 64 位,即标准的以太网数据帧的前导和帧同步序列(或者说是帧起始定界符(SFD,Start Frame Delimiter)),但是它又添加了一个 HomePNA PHY (物理层)的帧头。HomePNA PHY 的帧头由 8 个访问标志字段(AID Symbol)组成。这 8 个访问标识符(AID,Access IDentifier)字段按功能划分为 4 段:SYNC 字段、访问标志地址字段、控制信息字段和寂静字段。AID 字段是由一个寂静的时间间隔和一个钟形包络的 7.5Hz 正弦载波脉冲波形组成,这些脉冲是由 4 个 7.5MHz 的方波脉冲通过一个低通滤波器产生的。

3. HomePNA 的传输模型

HomePNA 的传输模型如图 10 -8 所示。它包括 OSI 7 层模型中的低 3 层。为了不改

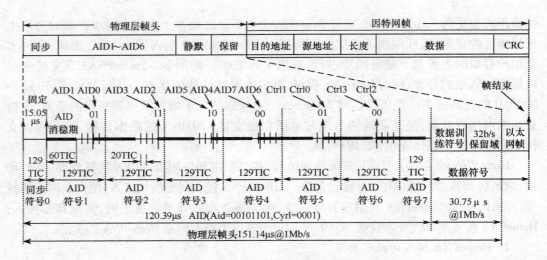

图 10 - 7　HomePNA PHY 的帧结构

1TIC—对应 116.6667ns；▬▬▬▬—对应接收消隐期。

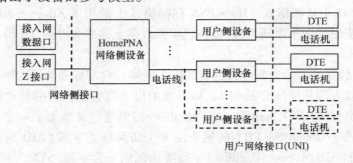

图 10 - 8　HomePNA 的传输模型

变家庭已建的电话网结构，HomePNA 采用以太网协议，并附加一个与电话网接口的以太控制器，利用媒体访问控制器 MAC 来多址接入。

4. 设备参考模型

图 10 - 9 给出了设备的参考模型。

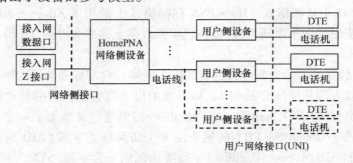

图 10 - 9　系统设备参考模型

网络侧数据链路层的接口符合 IEEE 802.2，IEEE 802.3，DIX Ethernet Version 2.0 标准的规定；网络侧的物理层的 10Base-T 或 100Base-TX 接口支持全双工和半双工方式，接口协议，还符合 IEEE 802.3 的相关规定并支持接口的自动协商过程；设备 Z 接口技术要求与接入网远端设备 Z 接口技术要求一致。用户网络接口采用以太网接口；设备提供的

PCI 总线接口符合 PCI V2.2 规范要求;设备提供的 USB 接口满足 USB V1.1 规范要求;设备线路接口采用 RJ-11 连接器。系统具有以下功能特性:①网络侧设备和用户侧设备应具备自学习桥接功能;②网络侧设备应具备用户隔离功能;③系统具有可选的 IP 层的功能。

5. 物理层参考模型

图 10-10 为设备物理层的参考模型。可以有多个设备连接到一个物理上相连的线路上,为了保证每个用户侧设备的可用带宽,在同一电话线网络的用户侧设备不宜超过 8 个。物理层不应使用中继器。

物理层到 MAC 层的接口至少提供图 10-11 中所示信号。信号说明如表 10-3 所列。

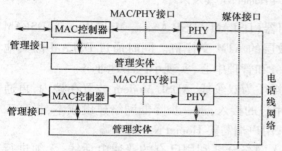

图 10-10 物理层参考模型　　　　图 10-11 物理层到 MAC 层接口信号

表 10-3 物理层到 MAC 层接口的信号说明

MAC 接口信号	信号方向	功　　能
RX_DATA	PHY→MAC	送往 MAC 层的数据(与 RX_CLK 同步)
RX_CLK	PHY→MAC	RX_DATA 的同步信号
TX_DATA	MAC→PHY	送往物理层的数据(与 TX_CLK 同步)
TX_CLK	PHY→MAC	TX_DATA 的同步信号
TX_EN	MAC→PHY	MAC 层开始向物理层发送数据的使能信号
CAR_SENS	PHY→MAC	物理层检测到有效的信号
COLL	PHY→MAC	物理层检测到碰撞

物理层可以通过以下 2 个接口来管理:

(1)通过内嵌在物理层帧的 AID 头中的远程管理控制字。

(2)通过本地管理实体中的管理消息。

物理层站可以被配置为主站模式或从站模式。在一个由物理层站构成的网络中,只能有一个成为主站。物理层设备应支持从站模式,对主站模式的支持是可选的。主站可以通过在物理层的帧中嵌入控制字来对从站进行远程配置。一旦命令被传输完成,主站应离开主站模式,回复使用从站 AID 值,以防止后续发送的帧被从站解释为新的命令。

6. ADSL + HomePNA 的接入方式

图 10-12 所示就是一种 ADSL + HomePNA 接入的具体应用。

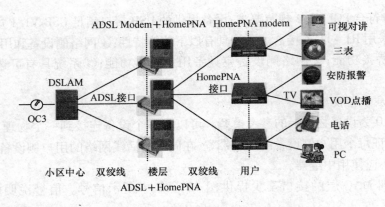

图 10 - 12　ADSL + HomePNA 接入方式

端局或者小区中心配置 DSL 接入复用器(DSLAM，DSL Access Multiplexer)，DSLAM 上行提供 155Mb/s ATM 光接口和接入收敛层的 ATM 交换机。同时通过 DSLAM 的其他 155Mb/s 或 100Mb/s 接口接入小区信息服务和管理中心，实现小区本地业务。

端局或者小区中心到大楼之间的传输媒质为双绞线，ADSL Modem 放置在楼内，再通过 HomePNA 复用器，实现多个 HomePNA 用户的接入，进一步降低网络建设成本，提高工程效率和网络性能。大楼内入户为双绞线，用户端需要 HomePNA 用户端。

双绞线到楼、双绞线入户，小区宽带接入网络全部利用已有的普通电话线，无须进行线路改造。虽然无法解决少数高带宽要求的业务，但此方式经济实用，适用于已建小区和相对集中的散户的宽带接入。

7. 光纤到小区(FTTZ，Fiber To The Zone) + HomePNA 的接入方式

图 10 - 13 描述了 FTTZ + HomePNA 的一种接入方案。小区网络系统采用星形结构，分为系统中心(小区管理控制中心)、区域中心、住宅楼和用户 4 级。在每个区域的楼宇内设置 100MB/10MB 工作组交换机，再通过 HomePNA 复用器，实现多个 HomePNA 用户的接入，大楼内入户为双绞线。此方式需要在小区中布放光纤，但该方式的优势在于不改动楼宇内现有网络的布线，可快速实现宽带接入，既有效节约投资成本，又保证了用户带宽要求，更重要的是提高了网络安全性。因为 HomePNA 复用器取代了以往的集线器，实现了不同用户端口之间的相互隔离。

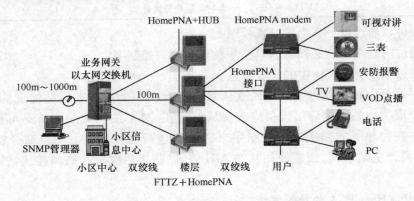

图 10 - 13　FTTZ + HomePNA 接入方式

10.2.3　基于以太网的宽带接入

由于以太网已经成功地从 10Mb/s 的速率提高到 100Mb/s、1Gb/s 和 10Gb/s,并且所覆盖的地理范围也从局域网扩展到了城域网和广域网,因此现在人们正在尝试使用以太网进行宽带接入。为此,IEEE 在 2001 年初成立了 802.3. EFM 工作组,专门研究以太网的宽带接入技术问题。

以太网接入的一个重要特点是它可以提供双向的宽带通信,并且可以根据用户对带宽的需求灵活进行带宽升级(例如,将 10Mb/s 的以太网交换机更新为 100Mb/s,甚至 1Gb/s)。当城域网和广域网都采用吉比特以太网或 10Gb 以太网时,采用以太网接入可以实现端到端的以太网传输,中间不需要再进行帧格式的转换,各网之间无缝连接。这就提高了数据的传输效率、方便管理、降低了传输的成本。

1. 以太网接入的结构

基于以太网技术的宽带接入网由局端设备和用户端设备组成,局端设备一般位于小区内或商业大楼内,用户端设备一般位于居民楼内;通常以太网接入提供的带宽是:对商业用户来说,1GB 到大楼、100MB 到楼层、10MB 到桌面;对住宅用户来说,1GB 到社区、100MB 到楼、10MB 到家庭。基于以太网技术的宽带接入网结构如图 10 - 14 所示。

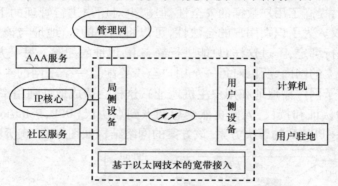

图 10 - 14　基于以太网技术的宽带接入网结构

基于以太网技术的宽带接入网由局侧设备和用户侧设备组成,局侧设备一般位于小区内,用户侧设备一般位于居民楼内;或者局侧设备位于商业大楼内,而用户侧设备位于楼层内。局侧设备提供与 IP 骨干网的接口,用户侧设备提供与用户终端计算机相接的以太网接口;局侧设备具有汇聚用户侧设备网管信息的功能,用户侧设备只有链路层功能,工作在多路复用器方式下,各用户之间在物理层和链路层相互隔离,从而保证用户数据的安全性。另外,用户侧设备可以在局侧设备的控制下动态改变其端口速率,从而保证用户最低接入速率、限制用户最高接入速率,支持对业务的 QoS 保证。对于组播业务,由局侧设备控制各组播组状态和组内成员的情况,用户侧设备只执行受控的组播复制,不需要组播组管理功能。局侧设备还支持对用户的 AAA 以及用户 IP 地址的动态分配。为了保证设备的安全性,局侧设备与用户侧设备之间采用逻辑上独立的内部管理通道。

局侧设备不同于路由器,路由器维护的是端口网络地址映射表,而局侧设备维护的是端口主机地址映射表;用户侧设备不同于以太网交换机,以太网交换机隔离单播数据帧,不隔离广播地址的数据帧,而用户侧设备完成的功能仅仅是以太网帧的复用和解复用。

2. 以太网接入技术方案

以太网接入技术主要有 VLAN 方式和 VLAN + 以太网点到点协议(PPPoE,Point to Point Protocol over Ethernet)方式 2 种。

VLAN 方式的网络结构如图 10 - 15 所示,LAN 交换机的每一个端口配置成独立的 VLAN,享有独立的 VLAN 标识。将每个用户端口配置成独立的 VLAN,利用支持 VLAN 的 LAN 交换机进行信息的隔离,用户的 IP 地址被绑定在端口的 VLAN 号上,以保证正确的路由选择。

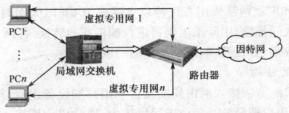

图 10 - 15   VLAN 解决方案网络示意图

在 VLAN 方式中,利用 VLAN 可以隔离地址解析协议、动态主机配置协议等携带用户信息的广播消息,提高了用户数据的安全性,但缺少对用户进行管理的手段,即无法对用户进行认证、授权。为了识别用户的合法性,可以将用户的 IP 地址与该用户所连接的端口 VLAN 标识进行绑定,不过这样,只能进行静态 IP 地址的配置。另一方面,因为每个用户处在逻辑上独立的网内,所以对每一个用户至少要配置一个子网的 4 个 IP 地址(子网地址、网关地址、子网广播地址和用户主机地址),这样会造成地址利用率极低。

提到用户的认证和授权,人们自然会想到点到点协议(PPP,Point-to-Point Protocol),于是有了 VLAN + PPPoE 的解决方案,该方案的网络结构如图 10 - 16 所示。

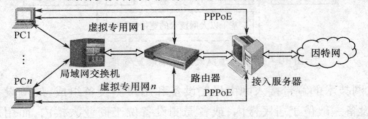

图 10 - 16   VLAN + PPPoE 网络结构

VLAN + PPPoE 方案可以解决用户数据的安全性问题,同时由于 PPP 协议提供用户认证、授权以及分配用户 IP 地址的功能,因此不会出现上述 VLAN 方案所出现的问题。但是 PPP 不能支持组播业务,因为它是一个点到点的技术,还不是一个很好的解决方案。

建设可运营、可管理的以太网宽带接入网络,需要妥善解决一系列技术问题,包括认证计费和用户管理、用户和网络安全、服务质量控制、网络管理等。

10.2.4   基于有线电视网的接入技术

有线电视网(CATV,Cable Television)是由广电部门规划设计的用来传输电视信号的网络,其覆盖面广,用户多。但有线电视网是单向的,只有下行信道。如果要将有线电视网应用到因特网业务,则必须对其改造,使之具有双向功能。

Cable Modem(电缆调制解调器)是一种通过有线电视网络进行高速数据接入的装置。它一般有两个接口,一个用来接室内墙上的有线电视端口,另一个与计算机或交换机相连。图10-17是PC机和LAN通过Cable Modem接入因特网的示意图。

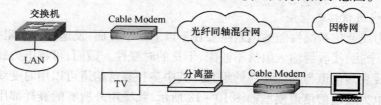

图10-17 利用有线电视网接入因特网的典型结构

Cable Modem与普通的Modem在原理上都是将数据进行调制后在电缆的一个频率范围内传输,接收时进行解调,传输机理与普通Modem相同,不同之处在于它是通过有线电视HFC的某个传输频带进行调制解调的,而普通Modem的传输介质在用户与交换机之间是独立的,即用户独享通信介质。Cable Modem属于共享介质系统,其他空闲频段仍然可用于有线电视信号的传输。

Cable Modem通过有线电视网络进行数据传输,速度范围为500kb/s~10Mb/s,甚至更高。

10.2.5　电力线接入技术

电力线通信(PLC,Power Line Communication)网络利用高压电力线(35kV以上)、中压电力线(10kV等级)或低压电力线(380V/220V用户线)作为信息传输媒介进行高速数据、话音、图像等多媒体业务信号的传输。利用目前已有的宽带骨干、城域网络,使用特殊的转换设备,将因特网运营商提供的宽带网络中的信号接入小区局端电力线,用户电脑只要通过电力调制解调器连接到户内220V交流电源插座即可上网。可以利用它实现PLC的接入网以解决长期以来困扰着电信领域的"最后1km"的问题。用电力线作载体传输控制信号,既经济又方便,很容易进入家庭。

电力线接入因特网的优点是安装简单、设置灵活、无需新线、无需挖沟和穿墙打洞;数据传输速度,最快时可达到2Mb/s,实现电力、数据、话音和图像综合业务传输;接入成本低、建设费用低,可以大大减轻用户的负担。电力线接入存在的明显缺点是,噪声大和安全性低,存在着信息安全问题和带宽的拓宽问题。

1. 电力线接入的标准

2001年6月,HPA发布了其标准的第一个版本《高速电力线家庭网络工业技术规范》,即HomePlug Specification 1.0,将数据传输速率定为14Mb/s;2004年推出了Home-Plug 1.0 Turbo版;新一代的HomePlugAV标准于2005年8月获得联盟理事会批准,理论数据速率提高到200Mb/s(实际稳定在100Mb/s)。2006年3季度正式批准PHA《指令与控制技术规范》,在2006年4季度正式批准其《宽带接入技术规范》。开放式PLC欧洲研究联盟OPERA 2006年2月宣布正式批准全球第一个PLC接入技术规范《宽带电力线接入》标准。

我国在 2003 年 9 月,原国电通信中心与中电联标准化中心签订了标准项目合同《作为用户接入的低压电力线通信技术规范》。2004 年 12 月,国家电网公司启动了 PLC 安全研究,最终形成实用化 PLC 产品及系统的技术条件,提出 PLC 系统的国家电网公司企业标准。

2. 电力线通信信道模型

降低电力线通信系统性能的因素主要在于以下 5 个方面:发送器输出阻抗不匹配、信道衰耗、噪声干扰、接收器输入阻抗不匹配、干扰的时变性。因而,可将电力线通信信道看成是一个多径衰落信道与加性噪声的组合。其中多径衰落信道可以用时变线性滤波器来模拟仿真。电力线通信信道模型如图 10-18 所示,除噪声外所有的衰耗都用频率响应时变线性滤波器来表征,噪声被当作是可加性随机干扰过程。因而电力线通信信道模型可以简单地用带加性噪声的时变滤波器表示。

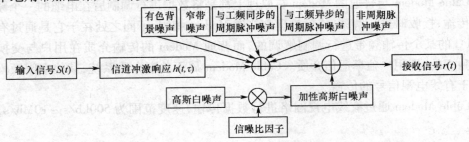

图 10-18　电力线通信信道模型

3. 电力线联网的拓扑结构

PLC 网络拓扑结构如图 10-19 所示。PLC 设备包括局端设备和用户调制解调器,局端负责与内部 PLC 调制解调器的通信和与外部网络的连接。来自用户的数据进入调制解调器调制后,通过用户的配电线路传输到局端设备,局端将信号解调出来,再转到外部的因特网。

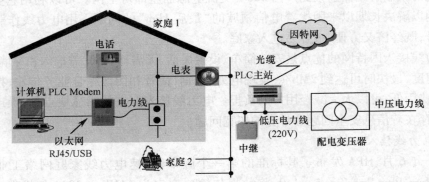

图 10-19　电力线通信网络拓扑结构

PLC 技术是为提供端到端接入而设计的。它包括从家用电源插座和最终用户终端到电信网络的入口点。PLC 技术利用室内电源线网络将 IP 包从用户 PC 传送至一个家庭室内入口点的集成器,在这一入口点,另外一个传输段利用低压配电网将数据传输至同时为多个家庭提供电源的变压器。该项技术涉及的内容贯穿了从家用电源插座和最终用户终端到电信网络入口点的整个过程。电力线上网从层次上可分为中压配电网、低压配电网和家庭内部网络。在室内组网方面,计算机、电话、打印机和各种智能设备都可使用普通电源插座,通过电力线连接起来,组成局域网。

4. 电力线联网的通信系统的组成

电力线联网通信系统一般由电力线介质、电力线接口、电源单元、调制解调器、微控制器、通信接口和通信设备组成。系统通常的工作过程是发送端把采集到的原始信号经过通信接口模块,存入微控制器处理中的一段缓冲区内,再经编码处理后进行通信调制,转变成适合电力线传输的载波信号,然后通过电力线接口再耦合到电力线上传输。在接收端则把从电力线传来的数据信号,经过电力线接口耦合下来的载波信号先带通滤波,然后再由解调电路解调出原始数据,送给后续的微控制器单元进行处理,最后经过通信接口后再由从通信设备接收数据信号。图 10-20 为电力线联网模块结构及工作过程示意图。

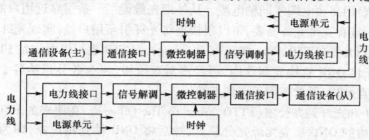

图 10-20　电力线联网模块结构及工作过程示意图

在整个系统中,微控制器是系统的核心,它负责整个系统中各任务的协调与调度。电力线接口起耦合、隔离、滤波与保护的作用。

整个系统实现如下一些功能和目标:①通过主设备控制面板上的按钮,可以对从设备进行选择;②对被选择的从设备进行开与关的控制;③从所选择的从设备在开的状态下进行亮度、温度、大小等的控制;④主设备可以对从设备进行在线与否的监测;⑤从设备可以正确识别传来的信息是否属于自己;⑥从设备对传给自己的指令进行正确的动作;⑦各种状态情况有相应的正确的指示灯(LED)显示出来。

10.3　宽带光接入网

10.3.1　光接入网的基本概念和接入方式

1. 基本概念

所谓光接入网(OAN,Optieal Aeeess Network)就是采用光纤为传输介质,并利用光波作为光载波传送信号的接入网,泛指本地交换机或远端模块与用户之间采用光纤通信或部分采用光纤通信的系统。

在因特网中引入 OAN 的最基本的目标有 2 条:首先是为了减少铜缆网的维护运行费用和故障率;其次是为了支持开发新业务,特别是多媒体和带宽新业务。此外,采用OAN,可以较快提供业务,改进业务质量和可用性的要求,也可以节约地下管道空间,延长传输覆盖距离,适应扩大的本地交换区,把接入网的数字化进一步推向用户等其他目的。

光纤通信具有通信容量大、质量高、性能稳定、防电磁干扰、保密性强等优点。它在干线通信方面已有广泛体现。在接入网中，光纤接入也将成为发展重点。

2. 接入方式

按照光网络单元(ONU,Optical Network Unit)在光接入网中所处的具体位置不同，可以将 OAN 划分为 4 种基本不同的接入方式。

(1) 光纤到交接箱(FTTCab, Fiber To The Cabinet)。其特征是以光纤替换传统馈线电缆，ONU 部署在交接箱处，ONU 以下采用其他介质接入到用户，每个 ONU 支持数百到1000 左右用户数。

(2) 光纤到路边(FTTC, Fiber To The Curb)。在 FTTC 结构中，ONU 设置在路边的入孔或电线杆上的分线盒处，有时也可以设置在交接箱处，引入线部分是用户专用的，现有铜缆设施仍可利用。FTTC 一般采用双星形结构，从 ONU 到用户之间采用双绞线，若要传送宽带业务则要用高频电缆或同轴电缆。从外网先敷设了一条很靠近用户的潜在宽带光纤传输链路，一旦有宽带业务需要，可以很快地将光纤引至用户处，实现光纤到家的目标。

(3) 光纤到大楼(FTTB, Fiber To The Building)。FTTB 也可以看作是 FTTC 的一种变形，不同处在于将 ONU 直接放到楼内，再经多对双绞线，将业务分送给各个用户。FTTB是一种点到多点结构，通常不用于点到点结构。

(4) FTTH 和光纤到办公室(FTTO, Fiber To The Office)。在原来的 FTTC 结构中，如果将设置在路边的 ONU 换成无源光分路器，然后将 ONU 移到用户家，即为 FTTH 结构。FTTH 是一种全透明全光纤的光接入网，适于引入新业务。如果将 ONU 放在大企事业用户(公司、大学、研究所、政府机关等等)终端设备处，则构成所谓的 FTTO 结构。考虑到FTTO 也是一种纯光纤连接网络，因而可以归入与 FTTH 一类的结构。FTTO 主要用于大企事业用户，业务量需求大，因而在结构上适于点到点或环形结构。而 FTTH 用于居民住宅用户，业务量需求很小，因而经济的结构必须是点到多点方式。

表 10 - 4 给出宽带接入网 4 种应用的主要特征。具体配置模型和应用类型的选用，需要综合考虑各种因素，如用户类型、成本、现有线路资源、服务提供灵活性和业务类型等。

表 10 - 4　宽带光接入网典型应用类型的主要特征

主要特征	FTTCab	FTTB/C	FTTH	FTTO
接入介质类型	光纤作为主干 + 金属线/无线作为末端	光纤作为主干 + 金属线/无线作为末端	全程光纤	全程光纤
光纤到达位置	交接箱	楼宇/分线盒	居民家庭	公司/办公室
光节点距离用户设备的参考布线距离	几百米到1km	几百米	几十米	几十米
光纤段典型的物理拓扑类型	点对点、环形、星形	星形、树形、环形	星形、树形	点对点、环形、星形
光纤段采用的主要技术	主要采用 MSTP 和光纤直连，也可以采用 xPON、点对点光以太网	主要采用 xPON、光纤直连、点对点光以太网，也可以采用 MSTP	主要采用 xPON、点对点光以太网	主要采用 MSTP、光纤直连、xPON，也可以采用点对点光以太网

(续)

主要特征	FTTCab	FTTB/C	FTTH	FTTO
金属线/无线段采用的主要技术	主要采用 ADSL2＋、ADSL、VDSL2,也可以采用 WiFi、WiMax	主要采用 VDSL2、AD-SL2＋、ADSL、以太网,也可以采用 WiFi、WiMax	—	—
现有技术条件下典型的用户接入速率	下行最大 25Mb/s(采用 ADSL2＋/VDSL2),上行最大 1.8Mb/s(采用 ADSL2＋/VDSL2)	上下行最大 100Mb/s(VDSL2/以太网)	上下行最大可超过 100Mb/s	上下行最大可超过 100Mb/s

此外,还有光纤到远端单元(FTTR,Fiber To The Remote unit)和 FTTZ 等光纤接入方式。

10.3.2　光接入网的连网结构

ITU-T 在新制定的标准 G.982 中定义光接入网为光传输系统支持共用同一网络侧接口的接入链路。图 10－21 所示为 OAN 的一种通用参考配置,它适合于 FTTC、FTTB、FT-TO 和 FTTH 等各种情况。光线路终端(OLT,Optical Line Terminal)为 OAN 提供网络侧与本地交换机之间的接口并连至一个或多个光配线网(ODN,Optical Distribution Network)。ODN 为 OLT 和 ONU 提供光传输手段,主要功能是完成光信号的分配。ONU 为 OAN 提供用户侧接口并和 ODN 相连,其网络侧为光接口,用户侧为电接口。ONU 需要光/电和电/光转换功能,还要完成对话音信号的数/模转换、复用、信令处理和维护管理功能。AF 为 ONU 和用户提供适配功能,物理上可独立,也可以包含在 ONU 内。

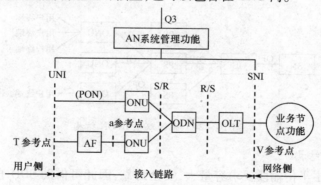

图 10－21　OAN 的参考配置

光纤接入网的网络结构有单一星形、双星形(包括有源和无源)和环形,而环形结构中又包括环形＋大楼综合布线和环形＋星形＋引入线。

1. 单一星形网络结构

从端局业务节点 SN 经 OLT 到 ONU 用光纤(OF,Optical Fiber)直接连接,实现点对点的通信(图 10－22),这是最基本的接入网络结构,网络投资较高。

2. 双星形网络结构

该结构特点是主干段、配线段均使用星形结构光纤传输网络,要求有大纤芯出局光缆,采用光纤传输设备形成多路复用工作方式。

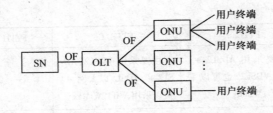

图 10-22 单一星形网络结构

由于目前综合的数字环路载波技术成熟,有源双星形结构(图 10-23)现在在用户密度较大区域(商业区、住宅小区)得到采用。

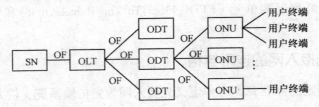

图 10-23 有源双星形结构

无源双星形结构所采用的无源光网络(PON, Passive Optical Network)技术不仅兼顾到现在投资成本、业务需要等,还具有很强的网络升级能力,现有有源双星形结构可拆除有源分路节点,换装无源分路器(PS, Passive Splitter)向无源双星宽带无源光网络(BPON, Broadband PON)过渡。如图 10-24 所示,PS 按 1:N 比例分接出光纤至各光纤用户单元,各光纤用户单元共享 OLT 和 OLT 和 PS 之间的光纤。

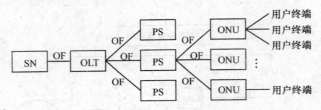

图 10-24 无源双星 BPON 结构

3. 环形网路结构

由于接入网主干传输段要求容量大,安全可靠,因此可借助 SDH 自愈环实现主干段自愈环状结构。环形网络包括环形 + 大楼综合布线和环形 + 星形 + 引入线 2 种形式。

环形 + 大楼综合布线如图 10-25 所示。该系统包括接入网的配线和引入线,其 ADM 与 OF 形成环路,主干段直接延伸到大楼,构成了 FTTO 的接入形式。这种结构适应于大用户密集区基本电信业务、因特网、多媒体信息的综合接入。

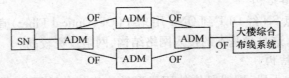

图 10-25 环形 + 大楼综合布线结构

环形 + 星形 + 引入线如图 10 - 26 所示。由于星形结构的配线段把光纤接入网延伸到地理位置不在光缆环路上的企业单位和居民小区,可见这种网络灵活性比环形 + 大楼综合布线系统强,是 FTTC、FTTO 和 FTTB 的接入方式。

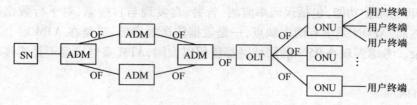

图 10 - 26　环形 + 星形 + 引入线结构

10.3.3　无源光网络 PON

目前,PON 技术被业界普遍看好,是实现 FTTH 的关键技术之一。第一代的 PON 采用时分复用(TDM,Time Division Multiplexing)信号,例如 DS1/E1 信号等。其下行帧是一个 TDM 帧,其时间槽是被指派给每一光网络终端(ONT,Optical Network Terminal)之数据资料。第二代的 PON 采用 ATM,在将上传资料分割成区块做上传脉冲时提供了一个方便的协议。ITU-T G.983 BPON 系列定义了一个由全业务接入网(FSAN,Full Service Access Networks)联盟所发展出的 ATM 无源光网络(APON,ATM PON)系统和协定。第三代的 PON 系统就采用了以太网帧。2 个主要的高速 PON 标准包括了 ITU-T(G.984 系列)的吉比特无源光网络(GPON,Gigabit-capable PON)和 IEEE(802.3ah)的以太网无源光网络(EPON,Ethernet PON)。

1. APON

在 PON 中采用 ATM 技术,就成为 APON。它将 ATM 的多业务、多比特速率能力和统计复用功能与 PON 的透明宽带传送能力结合起来,实现用户与 4 个主要类型业务(PSTN/ISDN 窄带业务、B-ISDN 宽带业务、数字视频付费业务和因特网的 IP 业务)节点之一的连接。

APON 的网络结构如图 10 - 27 所示,ONU 的数目为 16 个 ~ 32 个,最多可达 64 个,最远传输距离为 20km,采用 G.652 单模光纤。当采用 1 根光纤时,上、下行信号的复用采用 WDM 方式,即上行波长为 1310nm,下行波长为 1550nm;当采用 2 根光纤时,即空分复用,上行、下行波长均为 1310nm。下行信号传输采用广播方式,各 ONU 选择接收;上行信号传输采用 TDMA 技术,通过分配不同的时隙数给每个 ONU,OLT 可以实现对上行带宽的动态分配。以对称方式工作时,上行和下行的速率均为 155.520Mb/s 选择接收;以不对

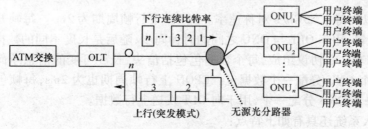

图 10 - 27　APON 系统结构

称方式工作时,上行速率为155.520Mb/s,下行速率为622.08Mb/s。

APON 的关键技术主要有:时分多址接入的控制、快速比特同步和突发信号的接收等。APON 系统的主要特点:采用统计时分复用技术,动态带宽分配,提供非常丰富完备的运行、管理与维护功能,包括误码率监测、告警、自发现与自搜索,对下行数据进行搅码加密等。然而,APON 系统有两大缺点,一是数据传送效率低,二是在 ATM 层上适配和提供业务复杂。考虑到现在95%的局域网都使用以太网,ATM 显然已经不是连接以太网的最佳选择。

2. EPON

EPON 是基于以太网的 PON,也就是把全部数据装在以太网内来传送的一种 PON。用于接入网的以太网也称"第一英里以太网"。EPON 标准 IEEE 802.3ah 于 2004 年正式发布,是以由制造商主导的技术。标准中定义了 EPON 的物理层、多点控制协议(MPCP, Multipoint Control Protocol)、运行、管理和维护等相关内容。它的物理层既包括用于点到点连接的光纤与铜线,也包括用于点到多点的 EPON。

EPON 主要分成3部分,即 OLT、ODN 和 ONU/ONT,其中 OLT 位于局端,ONU/ONT 位于用户端。基于 FTTH 的 EPON 接入网结构如图 10-28 所示。OLT 既是一个交换机或路由器,又是一个多业务提供平台,提供 PON 的光纤接口。OLT 根据需要可以配置多块光线路卡(OLC,Optical Line Card),OLC 与多个 ONU 通过 SONET/SDH 包交换(POS, Packet Over SONET/SDH)连接,POS 是一个简单设备,它不需要电源,可以置于全天候的环境中。通常一个 POS 的分线率为8、16或32,并可以多级连接。ONU/ONT 可以通过层叠来为多个最终用户提供共享高带宽。

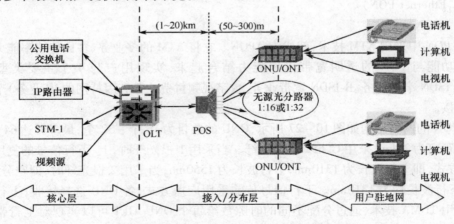

图 10-28 基于 FTTH 的 EPON 接入网结构

EPON 可以支持1.25Gb/s 对称速率。EPON 下行帧周期为2ms。每帧开头是长度为1B 的同步标识符,用于 OLT 与 ONU 之间的时钟同步;随后是长度不同的数据包。这些数据包按照 IEEE 802.3 协议组成,每个数据包包括信头、长度可变的信息净荷和误码监测域3部分。每个 ONU 分配一个数据包。EPON 上行帧周期也为2ms,每帧包含许多可变长度的时隙,每个 ONU 分配一个,用于向 OLT 发送上行数据。

EPON 接入系统还具有如下特点:

(1)局端(OLT)与用户(ONU)之间仅有光纤、光分路器等光无源器件,无需租用机

340

房、无需配备电源、无需有源设备维护人员,因此,可有效节省建设和运营维护成本。

(2) 采用单纤波分复用技术(下行1490nm,上行1310nm),仅需1根主干光纤和1个OLT,传输距离可达20km。在ONU侧通过光分路器分送给最多32个用户,因此可大大降低OLT和主干光纤的成本压力。

(3) 上下行均为千兆速率,下行采用针对不同用户加密广播传输的方式共享带宽,上行利用TDMA共享带宽。

(4) EPON具有同时传输TDM、IP数据和视频广播的能力,辅以电信级的网管系统,足以保证传输质量。通过扩展第3个波长(通常为1550nm)即可实现视频业务广播传输。

EPON有两大缺点,即效率极低和难以支持以太网之外的业务。当遇到话音/TDM业务时,就会引起QoS问题。效率低是因为EPON使用8B/10B编码作线路码,其本身就引入20%的带宽损失,1.25Gb/s的线路速率在处理协议本身之前实际就只有1Gb/s了。不像APON和GPON系统都使用扰码作线路码,只改变码,不增加码,所以没有带宽损失。

3. GPON

GPON又称本色模式PON。这是因为GPON有两大承诺:在PON上传送多业务时保证高比特率和高效率,故GPON一开始就自下而上地重新考虑了PON的应用和要求,不再基于早先的APON标准,所以称为本色模式PON。

GPON采用ITU-T G. 7041定义的通用成帧规程(GFP, Generic Framing Procedure)。GFP是一种通用机制,它适配来自传送网上高层客户信令的业务,可对Ethernet、TDM、ATM等多种业务进行封装映射,能提供1. 25Gb/s和2. 5Gb/s下行速率和所有标准的上行速率,并具有强大OAM功能。ITU-T于2003年3月完成了ITU-T G. 984. 1和G. 984. 2的制定,2004年2月和6月完成了G. 984. 3的标准化,规定了GPON的物理层、传输汇集层和OAM相关功能。从而最终形成了GPON的标准族。

在GPON标准中,明确规定需要支持的业务类型包括数据业务(以太网业务,包括IP业务和动态图像专家组(MPEG, Moving Picture Experts Group)视频流)、PSTN业务(普通电话业务,ISDN业务)、专用线(T1、E1、DS3、E3和ATM业务)和视频业务(数字视频)。

GPON协议设计时主要考虑到:基于帧的多业务(ATM、TDM、数据)传送;上行带宽分配机制采用时隙指配(通过指示器);支持不对称线路速率,下行2. 488Gb/s,上行1. 244Gb/s;线路码是反向不归零(NRZ)码,在物理层有带外控制信道,用于使用G983 PLOAM的OAM功能;为了提高带宽效率,数据帧可以分拆和串接;缩短上行突发方式报头(包括时钟和数据恢复);动态带宽分配(DBA, Dynamic Bandwide Allocation)报告、安全性和存活率开销都综合于物理层;帧头保护采用循环冗余校验(CRC, Cyclic Redundance Check),误码率估算采用比特交织奇偶校验;在物理层支持QoS。

GPON采用125μs长度的帧结构,继续沿用APON中PLOAM信元的概念传送OAM信息,并加以补充丰富;帧的净负荷中分ATM信元段和GPON封装模式(GEM, GPON Encapsulation Mode)通用帧段,实现综合业务的接入。对EPON、GPON、APON这3种PON技术的主要参数的比较如表10-5所列。

综上所述,APON、EPON和GPON各有其优、缺点。APON技术是基于复杂的ATM技术,因此存在带宽不足、技术复杂、价格高、承载IP业务效率低等问题,未能取得市场上的成功,已基本被市场淘汰。目前EPON产品已得到一定程度的商用,由于其将以太网技术

表 10-5　EPON、APON 和 GPON 技术主要参数的比较

主 要 参 数	IEEE EPON	ITU-T GPON	ITU-T APON
传输层使用的协议	IP/Ethernet	ATM/GEM	ATM
下行复用技术	TDM	TDM	TDM
上行复用技术	TDMA	TDMA	TDMA
数据业务承载方式	Ethernet	GEM	AAL5
提供的话音业务	VoIP	VoIP	AAL5、VoIP、AAL2
提供的视频业务	WDM、IPTV	WDM、IPTV	WDM、IPTV/AAL5
提供的 TDM 业务	未标准化	GEM	AAL1
下行线路速率(Mb/s)	1250	1244.16 或 2488.32	155.52 或 622.08 或 1244.16
上行线路速率(Mb/s)	1250	155.52 或 622.08 或 1244.16 或 2488.32	155.52 或 622.08
线路编码	8B/10B	NRZ（+扰码）	NRZ（+扰码）
最小分路比(在传统汇聚层)	16	64	32
最大分路比(在传统汇聚层)	N/A	128	64
TC 层支持的最大逻辑传送距离/km	10 或 20	60	20
数据链路层协议	Ethernet	基于 GEM 和/或 ATM 承载的以太网	ATM
TDM(时分复用)支持能力	基于分组承载的 TDM	原始的 TDM 和/或基于 ATM 承载的 TDM 和/或分组承载的 TDM	基于 ATM 承载的 TDM
PON 支持的最大业务流/个	取决于每个 ONT 支持的 LLID 数	4096	256
上行带宽*(Mb/s)(以 IP 数据传输为业务)	760~860	1160(1.244Gb/s 双向对称系统)	500(622Mb/s 双向对称系统)
运行维护管理	Eth OAM(SNMP 可选)	PL OAM + OMCI	PL OAM + OMCI
下行数据流加密	无定义	AES(计数器模式)	扰码或 AES

＊该带宽是根据不同大小的 IP 包分布模型算出的平均值,仅供参考

与 PON 技术完美结合,成为非常适合 IP 业务的宽带接入技术。而在高速率和支持多业务方面,GPON 具有明显优势,将是 PON 的重要发展方向,但 GPON 的成本要高于 EPON,目前产品的成熟性也逊于 EPON。

10.3.4　下一代光接入网络

PON 拥有一个庞大的技术族群,相对于 TDMA-PON 技术,WDM-PON、OCDMA-PON、WDM/TDM HPON 和 10G EPON 将成为下一代 OAN 的代表。

1. WDM-PON

上行方向采用 CWDM 或 DWDM 技术,每个用户独享一个波长的带宽,因此不存在 TDM-PON 所有用户都能收到相同信号带来的安全问题。WDM-PON 不需改变物理设备

就可以升级带宽,以 ITU-T 规定的 0.8nm 为例,用户最大可用带宽可以达到 100G。尽管各 ONU 到 OLT 之间的距离不等,但由于波长之间严格正交,因此不需要引入复杂的上行带宽控制协议和时钟同步技术,且能透明传输各种协议的所有业务流。在 WDM-PON 方式下,用户独享一个波长资源,但由于波长资源有限,而且波长资源分配方案复杂,因此难于实现大容量用户的灵活接入。

2. 光码分多址(OCDMA,Optical Code Division Multiple Access)-PON

OCDMA-PON 上行方向采用 OCDMA 技术,每个用户分配一个码字。ONT 对上行用户数据通过该指定的码字进行调制,然后发送到 OLT,OLT 采用同样的码字进行数据解调。所有调制和解调操作均在光域完成,不需要复杂的控制协议和时钟同步技术。由于不同的 ONU 数据采用不同的码字调制,因此信息的安全性非常高,用户接入方式也很灵活。

3. 混合无源光网络(HPON,Hybrid PON)

HPON 是上面几种 PON 技术的混合技术,目前特指 WDM-PON 与 TDMA-PON 的混合。HPON 技术在单根光纤上提供成对 WDM 通道,并且在每对 WDM 通道上仍然采用 TDMA-PON 技术接入用户。然而,该技术事实上无法解决运营商和用户关注的安全性、网络升级、用户接入的灵活性等问题,属于一种过渡性技术。

4. 基于以太网的 IEEE 802.3av 10Gb/s PON (10G EPON)

10G EPON 把光纤接入网络上、下行带宽提高了 10 倍(达 10Gb/s),且与 1G EPON 方案的网络协议和拓扑结构兼容。10G EPON 的标准 IEEE 802.3av 规范的制定从 2006 年开始,2009 年底正式颁布。10G EPON 以 EPON 标准为基础,将 CWDM 与 TDM 技术相结合,并在同一 PON 上实现共存,通过 VoIP 技术进行话音通信,并通过电路仿真业务传输其他的 TDM 客户端信号。

IEEE 802.3av 确定了 2 种物理层模式:一种是非对称模式,即 10Gb/s 速率下行和 1Gb/s 速率上行;另外一种是对称模式,即上下行速率均为 10Gb/s。非对称模式可以认为是对称模式的一种过渡形式,在前期对上行带宽需求较少和成本较为敏感的场合,可以使用非对称形式。随着业务的发展和技术的进步,将会逐步过渡到对称模式。所有 10Gb/s 信号均采用 64B/66B 模块线路代码,从而实现了 10.3125 Gb/s 的线路速率。1Gb/s 上行采用相同的 8B/10B 模块线路代码作为 EPON,因而实现了 1.25 Gb/s 的线路速率。

10G EPON 能获得如下优势:

(1)使客户能采用最低成本的 ONU 实现所需业务。

(2)可通过对 OLT 和 ONU 进行升级,致使网络从 EPON 升级到 10G EPON。

(3)现有网络和服务在网络升级过程中仍能继续工作。

(4)10G EPON 标准为现有 EPON 标准提供了强大的扩展,既能为每个用户交付更高带宽,也可通过同一 PON 为更多用户提供服务。

(5)能在同一 PON 上采用 10G EPON ONU 为高带宽要求的企业客户提供服务,并用更低成本的 EPON ONU 为较低带宽需求的用户提供服务。

图 10-29 所示为 OLT 支持 EPON ONU、10Gb/s 下行与 1Gb/s 上行 ONU 以及 10Gb/s 上行与下行 ONU 的混合组合。与 EPON 一样,可将 1550nm ~ 1560nm 的波长频带保留以用于下行视频传输。

10G EPON 的帧格式与 10GbE 帧格式基本相同,只是下行信号额外增加了 FEC 编

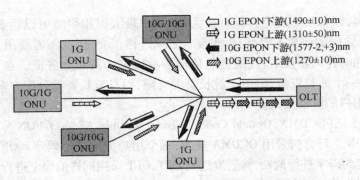

图 10－29　EPON 与 10G EPON ONU 共享同一 PON 的示意图

ONU(光网络单元)—接收来自正确波长的下游信号。

码,上行信号采用了 TDMA 突发格式,其中也包含 FEC;前导码与 SFD 的以太网正常值可针对 EPON 与 10G EPON 进行修改;MPCP PDU 是基本的 802.3 MAC 控制帧,ONU 采用该协议提出带宽请求,而 OLT 采用其分配带宽。

　　10G EPON MAC 层控制协议的工作基础是:ONU 通知 OLT 上行带宽要求,而 OLT 则为 ONU 的上行带宽进行调度和授权。OLT 向每个 ONU 定期发送 GATE 信息,以便报告其上行带宽需求。ONU 通过发送 REPORT MPCP PDU 信息传送上行带宽要求。与 EPON 一样,10G EPON 也支持 IEEE 802.1Q 定义的 8 个队列优先级。与 EPON 不同的是,10G EPON REPORT 的带宽值不包含突发开销或 FEC 开销。

10.3.5　混合光纤同轴电缆(HFC)接入技术

　　HFC 接入网是以模拟频分复用技术为基础,综合应用模拟和数字传输技术、光纤和同轴电缆技术、射频技术、高度分布式智能技术和计算机技术所产生的一种宽带接入网络。HFC 建立在 CATV 的基础上,通过对现有 CATV 进行双向化改进,使得 CATV 除了可提供丰富良好的电视节目外,还可提供电话、因特网接入、高速数据传输、多媒体服务、Web 在线浏览、聊天室、交互游戏、居家办公应用的局域网仿真和桌面会议等的接入业务。

　　为了在有线电视前端和用户端设备之间透明地传输 IP 通信量,IEEE802.14 工作组、数字音频视频委员会(DAVIC)和欧洲的数字视频广播(DVB,Digital Video Broadcasting)工作组分别定义了各自 HFC 的 MAC 协议,其重点在于定义上行信道的多路访问控制。在这些协议中,IEEE 802.14 和多媒体线缆网络系统(MCNS,Multimedia Cable Network System)的电缆系统数据接口规范(DOCSIS)是 2 个最主要的 MAC 协议。IEEE802.14 支持 ATM 传输,MCNS 支持 IP 传输。

　　1. HFC 的一般结构

　　HFC 网络由光纤和同轴电缆混合组成,以分支和树形拓扑为特点。从图 10－30 可以看出,在树根处是电缆调制解调器终端设备系统(CMTS,Cable Modem Termination System),从 CMTS 到邻近使用光纤,在光纤的末端是光节点,起光/电转换的作用。同轴电缆作为馈电线从光节点连到每个用户,每个光节点下接 500 户~2000 户。HFC 网络中的 CMTS 在系统中起类似交换/路由中心的作用。CMTS 是 HFC 网络对外通信的出口。它可以与专用分组交换机(PBX,Private Branch eXchange)放在一起,也可以置于计算机中心

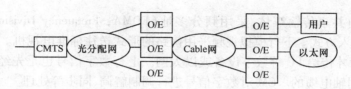

图 10-30 HFC 网络的拓扑结构

以便于连线。CMTS 到最远用户的距离最大约 80km。HFC 网络比全光网络具有更高的可靠性和更低的费用投入。普通的全同轴线要升级到 HFC,需要更换 CATV 网中最后一段的放大器(单向—双向)。这种传输结构的优点是可以灵活地给各个以太网分配一个或一组电缆调制解调器(CM,Cable Modem)。当通信量改变了后只需增减 CM 的数目。

图 10-31 是 HFC 的典型实施结构。主机数字终端(HDT,Host Digital Terminal)在 PSTN 与用户接入网之间提供接口。其思想是光纤至馈线采用调幅(AM,Amplitude Modulation)的光纤链路,用以代替 CATV 中的电缆干线及放大器。因而光纤网呈星形结构,视频信号从 CATV 前端通过星形光纤网通向每一个光节点。在节点处,将光信号转变为 CATV 中的射频(RF,Radio Frequency)信号,通过总线型同轴电缆网送给用户。

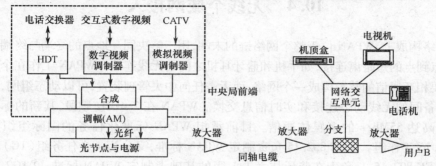

图 10-31 HFC 网络的典型实施结构

在 HFC 系统中,同轴电缆的整个通信带宽被分成上、下行 2 个频带,如图 10-32 所示。通常上行使用 5MHz~42MHz 的频带,下行使用 45MHz~750MHz 甚至高达 1000MHz 的频带。上下行频带又划分成很多信道。这些信道既可传数字信号,也可传模拟信号。上行信道宽为 1MHz~2MHz,容量为 2Mb/s~10Mb/s;下行信道宽为 6MHz,容量为 30Mb/s~40Mb/s;不同信道使用不同的调制技术。使用不同调制技术的 CM 可以提供不同的吞吐量。正交局部响应在 3MHz 频带内提供 6Mb/s 的速率。QPSK 在 6MHz 的频带空间内提供 10Mb/s 的速率。64-QAM 在 6MHz 的信道内提供 27Mb/s 的速率。目前的 CM 设备主要用于因特网和各种以太网的接入。

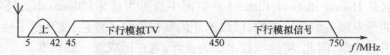

图 10-32 HFC 频谱结构

2. HFC 传输技术

HFC 采用射频调制的方式实现宽带传输,传输由 CMTS 集中控制。下行采用广播的形式。上行方向共享传输媒体,采用频分多址(FDMA,Frequency Division Multiple Access)/TDMA 接入方式。下行模拟视频采用傍路的形式送往标准电视机。数字信号则须经过 CM 适配后才传给 PC 等数字设备或以太网。上行数字信号也是先经过 CM 的适配处理后再送入同轴电缆的。CM 对数字信号进行调制解调、同步等处理。

在上行方向,由于共享传输媒体,必须采用适当的措施以防止上行数据冲突。首先 FDMA 技术的使用既增加了上行方向的容量,又避免了冲突。但是,如果将一个信道(频道)提供给单个链接,则会浪费信道内的通信容量。因此,对各个信道采用 TDMA 技术,将信道划分成时隙。上行帧由数据时隙(DS,Data Slots)和竞争时隙(CS,Contention Slots)2 种时隙组成,它们的数量由 CMTS 决定。在 CM 处采用哪个频道哪个/哪些时隙完全由 CMTS 集中控制。为了各 CM 能准确地将数据送入规定的时隙,必须测距和同步。而 CMTS 如何进行上行带宽动态分配,需要各 CM 随时上报带宽申请信息。带宽申请信息使用 CS 上传。由于 CS 是多个 CM 竞争使用的,所以上传的带宽申请信息可能发生冲突而失败。失败后必须采用某种策略进行重发。直到成功或最终抛弃相应数据。

10.4   无线个域网接入

在网络构成上,WPAN 位于整个网络链的末端,用于解决同一地点的终端与终端之间的连接,即点到点的短距离连接,如手机和蓝牙耳机之间的无线连接。WPAN 工作在个人操作环境,需要相互通信的装置构成一个网络,而无需任何中央管理装置,可以动态组网,从而实现各个设备间的无线动态连接和实时信息交换。WPAN 在 2.4GHz 频段,其新的标准将可以支持最高达 55Mb/s 的多媒体通信。目前承担 WPAN 标准化任务的国际组织主要是 IEEE 802.15 工作组。IEEE 802.15 负责制定 WPAN 标准,又分为 4 个任务组(TG):①TG1 也就是 IEEE 802.15.1,负责在蓝牙技术 1.1 版的基础上制定 WPAN 标准;②TG2 是解决 WPAN 与 WLAN 等其他无线网络之间共存问题的任务组;③TG3 即 IEEE 802.15.3,是高速率任务组为在 WPAN 实现 20Mb/s 以上的传输速率制定相应的标准和规则,主要涉及高速无线个域网(HR – WPAN,High Rate WPAN)、超宽带(UWB,Ultra Wide Band)无线技术;④TG4 也就是 IEEE 802.15.4,负责低速 WPAN 标准的制定,如 ZigBee 标准。

10.4.1   蓝牙无线接入技术

1. 蓝牙的由来与发展

蓝牙的英文名称为 Bluetooth,关于此名称的由来也是众说纷纭,有的说狼牙在黑夜里会发出蓝光,因此得名蓝牙。但权威版本的解释是说,在 10 世纪统一了丹麦和挪威的丹麦国王的全名是 Harald Blatand,Blatand 在英语中意思为蓝牙(Bluetooth);还有一种说法是这位英雄的丹麦国王酷爱吃蓝梅,以致于牙齿都被染成了蓝色,蓝牙成了他的绰号。为纪念这位国王的功绩,因此,将这项技术改为蓝牙,意在形成统一的标准。

蓝牙技术起源于 1994 年,这年,爱立信移动通信公司开始研究在移动电话及其附件之间实现低功耗、低成本无线接口的可行性。1998 年 7 月,爱立信联合其他公司推出了蓝牙的第一个正式规范 1.0 版本;2001 年 2 月,公布了蓝牙 1.1 版本的标准;2003 年 11 月,SIG 发布了蓝牙 1.2 版本的标准;2004 年 11 月,公布了采用具有更高数据传输速率的 2.0 + EDR(Enhanced Data Rate)版蓝牙核心规范。

在过去几年里,蓝牙产品和市场规模不断扩大,蓝牙芯片的出货量已超过 20 亿组,据预测,2014 年蓝牙芯片出货量将达到 25 亿组。蓝牙未来的发展将向着低价位、小型化、兼容性、漫游性等特点发展。

2. 概念与用途

蓝牙是一种小型化、短距离、低成本和微功率的无线通信技术,是一种无线数据与话音通信的开放性全球规范。设计者的初衷是用隐形的连接线代替线缆。它使用跳频、时分多址和码分多址等先进技术,来建立多种通信与信息系统之间的信息传输。其目标和宗旨是:在小范围内保持联系,不靠电缆,拒绝插头,将各种移动通信设备、固定通信设备、计算机及其终端设备、各种数字数据系统、各种家电产品,使用一种廉价的无线方式将它们连接起来,并与因特网联网,以此重塑人们的生活方式。蓝牙应用于手机与计算机的相连,可节省手机费用,实现数据共享、因特网接入、无线免提、同步资料、影像传递等。蓝牙在各信息设备之间可以穿过墙壁或公文包,实现方便快捷、灵活安全、低成本小功耗的话音和数据通信。

蓝牙的工作频段是全球统一开放的 2.4GHz ISM 频段,传输速率可达到 10Mb/s。蓝牙技术的无线电收发器是一块很小的芯片,大约只有 $3.2cm^2$。别看它个子小,作用可不小。它要实现的目标是在 10m 或 100m 的范围内,让笔记本电脑、掌上电脑、手机与所有支持该技术的设备建立高效率的网络联系,而不需要数据连接线,并形成一个个人领域的网络。

蓝牙技术可以应用于无线设备(如 PDA、手机、智能电话、无绳电话)、图像处理设备(照相机、打印机、扫描仪)、安全产品(智能卡、身份识别、票据管理、安全检查)、消费娱乐(耳机、MP3、游戏)、汽车产品(GPS、可选计费业务(ABS,Alternate Billing Service)、动力系统、安全气袋)、家用电器。

3. 蓝牙主要技术指标和参数

蓝牙规范公布的主要技术指标和系统参数如表 10 - 6 所列。

表 10 - 6　蓝牙主要技术指标和系统参数

指标类型	系 统 参 数	指标类型	系 统 参 数
工作频段	ISM 频段,2.402GHz ~ 2.480GHz	调频频率数	79 个频点/1MHz
数据速率	1Mb/s	调频速率	1600 次/s
双工方式	全双工、时分双工(TDD,Time Division Duplex)	工作模式	可携式接入权密钥(PARK,Portable Access Rights Key)/HOLD(保持)/SNIFF(呼吸)
异步信道速率	非对称连接为 721kb/s、57.6kb/s,对称连接为 432.6kb/s 2.0 + EDR 规范支持更高的速率	数据连接方式	面向连接同步(SCO,Synchronous Connect-Oriented),异步无连接(ACL Asynchronous Connectionless)
业务类型	支持电路交换和分组交换业务	发射距离	一般可达 10m,增加功率情况下可达 100m
同步信道速率	64KB/S,2.0 + EDR 规范支持更高的速率	信道加密	采用 0 位、40 位和 60 位密钥
功率	1mW(0dBm)、2.5mW(4dBm)、100mW(20dBm)	纠错方式	1/3FEC,2/3FEC,ARQ 等

4. 蓝牙系统的构成

蓝牙系统由主机终端和蓝牙设备通过主机接口连接而共同构成,其结构框图如图10-33所示。蓝牙设备由射频单元、链路控制单元和链路管理且支持主机终端接口的单元组成,其中射频单元主要负责射频处理和调制的功能;链路控制单元主要完成底层通信协议(如物理层、MAC层)的功能;链路管理单元主要负责基带连接的设定及管理、基带数据的分段及重组、多路复用和QoS等功能,并提供与主机终端的接口。

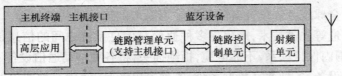

图 10-33 蓝牙系统的构成

5. 蓝牙设备与主机终端接口的种类

如图10-34所示,蓝牙设备与主机终端连接方式有3种:

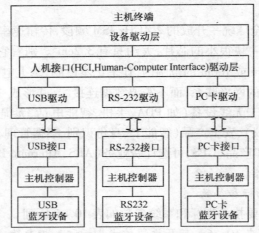

图 10-34 蓝牙与主机端的接口

(1) USB,是目前发展最快的PC扩展连接方式,并且已经渗透到信息家电领域。

(2) 通用异步收发器(UART,Universal Asynchronous Receiver Transmitter)(RS232),在9针线路上,以传统的串行物理连接方式实现。

(3) PC插卡,以PC插卡的形式与PC主机相连接。

6. 蓝牙的协议体系

如图10-35所示,蓝牙协议体系中的协议可分为4层:

(1) 蓝牙核心协议:BaseBand、链路管理协议(LMP,Link Manager Protocol)、逻辑链路控制和适配协议(L2CAP,Logical Link Control and Adaptation Protocol)、服务发现协议(SDP,Service Discovery Protocol)。

(2) 电缆替代协议:串口仿真协议/无线电频率通信(RFCOMM,Radio Frequency Communication)。

(3) 电话控制协议:电话控制协议规范(TCS,Telephone Control protocol Specification)Binary、模拟中继(AT,Analog Trunk)指令集。

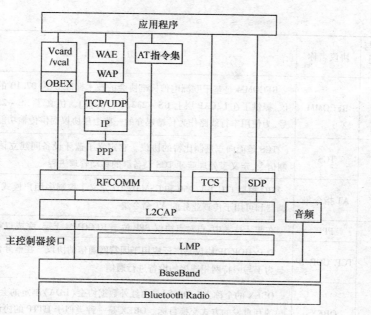

图 10-35 蓝牙的协议体系结构

（4）其他适配协议：PPP、TCP/UDP/IP、目标交换协议（OBEX，Object Exchange Protocol）、WAP、无线应用环境（WAE，Wireless Application Environment）、vCard/vCalendar 等。

除了上述协议层外，蓝牙协议还规定了为基带控制器、链路管理器、硬件状态和控制寄存器提供命令接口的 HCI，在蓝牙设备的主机和蓝牙模块之间提供了一个通用接口，实现主机和低层协议的通信。

关于图 10-35 蓝牙协议栈中各部分的功能描述如表 10-7 所列。

表 10-7 蓝牙协议栈中主要协议的功能描述

协议类型	协议名称	功 能 描 述
蓝牙核心协议	Baseband	基带（Baseband）负责跳频和数据帧传输，确保微微网内各蓝牙设备单元之间由射频构成的物理连接。蓝牙的射频系统是一个跳频系统，其任一分组在指定时隙、指定频率上发送，它使用查询和寻呼进程来使不同设备间的发送频率和时钟同步。基带数据分组提供 2 种物理连接方式：SCO 和 ACL，而且在同一射频上可实现多路数据传送
	LMP	LMP 负责蓝牙各设备间链路的建立、控制、鉴别、配置和其他低层协议的执行，两者共同确保微微网内各蓝牙设备单元之间的射频物理链路。它提供认证、加密控制、功率控制等服务和 QoS 能力。链路管理还可以管理不同模式下的设备
	L2CAP	L2CAP 位于数据链路层，是基带的上层协议，与 LMP 并行工作，完成数据的拆装、服务质量和协议复用等功能。L2CAP 允许高层协议和应用程序收发长度最高可达 64kb 的 L2CAP 数据包
	SDP	SDP 在蓝牙技术框架中起到至关重要的作用，它是所有用户模式的基础，可用来查询蓝牙射频覆盖范围内的蓝牙设备信息和服务类型，从而在蓝牙设备间建立相应的连接

名称与功能／协议类型	协议名称	功能描述
电缆替代协议	RFCOMM	RFCOMM 是基于欧洲电信标准协会的技术标准 ETSI 07.10 的一个串行线仿真协议,提供了在 L2CAP 层上 RS－232 串口的仿真,仿真了 RS－232 的控制和数据信号,为使用串行线路作为传输媒介的一些上层协议提供传输功能
电话控制协议	TCS	TCS 是面向二进制比特的协议。它定义了蓝牙设备间建立话音和数据呼叫的控制信令,定义了处理蓝牙 TCS 设备群的移动管理进程
	AT 指令集	SIG 根据 ITU-T V.250 和 GSM 07.07 定义了控制多用户模式下移动电话、调制解调器和可用于传真业务的 AT 命令集
其他适配协议	PPP	在蓝牙技术中,点对点协议 PPP 位于 RFCOMM 上层,完成点对点的连接
	TCP/UDP/IP	TCP/UDP/IP 协议是广泛应用于因特网通信的协议。在蓝牙设备中使用这些协议是为了与因特网相连接的设备进行通信
	OBEX	OBEX 的全称为 IrOBEX,是由红外数据协会(IrDA)制定的会话层协议,它采用简单的和自发的方式交换目标。OBEX 是一种类似于 HTTP 的协议。它假设传输层是可靠的,采用客户机/服务器模式,独立于传输机制和传输应用程序接口 API
	WAP/WAE	WAP 是一种为移动电话、寻呼机、PDA 和其他无线终端提供因特网通信和高级电话服务的标准协议。选用 WAP,可以充分利用为 WAE 开发的高层应用软件
	vCard/vCalendar	电子名片交换格式(vCard)、电子日历及日程交换格式(vCalendar)都是开放性规范。它们都没有定义传输机制,而只是定义了数据传输模式。SIG 采用 vCard/vCalendar 规范,是为了进一步促进个人信息交换

此外,需要说明的是,图 10－35 中最底层的 Bluetooth Radio(蓝牙无线电)是蓝牙设备中负责发送和接收调制电信号的收发器。出于兼容的原因,采用蓝牙的无线设备应当具有确定的无线收发特性。

绝大部分蓝牙设备都需要核心协议,其他协议则根据具体的应用而定,在核心协议的基础上构成面向应用的协议集。整个协议结构简单,使用前向纠错编码及自动重传等机制保证链路的可靠性,在基带、链路控制和应用层中可实现分级的多种安全机制。

7. 蓝牙接入的工作原理

蓝牙网络连接状态转移图如图 10－36 所示,通信过程描述如下:

(1) 蓝牙设备没有建立连接时,处于睡眠状态——待机模式。这种模式下,它将每 1.28s 或 2.56s 醒过来一次,选择一个信道侦听发送给它的信息。

(2) 由一个设备发起连接,这个设备以后就成为微微网的主单元。发起连接时,主单元可能并不知道其余设备的存在以及它们的地址。这时主单元需要先执行查询操作。

(3) 有了其他各设备的地址,就可进行寻呼,真正建立起连接。连接完成后,就可通信进行数据传输。通信时,主单元和从单元交替进行收和发。主单元根据从单元的数据流量来决定从单元何时收发。如果从单元暂时不需收发数据,它就切换入保持模式直到主单元下次发信息给它,在这期间主单元定期给它发送信息以使得从单元对跳频信道同步,其余时间它不需要侦听信道。

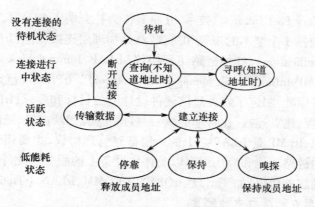

图 10-36 蓝牙网络连接状态转移图

（4）数据传输完成后，可使用断连命令来结束连接，这样，单元又回到待机模式。

10.4.2 红外数据（IrDA）接入

1. 基本概念

红外数据协会（IrDA，Infrared Data Association）接入是一种利用红外线进行点对点短距离通信的技术。IrDA 使用红外线作为传播介质，红外线是波长在 0.75pm ~ 1000pm 之间的无线电波，是人用肉眼看不到的光线。红外数据协会成立后，为保证不同厂商基于红外技术的产品能获得最佳的通信效果，规定所用红外波长在 0.85pm ~ 0.90pm 之间，红外数据协会相继也制定了很多红外通信协议，有些注重传输速率，有些则注重功耗，也有二者兼顾的。如果你想建立带宽为 4Mb/s 的 IrDA 无线家庭网络，只有在每个房间安装一个桥接器，才能保证在每个房间使用此无线网络。

IrDA 技术的主要特点有：利用红外传输数据，无须专门申请特定频段的使用执照；IrDA 设备体积小、功率低和保密性强；由于采用点到点的连接，数据传输所受到的干扰较小，数据传输速率高，速率可达 16Mb/s。随着红外通信技术的发展，其通信速率也将不断提高，IrDA 红外通信的作用距离也将从 1m 扩展到几十米。此外，接收角度也由传统的 30°扩展到 120°。这样，在台式计算机上采用低功耗、小体积、移动余度较大的含有 IrDA 接口的键盘、鼠标，就有了基本的技术保障。

IrDA 技术缺陷主要有：受视距影响其传输距离短；要求通信设备的位置固定，遇障碍物通信中断；其点对点的传输连接，无法灵活地组成网络等，功能单一，扩展性差。面对 IrDA 技术的挑战，IrDA 并没有停滞不前，IrDA 发挥优势，克服缺点，必将在手机、笔记本电脑、扫描仪和数码相机等设备中大显身手。

2. 标准和协议

IrDA 1.0 标准简称串行红外协议（SIR，Serial Infrared），它是一种异步的、半双工的红外通信方式，它以系统的 UART 为依托，通过对串行数据脉冲的波形压缩和对所接收的光信号电脉冲的波形扩展这一编解码过程实现红外数据传输。SIR 的最高数据速率只有 115.2kb/s。在 1996 年，发布了 IrDA 1.1 协议，简称快速红外协议（FIR，Fast Infrared），采用脉位调制（PPM，Pulse Position Modulation）编译码机制，最高数据传输速率可达到 4Mb/s，同时在低速时保留 1.0 标准的规定之后，IrDA 又推出了最高通信速率在 16Mb/s 的甚快速红外协议(VFIR,Very Fast Infrared)技术,并将其作为补充纳入 IrDA 1.1 标准之中。

IrDA 标准都包括 3 个基本的规范和协议:红外物理层连接规范(IrPHY,Infrared Physical Layer Link Specification)、红外链路访问协议(IrLAP,Infrared Link Access Protocol)和红外管理协议(IrLMP Infrared Link Management Protocol)。IrPHY 规范定义了 4Mb/s 以下速率的半双工连接标准,制定了红外通信硬件设计上的目标和要求;IrLAP 定义了链路初始化、设备地址发现、建立连接、比特率的统一、数据交换、切断连接、链路关闭以及地址冲突解决等操作过程;IrLMP 是 IrLAP 之上的一层链路管理协议,主要用于管理 IrLAP 所提供的链路连接中的链路功能和应用程序以及评估设备上的服务。此外,IrDA 还陆续发布了一些更高级别的红外协议,如 TinyTP、IrOBEX、IrCOMM、IrLAN、IrTran-P 等。

3. IrDA 适配器在计算机中的配置

要使计算机能够进行红外通信,需要一个能发送和接收红外线信号的装置了。许多笔记本电脑上都有一个黑色的红外窗口,这就是笔记本电脑的红外通信口,可以用来与其他红外设备进行红外数据传输。

台式计算机基本都没有现成的红外通信口,为了使台式计算机也具有红外通信能力,需要用户为台式计算机配备一个红外适配器。目前实现台式计算机红外通信的技术有 4 种:一是通过串口转红外实现,即串口红外适配器;二是通过 USB 口转红外实现,即 USB 接口红外适配器;三是利用计算机主板已集成的红外解码译码功能,外接一个红外光电转换装置来实现,即主板接口红外适配器。四是通过 PCI 和 ISA 总线连接红外转换卡来实现,同样需要外接一个红外光电转换装置。

4. IrDA 建立连接的过程

IrDA 建立连接通信分 4 个阶段:

(1) 设备发现和地址解析。发现过程是 IrDA 设备查明在通信范围是否有其他设备的过程。在此情况下,发现范围内所有设备的地址,也就是 IrLAP 操控的设备序号。在等待 560ms 后,初始设备在每个时间槽的头部开始发现过程,并广播帧标记。当听到初始发现槽时,设备将随机选择一个响应。当设备接收到它选择槽的帧标记时,传送一个发现响应帧。如果参加发现过程的设备有重复的地址,那就需启动地址解析过程。地址解析过程与发现过程相似,它用探测地址冲突来启动过程,仅解析有冲突的地址。

(2) 链接建立。一旦发现和地址解析过程完成后,应用层将发一个连接请求。假设远程的设备能接收连接,它将发送一个带中止位的无编号应答响应帧,指示连接已经被接收。

(3) 信息交换和链接复位。信息交换过程的操作是主设备发出命令帧,从设备响应。为了保证在同一时间里只有一个设备能传送帧,一个传送许可令牌在主、从设备间交换。另一个传送许可令牌在主、从设备间交换。传送数据时,从设备保留令牌,一旦数据传输结束或达到最长转换时间,它必须将令牌返回主设备。

(4) 链接终止。一旦数据传输完,主、从设备之一将断开链接。如果主设备希望断开链接,它将发送带轮询位的断开命令给从设备。从设备返回带终止位的未编号确认帧应答。2 个设备将都处于正常断开模式。一旦 2 个设备处于正常中断模式,传输媒介对于任何设备都是空闲的,都可以开始设备发现,地址解析,连接建立过程。

10.4.3　HomeRF 接入技术

1. HomeRF 简介

家庭射频(HomeRF,Home RF)无线标准是由家庭无线联网业界团体于 1998 年制定的,是 IEEE 802.11 与数字增强无绳电话(DECT,Digital Enhanced Cordless Telephone)的结合。旨在家庭范围内,使计算机与其他电子设备之间实现无线通信的开放性工业标准。主要用于家用计算机、外设、PDA 和无绳电话等设备之间的无线联网。支持 HomeRF 的有 Intel、HP、Proxim、摩托罗拉和西门子等 80 多家公司。

RF 表示可以辐射到空间的电磁频率,频率范围从 300kHz ~ 30GHz 之间。RF 是一种高频交流变化电磁波的简称。每秒变化小于 1000 次的交流电称为低频电流,大于 10000 次的称为高频电流,而射频就是这样一种高频电流。有线电视系统就是采用射频传输方式的。

HomeRF 是室内有线网络的延伸,是对现有无线通信标准的综合和改进。HomeRF 把共享无线接入协议(SWAP,Shared Wireless Access Protocol)作为网络的技术基础,适合话音和数据业务。当进行数据通信时,采用简化的 IEEE 802.11 标准,沿用类似于以太网技术中的载波监听多路访问/冲突避免(CSMA/CA,Carrier Sensemultiple Access with Collision Aviodance)方式,适合于传送高速分组数据;当进行话音通信时,则采用 DECT 无线通信标准,使用 TDMA 技术,适合于传送交互式话音和其他时间敏感性业务。HomeRF 提供了对流媒体真正意义上的支持,规定了高级别的优先权和重发机制,这样就满足了播放流媒体所需的高带宽、低干扰、低误码要求。

HomeRF 提供了与 TCP/IP 良好的集成,支持广播、多播和 48 位 IP 地址;工作在开放的 2.46Hz 频段;采用跳频扩频技术,跳频速率为 50 次/s,共有 75 个带宽为 lMHz 的跳频信道;室内覆盖范围约 45m;发送功率为 100mW;支持站点约每个网络 127 个设备;话音连接有 6 个全双工通话信道,接近有线话音质量的连接;数据安全采用 Blowfish 加密算法;调制方式为恒定包络的频移键控(FSK,Frequency Shift Keying)调制,且分 2FSK 与 4FSK 两种,采用 FSK 调制可以有效地抑制无线通信环境下的干扰和衰落。2FSK 方式下,最高数据的传输速率为 lMb/s;4FSK 方式下,速率可达 2Mb/s。在新的 HomeRF 2.x 标准中,采用了宽带跳频(WBFH,Wide Band Frequency Hopping)技术来增加跳频带宽,由原来的 1MHz 跳频信道增加到 3MHz 和 5MHz,跳频的速率也提高到 75 次/s,数据传输速率峰值达 10Mb/s。

2. HomeRF 接入网络的特点

HomeRF 无线接入网络有以下特点:

(1)功能强大。除具备一般家庭网络应有的功能外,允许以无线方式加入多玩家游戏,支持高质量的话音与数据传输,在家庭区域范围内提供给用户不受任何限制的移动性。

(2)通过拨号、DSL 或电缆调制解调器上网。

(3)简单易行、安装方便。只需几分钟便可安装组网,操作简单、直接;只需回答几个简单的提示或询问即可完成相应软件的安装;对移动设备提供强大的电源管理功能。

(4)数据压缩采用 LZRW3-A 算法。

（5）数据保密性。采用 Blowfish 加密算法,提供基本的和增强性 2 种保密级别。使用 24 位的网络 ID 号(基本功能),MAC 层使用 56 位密钥加密(可选)。支持高密度住宅区。

（6）安全可靠。只需采用有效的网络安全设备便可以防止非法用户的非法访问。通过独特的网络标识来实现数据安全。

（7）无线电干扰影响小。同一区域可建立多个 HomeRF 无线网络。

（8）支持近似线性音质的话音和电话业务,支持流媒体。

（9）成本低廉。不需要额外的线缆和桥接器;每台网络 PC 的价格在 100 美元左右。

（10）低功耗。很适合笔记本电脑。就短距离无线连接技术而言,它通常被看作是"蓝牙"和 IEEE802.11 协议的主要竞争对手。

（11）协同性强。符合相同工业标准的网络产品设备可相互协同工作。

（12）任何一个节点离开网络都不会影响到网络上其他节点的正常工作。

（13）不受墙壁和楼层的影响。

HomeRF 无线网络技术的缺点是:带宽较窄,一般情况下只有 1Mb/s;物理障碍(如墙、较大的金属物体)能对通信产生干扰;与现有的有线网络合并困难。从 2000 年之后,HomeRF 技术开始走下坡路,2001 年 HomeRF 的普及率降至 30%,逐渐丧失市场份额。

3. HomeRF 主要协议 SWAP 的功能

用户使用符合 SWAP 规范的电子产品可实现如下功能:

（1）支持多种家庭娱乐、家庭自动化控制甚至是远程医疗服务。

（2）在 PC 的外设、无绳电话等设备之间建立一个无线网络,以共享话音和数据。

（3）在家庭区域范围内的任何地方,可以利用便携式微型显示设备浏览因特网。

（4）在 PC 和其他设备之间共享同一个 ISP 连接。

（5）家庭中的多个 PC 可共享文件、调制解调器和打印机。

（6）前端智能导入电话机可呼叫多个无绳电话听筒、传真机和话音信箱。

（7）从无绳电话听筒可以再现导入的话音、传真和 E-mail 信息。

（8）将一条简单的话音命令输入 PC 无绳电话听筒,便可以启动其他家庭电子系统。

（9）可实现基于 PC 或因特网的多玩家游戏。

（10）用音频流下载 MP3 和其他音频文件,在家中的任何地方的联网设备上欣赏音乐。

4. SWAP 协议模型

HomeRF 的 SWAP 协议模型如图 10-37 所示,其协议层次与 OSI 网络模型有一定的映射关系,但不是完全一一对应。在 SWAP 中,MAC 对应数据链路层,在其上的协议层则根据开展的业务不同而有所差异,它用 TCP/IP 承载数据业务、UDP/IP 承载流业务(诸如视频数据流等),同时,为了提供高质量的话音业务,还集成了 DECT 协议。

HomeRF 物理层工作在 2.4GHz 频段,它采用 2FSK 与 4FSK 两种调制方式,采用数字跳频扩频技术有效地抑制了无线环境下的干扰和衰落。它采用宽带跳频技术并来增加跳频带宽,由原来的 1MHz 增加到 3MHz、5MHz,跳频的速率也增加到 75 跳/s,当然其数据峰值也高达 10Mb/s,接近 IEEE 802.11b 标准的 11Mb/s。它能根据数据传输速率动态调整跳频带宽,当传输速率较低(小于 2Mb/s)时,采用 1MHz 的带宽;当速率为 10Mb/s 时,则用 5MHz 的带宽进行通信,如图 10 – 38 所示。

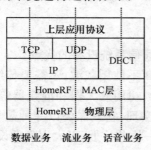

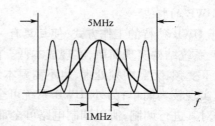

图 10 – 37　SWAP 协议模型　　　　　　图 10 – 38　HomeRF 工作频段

SWAP 的 MAC 层就相当于 OSI 模型中的数据链路层,因此它的功能主要是完成数据帧的封装、拆封等。HomeRF 将一个跳频点上的大部分时间用于数据通信,同时根据激活的话音信道数目,动态地为话音业务预留一部分资源。SWAP 定义了 2 种类型的帧结构,一种是 20ms 的超帧,另一种是 10ms 的子帧,这 2 种帧分别用于不同的场合。当网络中只有数据业务时,HomeRF 将使用超帧,在一个跳频点上的通信时间为 20ms,并且采用异步方式;当网络中有话音业务时,采用 10ms 的子帧,并增加了一个标志位,以同步方式进行通信。

在网络层,SWAP 采用了因特网的 TCP/IP 协议,TCP 协议应用于一般的数据通信,而 UDP 协议用于开展流业务。SWAP 组网的形式非常灵活,既可以采用 ad – hoc 网络,也可以作为控制网络使用。在 SWAP 中,一个子网有一个 24 位的 ID 号,最多能容纳 256 个接入设备。这些接入设备主要分为 4 种类型:连接点、话音终端设备、数据节点设备和其他能同时支持话音和数据业务的节点设备。

10.4.4　超宽带无线接入技术

1. UWB 简介

UWB 技术是一种使用 1GHz 以上带宽的无线接入技术,历史上又称为冲激雷达、脉冲无线电技术、基带脉冲,无载波技术等。它整合了无线 USB、无线 1394 等成熟的连接技术,不需要载波,而是利用占空比很低(几十分之一)的超短(纳秒至微微秒级)非正弦波电磁能量窄脉冲作为信息载体来传输数据,需占用很宽的频谱范围,有效传输距离在 10m 以内,传输速率可达 1Gb/s。美国 FCC 规定,UWB 可以使用的频率范围为 3.1GHz ~ 10.6GHz,带宽为 7.5GHz。因此,UWB 是一种高速而又低功耗的无线接入方式。

通常我们把相对带宽(信号带宽与中心频率之比)大于 25% ,而且中心频率大于 500MHz 的宽带称为超宽带。从时域上讲,超宽带系统有别于传统的通信系统。传统的"窄带"和"宽带"都是采用无线电频率载波来传送信号,利用载波的状态变化来传输信息。相反地,超宽带是基带传输,通过发送每秒多达 10 亿个代表 0 和 1 的脉冲无线电信号来传送数据。这些脉冲信号的时域极窄(0.1ns ~ 1.5ns),频域极宽(数赫到数吉赫,可超过 10GHz),其中的低频部分可以实现穿墙通信。信号的相对带宽可以用下式表示:

$$信号的相对带宽 = \frac{2(f_H - f_L)}{f_H + f_L} = \frac{f_H - f_L}{f_C} \geq 0.25$$

式中: f_H 表示信号高端频率; f_L 表示信号低端频率; (f_H-f_L) 表示信号带宽; $f_c=(f_H+f_L)/2$ 为信号的中心频率。

2. UWB 的特点

由于 UWB 独特的工作方式,使其具有一些其他通信系统没有的优点。

(1) 系统结构实现简单,实现成本低。由于 UWB 不使用载波,不需要传统收发器所需的上、下变频,无需中频处理,也不需要本地振荡器、功用放大器和混频器等,因在结构上,系统实现较为简单;另外,UWB 系统可全数字化实现,它只需要以一种数学方式产生脉冲,并对其进行调制,所以调制电路可全部集成在一块芯片上,可大大降低设备的造价。

(2) 传输速率高。在 10m 范围内,传输速率可以达到 1Gb/s。

(3) 功耗低。在非常宽的带宽内发送低功率信号,对信道衰落不敏感、发射信号功率谱密度低,在高速通信时系统的耗电量仅为几百微瓦至几十毫瓦。一般是传统移动电话所需功率的 1/100 左右,是蓝牙设备所需功率的 1/20 左右。

(4) 保密性好。由于 UWB 信号隐蔽在环境噪声和其他信号之中,用传统的接收机无法接收和识别,信号被截获、侦测到的概率低,必须采用与发端一致的扩频码脉冲序列才能进行解调,因此增加了安全性和隐蔽性,降低了截获率。

(5) 很强的室内多径分辨能力。室内通信信道中多径时延常为纳秒级,经多径反射的延时信号与直达信号在时间上是可以分离的,具有强抗多径衰落能力。对常规无线电信号多径衰落深达 10dB ~ 30dB 的多径环境,对超宽带无线电信号的衰落最多不到 5dB。

(6) 系统容量大。由于 UWB 发射的冲激脉冲占空比极低,系统有很高的增益和很强的多径分辨力,所以系统容量比其他的无线技术都高。

(7) 极宽的带宽使得系统具有很大的增益,抗窄带干扰的能力强。超宽带系统进一步通过采用跳时或扩频信号,比 IEEE 802.11 系列无线局域网和 IEEE 802.15 蓝牙等有更强的抗干扰功能。

3. UWB 信道模型和调制方式

国际电子电气工程师协会 IEEE 802.15.3 无线个域网工作组 TG3a 定义了 4 种 UWB 信道模型: CM1、CM2、CM3、CM4。CM1: 0 ~ 4 m 的视距信道 (LOS, Line Of Sight)。CM2: 0 ~ 4m 的非视距 (NLOS, Non Line Of Sight) 信道。CM3: 4m ~ 10m 的非视距信道。CM4: 特殊的非视距信道, 25ns 延迟扩展。

适用于 UWB 的调制方式主要有: 脉幅调制 (PAM, Pulse Amplitude Modulation)、通断键控调制 (OOK, On-Off Key)、跳时脉位调制 (TH-PPM, Time Hopping Pulse Position Modulation)、跳时/直扩二进制相移键控调制 (TH/DS-BPSK, Time Hoping/Direct Spreading Bit-Phase Shift Key)。目前广受关注的是 TH-PPM 和 TH/DS-BPSK。采用匹配滤波器的单用户检测情况下, TH/DS-BPSK 的性能要优于 TH-PPM; 而对 TH/DS-BPSK 而言, 在速率高时应优先选择 DS-BPSK 方式, 速率低时应选择 TH-BPSK 方式, 因其受远近效应的影响要小。在采用最小均方误差检测方式的多用户接收机应用时两者差别不大, 但速率较高时 TH/DS-BPSK 要优于 TH-PPM。

从制定标准的角度看, IEEE 802.15.3a 提供了 3 种不同的 UWB 无线系统应用。这 3 种应用显示了无线电设备所能有的不同物理描述: 基于正交频分多路复用技术 (OFDM, Orthogonal Frequency Division Multiplex)、基于直接序列超宽带技术 (DS-UWB, Direct Sequence-UWB）、时分/频分多址（TD/FDMA，Time Division/Frequency Division Multiple Access）脉冲方法。其中，TD/FDMA 和 DS-UWB 很接近脉冲无线电。这 3 种模式在最简模式下达到约 1.5GHz 带宽，OFDM 和 TD/FDMA 脉冲系统在 3.1GHz ~ 5GHz 范围内的至少约 500MHz 带宽的 3 个信道间跳频；DS-UWB 使用一个约 1.4GHz 带宽的信道。这 3 种技术都有一种利用 3.1GHz ~ 5GHz 之间频谱段的方法，性能也非常相似，而且通过利用上限为 10.6GHz 的 UWB 剩余频段来提高性能，提高的程度也基本相同。

4. 基本原理

UWB 技术最基本的工作原理是发送和接收脉冲间隔严格受控的高斯单周期超短时脉冲，接收机直接用一级前端交叉相关器就把脉冲序列转换成基带信号。UWB 是发射和接收冲激脉冲的技术，可以使用不同的方式来产生和接收这些信号以及对传输信息进行编码，可以单独或成组发射，并可根据幅度、相位和脉冲位置对信息进行编码。由于所有带内的无线电信号都是对 UWB 信号的干扰，UWB 可以综合运用伪随机编码和相关调制解调技术来解决这一问题。

典型的超宽带收发信机的功能框图如图 10 - 39 所示。发送端基带数据信号按照一定的调制规则以窄脉冲发送，窄脉冲的宽度决定了信号的带宽。为降低单脉冲发射的平均功率，通常一个数据符号被发送 n 次，每次用一个脉冲符号代表。在无编码的系统中，数据符号仅被简单地重复发送 n 次；在有编码的系统中，发送脉冲的位置或幅度受随机码或伪随机码的调制，以降低功率谱中的离散成分，并可得到更高的处理增益，同时，在多用户存在的情况下，可通过伪随机码区分用户，实现用户多址。接收端和接收机直接将接收到的射频信号放大，通过匹配滤波或相关接收机进行处理，经高增益门限电路直接恢复基带信号，省去了传统通信设备中的中频级，极大地降低了设备复杂性。

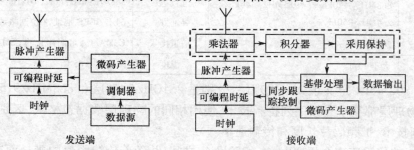

图 10 - 39　收发信机的基本原理框图

5. 应用与研究课题

UWB 无线接入技术的民用主要包括以下方面：地质勘探、可穿透障碍物、墙壁成像、汽车防冲撞、高精度定位、跟踪、监测、控制、无线传感器网络、医学应用、家电设备及便携设备之间的无线数据通信。军事方面主要用于武器控制、UWB 雷达、UWB 预警机、舰船、战术手持、网络电台、警戒雷达、探测地雷、检测地下埋藏的军事目标和军事伪装等。

UWB 的研究课题主要涉及 UWB 脉冲信号的波形、信号产生、信号编码、调制方式、多址方式、MAC 协议、信号检测、空时信号处理、同步捕获、天线理论与实现、电磁兼容、频谱共存、传播特性、信道模型、多用户收发机设计与算法、跳频码设计、直接序列扩频码设计、跳时码设计、超宽带波形和频谱的优化与控制、超宽带射频电路与天线的设计、同步定时方法、透视检测与成像、高精度定位、系统的共存性等。

10.4.5 近程双向无线 Zigbee 接入技术

1. Zigbee 简介

Zigbee 是一组基于 IEEE 批准通过的 802.15.4 无线标准研制开发的,有关组网、安全和应用软件方面的技术标准。和 Zigbee 技术有关的规范有 2 个:IEEE 802.15.4 标准和 Zigbee 规范。IEEE 802.15.4 标准是由 IEEE 802.15.4 委员会制定,它定义了用于低速无线个域网的物理层和 MAC 层。Zigbee 规范是由 Zigbee 联盟制定的,它在 IEEE 802.15.4 标准的基础之上,构建了网络层、安全层和应用层。Zigbee 一词源自蜜蜂群在发现花粉位置时,通过跳 ZigZag 形舞蹈来告知同伴,达到交换信息的目的。其蜜蜂自身体积小,所需要的能量少,又能传送所采集的花粉,因此,人们借此称呼一种专注于短距离、低复杂度、低功耗、低数据传输率、低成本的近程双向无线通信技术。

Zigbee 大幅简化蓝牙的复杂规格,专注于低传输应用,使得它在简单实用上超越蓝牙成为了事实。它主要适合于自动控制和远程控制领域,可以嵌入各种设备中,支持地理定位功能。同时由于 Zigbee 技术的低数据速率和通信范围较小的特点,也决定了 Zigbee 技术适合于承载数据流量较小的业务。

2. Zigbee 的主要技术特征

Zigbee 的主要技术特征如表 10-8 所列。

表 10-8 Zigbee 的主要技术特性

特 性	取 值	特 性	取 值
数据速率	868MHz:20kb/s;915MHz:40kb/s; 2.4GHz:250kb/s	信道数	868/915MHz:11;2.4G:16
		寻址方式	64 位 IEEE 地址,8 位网络地址
通信范围	20m~100m	信道接入	CSMA/CA 和时序化的 CSMA/CA
通信时延	大于 15ms	温度	-40℃~85℃

IEEE 802.15.4 定义了 2 个物理层,分别是 2.4GHz 物理层和 868MHz/915MHz 物理层。2 个物理层都基于直接序列扩频技术,使用相同的物理层数据包格式,区别在于工作频率、调制技术、扩频码片长度和传输速率。

Zigbee 的传输速率介于 20kb/s~250kb/s 之间,并随着传输距离的延长而减慢,例如发射功率在 1mW 的 Zigbee 产品在 10km 的距离内可达 250kb/s 的传输速率,但若是将传输距离拉长至 20km,则速度只剩 30kb/s。不过借着提高发射功率,还是可以在 100km 的传输距离内,达到 250kb/s 的传输速率。

Zigbee 定义了 2 种物理设备类型:全功能设备(FFD,Full Function Device)和精简功能设备(RFD,Reduced Function Device)。一般来说,FFD 支持任何拓扑结构,可以充当网络协调器,能和任何设备通信;RFD 通常只用于星形网络拓扑结构中,不能完成网络协调器功能,且只能与 FFD 通信;2 个 RFD 之间不能通信,但它们的内部电路比 FFD 少,只有很少或没有消耗能量的内存,因此实现相对简单,也更利于节能。

3. Zigbee 技术的优缺点

Zigbee 技术的主要优势包括:①低功耗,省电:其电池寿命可持续几个月到几年;发射功率为1mW;②高可靠性;③网络容量大、可扩充性强;④自组织和自愈功能强;⑤架构简单,易实现;⑥其协议栈大小约为蓝牙的1/4;⑦时延短。

Zigbee 最大的弱项,只有在室内可以勉强传输视频信号。

4. IEEE 802. 15. 4 与 Zigbee 协议栈的关系与详细结构

IEEE 802. 15. 4 技术标准是 Zigbee 技术的基础。Zibee 技术的物理层和 MAC 层标准的制定工作是在 IEEE 802. 15. 4 任务组中进行。Zigbee 定义了网络层、安全层、应用层(初始设备制造商(OEM,Original Equipment Manufacturer))以及各种应用产品的资料。Zigbee 与 IEEE 802. 15. 4 的关系如图 10 - 40 所示。

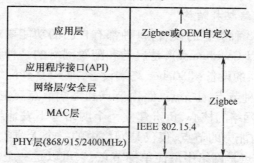

图 10 - 40 Zigbee 与 IEEE 802. 15. 4 的关系

Zigbee 协议栈的详细结构的示意图如图 10 - 41 所示。Zigbee 堆栈的不同层与802. 15. 4 MAC 通过 SAP 进行通信。SAP 是某一特定层提供的服务与上层之间的接口。Zigbee 堆栈的大多数层有 2 个接口:数据实体接口和管理实体接口。数据实体接口的目标是向上层提供所需的常规数据服务。管理实体接口的目标是向上层提供访问内部层参数、配置和管理数据的服务。应用层由应用支持子层(APS,Application Support Sublayer),

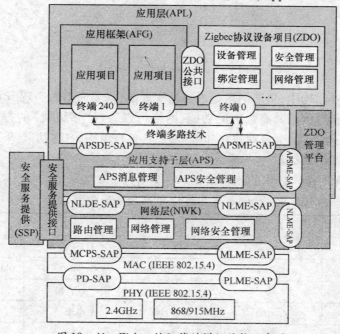

图 10 - 41 Zigbee 协议栈的详细结构示意图

359

Zigbee 设备对象(ZDO,Zigbee Device Object)及厂商定义的应用对象组成。图中的 APS 数据实体(APSDE,APS Data Entity)-SAP、网络层数据实体(NLDE,Network Layer Data Entity)-SAP 即为数据实体接口,而 APS 管理实体(APSME,APS Management Entity)-SAP,网络层管理实体(NLME,Network Layer Management Entity)-SAP 即为管理实体接口。

从概念上说,MAC 层包括一个管理实体,通常称为 MAC 层管理实体(MLME,MAC Layer Management Entity),还有一个 MAC 通用部分子层 (MCPS,MAC Common Part Sublayer)-SAP 接口。物理层也包括一个管理实体,称为物理层管理实体(PLME,PHY Layer Management Entity),另外就是物理层数据(PD,PHY Data)-SAP 接口。

5. Zigbee 设备和网络拓扑结构

Zigbee 规范定义了 3 种类型的设备,每种都有自己的功能要求:①Zigbee 协调器,即 PAN 协调器(PANC,PAN Coordinator),是启动和配置网络的一种设备;②Zigbee 路由器,即 FFD,是一种支持关联的设备;③Zigbee 终端设备,即 RFD 和网络协调器通信。

Zigbee 网络支持 3 种节点:主节点、路由节点和终端节点。主节点就是协调器,必须由一个 FFD 构成,它是网络的核心,负责建立一个网络并下发地址。路由节点也是一个 FFD,是具有转发与路由能力的节点,仅仅是网络中的一个无线收发器,负责转发通信和维护网内路径。终端节点是网络中最简单的节点,它可以是一个 FFD 或者 RFD。Zigbee 的网络拓扑结构分为 3 种,他们分别是星形、树形和网状形。它们的拓扑如下图 10 - 42 所示。

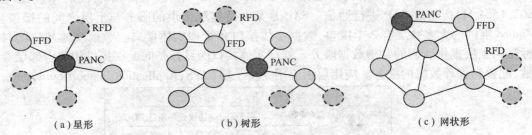

（a）星形　　　　　　　　（b）树形　　　　　　　　（c）网状形

图 10 - 42　Zigbee 的网络拓扑结构

在这 3 种拓扑结构中,星形网络是最容易实现的,只要简单的实现 IEEE 802.15.4 协议就可以了。网状形网络具有强大的功能,网络可以通过"多级跳"的方式来通信;但较为最复杂。Zigbee 的路由可自动建立和维护,还具备自组织、自愈功能。

6. 几种 WPAN 的比较

4 种短距离无线接入技术的比较如表 10 - 9 所列。

表 10 - 9　Zigbee 与几种短距离无线通信技术的比较

性能　　　　WPAN	蓝牙	HomeRF	UWB	Zigbee
频率范围/GHz	2.4 ~ 2.4835	2.4	3.1 ~ 10.6	2.4
传输速率	1Mb/s	1Mb/s ~ 10Mb/s	1Gb/s	20kb/s、40kb/s、250kb/s
通信距离/m	10	50	小于 10	20 ~ 100
发射功率/mW	1 ~ 100	大于 1000	小于 1	约 1
空间容量/((kb/s)/m²)	30	50	1000	

360

性能 ＼ WPAN	蓝牙	HomeRF	UWB	Zigbee
终端类型	笔记本、移动电话、掌上电脑、移动设备	笔记本、无绳电话、无线音响移动设备	无线电视、DVD、高速因特网网关	家用电器、通信设备、家庭数字产品、网关、路由器
应用范围	家庭和办公室电子设备互联	家庭话音和数据流	近距离多媒体	家庭和办公室联网

10.5　无线局域网接入技术与标准

10.5.1　基于无线的移动局域网接入方式

1. GSM

GSM 是第二代移动通信技术。它用的是窄带 TDMA，允许在一个射频即"蜂窝"同时进行 8 组通话。它是根据欧洲标准而确定的频率范围在 900MHz ～ 1800MHz 之间的数字移动电话系统，频率为 1800MHz 的系统也被美国采纳。GSM 数字网也具有较强的保密性和抗干扰性，音质清晰，通话稳定，并具备容量大，频率资源利用率高，接口开放，功能强大等优点。

2. 码分多址接入（CDMA，Code Division Multiple Access）技术

CDMA 被称为第 2.5 代移动通信技术，其运作是利用展频（Spread Spectrum）技术。所谓展频就是将所想要传递的信息加入一个特定的信号后，在一个比原来信号还大的宽带上传输开来。当基地接收到信号后，再将此特定信号删除还原成原来的信号。这样做的好处在于其隐密性与安全性好。与 GSM 不同，CDMA 并不给每一个通话者分配一个确定的频率，而是让每一个频道使用所能提供的全部频谱。CDMA 数字网具有以下几个优势：高效的频带利用率和更大的网络容量、简化网络规化、提高通话质量、增强保密性、提高覆盖特性、延长用户通话时间、软音量和"软"切换，另外，CDMA 手机话音清晰，接近有线电话，信号覆盖好，不易掉话。另外 CDMA 系统采用编码技术，其编码有 4.4 亿种数字排列，每部手机的编码还随时变化，使盗码只能成为理论上的可能。

10.5.2　基于无线的固定接入方式

固定无线接入是指从交换节点到固定用户终端部分或全部采用了无线方式。固定无线接入技术特点主要体现在多址方式、调制方式、双工方式、对电路交换与分组交换支持、动态带宽分配、空中无线协议、OFDM 等方面。使用较多的技术主要有微波点到点系统、微波点到多点系统、固定蜂窝系统、固定无绳系统、MMDS、LMDS、VSAT 和 DBS 等。下面就后几种主要技术做一简单介绍。

1. MMDS 接入

MMDS 是由单向的无线电缆电视微波传输技术发展而来的，是国外电话公司与有线电视公司竞争视频业务的重要手段。微波 MMDS 被称为无线电缆网，是一种性能优异的宽带用户接入网，可使用的无线电缆段在 900MHz ～ 40GHz 之间。在这种系统中，每一个

小区设一个本地 MMDS 微波收发前端,将光信号转为电信号发送出去。MMDS 前端将信号微波调制从空中传送到用户而不是通过同轴电缆,用户通过无线信道,经无线电缆调制器解调后,将数据送至计算机。MMDS 一般也由骨干网、基站、用户终端设备和网管系统组成,其系统结构如图 10-43 所示。

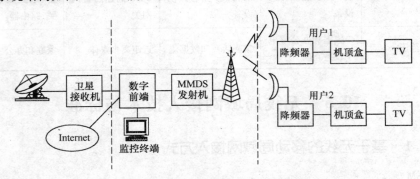

图 10-43　MMDS 的系统结构

在这种应用中,MMDS 以单向下行广播方式工作,用户通过电话模拟调制解调器的前端建立上行通道来连接。MMDS 一般采用正交幅度调制(QPSK、16QAM 或 64QAM),MMDS 工作频段主要集中在 2GHz ~ 5GHz,由于 2GHz ~ 5GHz 频段受雨衰的影响很小,并且在同等条件下空间传输损耗比 LMDS 低,所以 MMDS 系统可应用于半径为 40km 左右的大范围覆盖。

MMDS 可提供模拟视频、数字视频、双向数据传输、因特网接入和电话业务等,还支持用户终端业务、补充业务、GSM 短消息业务和各种 GPRS 电信业务,适合于用户分布较分散,而业务需求却不大的用户群。

2. LMDS 接入

LMDS 是一种微波的宽带业务,工作频段一般为 10GHz ~ 40GHz,我国 LMDS 系统占用频段为 26GHz,按 FDD 双工方式规划的 LMDS 工作频率范围为 24.450GHz ~ 27.000GHz。LMDS 提供的业务主要有话音业务、数据业务、IP 接入业务和视频业务。LMDS 系统采用的调制方式主要有相移键控(4 相移键控(PSK, Phase Shift Keying)又称 QPSK)和正交幅度调制(4QAM、16QAM、64QAM)等。LMDS 的多址技术通常采用 TDMA、FDMA 和 TDMA/FDMA 混合方式。它的无线收发双工方式大多数为频分双工(FDD)。LMDS 系统主要采用多扇区蜂窝组网技术,将一个需要提供业务的地区划分为若干服务区,每个服务区内设基站,基站设备经点到多点无线链路与服务区内的用户端通信。每个服务区覆盖范围为几千米至十几千米,并可相互重叠。

LMDS 用户端设备包括室外安装的微波发射和接收装置以及室内网络接口单元(NIU, Network Interface Unit),NIU 为各种用户业务提供接口,并完成复用/解复用功能。P-COM 公司的 LMDS 系统可提供多种类型用户接口,包括电话、交换机、图像、帧中继、以太网等,速率也非常全(ISDN、N×64K、2M、N×2M 等),基本上目前常见的业务都可直接接入。

LMDS 的系统结构如图 10-44 所示,主要由核心网、网络运行中心、服务区中的基站系统和服务区中的用户端设备组成。典型的 LMDS 系统结构由基站(又称中心站)、终端

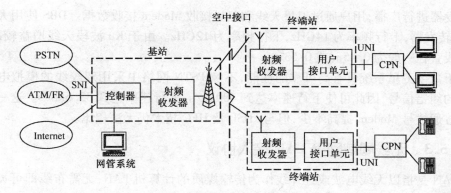

图 10-44 LMDS 系统结构

站(又称远端站或用户站)和网管系统组成。LMDS 系统通过基站的接口模块连接到基础骨干网。基础骨干网由光纤或微波传输网实现,包括 PSTN、ATM/FR 和 Internet 等模块互连。

LMDS 优点在于:结构较简单,安装调试容易,无需铺设电缆、光缆,节省大量工程费用,非常适用于铺设缆线代价高昂的地方;使用频率较高,频带较宽,因此受其他无线电干扰影响较少,可以在提供宽带接入的同时保证通信的质量。通信容量大,最多可为 8 万用户提供数据和话音业务,总的码速率达 5Gb/s 左右。LMDS 缺点在于高频收发信机成本较高,高频无线传输容易受到雨衰等影响,而且频段的使用需得到政府的批准。

3. 甚小口径终端(VSAT,Very Small Aperture Terminal)接入

VSAT 通常指卫星天线孔径小于 3m(1.2m ~ 2.8m)、具有高度软件控制功能的地球站。它是 1984 年至 1985 年开发的一种卫星通信设备,并在近几年得到非常迅速的发展。VSAT 已广泛应用于新闻、气象、民航、人防、银行、石油、地震和军事等部门以及边远地区通信。VSAT 有 2 个主要特点:

(1) 地球站通信设备结构紧凑牢固,全固态化,尺寸小,功耗低,安装方便,价格便宜。VSAT 通常只有户外单元和户内单元 2 个机箱,占地面积小,对安装环境要求低,可以直接安装在用户处(如安装在楼顶,甚至居家阳台上)。由于设备轻巧、机动性好,尤其便于移动卫星通信。由于 VSAT 能够安装在用户终端地,不必汇接中转,可直接与通信终端相连,并由用户自选控制,不再需要地面延伸电路。

(2) 组网方式灵活、多样。在 VSAT 系统中,网络结构形式通常分为星形式、网状式和混合式 3 类。通常情况下,星形网以数据通信为主兼容话音业务,网状网和混合网以话音通信为主兼容数据传输业务。VSAT 系统综合了诸如分组信息传输与交换、多址协议、频谱扩展等多种先进技术,可以进行数据、话音、视频图像、图文传真等多种信息的传输。

4. 直播卫星(DBS,Direct-Broadcast Satellite)接入

DBS 技术利用位于地球同步轨道的静止通信卫星将高速广播数据送到用户的接收天线,所以它一般也称为高轨卫星通信。其特点是通信距离远,费用与距离无关,覆盖面积大且不受地理条件限制,频带宽,容量大,适用于多业务传输,可为全球用户提供大跨度、大范围、远距离的漫游和机动灵活的移动通信服务等。

在 DBS 系统中,大量的数据通过频分或时分复用后利用卫星主站的高速上行通道和

卫星转发器进行广播,用户通过卫星天线和卫星接收 Modem 接收数据。DBS 使用大功率 Ku 波段转发器,上行频率为 14GHz,下行频率为 12GHz。由于 Ku 波段天线增益较高,故接收天线直径一般为 0.45m 或 0.53m。

由于数字卫星系统具有高可靠的性能,不像 PSTN 网络中采用双绞线的模拟电话需要较多的纠错信号,因此可使下行速率达到 400kb/s,上行速率达到 33.6kb/s。这一速率虽然比普通拨号 Modem 提高不少,但与 xDSL 及 HFC 技术仍无法相比。

10.5.3 无线局域网 WLAN 接入协议

WLAN 是指以无线电波或红外线作为传输媒质的计算机 LAN,无需布线即可灵活地组成可移动的 LAN。IEEE 于 1997 年 6 月制定了全球第一个 WLAN 标准 IEEE 802.11。此后还推出了 802.11b、802.11a、802.11g、802.11c、802.11d、802.11e、802.11f、802.11h、802.11i 等。ETSI 也制定了 WLAN 标准 HiperLAN1/HiperLAN2。HiperLAN1 与 802.11b 整体上相当,HiperLAN2 则是 HiperLAN1 的第二版本,对应于 IEEE 的 802.11a。

1. IEEE 802.11

IEEE 802.11 又称无线保真——WiFi,定义了 2 个 RF 传输方法和 1 个红外线传输方法。在该标准中 RF 传输标准是采用跳频扩频(FHSS,Frequency Hopping Spread Spectrum)和直接序列扩频(DSSS,Direct Sequence Spread Spectrum)技术,工作在 2.4GHz 频段。其中,DSSS 采用二进制相移键控(BPSK,Binary Phase Shifting Keying)和差分正交相移键控(DQPSK,Differential Quadrature Phase Shift Keying)调制技术,支持 1Mb/s 和 2Mb/s 数据速率;跳频扩频采用 2~4 电平高斯频移键控(GFSK,Gaussian Frequency Shift Keying)调制技术,支持 1Mb/s 数据速率,共有 22 组跳频图案,包括 79 信道;红外线传输方法工作在 850nm~950nm 波段,峰值功率为 2W,使用 4 或 16 电平 PPM 技术,支持数据速率为 1Mb/s 和 2Mb/s。

2. IEEE 802.11b

它是在 IEEE 802.11 基础上的进一步扩展,也工作于 2.4GHz 频段,采用 DSSS 技术,最大数据传输速率为 11Mb/s,具有 3 个不重叠信道,且可根据实际情况采用 5.5Mb/s、2Mb/s 和 1Mb/s 速率,实际的工作速度在 5Mb/s 左右。支持范围在室外 300m,在办公室环境中最长为 100m。DSSS 具有抗干扰能力强,具有强的抗多径干扰能力,对其他电台干扰小、抗截获能力强,可以同频工作,便于实现多址通信等优点。支持数据和图像业务。

3. IEEE 802.11a

IEEE 802.11a 是一种新技术的代表,与 802.11b 互不兼容。它工作在 5GHz 的频带,采用 OFDM 和正交频移键控(QFSK,Quadrature Frequency Shift Keying)调制方式,数据传输速率为 6Mb/s~54Mb/s 且动态可调,传输距离控制在 10m~100m(室内)。优点是:高带宽,带内存在干扰少,具有更高的部署灵活性。缺点为:传输距离较短,覆盖范围小,成本偏高。支持话音、数据和图像业务,适用室内、室外无线接入。

为什么最先推出的标准命名为 IEEE 802.11b,而后来推出的标准反而是 IEEE 802.11a。这是因为这 2 个标准分属于 2 个不同的小组。事实上这 2 个标准的研制工作是同时开始的,只是在后来正式完成、发布中,IEEE 802.11b 标准却走在了前面。还有一点,就是 IEEE 802.11a 标准本来要先于 IEEE 802.11b 发布,所以其速度原先的设想不是

54Mb/s,只是 IEEE 802.11b 发布了 11Mb/s 的标准,所以 IEEE 802.11a 标准的连接速率就不可能再低于或者接近 11Mb/s,只能超过。

4. IEEE 802.11g

这是一种混合标准,能向下兼容传统的 802.11b 标准,既可以在 2.4GHz 频段提供 11Mb/s 数据传输速率,也可以在 5GHz 频段提供 54Mb/s 数据传输速率,使高带宽数据应用成为可能。IEEE 802.11g 标准同时具有 IEEE 802.11b 和 IEEE 802.11a 这 2 个标准的主要优点,其覆盖方法类似于 802.11b 设备,具有 3 个不重叠信道。

在以上这 3 个主要无线局域网接入标准之外,我们还可见到诸如 IEEE 802.11b+、IEEE 802.11a+ 和 IEEE 802.11g+ 这 3 个所谓对应标准的增强版,它们的传输速度也相应增强,达到原有标准的 2 倍,分别为 22Mb/s、108Mb/s 和 108Mb/s。但这 3 个所谓的增强版标准并非正式的标准,而是一些无线网络设备开发商自己制定的企业标准,它们的兼容性较差,通常只能与本企业某些无线网络设备相兼容。

5. IEEE 802.11n

IEEE 802.11n 是 2004 年 1 月 IEEE 宣布组成一个新的单位来发展的新的 802.11 标准。最初预计的传输速度将达 540Mb/s,但目前普遍使用的是 300Mb/s。IEEE 802.11n 最突出的表现不仅是它的接入速率,更重要是它改变了 WLAN 网络用户以往只能共享带宽,而不能像有线以太网那样进行数据交换,因为它采用了多种继承或全新开发的数据传输技术。

IEEE 802.11n 通过将 2 个相邻的 20MHz 带宽捆绑在一起组成一个 40MHz 通信带宽,在实际工作时可以作为 2 个 20MHz 的带宽使用(一个为主带宽,一个为次带宽,收发数据时既可以 40MHz 的带宽工作,也可以单个 20MHz 带宽工作),这样可将速率提高 1 倍。同时,对于 IEEE 802.11a/b/g,为了防止相邻信道干扰,20MHz 带宽的信道在其两侧预留了一小部分的带宽边界。而通过频带绑定技术,这些预留的带宽也可以用来通信,提高吞吐量。

6. IEEE 802.11e

IEEE 802.11e 标准是新推出的 WLAN QoS 标准,它定义了混合协调功能(HCF,Hybrid Coordination Function),取代了以前的分布式协调功能(DCF,Distributed Coordination Function)和点协调功能(PCF,Point Coordination Function),以便提供改善的访问带宽并且减少了高优先等级通信的延迟。这称作增强分布式信道访问(EDCA,Enhanced Distribution Channel Access),扩展了 DCF 的功能,名为混合控制信道访问(HCCA,Hybrid Control Channel Access)的访问方式扩展了 PCF 的功能。

7. IEEE 802.11i

这是 IEEE 提出的新一代 WLAN 安全标准,实际上是把原用于有线以太网的 IEEE 802.1x 安全标准引入了 WLAN,用于取代以前的 WEP 加密规范。它在加密处理中引入了暂时密钥完整性协议(TKIP,Temporal Key Integrity Protocol),从固定密钥改为动态密钥,虽然还是基于 RC4 算法,但比采用固定密钥的有线等效私隐(WEP,Wired Equivalent Privacy)先进。除了密钥管理以外,它还具有以可扩展认证协议(EAP,Extensible Authentication Protocol)为核心的用户审核机制,可以通过服务器审核接入用户的 ID,在一定程度上可避免黑客非法接入。由于加密算法相同,所以现有设备可同时兼容和升级将来的

IEEE 802.11i 标准,因此在安全保障上也有所折扣——基于用户名和密码的身份凭证就显然不如 WAP 采用的数字证书方式可靠。

8. IEEE 802.11f

IEEE 802.11f 标准解决了不同标准 AP 之间的漫游通信问题,所用的主要协议是接入点间协议(IAPP,Inter-Access Point Protocol)。它主要解决 IEEE 802.11 系列各接入标准在网间互联方面存在的不足。用户在 2 个不同的交换网段(无线信道)或 2 种不同类型无线网的接入点间进行漫游时,如何更好地维护网络连接,无线 LAN 具备蜂窝电话那样的灵活性显得至关重要。

9. IEEE 802.11h

IEEE 802.11h 用于 802.11a 的频谱管理技术,增加了传输功率控制和动态频率选择。它力图在传输功率和无线信道选择上比 IEEE 802.11a 更胜一筹,主要在欧洲使用。

10. HiperLAN 技术

高性能无线局域网(HiperLAN,High Performance Radio LAN)是作为一个欧洲标准提出来的,分为第 1 阶段和第 2 阶段。

HiperLAN1 采用高斯滤波最小移位键控(GMSK,Gaussian-filtered Minimum Shift Keying)调制,其速率最大可达 23.5Mb/s,工作在 5.3GHz 频段。由于 HiperLAN1 推出时,数据速率较低,没有技术优势,所以根本没有商用化,就进入了 HiperLAN 第 2 的阶段。

HiperLAN2 工作在 5GHz 频段,物理层采用 OFDM 技术,最高速率可达 54Mb/s。它是在 HiperLAN1 中的 Ad-Hoc 体系结构上的进一步的扩展,使用一种新的类似于面向话音的蜂窝网络的协议体系结构,它能通过 AP 采用与 IEEE 802.11 相类似的方式支持集中式接入。HiperLAN2 既允许在同一个子网中的越区切换,又允许在一个异构网络中基于 IP 的越区切换,可以实现与以太网等相互间的无缝操作。

虽然 HiperLAN2 的最高数据速率也能达到 54Mb/s,但是其应用和推广远远落后于802.11,失去了发展的机会。

10.6　无线城域网和无线广域网接入

10.6.1　无线城域网 WMAN 接入

WMAN 技术主要用于解决 MAN 的接入问题,可将数据、因特网、话音、视频和多媒体应用传送到商业和家庭用户。WMAN 标准的开发主要有两大组织机构:一是 IEEE 的802.16 工作组,开发的主要是 IEEE 802.16 系列标准;二是欧洲的 ETSI,开发的主要是HiperAccess。二者构成了宽带 MAN 的无线接入标准,其中基于 IEEE 802.16 系列标准的宽带 WMAN 又以其能够提供高速数据无线传输乃至于实现移动多媒体宽带业务等优势,引起广泛关注。

IEEE 802.16 标准的研发初衷是在 MAN 领域提供高性能的、工作于 10GHz ~ 66GHz频段的最后 1km 宽带无线接入,正式名称是"固定宽带无线接入系统空中接口(Air Interface for Fixed Broadband Wireless Access Systems)",又称为 IEEE Wireless MAN 空中接口,是一点对多点技术,主要包括空中接口标准:802.16 – 2001(即通常所说的 802.16 标准)、

802.16a、802.16c、802.16 REVd 与 802.16e。共存问题标准：802.16.2 – 2001、802.16.2a。一致性标准：1802.16.1、1802.16.2。IEEE 802.16 系列标准如表 10 – 10 所列。

表 10 – 10　IEEE 802.16 系列标准

标准	类别	说　明	状　态
IEEE 802.16	空中接口	最初的空中接口，使用频段为 10GHz～66GHz，适用 LOS 环境	2001 年 12 月发布
IEEE 802.16a	空中接口	对 IEEE 802.16 扩展，使用频段为 2GHz～11GHz，许可频段和非许可频段支持非可视的接入方式，采用 OFDM 高级调制技术	2003 年 1 月发布
IEEE 802.16c	空中接口	对工作在 2GHz～11GHz 频段的 IEEE 802.16 协议进行互操作定义，统一不同厂家产品的协议接口	2003 年 1 月出版
IEEE 802.16.2	共存	对工作在 10GHz～66GHz 的宽带无线接入系统的共存进行研究，最初于 2001 年 9 月出版，目前由 IEEE 802.16.2 – 2004 所替代	2004 年 4 月出版
IEEE 802.16.2a	共存	对 IEEE 802.16.2 进行补充，增加了对 2GHz～11GHz 的支持，并且增加了点对点协议的传输	2004 年 4 月出版
IEEE 802.16 REVd	空中接口	原名称为 IEEE 802.16d，只是对 IEEE 802.16a 互操作性的加强，后来对 IEEE 802.16 和 IEEE 802.16a 进行统一合并，现在称为 IEEE 802.16 – 2004，是目前最权威也得到最广泛公认的标准	2004 年 10 月发布
IEEE 802.16e	空中接口	在 IEEE 802.16a 的基础上支持用户的移动性，增强移动性管理	2006 年 2 月批准
IEEE 802.16f	空中接口	定义了固定宽带无线接入系统的管理信息库以及相关的管理流程	2005 年 12 月
IEEE 802.16g	空中接口	定义了固定和移动宽带无线接入系统的管理平面流程和服务要求	2007 年 12 月发布

　　IEEE 802.16a 在 802.16 的基础上引入了新的物理层技术，如利用 OFDM 来抵抗多径效应等，并对 MAC 层做了进一步的强化，工作频段也扩展到 2GHz～11GHz 的许可频段和非许可频段支持非可视的接入方式。IEEE 802.16a 具有很强的市场竞争力，真正成为可用于城域网的无线接入手段。IEEE 802.16 – 2004 是 2GHz～66GHz 固定宽带无线接入系统的标准，是对 IEEE 802.16、IEEE 802.16a 和 IEEE 802.16c 的整合和修订。IEEE 802.16 – 2004 也是目前 IEEE 802.16 家族中最成熟的、商用化产品最多的标准。

　　为了推广基于 IEEE 802.16 和 ETSI HiperMAN 协议的无线宽带接入设备，并且确保他们之间的兼容性和互操作性，2001 年 4 月，由业界主要的无线宽带接入厂商和芯片制造商共同成立了一个非营利工业贸易联盟组织——WiMAX。WiMAX 源于最后一公里无线宽带接入，其宗旨是建立全球统一的宽带无线接入标准，作为电缆/DSL 的替代方式；其主要工作模式为以基站形式提供固定、游牧、便携和移动模式非视距通信。WiMAX 论坛致力于发展基于 IEEE 802.16 和 ETSI HiperMan 互通的模式，发布高性能终端到终端的 IP 网络构架并进行产品认证；论坛成员目前有近 500 个。WiMAX 已发布 2 个广泛应用的核心标准:①802.16d;②802.16e(2GHz~6GHz 固定和移动宽带无线接入系统空中接口)于 2006 年 2 月获得批准。规定了在基站之间或扇区之间支持高层切换的功能,同时能够向下兼容 IEEE 802.16d,并在此基础上增加了对全移动性的支持,理论移动速度可达 120km/h。在研制的还有 802.16i、802.16k 等,802.16m 则面向满足智能多模式终端下一代移动网的蜂窝组织接口要求。

WiMAX 系统关键技术除 OFDM/光频分多址(OFDMA,Optical FDMA)调制,在 MAC 层标准中则增加了 Mesh 可选模式,在 IEEE 802.16e 中正式引入,并增加了 ARQ 机制(可选)、自适应编码调制技术、自适应功率分配技术等蜂窝移动通信共同技术,此外定义了安全子层和数据加密封装、密钥管理协议。

10.6.2 无线广域网接入

WWAN 是采用无线网络把远处分散的 LAN 连接起来的通信方式。WWAN 连接地理范围较大,常常是一个国家或是一个省(洲)。以移动宽带无线接入(MBWA,Mobile Broadband Wireless Access)为特征的 WWAN 包括 IEEE 802.20 和 3G(宽带码分多址(WCDMA,Wideband CDMA)、CDMA2000、TD-SCDMA)和 4G 等蜂窝移动网技术标准。也有把 802.16e 列入 MBWA 的分法。

1. IEEE 802.20 接入技术

IEEE 802.20 技术,即 MBWA,也被称之为 Mobile-Fi。这个概念最初是由 IEEE 802.16 工作组于 2002 年 3 月提出的,其目标是为了实现在高速移动环境下的高速率数据传输,以弥补 IEEE 802.1x 协议族在移动性上的劣势。随后,由于在目标市场定位上的分歧,该研究组脱离 IEEE 802.16 工作组,并于同年 9 月宣告成立 IEEE 802.20 工作组。工作组的初步任务是要使 802.20 标准达到如下要求:①工作在 3.5GHz 以下的许可证频段;②每用户的峰值数据传输速率超过 1Mb/s;③保证在最高移动速度达到 250km/h 的情况下正常使用;④实现主要大城市地区的网络覆盖;⑤提高频谱利用率,保证用户的数据传输速率,努力使高端用户得到的性能高于现在的移动网络。

IEEE 802.20 工作组在技术的制定时间上,IEEE 802.20 远远晚于 3G,因而可以充分发挥它的后发优势;在移动性上,优于 802.16 和 802.11;在物理层技术上,以 OFDM 和多输入多输出(MIMO,Multiple Input Multiple Output)为核心,充分挖掘时域、频域和空间域的资源,大大提高了系统的频谱效率;在设计理念上,基于分组数据的纯 IP 架构应对突发性数据业务的性能也优于现有的 3G 技术,与 3.5G(HSDPA、EV-DO)性能相当,符合下一代技术的发展方向;在数据吞吐量上强于 3G 技术;另外,在实现、部署成本上也具有较大的优势。

IEEE 802.20 的主要技术特性如下:全面支持实时和非实时业务,在空中接口中不存在电路域和分组域的区分;能保持持续的连通性;频率统一,可复用;支持小区间和扇区间的无缝切换,以及与其他无线技术(802.16、802.11 等)间的切换;融入了对 QoS 的支持,与核心网级别的端到端 QoS 相一致;支持 IPv4 和 IPv6 等具有 QoS 保证的协议;支持内部状态快速转变的多种 MAC 协议状态;为上下行链路快速分配所需资源,并根据信道环境的变化自动选择最优的数据传输速率;提供终端与网络间的认证机制;与现有的蜂窝移动通信系统可以共存,降低网络部署成本;包含各个网络间的开放型接口;数据传输速率达到 16Mb/s,传输距离约为 31km。

2. WCDMA 接入技术

WCDMA 是一种由第三代合作计划组织（3GPP,Third-Generation Partnership Project）具体制定的,以频谱效率技术构建的基于 GSM 无线应用协议（MAP,Wireless Application Protocol）核心网。WCDMA 采用包括直接序列 CDMA（DS-CDMA,Direct Sequence CDMA）、FDD,方式,ATM 微信元传输协议、精确的功率控制、自适应天线阵列、多用户检测、分集接收（正交分集、时间分集）、分层式小区结构、同步解调等。WCDMA 需要把不同比特率、不同服务种类和不同性质要求的业务混合在一起。在反向信道上,采用导频符号相干 RAKE 接收的方式,解决了 CDMA 中反向信道容量受限的问题。

WCDMA 码片速率为 3.84Mchip/s,载波带宽为 5MHz。对应带宽而言,速率为 384kb/s;对于 LAN 而言,速率为 2Mb/s。主要工作频段为 1920MHz ~ 1980MHz 或 2110MHz ~ 2170MHz。补充工作频率为 1755MHz ~ 1785MHz 或 1850MHz ~ 1880MHz。WCDMA 的优势在于,能够提供广域的全覆盖,无需基站间严格同步,能够支持高速移动终端。相比第二代的移动通信技术,WCDMA 具有更大的系统容量、更优的话音质量、更高的频谱效率、更快的数据速率、更强的抗衰落能力、更好的抗多径性,能够应用于高达 500km/h 的移动终端的技术优势。WCDMA 通过有效的利用宽频带,能顺畅的处理声音、图像数据、与因特网快速连接;此外 WCDMA 和 MPEG – 4 技术结合起来还可以处理动态图像。

图 10 – 45 给出了 WCDMA 系统的无线接入网通信模型。

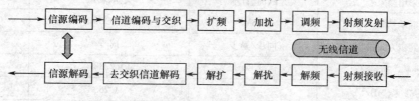

图 10 – 45　WCDMA 系统的无线接入网通信模型

3. 3G 移动接入技术

第三代移动通信系统在国际上统称为 IMT-2000（简称 3G）。3G 的主流技术标准主要有 3 种:WCDMA、CDMA2000 和 TD-SCDMA。TD-SCDMA 是由中国提出的。3G 通信的关键技术主要包括:智能天线、软件无线电、切换技术、初始同步与 Rake 多径分集接收技术、高效信道编译码技术、多用户检测、功率控制、扩频通信、系统资源管理和高速数据传输等。

3G 系统构成如图 10 – 46 所示,它主要有 4 个功能子系统构成,即核心网（CN,Core Network）、无线接入网（RAN,Radio Access Network）、移动终端（MT,Mobile Terminal）和用

图 10 – 46　IMT-2000 功能模型及接口

户识别模块(UIM,User Identify Module)组成。

ITU 定义了 4 个标准接口:①NNI,此接口是指不同家族成员之间的标准接口,是保证互通和漫游的关键接口;②无线接入网与核心网之间的接口 RAN-CN,对应于 GSM 系统的 A 接口;③UNI 也即无线接口;④用户识别模块和移动终端之间的接口 UIM-MT。

3G 通信系统可使全球范围内的任何用户所使用的小型廉价移动台,实现从陆地到海洋到卫星的全球立体通信联网,保证全球漫游用户在任何地方、任何时候与任何人进行通信。3G 通信系统综合了蜂窝、无绳、寻呼、集群、无线扩频、无线接入、移动数据、移动卫星、个人通信等各类移动通信功能,提供的业务主要有视频电话、实时数据通信、无线点播业务、互动游戏业务、移动电子商务,能提供具有有线电话的话音质量,提供智能网业务,多媒体、分组无线电、娱乐及众多的宽带非话业务。

3G 通信的基本特征有以下几点:①全球漫游;②适应多环境;③可以灵活地引入新的业务;④系统具有高性能,如高频谱利用率、足够的系统容量、强大的多用户管理能力、高话音质量、高保密性能和服务质量;⑤宽松的性能范围;⑥具有先进的多媒体 QoS 控制能力;⑦全球范围设计上的高度一致;⑧低价格的设备和服务满足通信个人化的要求;⑨根据数据量、QoS 和使用时间为收费参数,而不是以距离为收费参数。

3 种主要技术体制比较如表 10 - 11 所列。

表 10 - 11　3 种主要技术体制比较

技术体制和指标	WCDMA	CDMA2000	TD-SCDMA
采用国家	欧洲、日本	美国、韩国	中国
继承基础	GSM	窄带 CDMA	GSM
同步方式	同步/异步	同步	同步
码片速率/(Mchip/s)	3.84	1.2288	1.28
信号带宽(MHz)	5	1.25	1.6
空中接口	WCDMA	CDMA2000 兼容 IS-95	TD-SCDMA
核心网	GSM MAP	ANSI-41	GSM MAP

4. 4G 移动接入技术

第四代移动通信系统网络被称为广带接入和分布网络。该系统网络具有非对称的超过 2Mb/s 的数据传输能力及不同速率间的自动切换能力,是多功能集成的宽带移动通信系统、宽带接入 IP 系统,包括广带无线固定接入、广带无线局域网、移动广带系统和互操作的广播网络,集成了不同模式的无线通信,移动用户可以自由地从一个标准漫游到另一个标准,如图 10 - 47 所示。在不同的固定无线平台和跨越不同频带的网络中,第四代移动通信系统可提供无线服务,可以在任何地方以宽带接入因特网,并能够提供信息通信以外的数据采集、定位定时、远程控制等业务功能。移动终端可以是任何类型的;用户可以自由选择业务、应用和网络;可以实现非常先进的移动电子商务;新的技术可以非常容易的被引入到系统和业务中来。

4G 的特征是非常明显的。4G 是集 3G 与 WLAN 于一体,并能够传输高质量视频图像,其图像传输质量与高清晰度电视不相上下;4G 对于高速移动的用户,数据速率为2Mb/s;对于中速移动的用户,数据速率为 20Mb/s;对于低速移动的用户(室内或步行

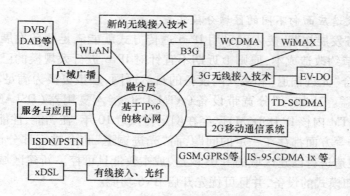

图 10-47　第四代移动接入系统的体系结构

者),数据速率为 100Mb/s。4G 具有灵活多样的业务功能,可以想象的是,眼镜、手表、钢笔、项链、化妆盒、手套、帽子、旅游鞋都有可能成为 4G 的终端;4G 具有完全集中的服务,个人通信、信息系统、广播和娱乐等各项业务将结合成整体,服务和应用将更加广泛、安全、方便和个性化;4G 是个高度智能化的网络,具有很好的重构性、可变性、自组织性、自适应性,可以自治管理、动态改变自己的结构,以满足系统变化和发展的要求;而在用户最为关注的价格方面,4G 与固定宽带网络不相上下,计费方式更加灵活机动,用户完全可以根据自身的需求确定所需的服务;未来的 4G 移动通信系统还具备全球漫游、大区域覆盖、无缝隙服务、接口开放且实现简单的功能,能跟多种网络互联,系统间无缝切换;4G 移动通信系统也称为"多媒体移动通信",它提供的无线多媒体通信服务将包括话音、数据、影像等大量信息透过宽频的信道传送出去。很明显,4G 有着不可比拟的优越性。

10.7　下一代因特网接入网的部署和演进

接入网设备对 IPv6 支持和改造的实施是一个较长期的过程,为降低网络演进的成本,电信运营商需要因地制宜,结合"光进铜退"的部署、接入网设备的支持能力、改造的难度,选择恰当的接入网演进方案。

10.7.1　接入网部署 IPv6 的原则

面向下一代因特网的接入网部署 IPv6 的总体原则应为"业务驱动、分段实施、因地制宜、协同发展"。

1. 接入网改造的最直接驱动力是业务

由于产业链发展的不确定性,用户数和业务量发展难以预测,内容和应用发展难以把握,技术内容也需要进一步明确(地址分配、业务承载及管理等),这使得 IPv6 业务发展存在一定的风险。接入网引入 IPv6 应结合 IPv6 的业务发展,逐步进行升级改造,避免改造的盲目性,降低投资风险。在 IPv6 业务量和用户数较少的部署初期,接入网应主要以IPv6 透明传输(简称透传)的方式支持 IPv6 业务的发展,随着 IPv6 业务的发展逐步从IPv6 透传方式向 IPv6 感知方式过渡。

2. 接入网改造应面向不同的区域分段实施

在 IPv6 业务发展初期,接入网采用 IPv6 透传方式就能满足业务发展的需求。为了保护已有投资、节约改造成本,原则上近期不宜针对 IPv6 进行大规模的已建接入网设备升级改造,应结合"光进铜退"和接入网设备的自然退网,逐步更换为满足 IPv6 要求的设备,提高投资效益。比如,部分宽带设备(ATM DSL 接入复用器(DSLAM, DSL Access Multiplexer)和 ATM 内核 IP DSLAM)已经在网运行接近 10 年,在功能、性能、可靠性、备品备件及厂商维护等方面都存在一定的问题,而"光进铜退"也会进行部分设备的替换,利用这种必须的改造进行已建区域的 IPv6 改造,成本较低且可控。新建区域则可以直接部署支持 IPv6 感知模式的设备,并且可优先开启 IPv6 功能。

3. 接入网改造应因地制宜,老区采用老办法,新区采用新办法

在已建区域,现有接入设备和宽带远程接入服务器(BRAS,Broadband Remote Access Server)普遍不支持 IPv6 感知模式,需要通过硬件或软件升级才能支持 IPv6 感知模式。这种改造应结合用户和业务的发展,逐步升级,时机成熟后启动全网改造;在新建区域,普遍采用新设备,支持 IPv6 感知方式,即使不支持,也可以通过软件升级进行改造(成本较低)。可以在新建区域建设支持 IPv4/IPv6 双栈的 BRAS/业务路由器(SR,Service Router),从而推进新建区的 IPv4/IPv6 双栈运行。

4. 接入网的 IPv6 部署必须从全网考虑,与其他相关联设备和系统的部署和改造协同发展

如果 BRAS/SR 不支持 IPv6,则还是只能以第二层隧道协议(L2TP,Layer 2 Tunneling Protocol)隧道方式实现 IPv6 业务的承载,这样就无法发挥接入网的 IPv6 感知能力。由于 BRAS/SR 升级相对比较容易,接入网升级的成本高、难度大,因此接入网的升级改造应在 BRAS/SR 升级改造之后进行;如果 BRAS/SR 支持 IPv6,接入网不支持 IPv6 感知模式,也可以通过家庭网关与 BRAS/SR 配合提供 QoS 保证机制,确保在接入网的透传模式下 IPv6 业务的应用。因此尽可能在升级接入网前升级家庭网关,避免接入网改造形成的大量资产闲置。从上述分析看,接入网改造不是全网向 IPv6 演进的障碍,应在 BRAS/SR、家庭网关之后进行,是全网改造的最后一步。

10.7.2 接入网部署 IPv6 的演进策略

考虑到设备改造成本、IPv6 用户数量以及业务内容和应用,接入网的改造可以分成 3 个阶段:商用部署初期、规模商用部署阶段和全面商用部署阶段。

1. 接入网 IPv6 商用部署初期

在接入网 IPv6 商用部署初期,IPv6 用户量较少,终端以 IPv4 为主,仅有少量双栈终端。网络结构如图 10-48 所示。

在新建区引入 IPv6 维护子实体(MSE,Maintenance SubEntity)(BRAS 或者 SR),负责本局点 IPv4/IPv6 业务接入,并且作为 L2TP 网络服务器(LNS,L2TP Network Server),解决少量其他局点的 IPv6 接入问题;在已建区 MSE,接入设备不做硬件改造,接入网二层通过用户端设备(CPE,Customer Premises Equipment)透传 IPv6 报文,MSE(IPv4)建立到 MSE(IPv6)的 L2TP。这种网络架构投资小,已建区无须进行大规模改造,只需进行配置调整,可以迅速开展业务。缺点是在接入网无法部署组播、安全、线路标识及 QoS 等功能,无法

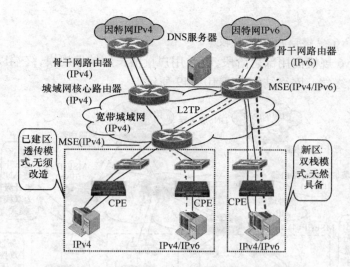

图 10-48 接入网 IPv6 商用部署初期阶段网络架构

适应将来 IPv6 用户数的增长。

从业务实现方式来看,已建区接入网工作于透传模式,IPv4 的上网业务与现有方式相同,IPv6 上网业务也采用 PPP 方式。新建区接入网工作于 IPv6 感知模式,IPv4 上网和 IPv6 上网共存。由于 IPTV 节目源的 IPv6 化还需要时间,即使是新建区,也需要 IPv4 的节目。另外由于全网开展 IPv6 组播的能力不一致(新建区支持 MLD,已建区不支持 MLD),无法实现统一的 IPv6 IPTV 业务承载,因此应逐步推动 IPTV 平台和机顶盒采用 IPv4/IPv6 双栈方式。

在这个阶段,接入网无须启用 MLD、Line ID 标识及 ACL 等功能,但对 IPv6 的组播报文不做限制(防止网络数据报文被丢弃),由 MSE(IPv4)负责安全与绑定、组播复制及层次化 QoS 等功能在 IP 地址规划方面,IPv6 地址规划应采用重叠模式,初期节约 IPv4 地址的效果并不明显。考虑到用户逐步从 IPv4 过渡到 IPv6 的必然性,为了将来 IPv6 路由转发表的简化,对于新建区应按照目标区域的用户数和业务量规划 IPv6 地址或者地址前缀(便于以后路由组织和地址溯源);同时,规划一定的 IPv4 地址空间(部分终端不支持 IPv6,另外所有用户都需要 IPv4 地址以访问 IPv4 的内容资源),但地址空间可以适当收敛;对于已建区,保持原有的 IPv4 地址规划和分配机制,同时为 IPv6 业务规划一定的 IPv6 地址空间,并确保 IPv6 地址分配的可扩展性。IPv4/IPv6 互通网关的部署投资很大,所以初期给某个用户单一的 IPv6 地址会产生较大的成本,所以还是要 IPv4/IPv6 地址同时覆盖。

在 VLAN 规划方面,新建区的 IPv6 用户数和业务量将逐渐增加,应按照目标模式规划 VLAN。为每个用户的每个 IPv6 业务提供独立的通道,接入网(OLT/汇聚交换机)为 IPv6/IPv4 业务标记 SVLAN 并实现分流,接入不同的业务网络(IPv4 或者 IPv6)。由于采用 VLAN 作为用户定位的信息,不需要采用线路标识等额外定位手段;在已建区,将整个 IPv6 看成是一种新业务,采用单独的 VLAN 进行承载。该 VLAN 终结于汇聚层 SR 或者 BRAS 端口上,SR/BRAS 只是将该商务以太服务 VLAN(VBES,VLAN for Business Ethernet Services)转换为城域网封装形式(如 MPLS 等),并不感知 IPv6 内容,也就是纯管道式的

VBES 模型。

2. 接入网 IPv6 规模商用部署阶段

在接入网 IPv6 规模商用部署阶段,IPv6 用户量增长到较大规模,终端以双栈为主,逐步出现 IPv6 单栈终端。网络结构如图 10-49 所示。

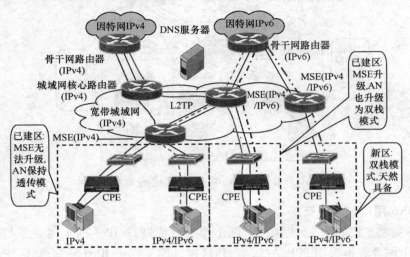

图 10-49 接入网 IPv6 规模部署阶段网络架构

在新建区引入 MSE(IPv4/IPv6),负责本局点 IPv4/IPv6 业务接入,并且作为 LNS,解决少量其他局点 IPv6 接入,现网 MSE(IPv4)逐步升级支持 IPv4/IPv6 双栈,用户就近接入到边缘双栈 MSE 上,部分难以升级改造的 MSE(IPv4)保持通过 L2TP 方式接入到双栈 MSE 上的模式。完成升级的双栈 MSE 下的接入网同步改造为 IPv6 感知方式;难以改造的 MSE(IPv4)下的接入网保持透传模式。部署 IPv6/IPv4 互通网关设备,解决 IPv6 用户访问 IPv4 业务和 IPv4 用户访问 IPv6 业务的问题。在这种方式下,网络升级循序渐进,投资压力小,但是在已建区网络状况复杂,维护难度很大。

在 IPv6 规模商用阶段,IP 地址规划方式与商用部署初期阶段的方式基本相同。VLAN 规划方式也基本与商用部署初期相同,只是将升级后的 MSE 及其所带的接入网的 VLAN 规划方式改为与新建区相同即可。

3. 接入网 IPv6 全面商用部署阶段

在接入网 IPv6 全面商用部署阶段,IPv6 用户量接近或超过 IPv4 规模,主流业务逐步迁移到 IPv6 网络,终端以双栈为主,逐步出现 IPv6 单栈终端。网络架构如图 10-50 所示。

新建区的 MSE(IPv4/IPv6)负责本局点 IPv4/IPv6 业务接入,现网已建的 MSE(IPv4)升级支持为双栈模式。双栈 MSE 为用户终端优先分配 IPv6 地址,业务访问以 IPv6 为主,减少直至取消隧道技术在城域网络中的应用。在城域核心部署大规模的 IPv6/IPv4 互通网关,提供 IPv6 终端访问 IPv4 业务,已建区接入网全部升级为 IPv6 感知模式,未来双栈城域网逐步演进为纯 IPv6 网络。因此 IP 地址规划和 VLAN 规划都应以 IPv6 业务为主。

该阶段,接入网基本达到目标,但是必须指出的是,已建区网络改造需要较多投资,工作量大,应结合 ATM DSLAM 等旧设备退网和"光进铜退"逐步分批进行。

374

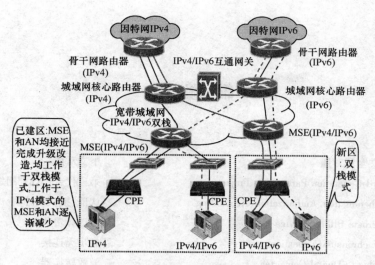

图 10-50　接入网 IPv6 商用全面部署阶段网络架构

接入网向 IPv6 演进是必然的发展趋势。IPv6 传递方式是近期接入网承载 IPv6 的主要方式,IPv6 感知方式适合 IPv6 业务大规模发展的阶段,是接入网长期演进的方向。由于全网升级改造的成本高、难度大,接入网在升级改造中应充分考虑网络中的设备状况,IPv6 业务和用户数量的发展,避免盲目改造。原则上,近期不宜针对 IPv6 进行大规模的已建接入网设备升级改造,而应结合"光进铜退"和接入网设备的自然退网逐步更换。接入网部署 IPv6 应因地制宜,老区老办法、新区新办法,应与 BRAS/SR 的 IPv6 部署和家庭网关的 IPv6 化协同进行。

缩 略 语

缩写词	英文全称对照	中文对照
3GPP	Third-Generation Partnership Project	第三代合作计划组织
AAA	Authentication、Authorization、Accounting	认证、授权及计费
ABS	Alternate Billing Service	可选计费业务
ACL	Asynchronous Connectionless	异步无连接
ADC	Analog to Digital Converter	模数转换器
ADM	Add and Drop Multiplexer	分插复用器
ADSL	Asymmetrical Digital Subscriber Line	非对称数字用户线
AF	Access bearer processing Function	接入承载处理功能
AG	Access Gateway	接入网关
AGC	Automati Gain Control	自动增益控制
AH	Authentication Header	认证扩展首部
AID	Access IDentifier	访问标识符
AM	Amplitude Modulation	调幅
AN	Auto-Negotiation	自协商
AN	Access Network	接入网
ANSI	American National Standards Institute	美国国家标准化组织
AP	Access Point	接入点
APD	Avalanche Photodiode	雪崩光电二极管
API	Application Programming Interface	应用编程接口
APIT	Approximate Point In Triangle	近似三角形中的点
APON	ATM PON	ATM 无源光网络
APS	Application Support Sublayer	应用支持子层
APSDE	APS Data Entity	APS 数据实体
APSME	APS Management Entity	APS 管理实体
ARP	Address Resolution Protocol	地址解析协议
ARQ	Automatic Request for Repeat	自动重复请求
ASIC	Application Specific Integrated Circuit	专用集成电路
ASK	Amplitude Shift Keying	幅移键控
ASTN	Automatic Switched Transport Network	自动交换传送网
AT	Analog Trunk	模拟中继
ATM	Asynchronous Transfer Mode	异步传输模式

AUI	Attachment Unit Interface	附属单元接口
BA	Binding Acknowledgement	绑定确认
BBS	Bulletin Board System	公告板系统
BE	Binding Error	绑定错误
BER	Bit Error Rate	误码率
BGP	Border Gateway Protocol	边界网关协议
BICC	Bearer Independent Call Control	承载无关的呼叫控制
BIP	Bit Interleaved Parity	比特交叉奇偶校验
B-ISDN	Broad Band Integrated Services Digital Network	宽带综合业务数字网
BOSS	Business Operation Support System	电信业务运营支撑系统
BPON	Broadband PON	宽带无源光网络
BPSK	Binary Phase Shifting Keying	二进制相移键控
BRAS	Broadband Remote Access Server	宽带远程接入服务器
BREW	Binary Runtime Environment for Wireless	无线二进制运行环境
BRR	Binding Refresh Request	绑定刷新请求
BT	BigTable	大表格
BU	Binding Update	绑定更新
CAP	Carrierless Amplitude-Phase modulation	无载波幅度-相位调制
CATV	Cable Television	有线电视网
CAUI	100 Gigabit Attachment Unit Interface	100Gb 附属单元接口
CCD	Computer Controlled Display	计算机控制显示器
CCIF	Cloud Computing Interoperability Forum	云计算互操作论坛
CCSA	China Communication Standards Association	中国通信标准化协会
CD	Chromatic Dispersion	色散
CDMA	Code Division Multiple Access	码分多址接入
CDMI	Cloud Data Management Interface	云数据管理接口
CDR	Clock Data Recovery	时钟数据恢复
CDSL	Consumer DSL	消费数字用户线
CENELEC	European Committee for Electrotechnical Standardization	欧洲电工标准化委员会
CERNET	China Education and Research Network	中国教育和科研计算机网
CGMII	100 Gigabit Media Independent Interface	100Gb 媒体无关接口
CL	Circuit Layer	电路层
CM	Cable Modem	电缆调制解调器
CMOS	Complementary Metal-Oxide Semiconductor	互补金属氧化物半导体
CMTS	Cable Modem Termination System	电缆调制解调器终端系统
CN	Core Network	核心网
CNGI	China NGI	中国下一代因特网
COPS	Common Open Policy Service	普通开放策略服务

COS	Card Operating System	片内操作系统
CoT	Care-of Test	转交测试
CoTI	Care-of Test Init	转交测试发起
CPE	Customer Premises Equipment	用户端设备
CPN	Customer Premises Network	用户驻地网
CPU	Central Processing Unit	中央处理器
CRC	Cyclic Redundancy Check	循环冗余校验
CRM	Customer Relationship Management	客户关系管理
CRT	Cathode-Ray Tube	阴极射线管
CS	Contention Slots	竞争时隙
CSA	Cloud Security Alliance	云安全联盟
CSMA/CA	Carrier Sense Multiple Access with Collision Avoidance	载波监听多路访问/冲突避免
CSMA/CD	Carrier Sense Multiple Access with Collision Detection	带冲突检测的载波侦听多址访问
CTS	Clear To Send	发送清除
CWDM	Coarse Wavelength Division Multiplexing Multiplexer	疏波分复用
DA	Destination Address	目的地址
DAG	Directed Acyclic Graph	有向无环图
DAS	Direct Attached Storage	直接附加存储系统
DBA	Dynamic Bandwide Allocation	动态带宽分配
DBS	Direct-Broadcast Satellite	直播卫星
DCE	Distributed Computing Environment	分布式计算环境
DCF	Distributed Coordination Function	分布式协调功能
DDT	Document Data Type	文档数据类型
DE	Decision Element	决策元素
DECT	Digital Enhanced Cordless Telephone	数字增强无绳电话
DeMUX	De-multiplexer	多路信号分离器
DFB	Distributed Feedback	分布式反馈
DFBLD	Distributed Feedback Laser Diodes	分布反馈激光二极管
DHCP	Dynamic Host Configuration Protocol	动态主机配置协议
DHCPv6	Dynamic Host Configuration Protocol for IPv6	IPv6 动态主机配置协议
DML	Direct Modulation Laser	直接调制激光器
DMT	Discrete Multitone	离散多频调制
DMTF	Distributed Management Task Force	分布式管理任务组
DNS	Domain Name Server	域名服务器
DNS	Domain Name System	域名系统
DP	Detection Point	检测点
DP	Distribution Point	分配点
DQPSK	Differential Quadrature Phase Shift Keying	差分正交相移键控

378

DS	Data Slots	数据时隙
DS-CDMA	Direct Sequence CDMA	直接序列 CDMA
DSF	Dispersion-Shifted Fiber	色散位移光纤
DSL	Digital Subscriber Line	数字用户线
DSLAM	DSL Access Multiplexer	DSL 接入复用器
DSP	Digital Signal Process	数字信号处理
DSSS	Direct Sequence Spread Spectrum	直接序列扩频
DSTM	Dual Stack Transition Mechanism	双栈转换机制
DS-UWB	Direct Sequence-UWB	直接序列超宽带技术
DTE	Data Terminal Equipment	数据终端设备
DV	Digital Video	数字视频
DVB	Digital Video Broadcast	数字视频广播
DVD	Digital Video Disk	数字影碟
DWDM	Dense WDM	密集波分复用
DWMT	Discrete Wavelet Multi-Tone	离散小波多音调制
EAN	European Article Numbering Association	欧洲物品编码协会
EAP	Extensible Authentication Protocol	可扩展认证协议
EC	Enterprise Customer	企业客户
EC2	Elastic Compute Cloud	弹性计算云
EDC	Electronic Dispersion Compensation	电子散射补偿
EDCA	Enhanced Distributed Channel Access	增强的分布式信道接入
EDI	Electronic Data Internetchange	电子数据交换
EDSL	Ethernet DSL	以太数字用户线
EDSP	Embedded Digital Signal Processor	嵌入式数字信号处理器
EEPROM	Electrically Erasable Programmable Read-Only Memory	电可擦除可编程只读存储器
EGP	Exterior Gateway Protocol	外部网关协议
ELFEXT	Equal Level Far-End Crosstalk	等电平远端串扰
EMCU	Embedded Micro Control Unit	嵌入式微控制器
EML	Electro-absorption Modulator Laser	电镀吸收调制激光器
EMPU	Embedded Micro Processing Unit	嵌入式微处理器
EPC	Electronic Product Code	产品电子代码
EPCIS	EPC Information Service	EPC 信息服务
EPON	Ethernet PON	以太网无源光网络
EPROM	Erasable Programmable Read-Only Memory	可擦可编程只读存储器
ERP	Enterprise Resource Planning	企业资源计划
ESD	End of Stream Delimiter	数据流结束标识符
ESoC	Embedded SoC	嵌入式片上系统
ESP	Encapsulating Security Payload	封装安全载荷

ETC	Electronic Toll Collection	电子不停车收费
ETSI	European Telecommunication Standards Instituate	欧洲电信标准协会
FC	Fibre Channel	光纤通道
FCC	Federal Communications Commission	联邦通信委员会
FCS	Frame Check Sequence	帧校验序列
FDD	Freguency Division Duplex	频分双工
FDM	Frequency Division Mutiplexing	频分复用
FDMA	Frequency Division Multiple Access	频分多址
FEC	Forward Error Correction	前向纠错
FET	Field-Effect Transistor	结型场效应管
FFD	Full Function Device	全功能装置
FHSS	Frequency Hopping Spread Spectrum	跳频扩频
FIF	Future Internet Forum	未来因特网论坛
FIFO	First In First Out	先进先出
FIR	Fast Infrared	快速红外协议
FP	Format Prefix	格式前缀
FP	Fabry-Perot	法布里-帕罗
FP	Flexible Point	灵活点
FPGA	Field Programmable Gate Array	可编程门阵列
FSAN	Full Service Access Networks	全业务接入网
FSK	Frequency Shift Keying	频移键控
FTP	File Transfer Protocol	文件传送协议
FTSP	Flooding Time Synchronization Protocol	泛洪时间同步协议
FTTB	Fiber To The Building	光纤到大楼
FTTC	Fiber To The Curb	光纤到路边
FTTCab	Fiber To The Cabinet	光纤到交接箱
FTTH	Fiber To The Home	光纤到户
FTTO	Fiber To The Office	光纤到办公室
FTTR	Fiber To The Remote unit	光纤到远端单元
FTTZ	Fiber To The Zone	光纤到小区
GbE	Gigabit Ethernet	Gb 以太网
GEM	GPON Encapsulation Mode	GPON 封装模式
GENI	Global Environment for Network Innovations	全球网络创新环境
GFP	Generic Framing Procedure	通用成帧规程
GFS	Google File System	Google 文件系统
GFS	Global Foundation Services	全球基础服务系统
GFSK	Gaussian Frequency Shift Keying	高斯频移键控
GIS	Geographic Information System	地理信息系统

GMPLS	Generalized MPLS		通用多协议标签交换
GMSK	Gaussian-filtered Minimum Shift Keying		高斯滤波最小移位键控
GPON	Gigabit-capable PON		吉比特无源光网络
GPRS	General Packet Radio Services		通用分组无线业务
GPS	Global Position System		全球定位系统
GRE	Generic Routing Encapsulation		通用路由封装
GSM	Global System for Mobile Communication		全球通
GTIN	Global Trade Item Number		全球贸易项目代码
HCCA	Hybrid Control Channel Access		混合控制信道访问
HCF	Hybrid Coordination Function		混合协调功能
HCI	Human-Computer Interface		人-机接口
HCL	Hierarchical Control Loop		分级控制环
HDFS	Hadoop Distributed File System		Hadoop 分布式文件系统
HDSL	High data rate Digital Subscriber Line		高速数字用户线
HDT	Host Digital Terminal		主机数字终端
HEC	Header Error Control		帧头差错控制
HFC	Hybrid Fiber Coaxial		光纤混合同轴电缆
HiperLAN	High Performance Radio LAN		高性能无线局域网
HomePNA	Home Phoneline Network Alliance		家庭电话线网络联盟
HomeRF	Home RF		家庭射频
HoT	Home Test		家乡测试
HoTI	Home Test Init		家乡测试发起
HPON	Hybrid PON		混合无源光网络
HR-WPAN	High Rate WPAN		高速无线个域网
HSSG	High Speed Study Group		高速研究小组
HTML	HyperText Markup Language		超文本标记语言
IaaS	Infrastructure as a Service		基础设施即服务
IAD	Integrated Accesss Device		综合接入设备
IADMS	Integrated Access Device Management System		综合接入设备管理系统
IANA	Internet Assigned Number Authority		因特网分址机构
IAPP	Inter-Access Point Protocol		接入点间协议
IBGP	Internal BGP		内部 BGP
IC	Integrated Circuit		集成电路
ICMP	Internet Control Messages Protocol		因特网控制报文协议
ICP	Internet Content Provider		因特网内容服务供应商
ICT	Information and Communication Technology		信息和通信技术
ID	IDentifier		标识符
IDC	Internet Data Center		因特网数据中心

IDS	Intrusion Detection System	入侵检测系统
IDSL	ISDN DSL	ISDN 数字用户线
IEEE	Institute of Electrical and Electronics Engineers	电气与电子工程师协会
IETF	Internet Engineering Task Force	因特网工程任务组
IGMP	Internet Group Management Protocol	因特网组管理协议
IGRS	Intelligent Grouping and Resource Sharing	智能互联与资源共享
IGP	Interior Gateway Protocol	内部网关协议
IKE	Internet Key Exchange	因特网密钥交换
IMS	IP Multimedia Subsystem	IP 多媒体子系统
IN	Intelligentized Network	智能网
INAP	IN Application protocol	智能网应用协议
IoT	Internet of Things	物联网
IP	Internet Protocol	网际协议
IPG	Interpacket Gap	分组之间的间隔
IPsec	IP Security	IP 安全
IPTV	Internet Protocol Television	网络电视
IPv4	IPversion 4	IP 版本 4
IPv6	IPversion 6	IP 版本 6
IPS	Information Protection System	信息保护系统
IrDA	Infrared Data Association	红外数据协会
IrLAP	Infrared Link Access Protocol	红外链路访问协议
IrLMP	Infrared Link Management Protocol	红外链路管理协议
IrPHY	Infrared Physical Layer Link Specification	红外物理层连接规范
ISA	International Society of Automation	自动化国际学会
ISATAP	Intra-Site Automatic Tunnel Addressing Protocol	站内自动隧道地址协议
ISCSI	Internet SCSI	因特网小型计算机系统接口
ISDN	Integrated Services Digital Network	综合业务数字网
ISM	Industrial Scientific Medical	工业、科学和医疗
ISO	International Organization for Standardization	国际标准组织
ISP	Internet Service Provider	因特网服务提供商
ISUP	ISDN User Part	ISDN 用户部分
IT	Information Technology	信息技术
ITU-T	International Telecommunications Union-Telecommunication standardization sector	国际电联电信标准化部门
IUA	ISDN User Adaptation Layer	ISDN 用户适配层
IWF	InterWorking Function	互通功能
L2CAP	Logical Link Control and Adaptation Protocol	逻辑链路控制和适配协议
L2TP	Layer 2 Tunneling Protocol	第二层隧道协议

LA	Limiting Amplifier	限幅放大器	
LAN	Local Area Network	局域网	
LCD	Liquid Crystal Display	液晶显示屏	
LD	Laser Driver	激光驱动器	
LDAP	Lightweight Directory Access Protocol	轻量目录访问协议	
LDP	Label Distribution Protocol	标记分配协议	
LDPC	Low Density Parity Check	低密度奇偶校验	
LEACK	Low Energy Adaptive Clustering Hierarchy	低能量自适应分群	
LED	Light Emitting Diode	发光二极管	
LIA	Limiting Amplifier	限幅放大器	
LLC	Logical Link Control	逻辑链路控制	
LMAC	Lightweight MAC	轻量级 MAC	
LMDS	Local Multipoint Distribution Service	本地多点分配业务	
LMD	Link Manager Protocol	链路管理协议	
LNS	L2TP Network Server	L2TP 网络服务器	
LOS	Line Of Sight	视距信道	
LSI	Large-Scale Integrated circuit	大规模集成电路	
LTS	Lightweight Time Synchronization	轻量级时间同步	
M2M	Machine to Machine	机器对机器	
MAC	Medium Access Control	媒介访问控制	
MAN	Metropolitan Area Network	城域网	
MAP	Wireless Application Protocol	无线应用协议	
MBWA	Mobile Broadband Wireless Access	移动宽带无线接入	
MCNS	Multimedia Cable Network System	多媒体线缆网络系统	
MCPS	MAC Common Part Sublayer	MAC 通用部分子层	
MD	Modulator Driver	调制激励器	
MDA	Message Digest Algorithm	消息摘录算法	
MDC	Management Data Clock	管理数据时钟	
MDI	Media Dependent Interface	介质相关接口	
MDIO	Management Data Input/Output	管理数据输入输出	
MDSL	Multi-rate Digital Subscriber Line	多速率数字用户线	
ME	Hierarchical Element	管理元素	
MEMS	Micro Electro Mechanical Systems	微机电系统	
MG	Media Gateway	媒体网关	
MGCP	Media Gateway Controller Protocol	媒体网关控制器协议	
MII	Medium Independent Interface	介质无关接口	
MIMO	Multiple Input Multiple Output	多输入多输出	
MIS	Management Information System	管理信息系统	

MLD	Multicast Listener Discovery	组播监听发现
MLD	MultiLane Distribution	多通道分发
MLME	MAC Layer Management Entity	MAC 层管理实体
MMF	Multi Mode Fiber	多模光纤
MMDS	Multichannel Multipiont Distribution Service	多路多点分配业务
MOH	Multiplexing Section Overhead	复用段开销
MOS	Metal Oxide Semiconductor	金属氧化物半导体
MPCP	Multipoint Control Protocol	多点控制协议
MPEG	Moving Picture Experts Group	动态图像专家组
MPLS	Multiprotocol Label Switching	多协议标记交换
MSE	Maintenance SubEntity	维护子实体
MSTP	Multi-Service Transport Platform	多业务传输平台
MT	Mobile Terminal	移动终端
MTU	Maximum Transfer Unit	最大传输单元
MUX	Multiplexer	多路复用器
NAS	Network Attached Storage	网络附加存储
NAS	Network Access Server	网络接入服务器
NAT	Network Address Translators	网络地址翻译器
NAT	Network Address Translation	网络地址转换
NBMA	Non-Broadcast Multi-Access	非广播型多址接入
NCAP	Networked Capable Application Processor	网络应用处理器
NetSE	Network Science and Engineering	网络科学与工程
NEXT	Near-End Crosstalk	近端串扰
NGI	Next Generation Internet	下一代因特网
NGN	Next Generation Network	下一代网络
NIC	Network Interface Card	网络接口卡
NIST	National Institute of Standards and Technology	国家标准技术研究所
NIU	Network Interface Unit	网络接口单元
NLA	Next Level Aggregator	下级聚合体
NLDE	Network Layer Data Entity	网络层数据实体
NLME	Network Layer Management Entity	网络层管理实体
NLOS	Non Line Of Sight	非视距
NMS	Network Management System	网络管理系统
NNI	Network-Network Interface	网络与网络接口
NRZ	No Return to Zero	不归零
NS	Name Space	命名空间
NSF	National Science Foundation	国家科学基金会
NTP	Network Time Protocol	网络时间协议

OAN	Optieal Aeeess Network	光接入网
OASIS	Organization for the Advancement of Structured Information Standards	结构化信息标准促进组织
OBEX	Object Exchange Protocol	目标交换协议
OCC	Open Cloud Consortium	开放云计算联盟
OCDMA	Optical Code Division Multiple Access	光码分多址
OCSI	Open Cloud Standards Incubator	开放式云标准孵化器
ODN	Optical Distribution Network	光配线网
OEM	Original Equipment Manufacturer	初始设备制造商
OF	Optical Fiber	光纤
OFDM	Orthogonal Frequency Division Multiplexing	正交频分复用
OFDMA	Optical FDMA	光频分多址
OGF	Open Grid Forum	开放网格论坛
OGSA	Open Grid Services Architecture	开放网格服务体系
OIF	Optical Internetworking Forum	光因特网论坛
OLC	Optical Line Card	光线路卡
OLT	Optical Line Terminal	光线路终端
OM3	Optical Multimode 3	光多模3
OM4	Optical Multimode 4	光多模4
OMG	Object Management Group	对象管理组织
ONS	Object Naming Service	对象名解析服务
ONT	Optical Network Terminal	光网络终端
ONU	Optical Network Unit	光网络单元
OOK	On-Off Key	通断键控调制
OSI	Open System Interconnect Reference Model	开放系统互联参考模型
OSNR	Optical Signal Noise Ratio	光信噪比
OSS	Operating System Software	操作系统软件
OTDM	Optical Time-Division-Multiplexing	光时分复用
OTN	Optical Transport Network	光传送网
OVF	Open Virtualization Format	开放式虚拟化格式
OXC	Optical Cross Connector	光交叉连接器
P2P	Person to Person	个人对个人
PaaS	Platform as a Service	平台即服务
PAM	Pulse Amplitude Modulation	脉幅调制
PAN	Personal Area Network	个域网
PANC	PAN Coordinator	PAN 协调器
PARK	Portable Access Rights Key	可携式接入权密钥
PBX	Private Branch eXchange	专用分组交换机

385

PCB	Printed Circuit Boards	印制电路板
PCF	Point Coordination Function	点协调功能
PCM	Pulse Code Modulation	脉冲编码调制
PCMCIA	PC Menory Card International Association	个人电脑存储国际协会
PCS	Physical Coding Sublayer	物理编码子层
PD	PHY Data	物理层数据
PDA	Personal Digital Assistant	个人数字助理
PDU	Protocol Data Units	协议数据单元
PE	Provider Edge	提供商边缘
PET	Polyethylene Terephthalate	聚对苯二甲酸乙二醇酯
PHS	Personal Handyphone System	小灵通
PHY	Physical Layer	物理层
PIC	Photonic Integrated Circuits	光子集成电路
PIN	P-Intrinsic-N	内部 PN 结
PKI	Public Key Infrastructure	公钥基础设施
PLC	Power Line Communication	电力线通信
PLL	Phase Locked Logic	锁相逻辑
PLME	PHY Layer Management Entity	物理层管理实体
PLMN	Public Land Mobile Network	公众陆地移动网
PLS	Physical Layer Signaling	物理层信令
PMA	Physical Media Attachment	物理介质附件
PMD	Physical Medium Dependent sublayer	物理介质相关子层
PML	Physical Markup Language	实体标记语言
POH	Path Overhead	路通道开销
PON	Passive Optical Network	无源光网络
POS	Packet Over SONET/SDH	SONET/SDH 包交换
PP	Polypropylene	聚丙烯
PPC	Palm PC	掌上电脑
PPI	Parallel Physical Interface	并行物理接口
PPM	Pulse Position Modulation	脉位调制
PPP	Point-to-Point Protocol	点到点协议
PPPoE	Point to Point Protocol over Ethernet	以太网点到点协议
PPTP	Point-to-Point Tunneling Protocol	点到点隧道协议
PS	Passive Splitter	无源分路器
PSAELFEXT	Power Sum Alien ELFEXT	功率总外界 ELFEXT
PSANEXT	Power Sum Alien NEXT	功率总外界 NEXT
PSK	Phase Shift Keying	相移键控
PSTN	Public Switched Telephone Network	公共开关电话网络

PTR	Pointer		指针
PVC	Polyvinyl Chloride		聚氯乙烯
PZT	Lead Zirconate Titanate		锆钛酸铅
QAM	Quadrature Amplitude Modulation		正交幅度调制
QFSK	Quadrature Frequency Shift Keying		正交频移键控
QoS	Quality of Service		服务质量
QPSK	Quadrature Phase Shift Keying		四相相移键控
QSFP	Quad Small Form Factor Pluggable		方块小型插头
RADIUS	Remote Authentication Dial In User Service		远端鉴权拨入用户服务
RADSL	Rate Adaptive Digital Subscriber Line		速率自适应数字用户线
RAM	Random Access Memory		随机存取存储器
RAN	Radio Access Network		无线接入网
RAS	Registration，Admission and Status		登记、接纳和状态
RDF	Resource Description Framework		资源描述框架
REFCLK	Reference Clock		参考时钟
REST	Representational State Transfer		代表性状态传输
RFC	Request For Comment		论证请求
RFCOMM	Radio Frequency Communication		无线电频率通信
RFD	Reduced Function Device		精简功能装置
RF	Radio Frequence		射频
RFID	Radio Frequence IDentifier		射频识别
RO	Read Only		只读
ROH	Regenerator Section Overhead		中继段开销
ROM	Read-Only Memory		只读存储器
RS	Relation Sublayer		协调子层
RSU	Remote Switch Unit		远端交换模块
RSVP	Resource ReserVation Protocol		资源预留协议
RT	Remote Terminal		远端
RTCP	Realtime Transport Control Protocol		实时传输控制协议
RTOS	Real-Time Operating System		实时操作系统
RTP	Realtime Transport Protocol		实时传输协议
RTS	Request To Send		发送请求
RW	Read/Write		读写
RXCLK	Receive Clock		接收时钟
RXCRU	Receive Clock Recovery Unit		接收时钟恢复单元
SA	Source Address		源地址
SaaS	Software as a Service		软件即服务
SAN	Storage Area Network		存储区域网络

SAP	Service Access Point	服务访问点
SAR	Sequential Assignment Routing	连续分配路由协议
SAS	Server Attached Storage	服务器附加存储
SC	Subscriber Connector	用户连接器
SCF	Service Control Function	业务控制功能
SCM	Subcarrier Multiplexing	副载波复用
SCO	Synchronous Connect-Oriented	面向连接同步
SCSI	Small Computer System Interface	小型计算机系统接口
SCTP	Stream Control Transmission Protocol	流控制传输协议
SDH	Synchronous Digital Hierarchy	同步数字序列
SDP	Service Discovery Protocol	服务发现协议
SDSL	Symmetric Digital Subscriber Line	对称数字用户线
SerDes	Serializer/Deserializer	串行器/解串行器
SFD	Start Frame Delimiter	帧起始定界符
SG	Signalling Gateway	信令网关
SGML	Standard Generalized Markup Language	标准通用标记语言
SHDSL	Single-line HDSL	单线 HDSL
SIP	Session Initiation Protocol	会话发起协议
SIR	Serial Infrared	串行红外协议
SLA	Site Level Aggregator	节点级聚合体
SLA	Service Level Agreement	服务级别协议
S-MAC	Sensor-MAC	传感器—媒体访问控制
SMF	Single Mode Fiber	单模光纤
SMS	Short Messaging Service	短消息业务
SMTP	Simple Mail Transfer Protocol	简单邮件传输协议
SN	Service Node	业务节点
SNI	Service Node Interface	业务节点接口
SNIA	Storage Network Industry Association	网络存储工业协会
SNMP	Simple Network Management Protocol	简单网络管理协议
SOA	Semiconductor Optical Amplifier	半导体光放大器
SOA	Service-Oriented Architecture	面向服务的体系架构
SOAP	Simple Object Access Protocol	简单对象访问协议
SoC	System on a Chip	内核的片上系统
SOF	Start Of Frame	帧起始符
SONET	Synchronous Opitcal Network	同步光纤网络
SPE	Synchronous Payload Envelope	同步载荷封装
SPIN	Sensor Protocols for Information via Negotiation	通过协商的传感器协议
SQL	Structured Query Language	结构化查询语言

388

SR	Service Router	业务路由器
SSD	Start of Stream Delimiter	数据流起始标识符
SSL	Secure Socket Layer	安全套接层
STIM	Smart Transducer Interface Module	智能变送器接口模块
SUPI	Simple Universal PMD Interface	简单通用的 PMD 接口
SW	Switch	交换机
SWAP	Shared Wireless Access Protocol	无线接入协议
TBIM	Transducer Bus Interface Module	变送器总线接口模块
TCP	Transport Control Protocol	传输控制协议
TCS	Telephone Control protocol Specification	电话控制协议规范
TDD	Time Division Duplex	时分双工
TD/FDMA	Time Division/Frequency Division Multiple Access	时分/频分多址
TDM	Time Division Multiplexing	时分复用
TDMA	Time Diveision Multiple Access	时分多路访问
TD-SCDMA	Time Division Synchronous Code Division Multiple Access	时分同步码分多址
TEC	Thermo-Electric Cooler	热电冷却器
TEDS	Transducer Electronic Data Sheet	传感器电子数据表格
TEEN	Threshold sensitive Energy Efficient sensor Network protocol	门限敏感的传感器网络节能协议
TEP	Tunnel End Point	隧道末端
TG	Trunk Gateway	中继网关
TH/DS-BPSK	Time Hoping/Direct Spreading Bit-Phase Shift Key	跳时/直扩二进制相移键控调制
TH-PPM	Time Hopping Pulse Position Modulation	跳时脉位调制
TIA	Transimpedance Amplifier	跨导倒数放大器
TII	Transducer Independent Interface	传感器独立接口
TKIP	Temporal Key Integrity Protocol	暂时密钥完整性协议
TLA	Top Level Aggregator	顶级聚合体
TM	Transmission Media layer	传输媒质层
T-MAC	Timing-MAC	定时—媒体访问控制
TOG	The Open Group	开放群组
TP	Transmission Path Layer	传输通道层
TPSN	Timing sync Protocol for Sensor Network	传感器网络定时同步协议
TRIP	Telephony Routing over IP	IP 电话路由
TXCGU	Transmit Clock Generation Unit	发送时钟产生单元
UART	Universal Asynchronous Receiver Transmitter	通用异步收发器
UCC	Uniform Code Council	统一代码协会
UCS	Uniform Computing System	统一计算系统
UDDI	Universal Description Discovery and Integration	统一描述、发现和集成

UDP	User Datagram Protocol	用户数据报协议
UDSL	Ultrahigh bit-rate DSL	超高速数字用户线
UI	User Interface	用户接口
UID	Ubiquitous IDentification	到处存在的标识
UID	User IDentifier	用户标识符
UIM	User Identify Module	用户识别模块
UNI	User-Network Interface	用户与网络接口
UPS	Uninterruptable Power System	不间断电源系统
URI	Uniform Resource Identifier	统一资源定位符
URL	Uniform Resource Locator	统一资源定位器
USB	Universal Serial Bus	通用串行总线
USSD	Unstructured Supplementary Service Data	非结构化补充业务数据
UWB	Ultra Wideband	超宽带
VBES	VLAN for Business Ethernet Services	商务以太服务 VLAN
VC	Virtual Container	虚容器
VCD	Video Compact Disk	视频高密光盘
VCE	Virtual Computing Environment	虚拟计算环境
VCSEL	Vertical Cavity Surface-Emitting Laser diode	垂直腔型面发射激光二极管
VDC	Virtual Data Center	虚拟化数据中心
VDSL	Very-high-bit-rate Digital Subscriber Loop	甚高速数字用户线
VFIR	Very Fast Infrared	甚快速红外协议
VL	Virtual Lane	虚拟通道
VLAN	Virtual Local Area Network	虚拟局域网
VM	Virtual Machine	虚拟机
VOD	Video On Demand	视频点播
VoIP	Voice over IP	IP 话音
VPN	Virtual Private Network	虚拟专用网
VRRP	Virtual Router Redundancy Protocol	虚路由器冗余协议
VSAT	Very Small Aperture Terminal	甚小口径终端
W3C	World Wide Web Consortium	万维网联盟
WAE	Wireless Application Environment	无线应用环境
WAG	Wireless Access Gateway	无线接入网关
WAN	Wide Area Network	广域网
WAP	Wireless Application Protocol	无线应用协议
WBFH	Wide Band Frequency Hopping	宽带跳频
WCDMA	Wideband CDMA	宽带码分多址
WDM	Wavelength Division Multiplexing	波分复用
WEP	Wired Equivalent Privacy	有线等效私隐

WGSN	Working Group on Sensor Networks	传感器网络标准工作组
WiFi	Wireless Fidelity	无线保真
WIMAX	Worldwide Interoperability for Microwave Access	全球微波互联接入
WIS	WAN Interface Sub-layer	广域网接口子层
WLAN	Wireless LAN	无线局域网
WMAN	Wireless MAN	无线城域网
WMMP	Wirless Machine Management Protocol	无线机器管理协议
WMN	Wireless Mesh Network	无线 Mesh 网络
WORM	Write Once Read Many Times	一次写入多次读出
WPAN	Wireless Personal Area Network	无线个域网
WSDL	Web Services Description Language	Web 服务描述语言
WSN	Wireless Sensor Network	无线传感器网络
WWAN	Wireless WAN	无线广域网
WWDM	Wide Wavelength Division Multiplexing	宽波分复用
WWW	World Wide Web	万维网
XAUI	10 Gigabit Ethernet Attachment Unit Interface	10GbE 附加单元接口
XGMII	10 Gigabit Media Independent Interface	10Gb 介质无关接口
XGXS	XAUI Extender Sublayer	XAUI 扩展子层
XLAUI	40 Gigabit Attachment Unit Interface	40Gb 附属单元接口
XLGMII	40 Gigabit Media Independent Interface	40Gb 媒体无关接口
XML	eXtensible Markup Language	可扩展标记语言
XSBI	10Gb Sixteen Bit Interface	10Gb 16 比特接口
ZDO	Zigbee Device Object	Zigbee 设备对象

参 考 文 献

[1] 王兴伟. 新一代互联网原理、技术及应用. 北京:高等教育出版社,2011.
[2] 李文正. 下一代计算机网络技术. 北京:水利水电出版社,2008.
[3] 周伯扬,张青云,胡家彦,等. 下一代计算机网络技术. 北京:国防工业出版社,2006.
[4] 鲁士文. 下一代因特网的移动支持技术. 北京:北方交通大学出版社,2007.
[5] 方旭明,等. 下一代无线因特网技术:无线 Mesh 网络. 北京:人民邮电出版社,2006.
[6] 中国科协学会学术部编. 下一代网络及三网融合. 北京:中国科学技术出版社,2010.
[7] 《NGI 与 IPv6》编写组. NGI 与 IPv6. 北京:人民邮电出版社,2008.
[8] 张云勇,刘韵洁,张智江. 基于 IPV6 的下一代互联网. 北京:电子工业出版社,2004.
[9] 张德干. 物联网支撑技术. 北京:科学出版社,2011.
[10] 李静林,孙其博,杨放春. 下一代网络通信协议分析. 北京:北京邮电大学出版社,2010.
[11] 张鸿涛,徐连明,张一文. 物联网关键技术及系统应用. 北京:机械工业出版社,2012.
[12] 杭州华三通信技术有限公司. 新一代网络建设理论与实践. 北京:电子工业出版社,2011.
[13] 龚双瑾,刘多,张雪丽,等. 下一代网关键技术及发展. 北京:国防工业出版社,2006.
[14] 李军. 异构无线网络融合理论与技术实现. 北京:电子工业出版社,2009.
[15] 朱近之. 方兴,等. 智慧的云计算. 北京:电子工业出版社,2010.
[16] 刘韵洁,张智江. 下一代网络. 北京:人民邮电出版社,2005.
[17] 韩燕波,王桂玲,刘晨,等. 互联网计算的原理与实践. 北京:科学出版社,2010.
[18] 周洪波. 云计算:技术、应用、标准和商业模式. 北京:电子工业出版社,2011.
[19] 尚凤军. 无线传感器网络通信协议. 北京:电子工业出版社,2011.
[20] 黄海平,沙超,蒋凌云,等. 无线传感器网络技术及其应用. 北京:人民邮电出版社,2011.
[21] 童敏明,唐守锋,董海波. 传感器原理与应用技术. 北京:清华大学出版社,2012.
[22] 王亚峰,宋晓辉,玉亚峰,等. 新型传感器技术及应用. 北京:中国计量出版社,2009.
[23] 樊尚春,刘广玉. 新型传感技术及应用(第 2 版). 北京:中国电力出版社,2011.
[24] 陆卫忠,崔玉玲. Internet 接入与网络应用. 北京:高等教育出版社,2005.
[25] 张传福,于新雁,卢辉斌,等. 网络融合环境下宽带接入技术与应用. 北京:电子工业出版社,2011.
[26] 敖志刚. 万兆位以太网及其实用技术. 北京:电子工业出版社,2007.
[27] 敖志刚. 智能家庭网络及其控制技术. 北京:人民邮电出版社,2011.
[28] 敖志刚. 现代网络新技术概论. 北京:人民邮电出版社,2009.